种植业行业标准汇编

(2025)

中国农业出版社 编

中国农业出版社
农村读物出版社
北 京

出 版 说 明

　　近年来，我们陆续出版了多部中国农业标准汇编，已将2004—2022年由我社出版的5 000多项标准单行本汇编成册，得到了广大读者的一致好评。无论从阅读方式还是从参考使用上，都给读者带来了很大方便。

　　为了加大农业标准的宣贯力度，扩大标准汇编本的影响，满足和方便读者的需要，我们在总结以往出版经验的基础上策划了《种植业行业标准汇编（2025）》。本书收录了2023年发布的农业野生植物原生境保护点建设、农作物加工适宜性评价技术规范、采后储运技术规范、冷链物流技术规范、生产全程质量控制技术规范、良好农业规范、气候智慧型农业、等级规格、农业遥感术语、农业遥感调查通用技术等方面的农业标准47项，并在书后附有2023年发布的3个标准公告供参考。

　　特别声明：

　　1. 汇编本着尊重原著的原则，除明显差错外，对标准中所涉及的有关量、符号、单位和编写体例均未做统一改动。

　　2. 从印制工艺的角度考虑，原标准中的彩色部分在此只给出黑白图片。

　　本书可供农业生产人员、标准管理干部和科研人员使用，也可供有关农业院校师生参考。

中国农业出版社

2024年10月

目　录

附录

ICS 67.080.10
CCS X 24

中华人民共和国农业行业标准

NY/T 705—2023

代替 NY/T 705—2003

葡萄干

Raisins

2023-02-17 发布

2023-06-01 实施

中华人民共和国农业农村部 发布

前　言

本文件按照 GB/T 1.1—2020《标准化工作导则　第 1 部分:标准化文件的结构和起草规则》的规定起草。

本文件代替 NY/T 705—2003《无核葡萄干》,与 NY/T 705—2003 相比,除结构调整和编辑性改动外,主要技术内容变化如下:

a) 文件名称由《无核葡萄干》变更为《葡萄干》,适用范围由无核葡萄干变更为葡萄干(见 1,2003 年版的 1);

b) 删除了产品等级中的三级并更改了分类指标(见 4.3,2003 年版的 4.1);

c) 删除了产品等级中的主色调项目指标(见 4.3,2003 年版的 4.1);

d) 增加了产品等级中色泽的判定指标(见 4.3);

e) 增加了总酸指标(见 4.4);

f) 增加了总糖指标(见 4.4);

g) 将二氧化硫、砷、铅、汞、镉、三唑酮指标归入相应的国家限量标准;增加了食品添加剂的使用和限量、真菌毒素限量、污染物限量、农药残留限量、微生物限量(见 4.5.1、4.5.2、4.5.3、4.5.4、4.5.5,2003 年版的 4.3);

h) 更改了检验规则(见 6.1、6.2、6.3、6.4、6.5,2003 年版的 6.1、6.2、6.3、6.4);

i) 更改了储存要求(见 7.4,2003 年版 8.3)。

本文件由农业农村部农产品质量安全监管司提出。

本文件由农业农村部农产品加工标准化技术委员会归口。

本文件起草单位:新疆生产建设兵团食品检验所。

本文件主要起草人:罗瑞峰、刘海霞、赵爽、贺玉凤、马锦陆、李红敏、罗小玲、钱莹、李先义、王国红。

本文件及其所代替文件的历次版本发布情况为:

——2003 年首次发布为 NY/T 705—2003;

——本次为第一次修订。

葡 萄 干

1 范围

本文件规定了葡萄干术语和定义、要求、试验方法、检验规则、标示、标签、包装、运输和储存。

本文件适用于以新鲜葡萄为原料,经自然晾晒或人工干燥制成的葡萄干;不适用于特征涂层的葡萄干,如酸奶葡萄干、巧克力葡萄干等。

2 规范性引用文件

下列文件中的内容通过文中的规范性引用而构成本文件必不可少的条款。其中,注日期的引用文件,仅该日期对应的版本适用于本文件;不注日期的引用文件,其最新版本(包括所有的修改单)适用于本文件。

GB 2760 食品安全国家标准 食品添加剂使用标准

GB 2761 食品安全国家标准 食品中真菌毒素限量

GB 2762 食品安全国家标准 食品中污染物限量

GB 2763 食品安全国家标准 食品中农药最大残留限量

GB 5009.3 食品安全国家标准 食品中水分的测定

GB 12456 食品安全国家标准 食品中总酸的测定

GB 14881 食品安全国家标准 食品生产通用卫生规范

GB 16325 干果食品卫生标准

3 术语和定义

下列术语和定义适用于本文件。

3.1

劣质果粒 inferior berry

表面有晒伤、疤痕,外形不完整,几乎无果肉只有果皮,明显小或质地很硬,糖汁外渗或被糖汁污染,表面不清洁的果粒。

3.2

虫蛀果粒 moth-eaten berry

被虫蛀食的果粒,一般会有虫粪和虫蛀的空洞。

3.3

霉变果粒 mildewy berry

部分或全部发霉腐败的果粒。

3.4

杂质 impurity

葡萄穗轴、果梗、石砾、土粒、干花蕾和枯枝败叶等非可食部分的统称。

4 要求

4.1 原料要求

应具有新鲜葡萄特征并适当成熟,呈现品种应有的颜色和质地,果粒饱满,无腐烂、无霉烂、无异物,果肉固形物含量不低于 18%,同时符合国家有关规定。

4.2 生产过程的卫生要求

应符合 GB 14881 的规定。

4.3 等级要求

葡萄干分为特级、一级和二级,各等级产品应符合表1的规定。

表 1 葡萄干等级要求

项目		特级	一级	二级
感官	色泽	具有本产品应有的色泽		
		色泽均匀	色泽较均匀	色泽基本均匀
	果粒	大、饱满、均匀	大、饱满、均匀	较大、较饱满、较均匀
	滋味	具有本品种的风味,无异味		
劣质果率,g/100 g		≤2.5	≤5.0	≤7.5
杂质,g/100 g		≤0.5	≤1.0	≤1.5
虫蛀果粒		不应检出		
霉变果粒		不应检出		

4.4 理化指标要求

理化指标应符合表2的规定。

表 2 葡萄干理化指标要求

项目	要求
水分 ,g/100 g	≤15
总酸(以酒石酸计),g/100 g	≤2.5
总糖(以葡萄糖计),g/100 g	≥65

4.5 安全指标要求

4.5.1 食品添加剂的限量

应符合 GB 2760 的规定。

4.5.2 真菌毒素限量

应符合 GB 2761 的规定。

4.5.3 污染物限量

应符合 GB 2762 的规定。

4.5.4 农药残留限量

应符合 GB 2763 的规定。

4.5.5 微生物限量

应符合 GB 16325 的规定。

5 试验方法

5.1 色泽、果粒、滋味

称取约 250 g 样品平铺在白色搪瓷盘或检样台上,在室内面向自然光线,用肉眼观察葡萄干果粒颜色是否正常、均匀,果粒饱满程度、大小均匀程度,并品尝。

5.2 劣质果率

用感量 0.01 g 的天平随机称取 100 g 左右样品,记录其质量为 m_0,将称取的样品置于洁净的台面或托盘中,从中挑选出劣质果粒并称量,记为 m_1,结果以 2 次测定的平均值计。

劣质果率以劣质果粒质量分数 X_1 计,数值以克每百克(g/100 g)表示,按公式(1)计算。

$$X_1 = \frac{m_1}{m_0} \times 100 \quad\cdots\cdots\cdots\cdots\cdots\cdots\cdots\cdots\cdots\cdots\cdots\cdots\cdots\cdots\cdots (1)$$

式中:

X_1——劣质果率的数值,单位为克每百克(g/100g);

m_1——样品中劣质果质量的数值,单位为克(g);

m_0——样品质量的数值,单位为克(g);

计算结果保留到小数点后 1 位。

5.3 杂质

用感量 0.01 g 的天平随机称取 100 g 左右样品,记录其质量为 m_2,将称取的样品置于洁净的台面或托盘中,拣出试样中各类杂质并称量,记为 m_3,结果以 2 次测定的平均值计。

杂质以杂质的质量分数 X_2 计,数值以克每百克(g/100 g)表示,按公式(2)计算。

$$X_2 = \frac{m_3}{m_2} \times 100 \quad\text{（2）}$$

式中:

X_2——样品中杂质含量的数值,单位为克每百克(g/100 g);

m_3——样品中杂质质量的数值,单位为克(g);

m_2——样品质量的数值,单位为克(g);

计算结果保留到小数点后 1 位。

5.4 霉变果粒和虫蛀果粒

取约 500 g 的样品,置于洁净的试验台面或托盘中,肉眼观察有无霉变果粒或虫蛀果粒。

5.5 水分

按 GB 5009.3 的规定执行。

5.6 总酸

按 GB 12456 的规定执行(以酒石酸计)。

5.7 总糖

按附录 A 的规定执行(以葡萄糖计)。

6 检验规则

6.1 组批

同一品种、同一等级、同一批交售(或同一生产日期)、同一储存条件下的葡萄干为一个批次。

6.2 抽样量

从每批次产品中随机抽取不少于 2 kg 的样品为检样。

6.3 取样方法

在每批次葡萄干的不同部位按规定数量随机抽取大样,将已取的大样倾置于洁净的铺垫物上,充分混合均匀后,用四分法缩分至 2 kg,将其分为 2 份,1 份为检样,另一份为备检样。

6.4 检验类型

6.4.1 出厂检验

产品出厂前应按照本文件进行质量等级检验,按等级要求分别包装并将合格证附于包装箱内。

6.4.2 型式检验

有下列情形之一时应进行型式检验,型式检验项目为本文件的全部技术要求:

a) 每年产品生产初期;

b) 行政监管部门提出型式检验要求时。

6.5 判定

在分级要求中,如有 1 项指标达不到要求,即按其实际等级定级;若 2 个或以上项目达不到要求的,则按低一等级定级;若等级指标达不到二级要求的,则判为等外品或进行加工整理后重新定级;检出霉变果粒或虫蛀果粒的为不合格品;检验结果中如水分、总酸、总糖有一项指标不符合要求,应加倍抽样复检,复检仍达不到要求的,则判定为等外品;微生物学指标不合格的为不合格品并不得复检。

7 标示、标签、包装、运输和储存

7.1 标示、标签

应符合食用农产品相关规定。

7.2 包装

包装物材料应符合国家关于食用农产品包装材料和卫生的要求，并能有效防止吸潮。

7.3 运输

运输工具应清洁、无污染，不得与有毒、有害、有异味物品混装、混运。待运和运输过程中应避免日晒、雨淋，装卸车时不应抛甩。

7.4 储存

储存场所应清洁、干燥、阴凉、通风，不得与有腐蚀性、有毒、有害物品共同存放。储存期间应定期检查，注意防潮、防霉、防虫和防鼠等。

附 录 A
（规范性）
总糖的测定

A.1 原理

在沸热条件下，用还原糖溶液滴定一定量的碱性酒石酸铜时，将碱性酒石酸铜试剂中的二价铜还原为一价铜，以亚甲基蓝为指示剂，稍过量的还原糖立即使蓝色的氧化型亚甲基蓝还原为无色的还原型亚甲基蓝。

A.2 仪器设备

A.2.1 天平：感量为 0.01 g，0.1 mg。

A.2.2 实验室用样品粉碎机。

A.2.3 电热恒温水浴。

A.2.4 可调温电炉。

A.2.5 玻璃仪器：100 mL 容量瓶、250 mL 容量瓶、50 mL 吸量管、250 mL 锥形瓶、25 mL 酸式滴定管。

A.3 试剂

除非有另外说明，本方法所用试剂均为分析纯，水为 GB/T 6682 中规定的三级水。

A.3.1 试剂

A.3.1.1 盐酸（HCl）。

A.3.1.2 硫酸铜（$CuSO_4 \cdot 5H_2O$）。

A.3.1.3 亚甲基蓝（$C_{16}H_{18}ClN_3S \cdot 3H_2O$）：指示剂。

A.3.1.4 甲基红（$C_{15}H_{13}N_3O_2$）：指示剂。

A.3.1.5 酒石酸钾钠（$C_4H_4O_6KNa \cdot 4H_2O$）。

A.3.1.6 氢氧化钠（NaOH）。

A.3.1.7 亚铁氰化钾｛$K_4[Fe(CN)_6] \cdot 3H_2O$｝。

A.3.1.8 乙酸锌［$Zn(CH_3COO)_2 \cdot 2H_2O$］。

A.3.1.9 冰乙酸（$C_2H_4O_2$）。

A.3.1.10 95％乙醇（C_2H_6O）。

A.4 试剂配制

A.4.1 碱性酒石酸铜甲液：称取 34.639 g 硫酸铜（$CuSO_4 \cdot 5H_2O$）加适量水溶解，再加水定容至 500 mL，储存于棕色瓶中。

A.4.2 碱性酒石酸铜乙液：称取 173 g 酒石酸钾钠，50 g 氢氧化钠，加适量水溶解，并定容至 500 mL，储存于橡胶塞玻璃瓶内。

A.4.3 乙酸锌溶液：称取 21.9 g 乙酸锌，溶于水，加入 3 mL 冰乙酸，加水定容至 100 mL。

A.4.4 亚铁氰化钾溶液：称取 10.6 g 亚铁氰化钾溶于水并定容至 100 mL。

A.4.5 氢氧化钠溶液（40 g/L）：称取氢氧化钠 4 g，加水溶解后，冷却至室温，并定容至 100 mL。

A.4.6 盐酸溶液（1＋1，体积比）：量取盐酸 50 mL，加水 50 mL 混匀。

A.4.7 氢氧化钠溶液(200 g/L):称取 20 g 氢氧化钠,加水溶解后,冷却至室温,加水并定容至 100 mL。

A.4.8 甲基红指示液(1 g/L):称取甲基红盐酸盐 0.1 g,用 95%乙醇溶解并定容至 100 mL。

A.4.9 亚甲基蓝指示剂:称取 0.1 g 亚甲基蓝溶于水中并定容至 100 mL。

A.4.10 葡萄糖标准溶液(2.5 mg/mL):准确称取经过 98 ℃~100 ℃烘箱中干燥至恒重的葡萄糖标准品 0.25 g(精确到 0.1 mg),加适量水溶解,再加入 5 mL 盐酸,加水定容至 100 mL。此溶液每毫升相当于 2.5 mg 葡萄糖(ρ=2.5 mg/mL)。

A.5 样品溶液制备

A.5.1 取具有代表性试样 200 g,用四分法将试样缩减至 100 g,冷冻后粉碎至均匀,准确称取 2.00 g~3.00 g(m)样品,转入 250 mL 容量瓶中,加水至容积约为 200 mL,置(80±2)℃水浴保温 30 min,其间摇动数次,取出冷却至室温,加入乙酸锌及亚铁氰化钾溶液各 5 mL,摇匀,用水定容。过滤(弃去初滤液约 30 mL),滤液备用。

A.5.2 吸取滤液 50.0 mL 于 100 mL 容量瓶中,加(1+1)盐酸 5 mL,在 68 ℃~70 ℃水浴中加热水解 15 min,取出冷却至室温,加甲基红指示剂 1 滴,用 200 g/L 氢氧化钠溶液调节至中性,加水定容至刻度,为待测样品溶液。

A.6 测定步骤

A.6.1 标定碱性酒石酸铜溶液

吸取碱性酒石酸铜甲液 5.0 mL 和碱性酒石酸铜乙液 5.0 mL 于同一 250 mL 锥形瓶中,加水10 mL,加入玻璃珠 2 粒~4 粒,从滴定管中加葡萄糖标准溶液约 15 mL,控制在 2 min 内加热至沸,立即加入亚甲基蓝指示剂 2 滴~3 滴,趁热以 2 滴/s 的速度继续滴加葡萄糖标准溶液,直至溶液蓝色完全褪尽,即为终点,记录消耗葡萄糖标准溶液的体积 V_0。同时平行操作 2 份,取其平均值,计算每 10 mL 碱性酒石酸铜(甲液 5 mL+乙液 5 mL)相当于葡萄糖的质量 A($A=\rho \times V_0$,单位为毫克)。

A.6.2 样品溶液测定

A.6.2.1 预测滴定

吸取碱性酒石酸铜甲液 5.0 mL 和碱性酒石酸铜乙液 5.0 mL 于同一 250 mL 锥形瓶中,加水10 mL,加入玻璃珠 2 粒~4 粒,置于电炉上,从滴定管滴加待测样品溶液,控制在 2 min 内加热至沸腾,保持沸腾状态 15 s,立即加入亚甲基蓝指示剂 2 滴~3 滴,保持沸腾,滴入待测样品溶液至蓝色完全褪尽为止,记录样品溶液消耗体积。

A.6.2.2 精确滴定

吸取碱性酒石酸铜甲液 5.0 mL 和碱性酒石酸铜乙液 5.0 mL 于同一 250 mL 锥形瓶中,加水10 mL,加入玻璃珠 2 粒~4 粒,从滴定管滴加比预测体积少 1 mL~2 mL 的样品溶液,将混合液加热煮沸,立即加入亚甲基蓝指示剂 2 滴~3 滴,保持沸腾并继续以 2 滴/s 的速度滴定待测样品溶液至溶液蓝色完全褪尽即为终点,记录消耗样品溶液的体积(V)。

A.7 测定结果的计算

A.7.1 计算公式

总糖的含量 X(以葡萄糖计)按公式(A.1)计算,单位为克每百克(g/100 g)。

$$X = \frac{A}{m \times \dfrac{50}{250} \times \dfrac{V}{100^{①}} \times 1\ 000} \times 100^{②} \quad\cdots\cdots\cdots\cdots\cdots\cdots\cdots\cdots\cdots (A.1)$$

式中:

A ——10 mL 碱性酒石酸铜(甲液 5 mL+乙液 5 mL)相当于葡萄糖的质量的数值,单位为毫克(mg);

m ——样品质量的数值,单位为克(g);

50 ——酸水解(A.5.2)中吸取样液的体积的数值,单位为毫升(mL);

250 ——样品处理(A.5.1)定容体积的数值,单位为毫升(mL);

V ——测定时平均消耗样品溶液的体积的数值,单位为毫升(mL);

100[①] ——酸水解(A.5.2)中定容体积的数值,单位为毫升(mL);

1 000——由毫克换算为克时的换算系数;

100[②] ——换算系数。

计算结果保留到小数点后 1 位。

A.7.2 重复性

每个试样取 2 个平行样进行测定,以其算术平均值为测定结果。在重复条件下 2 次独立测定结果的绝对差值不得超过算术平均值的 10%。

ICS 67.080.20
CCS X 26

中华人民共和国农业行业标准

NY/T 706—2023

代替 NY/T 706—2003

加工用芥菜

Mustard for processing

2023-02-17 发布

2023-06-01 实施

中华人民共和国农业农村部 发布

前　言

本文件按照 GB/T 1.1—2020《标准化工作导则　第 1 部分:标准化文件的结构和起草规则》的规定起草。

本文件代替 NY/T 706—2003《加工用芥菜》,与 NY/T 706—2003 相比,除结构调整和编辑性改动外,主要技术变化如下:

a) 增加了芥菜、卷叶、黑疤、裂缝、空心、糠心、抽薹、缺陷专用术语及解释(见第 3 章);

b) 更改了加工用芥菜的分类,原分为"茎瘤芥、大头芥、叶用芥",修改为"茎芥、根芥、叶芥"(见 4.1、4.2、4.3,2003 年版 4.1、4.2、4.3);

c) 增加了对茎芥、根芥、叶芥常见加工产品的介绍(见 4.1、4.2、4.3);

d) 增加了叶用芥菜分类(见 4.3);

e) 增加了感官要求中对成熟度和腐烂、异味、黄叶等缺陷的要求,对叶芥的片、叶柄、叶球、中肋、株型等的要求(见 5.1);

f) 增加了分蘖芥、结球芥、宽柄芥等级规格的具体要求(见 5.1.3.3 分蘖芥、5.1.3.4 结球芥、5.1.3.5 宽柄芥);

g) 删除了原有茎瘤芥、大头芥、叶用芥(大叶芥)"同批次个体间质量差不应超过 30%"的表述(见 2003 年版 5.1.1 茎瘤芥、5.1.2 大头芥、5.1.3.2 大叶芥);

h) 增加了等级规格中"抽薹"项目和相应的指标(见 5.1.3.2 表 4、5.1.3.3 表 5、5.1.3.4 表 6、5.1.3.5 表 7);

i) 增加了等级规格中"糠心率"项目和相应的指标(见 5.1.2 表 2);

j) 更改了总不合格率的范围(见 5.1 表 1、表 2、表 3、表 4、表 5、表 6、表 7,2003 年版 5.1 表 1、表 2、表 3、表 4);

k) 删除了原"卫生指标",修改为"安全要求"(见 5.2,2003 年版 5.2);

l) 更改了仪器用具中台秤的精度,原为"5g",现为"1g",增加了农残快速检测仪、水分快速检测仪(见 6.1,2003 年版 6.1);

m) 删除了卫生指标的检测方法(见 2003 年版 6.4);

n) 增加了总不合格率的计算公式,总不合格率为各单项不合格率之和(见 7.5.1);

o) 更改了储藏方式(见 9.3.2,2003 年版 9.3.2)。

本文件由农业农村部乡村产业发展司提出。

本文件由农业农村部农产品加工标准化技术委员会归口。

本文件起草单位:四川省食品发酵工业研究设计院有限公司、四川东坡中国泡菜产业技术研究院、重庆市渝东南农业科学研究院、四川省农业科学院园艺研究所。

本文件主要起草人:陈功、张其圣、李洁芝、张伟、范永红、夏枫。

本文件及其所代替文件的历次版本发布情况为:

——2003 年首次发布为 NY/T 706—2003;

——本次为第一次修订。

加 工 用 芥 菜

1 范围

本文件规定了加工用芥菜的分类、要求、试验方法、检验规则和标志、包装、运输和储存要求。

本文件适用于加工用芥菜的购销。

2 规范性引用文件

下列文件中的内容通过文中的规范性引用而构成本文件必不可少的必要条款。其中,注日期的引用文件,仅该日期对应的版本适用于本文件;不注日期的引用文件,其最新版本(包括所有的修改单)适用于本文件。

GB 2762　食品安全国家标准　食品中污染物限量

GB 2763　食品安全国家标准　食品中农药最大残留限量

GB/T 2828.4　计数抽样检验程序

GB/T 12313　感官分析方法　风味剖面检验

GB/T 34343　农产品物流包装容器通用技术要求

GB/T 34344　农产品物流包装材料通用技术要求

3 术语和定义

下列术语和定义适用于本文件。

3.1

芥菜　mustard

十字花科芸薹属一年生草本植物。

3.2

瘤茎　tubercle

具有瘤状凸起的肉质茎。

3.3

薹茎　flowering stem

瘤茎上端抽生的花茎。

3.4

卷叶　rolled leaf

结球芥菜中心相互叠抱的叶片。

3.5

黑疤　black scar

芥菜在生长发育、采摘和储运过程中,受阴雨天气、品种抗性及物理、化学和生物等作用影响,造成叶面、茎部或根部形成的黑色疤斑。

3.6

裂缝　craquelure

芥菜肉质根因水分关系失调引起的生理病害,多沿肉质根纵向开裂,裂口深度及长度不一,开裂的肉质根易生软腐病,不耐储藏。

3.7

空心　hollowness

芥菜在生长后期,木质部的一些远离输导组织的薄壁细胞因缺乏营养物质的供应而导致组织衰老、内含物减少,内部组织出现海绵状,影响食用品质和营养价值。

3.8

硬心 hard core

肉质根髓部的白色硬块。

3.9

糠心 chaff core

芥菜在生长过程中,因为品种与播期、施肥与管理、采收与储藏等多种原因,导致肉质根中心部分发生病变甚至出现空洞或空隙,呈疏松状、木质化,风味变淡,商品价值降低。

3.10

抽薹 bolting

在芥菜花芽分化以后,花茎从叶丛中伸长生长的现象,是植株进入生殖生长的形态标志。

3.11

缺陷 defect

芥菜植株在生长发育、采摘和储运过程中,受物理、化学和生物等作用影响,对植株形态和品质造成的伤害,如空心、硬心、糠心、裂缝、抽薹、虫斑、腐烂、黑疤、冻害、机械伤等。

4 分类

4.1 茎芥

学名茎瘤芥。以肥大多汁的瘤茎作加工原料,其茎基部膨大,形成肥嫩的瘤状肉质茎。常见加工产品:榨菜。

4.2 根芥

学名芜菁,又名大头芥,俗名大头菜、疙瘩菜。以肥大的肉质根作加工原料,肉质根质地紧密,水分少,纤维多,有芥辣味并稍带苦味。常见加工产品:大头菜。

4.3 叶芥

以肥大的叶片或中肋作加工原料,有明显的长柄,叶面皱缩,叶柄细圆,茎直立。加工用叶芥包括小叶芥、大叶芥、分蘖芥、结球芥、宽柄芥。常见加工产品:酸菜、梅干菜、雪菜、芽菜、冬菜等。

4.3.1 小叶芥

以圆厚的叶柄和中肋作加工原料的叶芥。

4.3.2 大叶芥

基生叶及茎生叶大,以宽大的叶片作加工原料的叶芥。

4.3.3 分蘖芥

以叶片、叶柄和中肋作加工原料的叶芥,叶缘有大小不等的锯齿,其分蘖和叶数因品种不同相差悬殊。

4.3.4 结球芥

又名包心芥菜、盖菜,以叶球和叶片为加工原料的叶芥。

4.3.5 宽柄芥

俗称笋壳菜、青菜、宽板菜,以叶片、叶柄为加工原料的叶芥,叶面皱缩,叶缘波浪状,叶柄扁而肥大、质地脆嫩、纤维细短,有一定辛辣味。

5 要求

5.1 感官要求

5.1.1 茎芥

基本要求:

a) 成熟度一致,同一品种或相似品种,瘤茎呈近圆球形、扁圆球形或纺锤形,无长形和畸形,不带短缩茎、薹茎和叶柄;

b) 瘤茎表皮呈绿色或淡绿色,具有光泽,不附着外来物质,皮薄;

c) 无虫害、机械损伤、冻伤、腐烂等缺陷,无异味。

按加工要求分为一级、二级和三级,各级规格应符合表 1 中的规定。

表 1　茎芥等级规格

项目		等级		
		一级	二级	三级
品质	质量,g	150～500	100～149 或 501～600	<150 或>600
	腐烂	无		
	黑疤	无		
	裂缝,cm	无	深度<1,长度<2	
	空心率,%	0≤空心率<5	5≤空心率≤10	10<空心率≤20
	硬心率,%	0≤硬心率<5	5≤硬心率≤10	10<硬心率≤20
总不合格率(X),%		X<10	10≤X≤15	15<X<20

5.1.2　根芥

基本要求:

a) 成熟度一致,同一品种或相似品种,肉质呈圆锥形、圆柱形或纺锤形,无畸形,不带侧根、薹茎和叶柄;

b) 根茎表皮呈淡绿色,肉质根表面光滑,不带外来物;

c) 无虫害、机械损伤、冻伤、腐烂等缺陷。

按加工要求分为一级、二级和三级,各级规格应符合表 2 中的规定。

表 2　根芥等级规格

项目		等级		
		一级	二级	三级
品质	质量,g	300～600	200～299 或 601～700	<200 或>700
	腐烂	无		
	黑疤	无		
	裂缝,cm	无	深度<1,长度<2	
	糠心率,%	0≤糠心率<5	5≤糠心率≤10	10<糠心率≤20
总不合格率(X),%		X<10	10≤X≤15	15<X<20

5.1.3　叶芥

5.1.3.1　小叶芥

基本要求:

a) 成熟度一致,同一品种或相似品种,叶片呈椭圆形、绿色或深绿色、鲜嫩,不带外来物质,不带根、无黄叶;

b) 叶柄呈不规则五菱圆筒形、绿白色,有蜡粉,无刺,质地脆嫩、芥辣味浓;

c) 无虫害、腐烂、黑斑、机械损伤、冻伤等缺陷。

按加工要求分为一级、二级和三级,各级规格应符合表 3 中的规定。

表 3　小叶芥等级规格

项目		等级		
		一级	二级	三级
品质	质量,g	>3 000	2 000～3 000	<2 000
	叶柄,cm	>35	30～35	<30
总不合格率(X),%		X<10	10≤X≤15	15<X<20

5.1.3.2 大叶芥

基本要求：

a) 成熟度一致，同一品种或相似品种，茎直立，基生叶及茎生叶大、鲜嫩，绿色或深绿色，不带外来物质，不带根、无黄叶；

b) 无虫害、腐烂、机械损伤、腐烂和冻伤等缺陷。

按加工要求分为一级、二级、三级，各级规格应符合表 4 中的规定。

表 4　大叶芥等级规格

品质	项目	等级		
		一级	二级	三级
	质量,g	1 000~3 000	500~999 或 3 001~4 000	<500 或>4 000
	叶柄,cm	30~40	20~29	<20
	抽薹,cm	—	≤5	>5
	总不合格率(X),%	X<10	10≤X≤15	15<X<20

5.1.3.3 分蘖芥

基本要求：

a) 成熟度一致，同一品种或相似品种，除指定为混合品种外，应为同一品种。叶柄短、光滑，质地嫩脆、水分少、纤维少，无黄叶。

b) 无机械损伤、冻伤、腐烂等缺陷。

按加工要求分为一级、二级、三级，各级规格应符合表 5 中的规定。

表 5　分蘖芥等级规格

品质	项目	等级		
		一级	二级	三级
	质量,g	1 000~1 500	300~999 或 1 501~1 700	<300 或>1 700
	叶柄,cm	15~22	23~37	<15 或>37
	抽薹,cm	—	≤5	>5
	总不合格率(X),%	X<10	10≤X≤15	15<X<20

5.1.3.4 结球芥

基本要求：

a) 成熟度一致，同一品种或相似品种，叶球紧实，质地嫩脆，单株叶球大小基本一致；

b) 无虫害、机械损伤、冻伤、腐烂等缺陷。

按加工要求分为一级、二级、三级，各级规格应符合表 6 中的规定。

表 6　结球芥(包心芥)等级规格

品质	项目	等级		
		一级	二级	三级
	质量,g	300~600	200~300 或 600~1 000	<200 或>1 000
	卷叶,片	3	4~8	>8
	抽薹,cm	—	≤5	>5
	总不合格率(X),%	X<10	10≤X≤15	15<X<20

5.1.3.5 宽柄芥

基本要求：

a) 成熟度一致，同一品种或相似品种，叶柄扁而肥大、中肋较长，叶片宽大肥厚、较直立，组织细嫩、坚实、纤维少，株型较紧凑，无黄叶；

b) 无虫伤、机械损伤、冻伤、腐烂等缺陷。

按加工要求分为一级、二级、三级，各级规格应符合表 7 中的规定。

表 7　宽柄芥等级规格

品质	项目	等级		
		一级	二级	三级
	质量,g	1 000～2 500	750～999 或 2 499～3 000	<749 或 >3 000
	抽薹,cm	—	≤5	>5
总不合格率(X),%		$X<10$	$10≤X≤15$	$15<X<20$

5.2 安全要求

污染物限量应符合 GB 2762 的规定,农药残留应符合 GB 2763 的规定。

6 试验方法

6.1 仪器与用具

台秤(精度 1 g)、搪瓷盘、刀、直尺、农残快速检测仪、水分快速检测仪。

6.2 感官检验

6.2.1 目测检验

按照 GB/T 2828.4 的规定取样,目测芥菜的品种、成熟度、色泽、形状、鲜嫩、腐烂、病虫斑、机械损伤。

6.2.2 风味检验

按照 GB/T 12313 的规定,对芥菜进行剖面风味检验。

6.2.3 原料缺陷

茎芥和根芥应纵向对剖后,检验剖面的空心率和硬心率,用尺子量裂缝长、深。

6.2.4 叶片尺寸

叶芥需取 15 片～20 片单株最长叶片测定叶柄基部至叶尖的长度,计算其平均值。

6.2.5 病虫害检测

用刀纵剖原料,发现内部病虫害症状较严重时应扩大 2 倍～3 倍检验数量。

6.3 称量

用台秤称量样品,计算质量差异。

7 检验规则

7.1 检验分类

7.1.1 型式检验

型式检验是对产品进行全面考核,即对本文件规定的全部要求进行检验。有下列情形之一者应进行型式检验:

　　a) 申请对产品进行判定或进行年度抽查检验时;

　　b) 前后 2 次抽样检验结果差异较大时;

　　c) 因人为或自然因素使生产环境发生较大变化时。

7.1.2 交收检验

每批产品交收前,供货方应进行交收检验,内容包括等级规格、标志和包装。检验合格后,附合格证方可交收。

7.2 组批检验

同一来源、同一品种或相似品种的芥菜作为一个检验批次。

7.3 抽样方法

按照 GB/T 2828.4 的有关规定执行。报验单填写的项目应与实货相符,凡与实货单不符,品种、等级、规格混淆不清,包装容器严重损坏者,应由交货单位重新整理后再抽样。

7.4 包装检验

应按 9.1.4 的规定进行。

7.5 判定规则

7.5.1 不合格率计算

每批受检芥菜抽样检验时,对不符合等级规格要求的芥菜做各项记录。如果单株芥菜同时出现多种缺陷,选择一种主要的缺陷,按一个残次品计算。不合格品的百分率按公式(1)计算,计算结果精确到小数点后 1 位。总不合格率按公式(2)计算。

$$x_i = \frac{m_i}{m} \times 100 \quad\cdots\cdots\cdots\cdots\cdots\cdots\cdots\cdots\cdots\cdots\cdots\cdots\cdots\cdots\cdots\cdots\cdots\cdots\cdots\cdots\cdots \text{(1)}$$

式中:

x_i ——单项不合格率的数值,单位为百分号(%),每个单项为第 5 章各等级规格表中的品质要求相关指标。

m_i ——单个不合格样品质量的数值,单位为克(g);

m ——该批次总质量的数值,单位为克(g)。

i ——1,2,3,…,n。按照芥菜分类,对应相关的品质指标。

$$X = x_1 + x_2 + \cdots + x_n \quad\cdots\cdots\cdots\cdots\cdots\cdots\cdots\cdots\cdots\cdots\cdots\cdots\cdots\cdots\cdots\cdots\cdots\cdots \text{(2)}$$

式中:

X——总不合格率的数值,单位为百分号(%)。

7.5.2 总不合格率范围

每批受检样品,总不合格率按其所检单位(如每箱、筐、袋)的平均值计算,其值不应超过规定总不合格率。如超过以上规定的,按降级或等外品处理。

7.5.3 安全要求

有 1 项不合格或检出蔬菜生产中禁止使用的农药,产品为不合格。

7.5.4 复验

样品标志、包装、净含量不合格者,允许供货方进行整改后申请复验 1 次。感官和安全要求指标检测不合格不进行复验。

8 标志

包装上应标明产品名称、产品的标准编号、商标、供货方名称、详细地址、等级、规格、净含量和包装日期等,标志上的字迹应清晰、完整、准确。

9 包装、运输、储存

9.1 包装

9.1.1 包装容器(筐、箱、袋)要求清洁、干燥、牢固、透气,无异味,内部无尖突物,外部无尖刺,无虫蛀、腐烂、霉变现象。包装容器应符合 GB/T 34343、GB/T 34344 的规定。

9.1.2 按等级规格分别包装。

9.1.3 每批报检的芥菜,包装规格、单位净含量应一致。

9.1.4 包装检验规则:逐件称量抽取的样品,每件的质量应一致,不应低于包装外标志的净含量。根据检验的结果,确定所抽取样品的规格,并检查与包装外所示的规格是否一致。

9.2 运输

9.2.1 芥菜收获后就地整修,及时包装、运输。

9.2.2 装运时做到轻装、轻卸,严防机械损伤和踩踏;运输工具应清洁、卫生,无污染。

9.2.3 运输时严防日晒、雨淋,注意通风、散热,防止久储、剧烈颠簸。

9.3 储存

9.3.1 短期存放应在阴凉、通风、清洁、卫生的遮阳棚下进行。

9.3.2 根据芥菜的加工属性,采用食盐脱水后、风干脱水、盐渍、酱渍、醋渍、糖渍等方式处理后按品种、等级规格分类储藏。短时加工也可采用冷藏储存方式短时保存,再用于后续产品加工。

————————————

ICS 67.080.10
CCS X 24

中华人民共和国农业行业标准

NY/T 873—2023

代替 NY/T 873—2004

菠 萝 汁

Pineapple juice

2023-02-17 发布

2023-06-01 实施

中华人民共和国农业农村部 发布

前　言

本文件按照 GB/T 1.1—2020《标准化工作导则　第 1 部分：标准化文件的结构和起草规则》的规定起草。

本文件代替 NY/T 873—2004《菠萝汁》，与 NY/T 873—2004 相比，除结构调整和编辑性改动外，主要技术变化如下：

  a) 增加了术语和定义（见第 3 章）；
  b) 增加了产品分类（见第 4 章）；
  c) 更改了原辅料的要求（见 5.1，2004 年版的 3.1）；
  d) 增加了生产过程的卫生要求（见 5.2）；
  e) 更改了感官要求、理化指标、安全指标（见 5.3、5.4、5.5，2004 年版的 3.2、3.3、3.4）；
  f) 更改了检验规则（见第 6 章，2004 年版的第 5 章）；
  g) 更改了标签、包装、运输与储存（见第 7 章，2004 年版的第 6、7 章）。

请注意本文件的某些内容可能涉及专利。本文件的发布机构不承担识别专利的责任。

本文件由农业农村部乡村产业发展司提出。

本文件由农业农村部农产品加工标准化技术委员会归口。

本文件起草单位：中国热带农业科学院农产品加工研究所、广东省农业科学院蚕业与农产品加工研究所、岭南师范学院、广东省湛江市质量技术监督标准与编码所、合浦果香园食品有限公司、田野创新股份有限公司、湛江市华煌食品有限公司、广东南派食品有限公司、广州南沙珠江啤酒有限公司。

本文件主要起草人：周伟、彭芍丹、邹颖、张利、李积华、龚霄、李一民、徐玉娟、程丽娜、付光中、章建设、胡小军、莫艳秋、詹杰、杨青、戚世梅。

本文件及其所代替文件的历次版本发布情况为：

——2004 年首次发布为 NY/T 873—2004；

——本次为第一次修订。

菠 萝 汁

1 范围

本文件规定了菠萝汁的术语和定义、产品分类、要求、检验规则、标签、包装、运输与储存。

本文件适用于菠萝汁的生产和加工。

2 规范性引用文件

下列文件中的内容通过文中的规范性引用而构成本文件必不可少的条款。其中,注日期的引用文件,仅该日期对应的版本适用于本文件;不注日期的引用文件,其最新版本(包括所有的修改单)适用于本文件。

GB/T 191 包装储运图示标志

GB 2760 食品安全国家标准 食品添加剂使用标准

GB 2761 食品安全国家标准 食品中真菌毒素限量

GB 2762 食品安全国家标准 食品中污染物限量

GB 2763 食品安全国家标准 食品中农药最大残留限量

GB 5749 生活饮用水卫生标准

GB/T 6543 运输包装用单瓦楞纸箱和双瓦楞纸箱

GB 7101 食品安全国家标准 饮料

GB 7718 食品安全国家标准 预包装食品标签通则

GB/T 12143 饮料通用分析方法

GB 12456 食品安全国家标准 食品中总酸的测定

GB 12695 食品安全国家标准 饮料生产卫生规范

GB 14881 食品安全国家标准 食品生产通用卫生规范

GB 17325 食品安全国家标准 食品工业用浓缩液(汁、浆)

GB/T 18963 浓缩苹果汁

GB/T 19741 液体食品包装用塑料复合膜、袋

GB/T 24616 冷藏、冷冻食品物流包装、标志、运输和储存

GB 28050 食品安全国家标准 预包装食品营养标签通则

GB 29921 食品安全国家标准 食品中致病菌限量

GB 31607 食品安全国家标准 散装即食品中致病菌限量

GB/T 31121 果蔬汁类及其饮料

JJF 1070 定量包装商品净含量计量检验规则

NY/T 450 菠萝

3 术语和定义

GB/T 31121 界定的以及下列术语和定义适用于本文件。

3.1

菠萝汁 pineapple juice

以菠萝为原料,采用物理方法制成的可发酵但未发酵的汁液制品。

4 产品分类

4.1 非复原菠萝汁(非浓缩还原菠萝汁、原榨菠萝汁)

以菠萝为原料,采用机械方法直接制成的可发酵但未发酵的、未经浓缩的汁液制品,其中采用非热处理方式加工或巴氏杀菌制成的原榨菠萝汁为鲜榨菠萝汁。

按产品组织形态分为清汁和浊汁。

4.2 浓缩菠萝汁

以菠萝为原料,从采用物理方法制取的菠萝汁中除去一定量的水分制成的、加入其加工过程中除去的等量水分复原后具有菠萝汁应有特征的制品。

按产品组织形态分为清汁和浊汁。

4.3 复原菠萝汁

在浓缩菠萝汁中加入其加工过程中除去的等量水分复原而成的制品。

按产品组织形态分为清汁和浊汁。

5 要求

5.1 原辅料要求

5.1.1 菠萝应符合 NY/T 450、GB 2761、GB 2762 和 GB 2763 的规定。

5.1.2 食品添加剂的使用应符合 GB 2760 的规定。

5.1.3 生产用水应符合 GB 5749 的规定。

5.2 生产过程卫生要求

应符合 GB 12695 和 GB 14881 的规定。

5.3 感官要求

应符合表 1 的规定。

表 1 感官要求

项目	要求						检验方法
	非复原菠萝汁		复原菠萝汁		浓缩菠萝汁		
	清汁	浊汁	清汁	浊汁	清汁	浊汁	
色泽	汁液呈淡黄色或黄色,有光泽,均匀一致				汁液呈黄色或黄褐色		GB 7101
组织形态	清汁:澄清透明,无沉淀物,无悬浮物质 浊汁:浑浊度均匀一致,久置后允许有微量果肉沉淀						
滋味及气味	具有该品种菠萝应有的滋味及气味,风味协调、柔和、无异味						
杂质	无肉眼可见外来杂质						
注:缺陷包括异味和杂质。							

5.4 理化指标

应符合表 2 的规定。

表 2 理化指标

项目	指标						检验方法
	非复原菠萝汁		复原菠萝汁		浓缩菠萝汁		
	清汁	浊汁	清汁	浊汁	清汁	浊汁	
可溶性固形物(20 ℃时折光计法),%	≥10.0				≥58.0		GB/T 12143
总酸(以柠檬酸计),g/L 或 g/kg	≥2.5				≥12.5		GB 12456
不溶性固形物,%	—	≤20.0	—	≤20.0	—	≤20.0	GB/T 18963
透光率(T₆₂₅ₙₘ),%	≥93	—	≥93	—	≥93	—	
浊度,NTU	≤7.0	—	≤7.0	—	≤7.0	—	
注:不溶性固形物、透光率、浊度均在可溶性固形物为10%条件下测定。							

5.5 安全指标

5.5.1 微生物(大肠菌群、霉菌和酵母)限量应符合 GB 17325 的规定。复原菠萝汁和非复原菠萝汁(非食品原料用)的微生物(菌落总数、大肠菌群、霉菌和酵母)限量还应符合 GB 7101 的规定。

5.5.2 致病菌限量应符合 GB 29921 和 GB 31607 的规定。

5.5.3 真菌毒素限量、重金属限量和农药残留应符合 GB 2761、GB 2762 和 GB 2763 的规定。

5.6 净含量允差

检验方法按 JJF 1070 的规定执行。

6 检验规则

6.1 组批

由生产企业的质量管理部门按照其相应的规则确定产品的批次。

6.2 抽样方法

在成品库同一组批产品中随机抽取至少 3 L 样品供出厂检验,或至少 8 L 样品供型式检验。每批样品不应少于 12 个零售包装。样品分为 2 份,分别用于检样和留样。

6.3 出厂检验

每组批产品出厂前应按本文件对感官要求、可溶性固形物、总酸、菌落总数、霉菌和酵母、大肠菌群及净含量允差进行检验,检验合格后签发合格证,方可出厂。

6.4 型式检验

6.4.1 型式检验项目包括第 5 章规定的全部项目。

6.4.2 正常生产时,型式检验每年至少进行一次,有下列情况之一应进行型式检验:

a) 新产品定型鉴定时;

b) 停产 6 个月以上恢复生产时;

c) 出厂检验结果与上次型式检验结果差异较大时;

d) 国家质量监督机构或主管部门提出型式检验要求时;

e) 正式生产时,如原料、工艺有较大改变可能影响到产品的质量时。

6.5 判定规则

6.5.1 若感官要求中的缺陷、安全指标有一项不符合本文件的要求,则判定该批产品为不合格产品,并且不进行复检。

6.5.2 除感官要求中的缺陷、安全指标外,如有不合格项目,可从该批中抽取 2 倍样品,对不合格项目进行复检一次。若复检结果仍有指标不符合本文件的要求,则判定该批产品不合格。

7 标签、包装、运输与储存

7.1 标签

7.1.1 产品包装储运图示标识应符合 GB/T 191 的规定。产品标签应符合 GB 7718 和 GB 28050 的规定。应标注储存、运输和食用方式。

7.1.2 满足本文件要求的非复原菠萝汁产品可标注"非复原菠萝汁"或"非浓缩还原菠萝汁"或"原榨菠萝汁"。采用非热加工方法或巴氏杀菌的非复原菠萝汁产品可标注"鲜榨菠萝汁"。

7.1.3 对运输与储存温度有要求的,应标注具体的温度要求。

7.2 包装

包装和材料应符合 GB/T 6543、GB/T 19741 和 GB/T 24616 的规定。

7.3 运输与储存

应符合 GB/T 31121 的规定。

ICS 65.020.01
CCS B 00

中华人民共和国农业行业标准

NY/T 1668—2023

农业野生植物原生境保护点建设
技术规范

Technical specification of *in situ* conservation site construction for
agricultural wild plants

2023-12-22 发布   2024-05-01 实施

中华人民共和国农业农村部 发布

前　言

本文件按照 GB/T 1.1—2020《标准化工作导则　第 1 部分:标准化文件的结构和起草规则》的规定起草。

本文件代替 NY/T 1668—2008《农业野生植物原生境保护点建设技术规范》,与 NY/T 1668—2008 相比,除结构调整和编辑性改动外,主要技术变化如下:

a)　在"术语和定义"和"区域布局"中增加了"异位保存区"和"试验区"(见 3.7、3.8、5.1、5.1.2、5.1.3、5.2.2、5.3.1 和 6.1.1);

b)　在保护点建设内容中,提高了陆地围栏和水面围栏的标准(见 5.3.1.1 和 5.3.1.2);

c)　工作间、看护房及其附属设施总面积由 80 m² ~ 100 m² 更改为 180 m² ~ 200 m²(见 2008 年版的 5.2.3 和本次修订版的 5.1.4);

d)　删除了"瞭望塔"(见 2008 年版的 5.2.4)。

本文件由农业农村部科技教育司提出。

本文件由农业农村部农业资源环境标准化技术委员会归口。

本文件起草单位:中国农业科学院作物科学研究所、湖南省种质资源保护与良种繁育中心、农业农村部农业生态与资源保护总站、湖南省农业农村厅资源保护与利用处。

本文件主要起草人:杨庆文、杨星星、黄宏坤、张思娟、乔卫华、陈宝雄、王云高、郑晓明、张丽芳、卢永星、贾涛。

本文件及其所代替文件的历次版本发布情况为:

——2008 年首次发布为 NY/T 1668—2008;

——本次为第一次修订。

农业野生植物原生境保护点建设技术规范

1 范围

本文件规定了农业野生植物原生境保护点建设的术语和定义、保护点选址原则、保护点规划与建设、设备。

本文件适用于农业野生植物原生境保护点建设。

2 规范性引用文件

下列文件中的内容通过文中的规范性引用而构成本文件必不可少的条款。其中,注日期的引用文件,仅该日期对应的版本适用于本文件;不注日期的引用文件,其最新版本(包括所有的修改单)适用于本文件。

GBJ 50011 建筑抗震设计规范

3 术语和定义

下列术语和定义适用于本文件。

3.1

农业野生植物 agricultural wild plants
与农业生产有关的栽培植物的野生种和野生近缘植物。

3.2

居群 population
在生物群落中占据特定空间、起功能组成单位作用的某一物种的个体群。

3.3

原生境保护 in-situ conservation
保护农业野生植物群体生存繁衍的自然生态环境,使农业野生植物得以正常繁衍生息,防止因环境恶化或人为破坏造成灭绝。

3.4

保护点 conservation site
依据国家相关法律法规建立的以保护农业野生植物为核心的自然区域。

3.5

核心区 core area
原生境保护点内未曾受到人为因素破坏的农业野生植物天然集中分布区域。也称隔离区。

3.6

缓冲区 buffer area
原生境保护点核心区外围对核心区起保护作用的区域。

3.7

异位保存区 ex-situ conservation field
人工种植从原生境保护点及周边收集的农业野生植物的区域。

3.8

试验区 experiment field
用于开展农业野生植物繁殖、鉴定和利用等田间试验的区域。

4 保护点选址原则

保护点选址应满足下列条件：
a) 生态系统、气候类型、环境条件具有代表性；
b) 在一定区域内农业野生植物居群较大，形态类型丰富；
c) 被保护的农业野生植物具有特殊的农艺性状或植物学特征；
d) 被保护的农业野生植物濒危状况严重且危害加剧；
e) 远离交通要道、经济开发区、工矿区、潜在淹没地、滑坡塌方地质区或规划中的建设用地等。

5 保护点规划与建设

5.1 土地规划

保护点土地用于核心区、缓冲区、异位保存区、试验区、看护房、工作间、连接路、巡护路和消防隔离带等建设。

5.1.1 核心区面积应以被保护的农业野生植物集中分布面积而定。缓冲区范围根据核心区外是否种植有与被保护的农业野生植物具有亲缘关系的栽培作物而定。如无栽培作物种植，按照自然地理边界确定，缓冲区和核心区的边界可以部分重合；如有栽培作物种植，自花授粉植物的缓冲区应为核心区边界外30 m～50 m的区域，异花授粉植物的缓冲区应为核心区边界外50 m～150 m的区域。

5.1.2 异位保存区设置于缓冲区外适合被保护的农业野生植物生存繁衍的区域，面积3 333.33 m²～6 666.67 m²。

5.1.3 试验区设置于缓冲区外适合被保护的农业野生植物生存繁衍的区域，面积3 333.33 m²～6 666.67 m²。

5.1.4 看护房、工作间及其附属设施设置于缓冲区大门旁，总建筑面积180 m²～200 m²。

5.1.5 连接路是连接保护点大门至最近的公路（含村村通道路）的道路，长度以保护点大门至最近的公路的实际距离为准。

5.1.6 巡护路和防火隔离带沿缓冲区外围修建，巡护路和防火隔离带可合并建设。

5.2 设施布局

5.2.1 沿核心区和缓冲区外围设置隔离设施，有天然屏障隔离的区域可以不设置隔离设施。

5.2.2 异位保存区和试验区外设置隔离设施，异位保存区和试验区内可建设温室和网室。

5.2.3 标志碑设置于缓冲区大门旁。

5.2.4 警示牌固定于缓冲区围栏上。

5.2.5 监测设施设备设置于保护点地势最高处和关键位置。

5.3 建设内容

5.3.1 隔离设施

在原生境保护点核心区、缓冲区、异位保存区和试验区周围设置围栏。

5.3.1.1 陆地围栏

陆地围栏建设标准为：
a) 立柱地上高不低于1.5 m，120 mm×120 mm钢筋混凝土浇筑；
b) 立柱基础用C25混凝土浇筑，断面尺寸为600 mm×600 mm×700 mm，埋入地下0.4 m～0.7 m；
c) 围栏由钢丝网片组成，网片尺寸2.76 m×1.7 m，离地高度为100 mm，网孔尺寸为70 mm×150 mm，钢丝网片单块长度为3 m。

5.3.1.2 水面围栏

水面围栏建设标准为：
a) 立柱应为直径不小于5 cm的不锈金属管，立柱高度 ＝ 最高水位的水面深度 ＋ 露出水面高度

(不低于 1.5 m),立柱埋入地下深度不低于 0.5 m;

    b) 立柱之间用防锈钢丝网,防锈钢丝网设置按 5.3.1.1 的规定执行,高度从最低水位线到立柱顶端。

5.3.2 标志碑和警示牌

5.3.2.1 标志碑为 3.5 m×2.4 m×0.2 m 的混凝土预制板碑面,底座为钢混结构,至少埋入地下 0.5 m,高度 0.5 m。

5.3.2.2 标志碑正面标出保护点的全称、面积、范围图和被保护的物种、责任单位等,标志碑的背面标出保护点的管理细则。

5.3.2.3 警示牌为 60 cm×40 cm 规格的不锈钢或铝合金板材,设置于缓冲区围栏醒目位置,间距不大于 100 m。

5.3.3 看护房和工作间

工作间、看护房及其附属设施建设按照 GBJ 50011 的规定执行。

5.3.4 道路

连接路面按县级村村通道路工程标准建设;巡护道路和消防隔离带可合并建设,采用沙石覆盖,宽度 2 m~5 m。

5.3.5 排灌设施

必要时,可在缓冲区周边修建灌溉渠、拦水坝、排水沟等排灌设施;拦水坝蓄水高度应保持核心区原有水面高度;排水沟采用水泥面 U 底梯形结构,上、下底宽和高度视当地洪涝灾害严重程度而定。

6 设备

6.1 监测设备

6.1.1 安全监测设备

采用全景联动巡视摄像机、室外高清球机或室外高清枪机等图像采集设备,安装于核心区、缓冲区、异位保存区、试验区、看护房、工作间等关键区域,用于实时监测保护点设施和生境状况。采集的图像数据可通过网络传输至控制中心或移动监测终端。

6.1.2 气象监测设备

布置于保护点中心位置,用于远程实时监测保护点空气温度、空气湿度、太阳总辐射、光合有效辐射、大气压强、风向、风速和降水量等气象指标,传感器获得的监测数据可通过网络传输至控制中心。

6.1.3 土壤监测设备

布置于被保护陆生野生植物集中分布区,用于远程实时监测该区域土壤含水率、温度、电导率、盐分、pH 等土壤状况指标,传感器获得的监测数据可通过网络传输至控制中心。

6.1.4 水体监测设备

布置于被保护水生野生植物集中分布区,用于远程实时监测该区域水体的温度、pH、溶解氧、化学需氧量、生化需氧量、色度、浊度、电导率、悬浮物和有毒物质等水质状况指标,传感器获得的监测数据可通过网络传输至控制中心。

6.1.5 虫情监测设备

布置于保护点虫害易发生区,可以利用灯光无公害诱捕杀虫,同时利用无线网络,定时采集捕获虫体图像,自动上传到控制中心。

6.1.6 无人机监测设备

用于地形地貌复杂的保护点或监测面积较大的保护点,通过无人机获得高质量航拍图像数据,用于目标物种生长状况监测。

6.2 消防设备

包括油锯、灭火机、灭火器、防火服等。参照建标 195—2018 的规定执行。

6.3 排灌设备

包括水泵、排灌管网等。

6.4 电力设备

包括小型发电机、输电网等。

6.5 管护设备

包括小型农机、农具、巡逻设备等。

6.6 办公设备

包括笔记本电脑、台式电脑、打印机、对讲机、定位仪、照相机等。

参 考 文 献

[1]　建标 195—2018　自然保护区工程项目建设标准

―――――――――

ICS 67.200.20
CCS B 33

中华人民共和国农业行业标准

NY/T 1991—2023
代替 NY/T 1991—2011

食用植物油料与产品　名词术语

Edible vegetable oilseeds and their products—Terminology

2023-02-17 发布　　　　　　　　　　　　　2023-06-01 实施

中华人民共和国农业农村部 发布

前　　言

本文件按照 GB/T 1.1—2020《标准化工作导则　第 1 部分:标准化文件的结构和起草规则》的规定起草。

本文件代替 NY/T 1991—2011《油料作物与产品　名词术语》,与 NY/T 1991—2011 相比,除结构调整和编辑性改动外,主要技术变化如下:

a) 更改了文件名称和范围(见第 1 章,2011 年版的第 1 章);

b) 更改了规范性引用文件(见第 2 章,2011 年版的第 2 章);

c) 更改了部分术语和定义(见 3.1、3.1.1、3.1.2、3.1.3、3.1.4、3.1.5、3.1.6、3.1.7、3.1.8、3.1.10、3.1.11、3.1.12、3.1.13、3.1.17、3.1.18、3.1.20、3.1.21、3.1.22、3.1.23、3.1.24、3.1.25、3.1.27、3.1.28、3.2、3.2.1、3.2.1.1、3.2.1.4、3.2.1.6、3.2.1.8、3.2.1.9、3.2.1.10、3.2.1.12、3.2.1.13、3.2.1.14、3.2.1.15、3.2.1.18、3.2.1.19、3.2.1.20、3.2.1.21、3.2.1.23、3.2.1.24、3.2.1.25、3.2.1.26、3.2.1.28、3.2.1.30、3.2.1.31、3.2.1.34、3.2.1.35、3.2.1.36、3.2.1.38、3.2.1.39、3.2.1.45、3.2.1.48、3.2.1.50、3.2.1.56、3.2.1.65、3.2.1.70、3.2.1.71、3.2.1.73、3.2.1.74、3.2.1.75、3.2.1.76、3.2.2、3.2.2.1、3.2.2.2、3.2.2.3、3.2.2.4、3.2.2.5、3.2.2.6、3.2.2.7、3.2.2.8、3.2.2.9、3.2.2.10、3.2.2.11、3.2.2.12、3.2.2.13、3.2.2.14、3.2.2.15、3.2.2.16、3.2.2.17、3.2.2.18、3.2.2.20、3.2.2.21、3.2.2.22、3.2.2.23、3.2.2.24、3.2.2.25、3.2.2.26,2011 年版的 3.1、3.1.1、3.1.2、3.1.3、3.1.4、3.1.5、3.1.6、3.1.7、3.1.8、3.1.9、3.1.10、3.1.11、3.1.12、3.1.16、3.1.17、3.1.18、3.1.19、3.1.20、3.1.21、3.1.22、3.1.23、3.1.25、3.1.26、3.2、3.2.1、3.2.1.1、3.2.1.4、3.2.1.7、3.2.1.8、3.2.1.10、3.2.1.13、3.2.1.16、3.2.1.18、3.2.1.20、3.2.1.21、3.2.1.25、3.2.1.28、3.2.1.26、3.2.1.27、3.2.1.31、3.2.1.32、3.2.1.33、3.2.1.34、3.2.1.37、3.2.1.39、3.2.1.40、3.2.1.43、3.2.1.44、3.2.1.47、3.2.1.50、3.2.1.51、3.2.1.57、3.2.1.60、3.2.1.63、3.2.1.64、3.2.1.65、3.2.1.66、3.2.1.69、3.2.1.72、3.2.1.73、3.2.1.74、3.2.1.75、3.2.2、3.2.2.2、3.2.2.1、3.2.2.3、3.2.2.4、3.2.2.5、3.2.2.6、3.2.2.13、3.2.2.14、3.2.2.15、3.2.2.16、3.2.2.7、3.2.2.8、3.2.2.9、3.2.2.10、3.2.2.11、3.2.2.12、3.2.2.25、3.2.2.24、3.2.2.17、3.2.2.18、3.2.2.20、3.2.2.21、3.2.2.22、3.2.2.23、3.2.2.19、3.2.2.26);

d) 增加了部分术语和定义(见 3.1.9、3.1.19、3.1.26、3.1.29、3.1.30、3.1.31、3.1.32、3.1.33、3.2.1.5、3.2.1.7、3.2.1.11、3.2.1.16、3.2.1.17、3.2.1.22、3.2.1.27、3.2.1.32、3.2.1.33、3.2.1.37、3.2.1.40、3.2.1.41、3.2.1.42、3.2.1.43、3.2.1.44、3.2.1.49、3.2.1.51、3.2.1.52、3.2.1.53、3.2.1.54、3.2.1.55、3.2.1.57、3.2.1.58、3.2.1.59、3.2.1.60、3.2.1.61、3.2.1.62、3.2.1.63、3.2.1.64、3.2.1.66、3.2.1.67、3.2.1.68、3.2.1.69、3.2.1.72、3.2.1.77、3.2.1.78、3.2.1.79、3.2.1.80、3.2.1.81、3.2.1.82、3.2.1.83、3.2.1.84、3.2.1.85、3.2.1.86、3.2.1.87、3.2.1.88、3.2.1.89、3.2.1.90、3.2.1.91、3.2.1.92、3.2.1.93、3.2.1.94、3.2.1.95、3.2.1.96、3.2.1.97、3.2.1.98、3.2.1.99、3.2.1.100、3.2.1.101、3.2.1.102、3.2.1.103、3.2.1.104、3.2.1.105、3.2.1.106、3.2.1.107、3.2.1.108、3.2.1.109、3.2.1.110、3.2.1.111、3.2.1.112、3.2.1.113、3.2.1.114、3.2.1.115、3.2.1.116、3.2.1.117、3.2.1.118、3.2.1.119、3.2.1.120、3.2.1.121、3.2.1.122、3.2.1.123、3.2.2.27、3.2.2.28、3.2.2.29、3.2.2.30、3.2.2.31、3.2.2.32、3.2.2.33、3.2.2.34、3.2.2.35、3.2.2.36、3.2.2.37、3.2.2.38、3.2.2.39、3.2.2.40、3.2.2.41、3.2.2.42、3.2.2.43、3.2.2.44、3.2.2.45、3.2.2.46、3.2.2.47、3.2.2.48、3.2.2.49、3.2.2.50、3.2.2.51);

e) 删除了部分术语和定义(见 2011 年版的 3.1.24、3.2.1.5、3.2.1.6、3.2.1.9、3.2.1.11、

3.2.1.12、3.2.1.14、3.2.1.15、3.2.1.17、3.2.1.22、3.2.1.23、3.2.1.24、3.2.1.29、3.2.1.30、3.2.1.35、3.2.1.36、3.2.1.41、3.2.1.42、3.2.1.45、3.2.1.46、3.2.1.48、3.2.1.49、3.2.1.52、3.2.1.53、3.2.1.54、3.2.1.55、3.2.1.56、3.2.1.61、3.2.1.62、3.2.1.67、3.2.1.68、3.2.1.70、3.2.1.71、3.2.1.76、3.2.1.77)。

请注意本文件的某些内容可能涉及专利。本文件的发布机构不承担识别专利的责任。

本文件由农业农村部农产品加工标准化技术委员会提出并归口。

本文件起草单位：中国农业科学院油料作物研究所、农业农村部油料产品质量安全风险评估实验室（武汉）、农业农村部油料及制品质量监督检验测试中心。

本文件主要起草人：李培武、白艺珍、张良晓、印南日、丁小霞、周海燕、张文、马飞。

本文件及其所代替文件的历次版本发布情况为：

——2011年首次发布为 NY/T 1991—2011；

——本次为第一次修订。

食用植物油料与产品　名词术语

1 范围

本文件界定了食用植物油料、种子及经加工后得到的油脂、饼粕产品的名词术语和定义。

本文件适用于科研、生产、加工、流通、管理及教学等领域。

2 规范性引用文件

下列文件中的内容通过文中的规范性引用而构成本文件必不可少的条款。其中，注日期的引用文件，仅该日期对应的版本适用于本文件；不注日期的引用文件，其最新版本（包括所有的修改单）适用于本文件。

GB 1352　大豆

GB/T 1532　花生

GB/T 1534　花生油

GB/T 1535　大豆油

GB/T 1536　菜籽油

GB/T 1537　棉籽油

GB 2716　食品安全国家标准　植物油

GB/T 8233　芝麻油

GB/T 8235　亚麻籽油

GB/T 10464　葵花籽油

GB/T 11762　油菜籽

GB/T 11765　油茶籽油

GB/T 13382　食用大豆粕

GB/T 13383　食用花生饼、粕

GB/T 15680　棕榈油

GB/T 19111　玉米油

GB/T 19112　米糠油

GB/T 19541　饲料原料　豆粕

GB/T 21264　饲料用棉籽粕

GB/T 21494　低温食用豆粕

GB/T 22327　核桃油

GB/T 22463　葵花籽粕

GB/T 22465　红花籽油

GB/T 22477　芝麻粕

GB/T 23736　饲料用菜籽粕

GB/T 35131　油茶籽饼、粕

GB/T 40622　牡丹籽油

GB/T 40851　食用调和油

LS/T 3242　牡丹籽油

LS/T 3250　南瓜籽油

LS/T 3254　紫苏籽油

LS/T 3255　长柄扁桃油

LS/T 3258　山桐子油

LS/T 3259　油莎豆油

LS/T 3261　盐肤木果油

LS/T 3262　食用橡胶籽油

LS/T 3263　盐地碱蓬籽油

LS/T 3264　美藤果油

LS/T 3265　文冠果油

LS/T 3306　杜仲籽饼（粕）

LS/T 3307　盐地碱蓬籽饼（粕）

LS/T 3308　盐肤木果饼（粕）

LS/T 3309　玉米胚芽粕

LS/T 3310　牡丹籽饼（粕）

LS/T 3312　长柄扁桃饼（粕）

LS/T 3313　花椒籽饼（粕）

LS/T 3314　山桐子饼粕

LS/T 3315　核桃饼粕

LS/T 3316　元宝枫籽饼粕

LS/T 3317　亚麻籽饼粕

LS/T 3318　橡胶籽饼粕

LS/T 3319　漆树籽饼粕

LS/T 3320　米糠粕

NY/T 125　饲料用菜籽饼

NY/T 127　饲料用向日葵仁粕

NY/T 128　饲料用向日葵仁饼

NY/T 129　饲料用棉籽饼

NY/T 130　饲料用大豆饼

NY/T 132　饲料原料　花生饼

NY/T 133　饲料用花生粕

NY/T 216　饲料用亚麻仁饼

NY/T 217　饲料用亚麻仁粕

NY 414　低芥酸低硫苷油菜种子

NY/T 415　低芥酸低硫苷油菜籽

NY/T 416　低芥酸菜籽油

NY/T 417　饲料用低硫苷菜籽饼（粕）

NY/T 1990　高芥酸油菜籽

NY/T 3250　高油酸花生

NY/T 3786　高油酸油菜籽

3　术语和定义

3.1

食用植物油料　edible vegetable oilseed

草本、木本植物的含油籽实、种皮、胚、胚乳、果核、果皮、果肉、地下块茎等,用于制取食用植物油脂的工业原料,主要有油菜籽、花生、大豆、葵花籽、芝麻、亚麻籽、棉籽、油莎豆、油茶籽等。

3.1.1

杂交油菜种子 hybrid rape seed

用三系(或两系等)杂交法生产的达到规定质量标准的种子。

3.1.2

常规油菜种子 open-pollination rape seed

通过开放授粉而非杂交制种的方式进行自身繁殖,且后代能保持品种典型性状的油菜种子。

3.1.3

低芥酸低硫苷油菜种子 low erucic acid and low glucosinolate rape seed

亦称双低油菜种子。油菜种子中油的芥酸相对含量和油菜种子中饼粕的硫苷含量符合 NY 414 要求的油菜种子。

3.1.4

大田用种 qualified seed

用于大田种植的杂交种子和常规种子的统称。

3.1.5

油菜籽 rapeseed

十字花科芸薹属草本植物栽培油菜角果的小颗粒球形种子,含油量一般为 37%~55%。

3.1.6

低芥酸低硫苷油菜籽 low erucic acid and low glucosinolate rapeseed

亦称双低油菜籽。芥酸相对含量不高于 3.0%且硫苷含量不高于 35.0 μmol/g、符合 GB/T 11762 要求的油菜籽,或芥酸相对含量不高于 5.0%且硫苷含量不高于 45.0 μmol/g、符合 NY/T 415 要求的油菜籽。

3.1.7

单低油菜籽 low erucic acid rapeseed or low glucosinolate rapeseed

低芥酸油菜籽或低硫苷油菜籽。仅芥酸相对含量符合 NY/T 415 要求的油菜籽,或仅硫苷含量符合 NY/T 415 要求的油菜籽。

3.1.8

高芥酸油菜籽 high erucic acid rapeseed

芥酸相对含量不低于 43.0%且符合 NY/T 1990 要求的油菜籽。

3.1.9

高油酸油菜籽 high oleic acid rapeseed

油酸相对含量不低于 72.0%且符合 NY/T 3786 要求的双低油菜籽。

3.1.10

转基因油菜籽 genetically modified organism rapeseed

利用基因工程技术改变油菜原基因组的油菜籽,即由转基因油菜品种生产出的油菜籽。

3.1.11

大豆 soybean

豆科大豆属草本植物栽培大豆荚果的籽粒,籽粒呈椭圆形至近球形,种皮有黄、青、黑等颜色,富含蛋白质和脂肪,应符合 GB 1352 的要求。

3.1.12

高油大豆 high-oil soybean

大豆籽粒含油量不低于 20.0%的大豆,应符合 GB 1352 高油大豆指标要求。

3.1.13

高蛋白大豆 high-protein soybean

大豆蛋白含量不低于 40.0%的大豆,应符合 GB 1352 高蛋白质大豆指标要求。

3.1.14

黄大豆　soybean

种皮为黄色、淡黄色,脐为黄褐、淡褐或深褐色的籽粒不低于95%的大豆。

3.1.15

青大豆　green soybean

种皮为绿色的籽粒不低于95%的大豆。按其子叶的颜色分为青皮青仁大豆和青皮黄仁大豆2种。

3.1.16

黑大豆　black soybean

种皮为黑色的籽粒不低于95%的大豆。按其子叶的颜色分为黑皮青仁大豆和黑皮黄仁大豆2种。

3.1.17

转基因大豆　genetically modified organism soybean

利用基因工程技术改变大豆原基因组的大豆,即由转基因大豆品种生产出来的大豆。

3.1.18

花生　peanut,groundnut

亦称落花生、长生果。豆科落花生属草本植物栽培花生的荚果,果皮表面有网纹或凸起的纵纹。分为油用花生和食用花生。

3.1.19

高油酸花生　high oleic acid peanut

花生油酸相对含量不低于73.0%,且符合NY/T 3250要求的花生。

3.1.20

芝麻　sesame

胡麻科草本植物栽培芝麻蒴果中的种子,种皮有白、黄、灰、黑、褐等色。含油量一般为40%～58%。

3.1.21

葵花籽　sunflowerseed

亦称向日葵籽。菊科草本植物栽培向日葵短卵形瘦果的种子,有油用型、食用型及兼用型3种。油用葵花籽含油量一般为32%～45%,籽仁含油量一般为40%～60%。

3.1.22

亚麻籽　flaxseed, linseed

亦称胡麻籽。亚麻科草本植物栽培亚麻蒴果中的扁卵圆形种子,暗褐色有光泽。分纤维用、油用及兼用3种类型。油用亚麻籽含油量一般为32%～47%。

3.1.23

紫苏籽　perillaseed

唇形科紫苏属草本植物苏子的种子,含油量一般为35%～45%。

3.1.24

红花籽　safflowerseed

菊科直立草本植物栽培红花的椭圆形瘦果,含油量一般为28%～33%,籽仁含油量一般为50%～60%。

3.1.25

油茶籽　camellia seed

山茶科常绿灌木或小乔木油茶树蒴果的种子,籽仁含油量一般为40%～60%。

3.1.26

文冠果　shiny-leaved yellowhorn

无患子科文冠果属落叶乔木文冠果树蒴果的种子,籽仁含油量一般为50%～70%。

3.1.27

核桃 walnut

亦称胡桃。胡桃科胡桃属落叶乔木的果实,果仁含油量一般为60%~70%。

3.1.28

棉籽 cottonseed

籽棉经轧花脱去纤维后的种子。棉籽上布满短绒的,称为毛子;无短绒的,称为光子。含油量一般为18%~20%,籽仁含油量一般为35%~40%。

3.1.29

油莎豆 cyperus esculentus

莎草科莎草属油莎草的地下块茎,含油量一般为30%~40%。

3.1.30

油橄榄 olive

木樨科木樨榄属常绿小乔木或灌木的果实,果肉含油量一般为50%~65%。

3.1.31

油棕果 oil palm

亦称棕榈,棕榈科油棕属直立乔木状植物油棕树的果实,鲜果肉含油量一般为45%~50%,棕仁含油量一般为48%~55%。

3.1.32

米糠 rice bran

糙米碾白过程中被碾下的皮层、米胚和少量米粞的化合物。

3.1.33

油用米糠 rice bran for edible oils

用于提取食用油的米糠。

3.2

食用植物油料产品 edible vegetable oilseed products

食用植物油料经加工后得到的油脂、饼粕等产品。

3.2.1

食用植物油 edible vegetable oil

由食用植物油料的果实、种子、种皮、果肉、胚、块茎等加工制得的食用油。

3.2.1.1

菜籽油 rapeseed oil, canola oil

亦称菜油,以油菜籽为原料加工制取的油。

3.2.1.2

压榨菜籽油 pressing rapeseed oil

油菜籽经直接压榨制取的油。

3.2.1.3

浸出菜籽油 solvent extraction rapeseed oil

油菜籽经浸出工艺制取的油。

3.2.1.4

菜籽原油 crude rapeseed oil

以油菜籽为原料加工制取的、不能直接食用的油,应符合GB/T 1536的要求。

3.2.1.5

成品菜籽油　finished product of rapeseed oil

经加工处理符合 GB/T 1536 成品油质量指标和 GB 2716 食品安全国家标准的食用菜籽油。

3.2.1.6

低芥酸菜籽油　low erucic acid rapeseed oil

芥酸相对含量符合 NY/T 416 要求的菜籽油。

3.2.1.7

高油酸菜籽油　high oleic acid rapeseed

以高油酸油菜籽为原料加工制取的油。

3.2.1.8

转基因菜籽油　genetically modified organism rapeseed oil

以转基因油菜籽为原料加工制取的油。

3.2.1.9

大豆油　soybean oil

亦称豆油。以大豆为原料加工制取的油。

3.2.1.10

大豆原油　crude soybean oil

以大豆为原料加工制取的、不能直接食用的油,应符合 GB/T 1535 的要求。

3.2.1.11

成品大豆油　finished product of soybean oil

经加工处理符合 GB/T 1535 成品油质量指标和 GB 2716 食品安全国家标准的食用大豆油。

3.2.1.12

转基因大豆油　genetically modified organism soybean oil

以转基因大豆为原料加工制取的油。

3.2.1.13

花生油　peanut oil

以花生为原料加工制取的油。

3.2.1.14

压榨花生油　pressing peanut oil

花生经直接压榨制取的油。

3.2.1.15

浸出花生油　solvent extraction peanut oil

利用溶剂溶解油脂的特性,从花生料胚或预榨饼中制取的花生原油经精炼加工制成的油。

3.2.1.16

花生原油　crude peanut oil

以花生为原料加工制取的、不能直接食用的油,应符合 GB/T 1534 的要求。

3.2.1.17

成品花生油　finished product of peanut oil

经加工处理符合 GB/T 1534 成品油质量指标和 GB 2716 食品安全国家标准的食用花生油。

3.2.1.18

高油酸花生油　high oleic acid peanut oil

以高油酸花生为原料加工制取的油。

3.2.1.19

芝麻油 sesame oil

以芝麻为原料加工制取的油。

3.2.1.20

芝麻原油 crude sesame oil

芝麻种子经压榨压滤法制得芝麻饼或水代法制得芝麻渣采用溶剂浸出工艺制取、未精炼的芝麻油,不能直接食用,应符合 GB/T 8233 的要求。

3.2.1.21

芝麻香油 pressing fragrant sesame oil

芝麻种子经过焙炒采用压榨压滤或石磨磨浆水代工艺制取的具有浓郁香味的符合 GB/T 8233 要求的食用芝麻油。

3.2.1.22

小磨芝麻香油 ground fragrant sesame oil

亦称小磨香油。芝麻籽经过焙炒和石磨磨浆,采用水代法加工制取的符合 GB/T 8233 质量指标和 GB 2716 食品安全国家标准的食用芝麻油。

3.2.1.23

精炼芝麻油 refined sesame oil

芝麻原油经精炼加工制成的符合 GB/T 8233 质量指标和 GB 2716 食品安全国家标准的食用芝麻油。

3.2.1.24

葵花籽油 sunflowerseed oil

以葵花籽为原料加工制取的油。

3.2.1.25

压榨葵花籽油 pressing sunflowerseed oil

葵花籽经蒸炒或焙炒处理后利用机械压力挤压制取的或再精炼生产的油,其中,全部剥壳脱皮、色选的葵花仁经被炒、蒸炒等处理后,采用压榨法制取的油称为葵花仁油。

3.2.1.26

浸出葵花籽油 solvent extraction sunflowerseed oil

利用溶剂溶解油脂的特性,从葵花籽料坯或预榨饼中制取的葵花籽原油经加工制成的油。

3.2.1.27

葵花籽原油 crude sunflowerseed oil

以葵花籽为原料加工制取的、不能直接食用的油,应符合 GB/T 10464 的要求。

3.2.1.28

成品葵花籽油 finished product of sunflowerseed oil

经加工处理符合 GB/T 10464 成品油质量指标和 GB 2716 食品安全国家标准的食用葵花籽油。

3.2.1.29

玉米油 maize oil, corn oil

亦称玉米胚油。以玉米胚(包括玉米胚芽、玉米胚乳等)为原料加工制取的油。

3.2.1.30

压榨玉米油 pressing maize oil

玉米胚经直接压榨制取的玉米油。

3.2.1.31

浸出玉米油 solvent extraction maize oil

利用溶剂溶解油脂的特性,从玉米胚或预榨饼中制取的玉米原油经精炼加工制成的油。

3.2.1.32

玉米原油　crude maize oil

以玉米胚为原料加工制取的、不能直接食用的油,应符合 GB/T 19111 的要求。

3.2.1.33

成品玉米油　finished product of maize oil

经加工处理的符合 GB/T 19111 质量指标和 GB 2716 食品安全国家标准的食用玉米油。

3.2.1.34

高甾醇玉米油　high phytosterol maize oil

富含植物甾醇的玉米油,一般甾醇含量不低于 8 000 mg/kg。

3.2.1.35

转基因玉米油　genetically modified organism maize oil

以转基因玉米的胚芽、胚乳等为原料加工制取的油。

3.2.1.36

棉籽油　cottonseed oil

亦称棉油。以棉籽为原料加工制取的油。

3.2.1.37

棉籽原油　crude cottonseed oil

以棉籽为原料加工制取的、不能直接食用的油,应符合 GB/T 1537 的要求。

3.2.1.38

成品棉籽油　finished product of cottonseed oil

由棉籽原油经精炼工艺制取的油,符合 GB/T 1537 成品油质量指标和 GB 2716 食品安全国家标准的食用棉籽油。

3.2.1.39

转基因棉籽油　genetically modified organism cottonseed oil

用转基因棉籽加工制取的油。

3.2.1.40

棕榈油　palm oil

以油棕榈果肉为原料加工制取的油。

3.2.1.41

棕榈液态油　palm olein

油棕油经分提工序精制而成的在常温下呈液态的棕榈油。

3.2.1.42

棕榈超级液态油　palm superolein

油棕油经分提工序精制及结晶化过程而成的碘值超过 60 的液态棕榈油。

3.2.1.43

棕榈硬脂　palm stearin

油棕油经分提工序精制而成的高熔点的固态棕榈油。

3.2.1.44

棕榈原油　crude palm oil

以油棕榈果肉为原料加工制取的、不能直接食用的油,应符合 GB/T 15680 的要求。

3.2.1.45

成品棕榈油　finished product of palm oil

经处理符合 GB/T 15680 成品油质量指标和 GB 2716 食品安全国家标准的食用棕榈油。

3.2.1.46

米糠油　rice bran oil

亦称稻米油。以米糠为原料加工制取的油。

3.2.1.47

压榨米糠油　pressing rice bran oil

米糠经直接压榨制取的油。

3.2.1.48

浸出米糠油　solvent extraction rice bran oil

米糠经浸出工艺制取的油。

3.2.1.49

米糠原油　crude rice bran oil

以米糠为原料加工制取的、不能直接食用的油,应符合 GB/T 19112 的要求。

3.2.1.50

成品米糠油　finished product of rice bran oil

经精炼处理后符合 GB/T 19112 成品油质量指标和 GB 2716 食品安全国家标准的食用米糠油。

3.2.1.51

橄榄油　olive oil

以油橄榄的鲜果为原料加工制取的油。

3.2.1.52

初榨橄榄油　virgin olive oil

采用机械压榨等物理方式直接从油橄榄鲜果中加工制取的无任何添加剂的油。

3.2.1.53

可直接食用的初榨橄榄油　virgin olive oil fit for consumption

为避免温度等外界因素引起油脂成分的改变,油橄榄鲜果经清洗、倾析、离心或过滤工艺对原料进行处理加工制取的油。

3.2.1.54

不可直接食用的初榨橄榄油　inedible virgin olive oil

以油橄榄鲜果为原料制取的不符合食用指标规定的初榨橄榄灯油。

3.2.1.55

精炼橄榄油　refined olive oil

初榨橄榄油灯油经精炼制取、甘油酯结构不发生改变,且只允许添加 α-生育酚的符合食用指标规定的橄榄油。

3.2.1.56

混合橄榄油　blended olive oil

由精炼橄榄油和可直接食用的初榨橄榄油经混合制成的可食用的橄榄油。

3.2.1.57

油橄榄果渣油　olive-pomace oil

油橄榄果渣经溶剂浸提或其他物理方法制取的油。

3.2.1.58

粗提油橄榄果渣油　crude olive-pomace oil

以油橄榄果渣为原料采用浸出工艺提取未经处理的,且不符合食用指标规定,主要作为精炼油橄榄果渣油原料的油橄榄果渣毛油。

3.2.1.59

精炼油橄榄果渣油 refined olive-pomace oil

采用粗提油橄榄果渣油为原料经精炼工序制取的,且只允许添加 α-生育酚的橄榄油。

3.2.1.60

混合油橄榄果渣油 blended olive-pomace oil

由精炼油橄榄果渣油与可直接食用的初榨橄榄油经混合制成的符合食用指标规定的橄榄油。

3.2.1.61

紫苏籽油 perilla oil

以紫苏籽为原料加工制取的油。

3.2.1.62

压榨紫苏籽油 pressing perilla oil

紫苏籽直接压榨制取的油。

3.2.1.63

浸出紫苏籽油 solvent extraction perilla oil

浸出法加工制取的紫苏籽原油经精炼加工制成的油。

3.2.1.64

紫苏籽原油 crude perilla oil

以紫苏籽为原料加工制取的、不能直接食用的油,应符合 LS/T 3254 的要求。

3.2.1.65

成品紫苏籽油 finished product of perilla oil

经加工处理符合 LS/T 3254 成品油质量指标和 GB 2716 食品安全国家标准的食用紫苏籽油。

3.2.1.66

红花籽油 safflower oil

以红花籽为原料加工制取的油。

3.2.1.67

压榨红花籽油 pressing safflowerseed oil

红花籽经压榨工艺加工制取的油。

3.2.1.68

浸出红花籽油 solvent extraction safflowerseed oil

红花籽经浸出工艺加工制取的油。

3.2.1.69

红花籽原油 crude safflowerseed oil

以红花籽为原料加工制取的、不能直接食用的油,应符合 GB/T 22465 的要求。

3.2.1.70

成品红花籽油 finished product of safflowerseed oil

经加工处理符合 GB/T 22465 成品油质量指标和 GB 2716 食品安全国家标准的食用红花籽油。

3.2.1.71

亚麻籽油 linseed oil, flaxseed oil

亦称亚麻油、亚麻仁油、胡麻油。以亚麻籽为原料加工制取的油。

3.2.1.72

亚麻籽原油 crude flaxseed oil

以亚麻籽为原料加工制取的、不能直接食用的油,应符合 GB/T 8235 的要求。

3.2.1.73

成品亚麻籽油 finished product of flaxseed oil

由亚麻籽或亚麻籽原油加工制成,符合 GB/T 8235 成品油质量指标和 GB 2716 食品安全国家标准的食用亚麻籽油。

3.2.1.74

油茶籽油 camellia seed oil

亦称山茶油、茶油。以油茶及其相应近缘种的籽实或仁为原料加工制取的油。

3.2.1.75

压榨油茶籽油 pressing camellia seed oil

油茶籽经压榨工艺加工制取的油。

3.2.1.76

浸出油茶籽油 solvent extraction camellia seed oil

利用溶剂溶解油脂的特性,从油茶籽预榨饼中提取的原油经精炼加工制成的油。

3.2.1.77

油茶籽原油 crude camellia seed oil

以油茶籽为原料加工制取的、不能直接食用的油,应符合 GB/T 11765 的要求。

3.2.1.78

成品油茶籽油 finished product of camellia seed oil

经加工处理后的符合 GB/T 11765 成品油质量指标和 GB 2716 食品安全国家标准的食用油茶籽油。

3.2.1.79

水酶法油茶籽油 aqueous enzymatic extraction camellia seed oil

油茶籽仁(全脱壳)通过色选去霉变籽粒,经研磨后与水混合加热,在特定酶的作用下释放油脂,离心分离出含水的油茶籽油,经脱水干燥加工制取的油。

3.2.1.80

油莎豆油 cyperus esculentus oil

以油莎豆为原料加工制取的油。

3.2.1.81

油莎豆原油 crude crperus esculentus oil

以油莎豆为原料加工制取的、不能直接食用的油,应符合 LS/T 3259 的要求。

3.2.1.82

成品油莎豆油 finished product of crperus esculentus oil

油莎豆原油经过精炼的符合 LS/T 3259 成品油质量指标和 GB 2716 食品安全国家标准的食用油莎豆油。

3.2.1.83

牡丹籽油 peony seed oil

以芍药科芍药属的丹凤牡丹和紫斑牡丹的籽仁为原料加工制取的符合 GB/T 40622 或 LS/T 3242 质量指标和 GB 2716 食品安全国家标准的食用牡丹籽油。

3.2.1.84

葡萄籽油 grapeseed oil

以葡萄籽为原料加工制取的油。

3.2.1.85

沙棘籽油 seabuckthorn seed oil

以沙棘籽为原料加工制取的油。

3.2.1.86

压榨沙棘籽油　pressing seabuckthorn seed oil

以沙棘籽为原料加工制取的油。

3.2.1.87

浸出沙棘籽油　solvent extraction seabuckthorn seed oil

以沙棘籽为原料浸出加工制取的油。

3.2.1.88

超临界CO₂萃取的沙棘籽油　CO_2 supercritical extraction seabuckthorn seed oil

以沙棘籽为原料超临界CO_2萃取的油。

3.2.1.89

南瓜籽油　pumpkin seed oil

以南瓜籽为原料加工制取的油。

3.2.1.90

压榨南瓜籽油　pressing pumpkin seed oil

南瓜籽经压榨工艺加工制取的油。

3.2.1.91

浸出南瓜籽油　solvent extraction pumpkin seed oil

南瓜籽经浸出工艺制取的油。

3.2.1.92

成品南瓜籽油　finished product of pumpkin seed oil

经加工处理符合LS/T 3250成品油质量指标和GB 2716食品安全国家标准的食用南瓜籽油。

3.2.1.93

核桃油　walnut oil

以核桃或铁核桃为原料加工制取的油。

3.2.1.94

核桃原油　crude walnut oil

以油用核桃为原料加工制取的、不能直接食用的油，应符合GB/T 22327的要求。

3.2.1.95

成品核桃油　finished product of walnut oil

油用核桃或核桃原油加工制取，符合GB/T 22327成品油质量指标和GB 2716食品安全国家标准的食用核桃油。

3.2.1.96

元宝枫籽油　acer truncatum bunge seed oil

以元宝枫籽为原料加工制取的油。

3.2.1.97

文冠果油　shiny-leaved yellowhorn oil

文冠果籽为原料加工制取的油。

3.2.1.98

文冠果原油　crude shiny-leaved yellowhorn oil

以文冠果籽为原料加工制取的、不能直接食用的油，应符合LS/T 3265的要求。

3.2.1.99

成品文冠果油　finished product of shiny-leaved yellowhorn oil

文冠果籽或文冠果原油加工制取，符合LS/T 3265成品油质量指标和GB 2716食品安全国家标准的食用文冠果油。

3.2.1.100

美藤果油 sacha inchi oil

美藤果为原料加工制取的油。

3.2.1.101

美藤果原油 crude sacha inchi oil

以美藤果为原料加工制取的、不能直接食用的油,应符合 LS/T 3264 的要求。

3.2.1.102

成品美藤果油 finished product of sacha inchi oil

由美藤果或美藤果原油加工制取,符合 LS/T 3264 成品油质量指标和 GB 2716 食品安全国家标准的食用美藤果油。

3.2.1.103

番茄籽油 tomato seed oil

以番茄籽为原料加工制取的油。

3.2.1.104

压榨番茄籽油 pressing tomato seed oil

番茄籽经压榨工艺加工制取的油。

3.2.1.105

浸出番茄籽油 solvent extraction tomato seed oil

番茄籽经浸出工艺加工制取的油。

3.2.1.106

长柄扁桃油 amygdalus pedunculata pall oil

以长柄扁桃仁为原料加工制取的油。

3.2.1.107

长柄扁桃原油 crude amygdalus pedunculata pall oil

长柄扁桃仁采用压榨、浸出等方法制取尚未经后续精炼工艺处理,不能直接食用的油。

3.2.1.108

成品长柄扁桃油 finished product of amygdalus pedunculata pall oil

长柄扁桃原油经精炼工艺(不得改变其甘油酯结构)处理,符合 LS/T 3255 成品油质量指标和 GB 2716 食品安全国家标准,可直接食用的油。

3.2.1.109

盐地碱蓬籽油 suaeda salsa seed oil

以盐地碱蓬籽为原料加工制取的油。

3.2.1.110

盐地碱蓬籽原油 crude suaeda salsa seed oil

盐地碱蓬籽经压榨、浸出等方法制取尚未加工处理,不能直接食用的油。

3.2.1.111

成品盐地碱蓬籽油 finished product of suaeda salsa seed oil

由盐地碱蓬籽或盐地碱蓬籽原油加工制取,符合 LS/T 3263 成品油质量指标和 GB 2716 食品安全国家标准,可直接食用的油。

3.2.1.112

盐肤木果油 sumac fruit oil

以盐肤木果为原料加工制取的油。

3.2.1.113

盐肤木果原油　crude sumac fruit oil

盐肤木果经压榨、浸出等方法制取尚未加工处理,不能直接食用的油。

3.2.1.114

成品盐肤木果油　finished product of sumac fruit oil

由盐肤木果或盐肤木果原油加工制取,符合 LS/T 3261 成品油质量指标和 GB 2716 食品安全国家标准,可直接食用的油。

3.2.1.115

茶叶籽油　tea camellia seed oil

以茶叶籽为原料加工制取的油。

3.2.1.116

汉麻籽油　hemp seed oil

以汉麻籽为原料加工制取的油。

3.2.1.117

食用橡胶籽油　edible rubber seed oil

以橡胶籽为原料加工制取的油。

3.2.1.118

食用橡胶籽原油　crude edible rubber seed oil

橡胶籽果经压榨、浸出等方法制取的尚未加工处理、不能直接食用的油。

3.2.1.119

成品食用橡胶籽油　finished product of edible rubber seed oil

由食用橡胶籽油或食用橡胶籽原油经加工制取,符合 LS/T 3262 成品油质量指标和 GB 2716 食品安全国家标准,可直接食用的油。

3.2.1.120

山桐子油　idesia polycarpa oil

以山桐子为原料加工制取的油。

3.2.1.121

山桐子原油　crude idesia polycarpa oil

山桐子经压榨、浸出等方法制取的尚未加工处理、不能直接食用的油。

3.2.1.122

成品山桐子油　finished product of idesia polycarpa oil

由山桐子油或山桐子原油加工制取,符合 LS/T 3258 成品油质量指标和 GB 2716 食品安全国家标准,可直接食用的油。

3.2.1.123

小麦胚油　wheat germ oil

以小麦胚为原料加工制取的油。

3.2.1.124

食用调和油　blended edible oil

用 2 种或 2 种以上单品种食用植物油调配制成,符合 GB/T 40851 质量指标和 GB 2716 食品安全国家标准的食用调和油。

3.2.2

油料饼粕　oilseed cake

植物油料经压榨或浸提制取油脂后形成的产品。

3.2.2.1

菜籽饼　rapeseed cake

油菜籽压榨制油后形成的产品。

3.2.2.2

菜籽粕　rapeseed meal

油菜籽浸出油脂并去除溶剂后形成的产品。

3.2.2.3

饲料用菜籽饼　rapeseed cake for feedstuff

油菜籽压榨制油后形成的产品,应符合 NY/T 125 的要求。

3.2.2.4

饲料用菜籽粕　rapeseed meal for feedstuff

以油菜籽为原料,预压浸提或者直接浸提法制油后形成的产品,应符合 GB/T 23736 的要求。

3.2.2.5

饲料用低硫苷菜籽饼　low glucosinolates rapeseed cake for feedstuff

以低硫苷油菜籽为原料,压榨制油后形成的产品,应符合 NY/T 417 的要求。

3.2.2.6

饲料用低硫苷菜籽粕　low glucosinolates rapeseed meal for feedstuff

以低硫苷油菜籽为原料,预榨浸出油后形成的产品,应符合 NY/T 417 的要求。

3.2.2.7

饲料用大豆饼　soybean cake for feedstuff

大豆经压榨制油后形成的产品,应符合 NY/T 130 的要求。

3.2.2.8

饲料用大豆粕　soybean meal for feedstuff

大豆以浸提法或者先去皮再用浸提法制油后形成的产品,应符合 GB/T 19541 的要求。

3.2.2.9

食用大豆粕　edible soybean meal

大豆经浸出法(预榨浸出或直接浸出)制油后适合食品加工用的富含蛋白质的产品,应符合 GB/T 13382 的要求。

3.2.2.10

低温食用豆粕　low temperature desolventized edible soybean meal

大豆采用溶剂浸出法制油后,经低温或闪蒸脱溶处理的水溶性蛋白质含量较高的食用大豆粕,应符合 GB/T 21494 的要求。

3.2.2.11

饲料用花生饼　peanut cake for feedstuff

脱壳花生果经压榨法提油后形成的产品,应符合 NY/T 132 的要求。

3.2.2.12

饲料用花生粕　peanut meal for feedstuff

脱壳花生果经有机溶剂浸提或预榨浸提制油后形成的产品,应符合 NY/T 133 的要求。

3.2.2.13

食用花生饼　edible peanut cake

花生仁经压榨制油后形成的产品,应符合 GB/T 13383 的要求。

3.2.2.14

食用花生粕 edible peanut meal

花生仁经预榨制油后形成的产品,应符合 GB/T 13383 的要求。

3.2.2.15

高变性食用花生粕 highly denatured edible peanut meal

经高温处理所得的蛋白质变性较大的食用花生粕,应符合 GB/T 13383 的要求。

3.2.2.16

低变性食用花生粕 low denatured edible peanut meal

经低温或闪蒸脱溶处理所得的蛋白质变性较小的食用花生粕,应符合 GB/T 13383 的要求。

3.2.2.17

芝麻粕 sesame seed meal

芝麻种子经浸出法(压榨浸出或直接浸出)制油后形成的产品,应符合 GB/T 22477 的要求。

3.2.2.18

葵花籽粕 sunflowerseed meal

葵花籽经预榨浸出或直接浸出法制油后形成的产品,应符合 GB/T 22463 的要求。

3.2.2.19

饲料用向日葵仁饼 sunflower cake for feedstuff

向日葵仁(带部分壳)经压榨制油后形成的产品,应符合 NY/T 128 的要求。

3.2.2.20

饲料用向日葵仁粕 sunflower meal for feedstuff

向日葵仁(带部分壳)以浸提法制油后形成的产品,应符合 NY/T 127 的要求。

3.2.2.21

亚麻籽饼 flaxseed cake

亦称胡麻籽饼。亚麻籽经压榨制油后形成的产品,应符合 LS/T 3317 的要求。

3.2.2.22

亚麻籽粕 flaxseed meal

亦称胡麻籽粕。亚麻籽经浸出制油后形成的产品,应符合 LS/T 3317 的要求。

3.2.2.23

饲料用亚麻仁饼 flaxseed kernel cake for feedstuff

亚麻籽(仁)经压榨法制油后形成的产品,应符合 NY/T 216 的要求。

3.2.2.24

饲料用亚麻仁粕 flaxseed kernel meal for feedstuff

亚麻籽(仁)经预榨浸提或有机溶剂浸提制油后形成的产品,应符合 NY/T 217 的要求。

3.2.2.25

饲料用棉籽饼 cottonseed cake for feedstuff

棉籽经脱壳或部分脱壳后再以压榨法制油后形成的产品,应符合 NY/T 129 的要求。

3.2.2.26

饲料用棉籽粕 cottonseed meal for feedstuff

棉籽经预压浸提或有机溶剂直接浸提制油后形成的产品,应符合 GB/T 21264 的要求。

3.2.2.27

花椒籽饼 zanthoxylum bungeanum seed cake

花椒籽经压榨提取油脂后得到的物料,应符合 LS/T 3313 的要求。

3.2.2.28

花椒籽粕　zanthoxylum bungeanum seed meal

花椒籽经浸出提取油脂并脱出溶剂后得到的物料,应符合 LS/T 3313 的要求。

3.2.2.29

核桃饼　walnut cake

核桃脱壳后经压榨提取油脂后得到的物料,应符合 LS/T 3315 的要求。

3.2.2.30

核桃粕　walnut meal

核桃脱壳后经浸出提取油脂并脱出溶剂后得到的物料,应符合 LS/T 3315 的要求。

3.2.2.31

牡丹籽饼　peony seed cake

油用牡丹籽脱壳后经压榨提取油脂后得到的物料,应符合 LS/T 3310 的要求。

3.2.2.32

牡丹籽粕　peony seed meal

油用牡丹籽脱壳后经浸出提取油脂并脱出溶剂后得到的物料,应符合 LS/T 3310 的要求。

3.2.2.33

盐地碱蓬籽饼　suaeda salsa seed cake

盐地碱蓬籽经压榨提取油脂后得到的物料,应符合 LS/T 3307 的要求。

3.2.2.34

盐地碱蓬籽粕　suaeda salsa seed meal

盐地碱蓬籽经浸出提取油脂并脱出溶剂后得到的物料,应符合 LS/T 3307 的要求。

3.2.2.35

杜仲籽饼　*Eucommia ulmoides* Oliver cake

杜仲籽脱壳后经压榨提取油脂后得到的物料,应符合 LS/T 3306 的要求。

3.2.2.36

杜仲籽粕　*Eucommia ulmoides* Oliver meal

杜仲籽脱壳后经浸出提取油脂并脱出溶剂后得到的物料,应符合 LS/T 3306 的要求。

3.2.2.37

盐肤木果饼　*Rhus chinensis* Mill. cake

盐肤木果经压榨提取油脂后得到的物料,应符合 LS/T 3308 的要求。

3.2.2.38

盐肤木果粕　*Rhus chinensis* Mill. meal

盐肤木果经浸出提取油脂并脱出溶剂后得到的物料,应符合 LS/T 3308 的要求。

3.2.2.39

山桐子饼　idesia ploycarpa cake

山桐子经压榨提取油脂后得到的物料,应符合 LS/T 3314 的要求。

3.2.2.40

山桐子粕　idesia ploycarpa meal

山桐子经浸出提取油脂并脱出溶剂后得到的物料,应符合 LS/T 3314 的要求。

3.2.2.41

橡胶籽饼　rubber seed cake

橡胶籽仁经压榨提取油脂后得到的物料,应符合 LS/T 3318 的要求。

3.2.2.42

橡胶籽粕　rubber seed meal

橡胶籽仁经浸出提取油脂并脱出溶剂后得到的物料,应符合 LS/T 3318 的要求。

3.2.2.43

漆树籽饼　toxicodendron vernicifluum seed cake

漆树籽经压榨提取油脂后得到的物料,应符合 LS/T 3319 的要求。

3.2.2.44

漆树籽粕　toxicodendron vernicifluum seed meal

漆树籽经浸出提取油脂并脱出溶剂后得到的物料,应符合 LS/T 3319 的要求。

3.2.2.45

元宝枫籽饼　acer truncatum bunge seed cake

元宝枫籽经压榨提取油脂后得到的物料,应符合 LS/T 3316 的要求。

3.2.2.46

元宝枫籽粕　acer truncatum bunge seed meal

元宝枫籽经浸出提取油脂并脱出溶剂后得到的物料,应符合 LS/T 3316 的要求。

3.2.2.47

油茶籽饼　camellia seed cake

油茶籽经压榨提取油脂后得到的物料,应符合 GB/T 35131 的要求。

3.2.2.48

油茶籽粕　camellia seed meal

油茶籽经浸出提取油脂并脱出溶剂后得到的物料,应符合 GB/T 35131 的要求。

3.2.2.49

发酵豆粕　fermented soybean meal

以大豆粕为主要原料(95%),以麸皮、玉米皮等为辅助原料,使用农业农村部《饲料添加剂品种目录》中批准使用的微生物菌种进行固态发酵,并经干燥制成的蛋白质饲料原料产品。

3.2.2.50

玉米胚芽粕　corn germ meal

玉米胚、芽经浸出提取油脂并脱出溶剂后得到的物料,应符合 LS/T 3309 的要求。

3.2.2.51

米糠粕　rice germ meal

米糠经浸出提取油脂并脱出溶剂后得到的物料,应符合 LS/T 3320 的要求。

索　引

汉语拼音索引

D

F

G

H

P

Q

S

W

X

Y

英文对应词索引

E

F

R

S

ICS 67.080.10
CCS B 31

中华人民共和国农业行业标准

NY/T 2316—2023
代替 NY/T 2316—2013

苹果品质评价技术规范

Technical specification for quality evaluation of apple

2023-04-11 发布

2023-08-01 实施

中华人民共和国农业农村部 发布

前　言

本文件按照 GB/T 1.1—2020《标准化工作导则　第 1 部分：标准化文件的结构和起草规则》的规定起草。

本文件代替 NY/T 2316—2013《苹果品质指标评价规范》，与 NY/T 2316—2013 相比，除结构调整和编辑性改动外，主要技术变化如下：

a)　标准名称改为"苹果品质评价技术规范"；

b)　增加了"术语和定义"一章（见第 3 章）；

c)　增加了"抽样"一章（见第 4 章）；

d)　增加了盖色分布类型和着色程度的评价（见 5.5）；

e)　对部分参照品种进行了精简和调整（见第 6 章）；

f)　果实硬度测定方法改为引用 NY/T 2009（见 7.1）；

g)　可溶性固形物含量测定方法改为引用 NY/T 2637（见 7.2）；

h)　可溶性糖含量测定方法由 NY/T 1278 改为 GB/T 18672（见 7.3）；

i)　维生素 C 含量测定方法由 GB/T 6195 改为 GB 5009.86（见 7.5）；

j)　删除了耐储性评价。

请注意本文件的某些内容可能涉及专利。本文件的发布机构不承担识别专利的责任。

本文件由农业农村部农产品营养标准专家委员会提出并归口。

本文件起草单位：青岛农业大学、农业农村部果品质量安全风险评估实验室（青岛）、山东省果树研究所、青岛市现代农业质量与安全工程重点实验室、山东农业工程学院。

本文件主要起草人：聂继云、韩令喜、万浩亮、薛晓敏、贾东杰、秦旭、段艳欣、赵强、刘晓丽、屈海泳、徐晓召。

本文件及其所代替文件的历次版本发布情况为：

——2013 年首次发布为 NY/T 2316—2013；

——本次为首次修订。

苹果品质评价技术规范

1 范围

本文件确立了苹果外观品质、内在品质和理化品质的评价方法。

本文件适用于苹果的品质评价。

2 规范性引用文件

下列文件中的内容通过文中的规范性引用而构成本文件必不可少的条款。其中,注日期的引用文件,仅该日期对应的版本适用于本文件;不注日期的引用文件,其最新版本(包括所有的修改单)适用于本文件。

GB 5009.86 食品安全国家标准 食品中抗坏血酸的测定

GB 12456 食品安全国家标准 食品中总酸的测定

GB/T 18672 枸杞

NY/T 1839 果树术语

NY/T 2009 水果硬度的测定

NY/T 2637 水果和蔬菜可溶性固形物含量的测定 折射仪法

3 术语和定义

NY/T 1839 界定的术语和定义适用于本文件。

4 抽样

4.1 抽样量

散装产品不少于 10 kg,预包装产品不少于 40 个果实。

4.2 抽样方法

4.2.1 生产基地

随机抽取同一基地、同一品种、同一批成熟的产品。根据生产基地的地形、地势及苹果树的分布情况合理布局抽样点,每批内抽样点不应少于 5 个。按对角线法、梅花点法、棋盘式法、蛇形法等方法抽取样品。每个抽样点 1 株苹果树,从树冠中部外围和内膛东西南北各摘取 1 个果实。

4.2.2 仓储和流通领域

随机抽取同一批产品的储藏库、货架或堆。散装产品以分层、分方向结合方式,只分层(上、中、下 3 层)方式或只分方向方式抽取。预包装产品在堆放空间的四角和中间布设采样点。

5 外观品质评价

5.1 果实大小

从抽取的样品中随机取 10 个果实,称重,计算平均单果重,根据表 1 确定果实大小。

表 1 苹果果实大小评价标准

序号	平均单果重(X),g	评价
1	$X \leqslant 50$	极小
2	$50 < X \leqslant 110$	小
3	$110 < X \leqslant 180$	中
4	$180 < X \leqslant 250$	大
5	$X > 250$	极大

5.2 果实形状

将果实从中间纵切,目测果实断面形状,参照图 1,按最大相似原则确定果实形状。

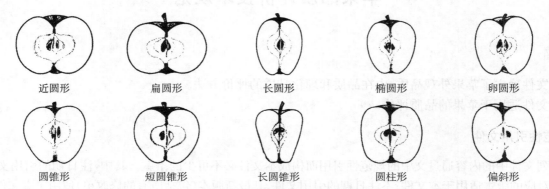

<table>
<tr><td>近圆形</td><td>扁圆形</td><td>长圆形</td><td>椭圆形</td><td>卵圆形</td></tr>
<tr><td>圆锥形</td><td>短圆锥形</td><td>长圆锥形</td><td>圆柱形</td><td>偏斜形</td></tr>
</table>

图 1 苹果果实形状模式

5.3 果面光洁度

目测和用手触摸果实表面,参照图 2,按最大相似原则确定果面光洁度。

平滑光洁　　　　　较粗糙少光泽　　　　　多锈

图 2 苹果果面光洁度模式

5.4 果点大小和疏密

目测果实胴部,参照图 3,按最大相似原则确定果点大小;参照图 4,按最大相似原则确定果点疏密。

小　　　　　　　　中　　　　　　　　大

图 3 苹果果点大小模式

疏　　　　　　　　中　　　　　　　　密

图 4 苹果果点疏密模式

5.5 果实颜色

目测,参照图 5,按最大相似原则确定果实颜色种类。非着色品种观测底色,着色品种观测盖色。盖色分布类型分为片状、条状、混合型 3 种类型。着色程度分为全面着色(果面 90%及以上着色)和部分着色(果面 90%以下着色)。

| 绿 | 黄绿 | 绿黄 |

| 橙红 | 淡红 | 浓红 |

| 鲜红 | 暗红 | 紫红 |

图 5   苹果果实颜色模式

5.6   锈量

从抽取的样品中随机取 10 个果实,目测梗洼、萼洼和胴部的果锈分布面积比例(以 10 个果实的平均值计),根据表 2 确定梗洼锈量多少,根据表 3 确定萼洼锈量多少,根据表 4 确定胴部锈量多少。

表 2   苹果梗洼锈量评价标准

序号	分布面积比例(X)	评价
1	0	无
2	0<X<1/4	少
3	1/4≤X≤1/2	中
4	X>1/2	多

表 3   苹果萼洼锈量评价标准

序号	分布面积比例(X)	评价
1	0	无
2	0<X<1/4	少
3	1/4≤X≤1/2	中
4	X>1/2	多

表 4   苹果胴部锈量评价标准

序号	分布面积比例(X)	评价
1	0	无
2	0<X<1/10	少
3	1/10≤X≤1/4	中
4	X>1/4	多

6 内在品质评价

6.1 果心大小

从抽取的样品中随机取 10 个果实,沿果实最大横径处一次性切开,参照图 6,观察心室外端达到果实半径的相对位置(以 10 个果实的平均值计),根据表 5 确定果心大小。

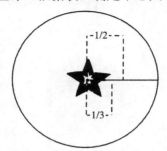

图 6 苹果果心大小模式

表 5 苹果果心大小评价标准

序号	心室外端达到果实半径的相对位置(X)	评价
1	$X<1/3$	小
2	$1/3{\leqslant}X{\leqslant}1/2$	中
3	$X>1/2$	大

6.2 果肉颜色

将果实剖开,立即目测果肉,参照图 7,按最大相似原则确定其颜色。

| 白 | 绿白 | 黄白 | 黄 | 红 |

图 7 苹果果肉颜色模式

6.3 果肉质地

切取果肉,品尝,参照表 6,按最大相似原则确定其质地。

表 6 苹果果肉质地评价参照品种

序号	参照品种	评价
1	黄魁	松软
2	红彩苹	绵软
3	津轻	松脆
4	国光	硬脆
5	印度	硬

6.4 果肉粗细

切取果肉,品尝,参照表 7,按最大相似原则确定其粗细。

表 7 苹果果肉粗细评价参照品种

序号	参照品种	评价
1	倭锦	粗
2	嘎拉	中
3	旭	细

6.5 汁液

切取果肉,品尝,参照表8,按最大相似原则确定其汁液多少。

表 8　苹果汁液评价参照品种

序号	参照品种	评价
1	印度	少
2	金冠	中
3	富士	多

6.6 风味

切取果肉,品尝,参照表9,按最大相似原则确定其风味。

表 9　苹果风味评价参照品种

序号	参照品种	评价
1	印度	甜
2	辽伏	淡甜
3	王林	酸甜
4	富士	酸甜适度
5	国光	甜酸
6	红玉	微酸
7	澳洲青苹	酸
8	磅	极酸
9	果红	涩
10	大陆52号	酸涩

6.7 香气

切取果肉,经鼻嗅和品尝,参照表10,按最大相似原则确定其香气浓淡。

表 10　苹果香气评价参照品种

序号	参照品种	评价
1	国光	无
2	富士	淡
3	金冠	浓

6.8 异味

切取果肉,经鼻嗅和品尝,确定果肉有无异味。异味包括涩味、粉香味、酒味等。

7 理化品质评价

7.1 果实硬度

从抽取的样品中随机取10个果实,按照 NY/T 2009 描述的方法测定去皮硬度,计算平均值,根据表11确定其高低。

表 11　苹果果实硬度评价标准

序号	去皮硬度(X),kg/cm²	评价
1	$X < 5.0$	极低
2	$5.0 \leqslant X < 7.5$	低
3	$7.5 \leqslant X < 9.5$	中
4	$9.5 \leqslant X < 11.0$	高
5	$X \geqslant 11.0$	极高

7.2 可溶性固形物含量

从抽取的样品中随机抽取10个果实,采用折射仪法,按照 NY/T 2637 的描述测定可溶性固形物含量,根据表12确定其高低。

表 12 苹果可溶性固形物含量评价标准

序号	可溶性固形物含量(X),%	评价
1	$X<9$	极低
2	$9\leqslant X<11$	低
3	$11\leqslant X<14$	中
4	$14\leqslant X<17$	高
5	$X\geqslant17$	极高

7.3 可溶性糖含量

从抽取的样品中随机取10个果实,四分法取可食部分,切碎,混匀,用组织捣碎机制成匀浆,采用费林试剂滴定法,按照 GB/T 18672 的描述测定可溶性糖含量,根据表13确定其高低。

表 13 苹果可溶性糖含量评价标准

序号	可溶性糖含量(X),%	评价
1	$X<8$	极低
2	$8\leqslant X<9$	低
3	$9\leqslant X<10$	中
4	$10\leqslant X<11$	高
5	$X\geqslant11$	极高

7.4 可滴定酸含量

从抽取的样品中随机取10个果实,四分法取可食部分,切碎,混匀,用组织捣碎机制成匀浆,采用酸碱滴定法或 pH 电位法,按照 GB 12456 的描述测定可滴定酸含量,根据表14确定其高低。

表 14 苹果可滴定酸含量评价标准

序号	可滴定酸含量(X),%	评价
1	$X<0.2$	极低
2	$0.2\leqslant X<0.4$	低
3	$0.4\leqslant X<0.7$	中
4	$0.7\leqslant X<0.9$	高
5	$X\geqslant0.9$	极高

7.5 维生素C含量

从抽取的样品中随机取10个果实,四分法取可食部分,切碎,混匀,用组织捣碎机制成匀浆,采用2,6-二氯靛酚滴定法,按照 GB 5009.86 的描述测定维生素 C 含量,根据表15确定其高低。

注:评价品种时,维生素 C 含量应在果实成熟期采样测定。

表 15 苹果维生素 C 含量评价标准

序号	维生素含量(X),mg/100 g	评价
1	$X<1$	极低
2	$1\leqslant X<3$	低
3	$3\leqslant X<5$	中
4	$5\leqslant X<8$	高
5	$X\geqslant8$	极高

ICS 65.020.01
CCS B 04

中华人民共和国农业行业标准

NY/T 4263—2023

农作物种质资源库操作技术
规程　种质圃

Technical code of practice for processing of crop germplasm resources
genebank—Field repository

2023-02-17 发布

2023-06-01 实施

中华人民共和国农业农村部 发布

前　言

本文件按 GB/T 1.1—2020《标准化工作导则　第 1 部分:标准化文件的结构和起草规则》的规定起草。

请注意本文件的某些内容可能涉及专利。本文件的发布机构不承担识别专利的责任。

本文件由农业农村部种业管理司提出。

本文件由全国农作物种子标准化技术委员会(SAC/TC 37)归口。

本文件起草单位:中国农业科学院作物科学研究所、中国农业科学院郑州果树研究所、江苏省农业科学院果树研究所、辽宁省果树科学研究所、中国农业科学院草原研究所、中国农业科学院果树研究所、广东省农业科学院果树研究所、武汉市农业科学院蔬菜研究所。

本文件主要起草人:卢新雄、王力荣、陈晓玲、辛霞、张金梅、尹广鹃、俞明亮、刘威生、李鸿雁、王昆、黄秉智、朱红莲、何娟娟、刘运霞、黄雪琦。

农作物种质资源库操作技术规程 种质圃

1 范围

本文件规定了农作物种质圃(简称"种质圃")操作处理的术语和定义、程序、样本接收与登记、健康检测与隔离试种、初步鉴定与整理编目、繁殖与入圃保存、田间管理与深入评价、动态监测与更新复壮、分发与利用反馈、资料汇总与信息整理等技术要求。

本文件适用于种质圃的操作。

2 规范性引用文件

本文件没有规范性引用文件。

3 术语和定义

下列术语和定义适用于本文件。

3.1

种质圃 germplasm repository

以植株方式保存无性繁殖及多年生作物种质资源的田间设施及相关管理工作,一般涉及资源隔离试种、鉴定评价、动态监测、更新复壮、安全防护的条件设施和技术管理措施。

3.2

定植保存圃 planting field for preservation

种质资源植株定植保存的田间设施。

3.3

圃保存单元区 repository preservation unit

每份种质保存所需的最小面积或设施。

3.4

圃种植小区 repository planting plot

由若干或一定数量的圃保存单元区组成。

3.5

圃位号 repository position number

按一定的原则和顺序对圃保存单元区的编号。

3.6

圃编号 repository accession number

农作物种质资源在种质圃中的编号。

3.7

更新复壮 rejuvenation

对濒临死亡或衰老衰弱的植株进行必要的栽培技术管理,以达到恢复其正常生命力或生长的过程。

3.8

样本 sample

作物种质资源的繁殖器官或组织,包括苗木、种子(孢子)、含籽果实、块根、块茎、球茎、鳞茎、地下茎、种茎、茎尖、匍匐茎、接穗、插条、吸芽、根丛、根蘖、突变芽等。

4 程序

种质圃操作技术规程的程序见图1。

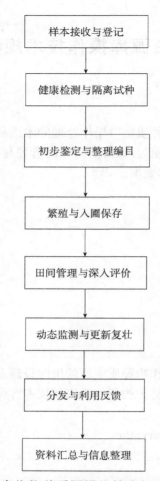

图 1 农作物种质圃操作技术规程的程序

5 样本接收与登记

5.1 接收

接收的种质样本应属于本圃保存作物的新收集或引进材料。

5.2 登记

登记的样本信息应包括种质名称、作物名称、学名、原保存单位编号、采集号或引种号、种质类型、样本类型、获得日期、原产地、生境信息、提供者(采集者)、样本数量、样本状态等。

6 健康检测与隔离试种

6.1 健康检测

参照农业农村部和海关总署公告《中华人民共和国进境植物检疫性有害生物名录》进行严格检疫。如发现有检疫对象应立即销毁。如是特殊种质则应单独隔离消杀,彻底清除检疫对象后再隔离试种。

6.2 隔离试种前消毒处理

6.2.1 试种前应对样本表面进行必要的消毒处理,防止传播。可根据需要选择石硫合剂、波尔多液、多菌灵等进行杀菌消毒,或者利用熏蒸、杀虫农药等方法进行杀虫(卵)消毒。

6.2.2 消毒处理过程中要防止材料失活。

6.3 隔离试种

6.3.1 通过检疫性病虫害等健康检测的新种质,种植于隔离温室、网室或苗圃中进行隔离观察。

6.3.2 隔离观察周期依据作物类型而定,一般为 1 年~3 年。果实类检疫性病虫害的隔离观察周期可延长至 5 年～8 年。

7 初步鉴定与整理编目

7.1 初步鉴定

参照相应作物种质资源描述规范和数据标准进行目录性状初步鉴定,连续 2 年以上观察记载生物学特性和植物学特征。剔除与圃内现有资源重复或没有保存价值的种质。

7.2 整理编目

对符合入圃保存要求的种质按照编目的统一要求进行相关信息整理,并汇总送交到该作物的全国作物种质资源目录编制牵头单位,查重比对后编入国家种质资源目录,并给予每一份种质"全国统一编号"。

8 繁殖与入圃保存

8.1 种质繁殖

将编入国家种质资源目录的种质进行扩繁,以获得足够数量的植株入种质圃定植保存。

8.2 入圃保存

8.2.1 圃位号的编制

8.2.1.1 确定拟入圃保存作物的每份种质所需最小种植面积,即种质圃基本单元区的单位面积。

8.2.1.2 按种质圃种质种植分布的总体布局安排,编制圃位号,每个基本单元区给一个圃位号,并标注于保存圃平面图上。

8.2.2 种植分布的安排

8.2.2.1 规划入圃种质的种植位置。

8.2.2.2 根据种质的植物学分类的科、属、种及资源类型和来源地划分种植小区。

8.2.2.3 野生以及近缘植物、果树砧木种质可单设种植小区。

8.2.2.4 对于需要轮作的作物,应预先做好轮作规划。

8.2.2.5 每类小区宜预留一些种植位置或空间给未来新增种质。

8.2.3 保存株数与株行距

8.2.3.1 根据作物种类及珍稀濒危程度等确定入圃种质的保存株数,每份种质应保存 3 株以上,珍稀濒危种质可适当增加保存数量。

8.2.3.2 应根据植株成年期或可满足生长最低要求的株型大小,以及便于田间观察和机械作业等要求,确定行距和株距。

8.2.3.3 主要作物保存种质的行距、株距和保存数量见附录 A。

8.2.4 定植与挂牌

8.2.4.1 定植前应依据"全国统一编号"等信息再次查重比对,剔除重复。

8.2.4.2 每份种质应给予一个"种质圃编号"。

8.2.4.3 定植时应给每份种质挂上标牌。标牌上应正确标注该份种质的种质圃编号或全国统一编号或圃位号。

8.2.4.4 木本果树等生长周期较长的作物,定植时每份种质应在繁殖区假植 3 株备用,待确定成活株数足够时,方可将假植苗淘汰。

8.2.4.5 主要作物种质入圃定植的操作基本要求见附录 B。

8.2.5 绘制保存圃位图

8.2.5.1 绘制种质的保存圃位图,即每份种质在保存圃平面图上的定植位置,应包含种质名称、圃位号、定植时间、保存株数等信息。

8.2.5.2 种质每次增减或更新后应在保存圃位图上进行标注。

8.2.5.3 绘制或更新保存圃位图时,应标注制图人、审核人及日期。

8.2.5.4 保存圃位图的所有原图应存档妥善保存,并备份,不得任意转借、抄录或拍摄。

8.2.6 定植后的核对

8.2.6.1 每份种质入圃定植后应进行 3 年~5 年的植物学特征和生物学特性的核对。

8.2.6.2 根据植株生长发育进程,对营养器官和生殖器官的特征特性以及物候期进行核对。

8.2.6.3 核对信息与目录性状不一致时,应及时查找原因并进行更正。

8.2.6.4 必要时可进行 DNA 信息的核对。

8.2.7 设施保存

8.2.7.1 对于易受低温、多雨或干旱等影响的种质,以及脱毒种苗,宜在网室或温室内保存。

8.2.7.2 设施保存可采用盆栽、池栽等方式,株型高大的种质宜采用矮化砧木。

9 田间管理与深入评价

9.1 田间管理

9.1.1 应制定植株保存过程中的施肥、灌溉排水、整形修剪、病虫草害防治等田间管理制度。

9.1.2 果树种质应保障自然生长结果,不应采用环剥、环割等提早结果的措施。

9.1.3 无性繁殖和有性繁殖兼有的作物种质,应防止串粉、实生苗等引起的生物学混杂。

9.1.4 不宜使用植物生长调节剂等化学药剂。

9.1.5 主要作物的田间管理要求见附录 C。

9.2 深入评价

对已入种质圃保存的种质应进行产量、品质、抗病虫、抗逆等重要农艺性状的鉴定评价。

10 动态监测与更新复壮

10.1 动态监测

10.1.1 种质保存过程中,应对每份种质存活株数、植株生长状况、病害、虫害、遗传变异状况等进行定期监测。

10.1.2 主要作物的定期监测内容见附录 D。

10.2 更新复壮

10.2.1 当种质监测指标达到附录 D 中需更新复壮条件之一时,进行更新。

10.2.2 主要作物更新复壮技术要求见附录 E。

11 分发与利用反馈

11.1 种质分发

11.1.1 应严格依照农业农村部颁布的《农作物种质资源管理办法》等法规,及时向符合种质分发要求的申请者提供种质。

11.1.2 应与申请者签署种质资源获取与利用协议,规定申请者不得将种质直接用于申请品种审定、品种登记、新品种权及其他知识产权。

11.1.3 对不遵守相关法律法规、获取与利用协议的申请者,不再提供种质。

11.1.4 每份种质一次提供的数量和质量应能代表该种质的遗传特性。

11.1.5 宜公布可分发种质的样本类型和分发时间。

11.2 利用反馈

应规定申请者对获取种质利用信息的反馈时效、方式等。

12 资料汇总与信息整理

12.1 资料汇总

应将种质圃所有的原始纸质记录汇总归档,建立原始记录纸质档案。

12.2 信息整理

12.2.1 应对入圃种质的护照信息、鉴定评价信息和管理信息进行整理。

12.2.2 护照信息包括作物名称、种质名称、学名、全国统一编号、原保存单位编号、获得日期、种质类型、采集号或引种号、原产地、生境信息、提供者(采集者)等,从种质样本接收与登记、隔离检疫、编目过程中获得的信息。

12.2.3 鉴定评价信息包括产量特性、品质特性、抗病虫性、抗逆性等,是从试种观察、深入评价等过程中获得的信息。包括文字信息、数据信息、图像信息和视频信息。

12.2.4 管理信息包括种质圃编号、圃位号、保存株数、行株距、生长状况、病害、虫害、土壤状况、更新日期、更新方式、利用者申请日期、利用者姓名、利用者联系方式、利用者单位、利用目的、利用信息反馈情况、分发样本类型、分发数量、分发日期、调查满意度等,从种质入圃保存、田间管理、监测、更新复壮及分发等过程中获得的信息。

12.3 数据库建立

将护照信息、鉴定评价信息和管理信息录入计算机,建立种质圃种质管理数据库。

附 录 A
（规范性）
种质圃保存种质种植规格

主要作物保存种质的行距、株距和保存数量见表 A.1 和表 A.2。

表 A.1 种质圃保存种质的行距、株距和保存数量

作物		行距，m	株距，m	保存数量，株或丛	备注
苹果		3～6	1～4	3～5	
梨		3～6	1～4	3～5	
山楂		4～5	3～4	3～5	
桃、扁桃、李、杏		4～6	2～5	3～5	
枣		4～6	3～5	3～5	
板栗		6～7	4～6	3～5	
核桃		6～8	5～6	3～5	
榛		3～5	3～4	3～5	
澳洲坚果		5～8	4～6	3～5	
甜橙		4～5	3～4	3～5	
宽皮柑橘		3～5	3～4	3～5	
柚		6～8	5～6	3～5	
金橘		3～5	3～4	3～5	
葡萄	篱架	2～3	1～2	3～6	
	棚架	3～6	3～6	3～6	
小浆果类		3～4	1～3	3～5	
猕猴桃类		4～6	1～3	3～5	
柿		5	1～2	3～5	
草莓		0.2	0.15	50	
荔枝		8	8	3～5	
香蕉		2.8～3.2	1.8～2.3	3～5	
枇杷		4～5	3～4	3～5	
菠萝		1.0～1.2	0.5	20	
龙眼		5～6	4～5	3～5	
杧果		5～6	4～5	3～5	
油梨		5～8	5～6	3～5	
番荔枝		4～5	3～5	3～5	
阳桃		6～7	4～5	3～5	
莲雾		6～7	5～6	3～5	
毛叶枣		5～6	4～5	3～5	
番石榴		5～6	4～5	3～5	
橡胶树		1～1.5	1	3～5	
可可		2.5～3.5	2～3	5～8	
椰子	高种	9	8	3～5	
		8	7.5	3～5	
	矮种	6.5	6.5	4～7	
		6	6	4～7	

表 A.1（续）

作物		行距,m	株距,m	保存数量,株或丛	备注
咖啡	小粒种	3.0	1.2	10～12	
		2	1.5	10～12	
	中粒种	3	2.5	8～10	
		2	2	8～10	
	大粒种	5	4	5～8	
		4	4	5～8	
胡椒	小乔木	3～5	2～4	3～5	
	灌木和藤本	2～3	1.5～2.5	5～8	
甘薯		0.8	0.3	10	
马铃薯		0.8	0.3	10	
苎麻		0.5	0.6	6～10	
野生棉花	乔木	1.0～2.5	1.0～1.5	3～5	
	灌木和草本			5～10	
桑树	低干桑	2.0	1	≥3	
	乔木桑	4.0	2.0	≥3	
油茶	有性系	3.5	3.5	5～8	三角形种植
		3	3	5～8	
	无性系	2.8	2.8	3～5	
		2.5	2.5	3～5	
茶树	有性系	1.5～2.0	0.4～2.0	10	
		3	3	10	大叶茶
	无性系	1.5～2.0	0.4～2.0	5	
甘蔗	栽培原种和杂交品种	1～1.1	4(行长)	30～50	
多年生牧草		1	0.8	10	草本
		2.5	1	1	灌木
无性繁殖蔬菜	大蒜	0.10	0.20	15～60	
	生姜	0.30	0.50	15～60	
	百合	0.10	0.20	6～20	
	分蘖洋葱	0.10	0.20	15～60	
	山药	0.20	0.30	15～60	用隔离槽
	黄花菜	0.20	0.30	8～20	
	菊芋	0.20	0.30	8～20	用隔离槽
水生蔬菜	芋	0.8	0.35	12～15	水位1 cm～2 cm或土壤湿润
	蕹菜	0.25	0.25	8～10	土壤湿润
	蒌蒿	0.2	0.1	30～50	土壤湿润

表 A.2　以池栽方式保存种质的单元区规格

作物		保存容器规格,m	保存数量,株或丛	水位要求,cm
野生稻		直径0.31,高0.2～0.30的桶(缸),置于15.0×1.4×0.34的保存池	种茎苗每份(编号)≥2丛,每丛保持15条～20条苗(茎秆);种子苗每份(编号)5株～10株	容器口上0～1(通常);容器口下1(冬天)
小麦野生近缘植物		6.0×0.7	25	
多年生牧草		5.0×4.0	2(灌木)	
			20(草本)	
野生花生		3.5×2.0	20	
甘蔗	野生种及近缘属种	0.9×0.9×1.0	1	

表 A.2 （续）

作物		保存容器规格,m	保存数量,株或丛	水位要求,cm
水生蔬菜	莲藕	3×2×0.5 或 2×1.5×0.5	4～5	10～15
	茭白	3×2×0.5 或 2×1.5×0.5	10	10～15
	水芹	2×1.5×0.5	50～100	5
	菱	3×2×(0.8～1.0)或 2×1.5×(0.8～1.0)	5～8	50～80
	芡实	6×5.5×(0.8～1.0)	5～6	50～100
	荸荠	2×1.5×0.5	20～25	3～5
	慈姑	2×1.5×0.5	10	5～10
	豆瓣菜	2×1.5(池底不硬化)	50～100	2～3
	蒲菜	2×1.5×(0.8～1.0)	30～50	50～80
	莼菜	3×2×(0.8～1.0)或 2×1.5×(0.8～1.0)	5～10	50～80
	睡莲	3×2×0.5	5～6	30～50
绿肥	红萍	内径约 0.15,高约 0.1	50～100	5～10
	槐叶苹	内径约 0.30,高约 0.2	30～50	10～20
注:保存容器主要包括保存池、缸、盆、桶、框。				

附 录 B

（规范性）

作物入种质圃定植基本要求

B.1 果树

B.1.1 定植前预处理

B.1.1.1 平整土地。

B.1.1.2 根据树种的行距和株距要求，挖定植穴（沟或垄）、施有机肥。

B.1.1.3 不宜在重茬地或与定植树种有相同病虫害的地块定植。

B.1.1.4 在补栽或更新定植时，宜错开原定植穴，并进行土壤消毒、换土等处理。

B.1.2 种苗选择

选择具有本种质典型特征的一级苗木。

B.1.3 定植管理

B.1.3.1 冬季没有冻害的地区，宜在秋季苗木自然落叶后进行秋栽。春栽应在根系开始活动生长以前进行，在萌芽前定植完毕。

B.1.3.2 定植后要及时浇透水。根据天气降雨情况，及时浇灌水 3 次～5 次。

B.1.3.3 及时抹除砧木和整形带以外的萌发芽。

B.2 薯类

B.2.1 定植前预处理

B.2.1.1 选择地势高亢、土壤疏松肥沃、土层深厚，易于排、灌，且连续 3 年以上未种植与本作物有相同病虫害的地块。

B.2.1.2 施入有机肥后深耕整地，耙细耱平，创造良好的土壤条件。

B.2.2 种薯选择

B.2.2.1 选择具有本品种典型特征、无病虫害、无损伤、储藏良好的薯块 10 个（剩余块茎留窖备用）。

B.2.2.2 马铃薯宜在播种前 20 d～30 d 开始出窖，置于 10 ℃～15 ℃和散射光下进行催芽。当每个块茎带 2 个～3 个短壮绿芽后进行播种。

B.2.2.3 其他薯类作物应根据本作物的特点与播种时间，合理安排种薯挑选和播前育苗等工作。

B.2.3 定植管理

B.2.3.1 马铃薯

B.2.3.1.1 在春季，当 10 cm 厚土温稳定在 7 ℃～10 ℃时即可播种。

B.2.3.1.2 采用整薯，垄作，单行。

B.2.3.1.3 每份种质 10 株。

B.2.3.1.4 播种时要求开沟、施肥、播种、合垄、镇压一次完成。气候干旱应及时浇水。

B.2.3.2 甘薯

B.2.3.2.1 春季，当 10 cm 地温稳定在 15 ℃～20 ℃时即可露地育苗。

B.2.3.2.2 北方春种，在 6 月剪取幼苗插植于保存圃，单行，每份种质 10 株。

B.2.3.2.3 南方秋种，8 月或冬种 10 月分别剪取幼苗插植于保存圃。

B.2.3.2.4 栽插后,气候干旱应及时浇水,雨水过多应及时排水。

B.3 无性繁殖蔬菜

B.3.1 定植前预处理

B.3.1.1 平整土地。

B.3.1.2 根据行距和株距要求整地施肥、作畦。

B.3.1.3 不宜在重茬地或与相应作物有相同病虫害的地块定植。

B.3.2 种苗选择

选择具有本种质典型特征、无病虫害种苗、球茎、根茎等。

B.3.3 定植管理

B.3.3.1 应该根据当地气候特点和相应作物适应性,适时种植。

B.3.3.2 种植后要及时浇透水、并结合追肥。

B.3.3.3 根据作物特点采取相应的隔离措施,避免混杂。及时处理抽薹的种质。

B.4 水生蔬菜

B.4.1 定植前预处理

B.4.1.1 应采用保存池,池埂、池底经水泥硬化处理,保水防渗漏,具备完善的排灌系统。

B.4.1.2 应一池一份资源。

B.4.1.3 冬季施入有机肥,来年春季挖取种苗时翻耕至泥中。

B.4.2 种苗选择

选择具有本种质典型特征、无病虫害球茎、根茎等。

B.4.3 定植管理

B.4.3.1 宜随挖随栽,在3月下旬或4月上旬温度上升至10 ℃～15 ℃进行更新重栽。

B.4.3.2 豆瓣菜和水芹在秋季8月下旬育苗移栽。

B.4.3.3 将不同作物定植于不同大小、不同水深的保存池。

B.5 野生花生

B.5.1 种苗培育

B.5.1.1 当气温稳定在20 ℃以上时,平整沙池,施足底肥。

B.5.1.2 选择具有本种质典型特征、无病虫害种子。

B.5.1.3 25 ℃～28 ℃培养箱催芽后播种至装满营养土的容器内。

B.5.1.4 容器置于26 ℃～28 ℃光照培养室,及时浇水。

B.5.1.5 观察记载成苗状况,长至3片真叶时准备移栽。

B.5.2 移栽

B.5.2.1 根据行距、株距和每份保存数量要求,将种苗移栽至保存池。

B.5.2.2 移栽后及时浇水。

B.5.2.3 高温强光天气,应在傍晚移栽,中午应对移栽苗遮阳。

B.6 甘蔗

B.6.1 定植前预处理

B.6.1.1 土地需进行轮作,上茬作物以水稻为宜。

B.6.1.2 入土40 cm深翻犁,起垄35 cm以上,行距1 m～1.5 m,行长3 m～4 m。

B.6.2　种茎选择

B.6.2.1　选择具有本种质典型特征、无病虫害种茎。

B.6.2.2　每年2月—3月将种茎切为双芽茎段。

B.6.2.3　茎段在(50±0.2)℃温水脱毒2 h后播种。

B.6.3　定植管理

B.6.3.1　每行播种20个～25个双芽茎段,确保有效茎株30个～40个,每份种质定植2行。

B.6.3.2　覆土浇水后施药肥,全膜覆盖。

B.6.3.3　4叶龄～5叶龄后揭膜,浇灌水。

B.6.3.4　分蘖末期进行中耕培土,全生育期应做好螟虫、棉蚜虫、金龟子等病虫害防治。

B.6.3.5　气候干旱应及时浇灌水。雨季大风天气,应做好捆绑等防止倒伏措施。

B.6.3.6　栽培品种应每年进行一次新植繁殖更新。

B.6.3.7　杂交品种应以1年新植,3年～4年宿根的方式进行轮种保存。

B.6.3.8　野生种质应根据其宿根性在原保存框进行复壮更新,或先用桶栽方式复份种植、成活后再重新栽种回保存框进行更新。

B.7　多年生牧草

B.7.1　定植前预处理

B.7.1.1　准备种植规划,选择适宜的播种时间和播种量。

B.7.1.2　根据行距和株距要求整地施肥、作畦。

B.7.2　种苗选择

B.7.2.1　选择具有本种质典型特征、无病虫害种子。

B.7.2.2　采用高10 cm～15 cm,直径5 cm～6 cm的塑料袋装袋育苗。育袋装苗时,每袋播种子3粒～8粒(视种子大小和发芽率而定),覆土1 cm～1.5 cm后浇水。

B.7.2.3　若采用田间直播,需选阴雨天或地块湿润时播种。

B.7.3　定植管理

B.7.3.1　苗期防除杂草,间苗定苗,应该根据天气和土壤状况及时浇水。

B.7.3.2　小苗长至10 cm～15 cm时根据天气情况移栽资源圃中,株距50 cm,行距100 cm。

附　录　C
（规范性）
种质圃田间管理要求

C.1　果树

C.1.1　宜采用行间绿肥或自然生草的土壤管理制度,行间可种植苕子、草木樨、田菁、三叶草等绿肥,刈割每年 2 次～4 次。

C.1.2　根据土壤肥力状况每 1 年～2 年合理施用有机肥。对树势衰弱的植株可追施化肥。

C.1.3　已完成深入评价的种质植株,要适当控制产量,保证旺盛的树体生长势,最大限度延长树体寿命。

C.1.4　做好清园工作,及时摘除成熟的果实,清除落果、落叶、枯枝、杂草等,刮除老树翘皮,树干涂白,萌芽前喷施石硫合剂等。

C.1.5　根据病虫害发生规律,做好病虫害预测预报、保护天敌等综合防治措施。

C.1.6　应制定冻害、冷害、风害、水涝等灾害预防和应急措施。

C.2　薯类

C.2.1　应采用连续 3 年以上不与本作物有相同病虫害的轮作制度。

C.2.2　每年应深耕整地,耙细耢平,创造良好的土壤条件。

C.2.3　根据土壤肥力状况每 1 年～2 年合理施有机肥。

C.2.4　应加强保存圃的水管理,气候干旱及时浇灌水,雨水过多及时排水。

C.2.5　在封垄前的苗期应完成 2 次～3 次铲镗作业。

C.2.6　根据病虫害发生规律,做好预测预报并采用合理的综合防治措施。

C.2.7　应制定冻害、冷害、风害、水涝等灾害预防和应急措施。

C.2.8　薯块收获后应在适宜条件下预储一定时间,完成薯块后熟。

C.2.9　储藏窖应用高锰酸钾-福尔马林消毒处理,入窖前剔除病薯、烂薯。

C.2.10　储藏窖内应保持适宜的温度、湿度,并定期通风。

C.3　无性繁殖蔬菜

C.3.1　应采用连续 3 年以上不与本作物有相同病虫害的轮作制度。

C.3.2　每年应深耕整地,耙细耢平,创造良好的土壤条件。

C.3.3　根据土壤肥力状况每 1 年～2 年合理施有机肥。

C.3.4　应加强保存圃的水管理,气候干旱及时浇灌水,雨水过多及时排水。

C.3.5　在封垄前的苗期应完成 2 次～3 次铲镗、除草等作业。

C.3.6　根据病虫害发生规律,做好预测预报并采用合理的综合防治措施。

C.3.7　应制定冻害、冷害、风害、水涝等灾害的预防和应急措施。

C.3.8　球茎、根茎等收获后应在适宜条件下进行晾晒。

C.3.9　需要入窖保存的种质,储藏窖应用高锰酸钾-福尔马林消毒处理,入窖前应剔除病、烂材料。储藏窖内应保持适宜的温度、湿度,并定期通风。

C.3.10　多年生种质在圃里保存 3 年～6 年后,应进行更新。

C.4 水生蔬菜

C.4.1 注意肥水管理及病、虫、草害防治。

C.4.2 做好不同生态型资源的冬季冻害、夏季高温的防护。

C.4.3 应防止繁殖体脱落至其他保存池内,及时摘除花和果实,以避免生物学混杂。

C.4.4 莼菜、香蒲每3年~5年更新1次,其他水生蔬菜每年更新1次。

C.4.5 更新时,应翻耕保存池,清理池中残余的繁殖体等,并合理施有机肥。

C.5 野生花生

C.5.1 2月—3月施足有机肥和复合肥。5月—6月根据苗情合理喷施一次尿素。8月—9月下针结荚期施过磷酸钙等钙素肥料。

C.5.2 干旱条件下,每3 d喷灌1次。

C.5.3 4月苗期时,完成间苗、补苗和定苗。

C.5.4 每半月拔草1次。

C.5.5 应防病虫、鸟、鼠等为害。苗期防鸟害等,生长期间防蚜虫和红蜘蛛等,荚果充实期防鼠害。同时防地下虫害。

C.5.6 防止不同保存池间的藤蔓串生。

C.6 多年生牧草

C.6.1 结合除草定期中耕。

C.6.2 根据土壤状况及天气情况,对保存的材料及时进行浇灌。

C.6.3 除施足底肥外,禾本科牧草还需追施适量化肥。

C.6.4 在生长期内要不定期去杂。

C.6.5 预防病虫害。已发生病害或虫害的植株应及时处理。

附 录 D

（规范性）

主要作物的监测内容和更新复壮指标

D.1 果树

D.1.1 监测项目和具体内容

D.1.1.1 定植成活后第 2 年开始监测。

D.1.1.2 监测树体的生长势、产量、成枝力等生长状况，分为健壮、一般、衰弱 3 级。对于衰弱严重的植株，应在当年进行更新；对于衰弱的植株，应做好更新准备或加强管理，使得树体的生长势得到恢复。

D.1.1.3 根据不同树种主要病虫害的发生规律，做好预测预报工作，确保病虫害在严重发生前得到有效控制；加强病毒病的检测、预防和脱毒工作；制定突发性病虫害预警、预案。

D.1.1.4 每 3 年对土壤的物理状况、大量元素、微量元素、有机质含量等土壤条件状况进行 1 次监测。

D.1.1.5 对种质的植物学特征和生物学特性等进行监测，及时发现遗传变异，确保保存种质的纯度。

D.1.2 更新复壮指标

D.1.2.1 植株数量减少到原保存量的 50%。

D.1.2.2 植株出现 2 个显著的衰老症状，包括萌芽率降低、芽叶长势减弱、分枝（蘖）量减少、枯枝数量增多、开花结实量下降、年生长期缩短等，如苹果萌芽率小于 40%，成枝率小于 10%，枯枝率大于 50% 以上，开花结实率连续 3 年持续下降 30% 以上。

D.1.2.3 植株遭受严重自然灾害或病虫危害后生长难以恢复。

D.2 薯类(块根块茎)

D.2.1 监测项目和具体内容

D.2.1.1 定植成活后第 2 年开始监测。

D.2.1.2 监测植株长势、退化程度、产量等生长状况指标，将生长状况分为健壮、一般、衰弱 3 级。对于退化严重的植株，应及时进行更新复壮；对于衰弱的植株，应做好更新准备或加强管理，使得种质的生长状况得到恢复。

D.2.1.3 每年观察记载病虫害发生的种类、时间、危害程度、防治效果；根据不同作物的主要病虫害发生规律，进行预测预报，确保病虫害在严重发生前得到有效控制；加强病毒病的监测、预防病毒再侵染和脱毒工作；制定突发性病虫害预警、预案。

D.2.1.4 每 3 年对土壤的物理状况、大量元素、微量元素、有机质含量等土壤条件状况进行一次监测。

D.2.1.5 对种质的植物学特征和生物学特性等进行监测，及时发现遗传变异，确保保存种质的纯度。

D.2.2 更新复壮指标

D.2.2.1 植株数量减少到原保存量的 50%。

D.2.2.2 植株出现显著的衰老症状，退化严重，如株丛长势明显减弱、分枝分蘖显著减少、生物量明显下降、枯枝数量增多、生长期缩短。

D.2.2.3 植株遭受严重自然灾害或病虫危害后难以恢复的。

D.3 多年生草本类

D.3.1 监测项目和具体内容

D.3.1.1 定植成活后第 2 年开始监测。

D.3.1.2 每年观察监测花期株高、花期丛(冠)幅、分枝分蘖数、枯枝数量、生长天数等生长情况。

D.3.1.3 每年观察监测病虫害发生种类、次数、程度、时间。

D.3.1.4 每 5 年对土壤物理性状进行 1 次监测;每 3 年对大量元素和微量元素进行 1 次监测。

D.3.1.5 种质遇到特殊灾害后应及时进行观察监测及记载。

D.3.2 更新复壮指标

D.3.2.1 保存植株数量减少至原保存数量的 50%。

D.3.2.2 植株呈现明显衰老症状,如株丛长势明显减弱、分枝分蘖显著减少、生物量明显下降、枯枝数量增多、生长期缩短。

D.3.2.3 遭到严重的病虫危害。

附　录　E
（资料性）
主要作物的更新复壮技术要求

主要作物的更新复壮技术要求见表 E.1。

表 E.1　主要作物的更新复壮技术

作　物	繁殖方式	种质繁殖更新要求
苹果、梨	嫁接	砧木因地而异，每份种质定植 3 株～5 株。芽接、枝接均可
山楂、杏	嫁接	用本砧嫁接，3 株～5 株
桃、李	嫁接	用嫁接苗，3 株～5 株
枣	嫁接、分株、扦插	砧木用酸枣或本砧，3 株～5 株
板栗	实生、嫁接、扦插	用本砧嫁接苗，3 株～5 株
核桃	嫁接	用本砧，室外嫁接需提前 5 d～6 d 断砧放水，室内嫁接可在大棚内育苗，3 株～5 株
榛	压条、扦插	硬枝或嫩枝均可压条、扦插，3 株～5 株
澳洲坚果	实生、嫁接、高压条	用自根苗或嫁接苗，3 株～5 株
柑橘	嫁接	不同地区分别用枳、酸橘、构头橙等为砧木进行嫁接，3 株～5 株
葡萄	扦插、嫁接	用嫩枝或硬枝扦插均可，东北地区用抗寒砧木，10 株～12 株
猕猴桃	嫁接、扦插	砧木种子小，需精细播种，浅覆土，盖稻草育苗，10 株～12 株
柿	嫁接	以君迁子为砧木，3 株～5 株
草莓	分株、组培	葡匐茎的株、宿根分栽，最好用组培脱毒苗，>50 株(丛)
荔枝	嫁接、高压条、实生	不用实生苗，主要用扦插苗，3 株～5 株
香蕉	球茎切块培养	球茎吸芽成株移栽，或用组培苗，10 株～20 株
枇杷	嫁接、实用、压条	嫁接用本砧，不用实生苗，3 株～5 株
菠萝	实生、高压条、扦插、嫁接	用自根或嫁接苗，3 株～5 株
龙眼	实生、高压条、嫁接	嫩枝嫁接育苗，用本砧，3 株～5 株
杧果	多嫁接、实生	用土杧本砧嫁接种质，3 株～5 株
油梨	嫁接	嫁接繁殖，3 株～5 株
扁桃	嫁接、实生	用嫁接苗，3 株～5 株
番荔枝	嫁接、实生	用嫁接苗，3 株～5 株
阳桃	嫁接、高压条	嫁接或高空压条，3 株～5 株
莲雾	扦插、嫁接	用扦插或嫁接苗，3 株～5 株
毛叶枣	扦插、嫁接、高压条	嫁接繁殖，10 株～12 株
番石榴	嫁接、扦插、高压条	嫁接或高空压条或扦插，3 株～5 株
橡胶树	芽接、种子	一般芽接繁殖，野生种种子繁殖后再芽接繁殖，≥5 株
可可	种子、芽接	设荫蔽保湿苗床播种。选成熟顶梢作插穗插于荫湿沙床，≥5 株
椰子	实生	用实生苗。高种 3 株～5 株，矮种 4 株～7 株
咖啡	种子、芽接	种子沙床催芽，插条要未木栓化直生枝，大粒种 5 株～7 株，中粒种 8 株～10 株，小粒种 11 株～12 株
胡椒	插条	从主茎切取插条，3 株～5 株
油茶	种子、插条	一般插条繁殖，每株系 3 株～5 株，种子繁殖≥20 株
桑树	种子、插条、芽接	一般用芽接繁殖，鸡桑可插条繁殖，垂桑套接或芽接繁殖，广东杂交桑种子繁殖，≥5 株
甘薯	茎蔓、块根	采用块根、茎段或脱毒试管苗繁殖，田间≥20 株，温室 5 株～6 株，试管苗 10 株～15 株
马铃薯	地下块茎	采用块根或脱毒试管苗繁殖，田间≥20 株，试管苗 10 株～15 株

表 E.1（续）

作　物	繁殖方式	种质繁殖更新要求
甘蔗	种芽、离藁、分蔸	选用带有健康种芽的种茎进行春植或秋植,2 年～3 年更新 1 次,15 株～20 株
野生稻	种茎、种子	采用种茎分株繁殖,分池(缸)种植,每份 1 池～2 池,2 年～5 年换土复壮更新 1 次,割穗防结实落粒,冬前割苗留茬,少量珍贵材料也可花前套牛皮纸袋隔离繁种。株系 3 株～5 株,居群≥20 株
野生棉花	种子、插条、嫁接	在热带亚热带繁种,了解开花习性,种子低温储存,3 年更新 1 次,不结子者插条或嫁接(本砧)繁殖,10 株～20 株
小麦野生近缘植物	种子	具有横走根茎的物种采用水泥板间隔种植,如采种应套袋或隔离种植,≥30 株
苎麻	种子、分株或插条、地下茎段	选壮根,去萝卜根和病腐根,≥5 蔸
大蒜	鳞茎	常规栽培,以鳞茎繁殖,40 株～60 株
洋葱	种子、分蘖、小鳞茎	普通洋葱种子繁殖,分蘖洋葱小鳞茎繁殖,顶球洋葱气生小鳞茎繁殖,网罩隔离采种,人工辅助授粉,≥50 株
山药	块茎或气生块茎(零余子)	块茎催芽繁殖,或零余子播种,常规栽培,15 株～20 株
生姜	肉质根状茎(子姜)	种姜在 12 ℃～15 ℃储藏,催芽播种,常规栽培,≥30 株
芋	球茎(种芋)	常规栽培,子芋播种,≥15 株
菊芋	块茎	块茎繁殖,块茎可在－20 ℃冻土中越冬,常规栽培,≥15 株
黄花菜	分株、种子	分株繁殖,选用 3 年以上植株,多年生,10 年左右更新,≥20 株
百合	气生鳞茎、基部小鳞茎	选用独头小鳞茎做"母籽",或培育鳞片成种球,2 年～3 年更新,≥20 株
蒌蒿	地下茎段、种子	常规栽培,茎段繁殖,多年生,10 年左右更新,≥20 株
蕹菜	种子(子蕹)或藤蔓(藤蕹)	子蕹以种子繁殖,须花期隔离,藤蕹用藤蔓扦插繁殖,40 株～60 株
莲藕	根状茎、种子	根状茎繁殖,分池种植防串根,6 月—8 月除花,6 株～10 株
茭白	分蘖苗	球茎育苗,分池繁殖,除灰茭、雄茭和杂茭,8 株～10 株
荸荠	地下球茎	球茎育苗,分池繁殖,10 个～15 个球茎
菱	种菱	深水池(水深 0.5 m 以上)繁殖,果清水储藏,5 株～10 株
慈姑	球茎、种子	球茎育苗繁殖,分池种植,8 株～10 株
水芹	分株、地上匍匐茎段	分株苗或地上匍匐茎段散播,分池繁殖,去花防混杂,≥10 株
豆瓣菜	嫩茎、种子	匍匐嫩茎扦插繁殖,越夏须阴凉;种子繁殖花期隔离或套袋,≥20 株
莼菜	地下茎段	地下茎扦插栽培,分池繁殖,每池 6 m²,水深 0.5 m,≥20 株
蒲菜	分株	分株移栽,深水或浅水生长,5 株～10 株

ICS 65.020.20
CCS B 31

中华人民共和国农业行业标准

NY/T 4264—2023

香露兜　种苗

Pandan—Seedling

2023-02-17 发布

2023-06-01 实施

中华人民共和国农业农村部 发布

NY/T 4264—2023

前　言

本文件按照 GB/T 1.1—2020《标准化工作导则　第 1 部分:标准化文件的结构和起草规则》的规定起草。

请注意本文件的某些内容可能涉及专利。本文件的发布机构不承担识别专利的责任。

本文件由农业农村部农垦局提出。

本文件由农业农村部热带作物及制品标准化技术委员会归口。

本文件起草单位:中国热带农业科学院香料饮料研究所、海南兴科热带作物工程技术有限公司、海南热作高科技研究院有限公司、海南省标准化协会、上海锦锐贸易有限公司。

本文件主要起草人:秦晓威、吉训志、鱼欢、孙亮、廖子荣、宗迎、杜磊、张昂、郝朝运、贺书珍、初众、章斌卿、邓文明、苟亚峰、苏凡、蔡海滨、邓福明、黄昆。

香露兜 种苗

1 范围

本文件规定了香露兜（*Pandanus amaryllifolius* Roxb.）种苗的术语和定义，要求，检验方法，检验规则，包装、标识、储存和运输。

本文件适用于香露兜组培苗和分蘖苗。

2 规范性引用文件

下列文件中的内容通过文中的规范性引用而构成本文件必不可少的条款。其中，注日期的引用文件，仅该日期对应的版本适用于本文件；不注日期的引用文件，其最新版本（包括所有的修改单）适用于本文件。

GB 6000 主要造林树种苗木质量分级

GB 15569 农业植物调运检疫规程

GB 20464 农作物种子标签通则

3 术语和定义

下列术语和定义适用于本文件。

3.1

香露兜 pandan

露兜树科（Pandanaceae）露兜树属（*Pandanus*）热带多年生草本香料植物。

注：该植物叶片具有特殊香气，可作调料及调配新型香料，用于食品、医药和日化等行业。

3.2

分蘖苗 tiller

从植株主茎入土部分的节上（侧芽，定芽）或从根段上（不定芽）出的小苗。

4 要求

4.1 基本要求

应符合下列基本要求：

a) 品种（类型）纯度≥98%；

b) 生长正常，无明显病虫害和机械性损伤；

c) 组培苗苗龄10个～14个月，分蘖苗苗龄2个～6个月；

d) 长度≥7 cm的气生根≥2条，完整叶≥2片；

e) 育苗容器完好，育苗基质不松散，育苗容器高≥12 cm、直径≥6.5 cm；

f) 无检疫性病虫害。

4.2 分级指标

组培苗和分蘖苗的分级指标应分别符合表1和表2的要求。

表 1 组培苗分级指标

项目	等级	
	一级	二级
茎粗，mm	≥6.0	3.0～5.9
苗高，cm	≥25.0	15.0～24.9
完整叶片数，片	≥8	≥4

表 2　分蘖苗分级指标

项目	等级	
	一级	二级
茎粗,mm	≥10.0	7.0～9.9
苗高,cm	≥45.0	35.0～44.9
完整叶片数,片	≥4	≥2

5　检验方法

5.1　纯度

目测样品中种苗的形态特征(见附录 A),确定指定品种(类型)的种苗数。品种纯度按公式(1)计算。

$$P=\frac{A}{B} \quad\text{...}\quad (1)$$

式中:

P——品种(类型)纯度的数值,单位为百分号(%),结果保留整数;

A——样品中鉴定品种株数的数值,单位为株;

B——抽样总株数的数值,单位为株。

5.2　外观

目测法观察植株生长状况、病虫危害、机械损伤及育苗容器等。

5.3　苗龄

查看育苗档案核定苗龄。

5.4　气生根

采用计数法计算植株长度≥7 cm 的气生根的条数。

5.5　茎粗

用游标卡尺测量植株基部直径,单位为毫米(mm),保留 1 位小数。

5.6　苗高

用钢卷尺或直尺测量植株基部至植株叶片最高处的垂直距离,单位为厘米(cm),保留 1 位小数。

5.7　叶片数

目测计算组培苗长度≥8 cm 的完整叶片数,分蘖苗长度≥14 cm 的完整叶片数。

5.8　检性病虫害

参照中华人民共和国农业部令 2007 年第 6 号和 GB 15569 的规定执行。

[来源:中华人民共和国农业部令 2007 年第 6 号第 1 章第 6 条]

5.9　检测记录

将以上检测数据记录于附录 B 的表 B.1。

6　检验规则

6.1　组批

同一基地、同一品种(类型)、同一等级、同一批种苗可作为一个检测批次。检验限于种苗装运地或繁育地进行。

6.2　抽样

6.2.1　按 GB 6000 的相关规定执行,起苗后苗木质量检测要在一个苗批内进行,采取随机抽样的方法,按表 3 的规则抽样。

表3 苗木检测抽样数量

苗木株数,株	检测株数,株
500～1 000	50
1 001～10 000	100
10 001～50 000	250
50 001～100 000	350
100 001～500 000	500
500 001 以上	750

6.2.2 成捆苗木先抽样捆,再在每个样捆内各抽10株;不成捆苗木直接抽取样株。

6.3 交收检验

每批种苗交收前,生产单位应进行交收检验。交收检验内容包括外观、包装和标识等。检验合格并附质量检验证书(见附录C)。

6.4 判定规则

6.4.1 如不符合4.1,该批种苗判定为不合格;在符合4.1规定的情况下,再进行等级判定。

6.4.2 同一批种苗中,一级苗比例≥95%,其余种苗满足二级苗规定,则判定该批种苗为一级苗。

6.4.3 同一批种苗中,二级苗比例≥95%,或一级苗和二级苗总数比例≥95%,其余种苗满足基本要求,则判定该批苗为二级苗。

6.5 复检规则

如果对检验结果产生异议,可加倍抽样复验1次,复验结果为最终结果。

7 包装、标识、储存和运输

7.1 包装

育苗容器完整的种苗,不需要进行包装;育苗容器轻微破损宜进行单独包装;长途运输宜采用带孔硬质框装运。

7.2 标识

种苗销售或调运时应附有质量检验证书和标签。质量检验证书格式见附录C,标签应符合GB 20464的要求。

7.3 储存

种苗应及时放置于阴凉处,按不同品种(类型)、不同级别摆放,适时淋水。

7.4 运输

种苗应按不同品种(类型)、不同级别分批装运;装卸过程应轻拿轻放;应保持一定湿度,防止日晒、雨淋或风干。

附　录　A

（资料性）

香露兜植物学特征

香露兜（*Pandanus amaryllifolius* Roxb.），又名斑兰叶、斑澜叶、板兰叶，为多年生热带常绿草本植物，植株生长高度通常为 50 cm～150 cm。从老茎部分芽，以叶片生长为主，叶片淡绿色、中绿色或深绿色，叶片长剑形，叶缘偶见微刺，叶尖刺稍密，叶背面先端有微刺，叶鞘有窄白膜。叶片长 30 cm～100 cm，宽 2 cm～5 cm，单叶重 3 g～10 g。叶片无限抽生，无限生长。香露兜叶脉为平行叶脉，有 1 条明显的主脉。叶片中间凹陷，横切面呈 V 形。叶片具有特殊香气——粽香，主要香气成分为 2-乙酰-1-吡咯啉。无花无果。植株形态见图 A.1。

图 A.1　香露兜植株形态

附　录　B
（资料性）
香露兜种苗质量检测记录

香露兜种苗质量检测记录见表 B.1。

表 B.1　香露兜种苗质量检测记录

基本情况						
样品编号：_____			样品名称：_____			
仪器编号：_____			仪器名称：_____			
出圃株数：_____			抽检株数：_____			
检测地点：_____			检测日期：_____			
育苗单位：_____			购苗单位：_____			
检测结果						
一般病虫害			检疫性病虫害			
完整叶片数，片			气生根，条			
苗龄，d			育苗容器完整情况			
一级株数，株			综合评级			
一级，%						
二级株数，株						
二级，%						
检测记录						
序号	茎粗，mm	等级	苗高，cm	等级	单株等级	

检测人：　　　　　　　　　　校核人：　　　　　　　　　　审核人：

附　录　C
（资料性）
香露兜种苗质量检验证书

香露兜种苗质量检验证书见表C.1。

表C.1　香露兜种苗质量检验证书

签证日期：　年　月　日　　　　　　　　　　　　　　　　　　　　　　　　　　　　　NO：

育苗单位			检验意见
购苗单位			
品种(类型)名称			
品种(类型)纯度			
出圃株数			
检验结果			检验单位(章)
等级	株数,株	比例,%	
一级苗			
二级苗			
签发日期	年　　月　　日	有效期	
本证一式三份,育苗单位、购买单位、检验单位各一份。			

参 考 文 献

中华人民共和国农业部令 2007 年第 6 号　植物检疫条例实施细则(农业部分)

———————————

ICS 67.080.20
CCS B 31

中华人民共和国农业行业标准

NY/T 4265—2023

樱桃番茄

Cherry tomato

2023-02-17 发布

2023-06-01 实施

中华人民共和国农业农村部 发布

前　言

本文件按照 GB/T 1.1—2020《标准化工作导则　第 1 部分：标准化文件的结构和起草规则》的规则起草。

请注意本文件的某些内容可能涉及专利。本文件的发布机构不承担识别专利的责任。

本文件由农业农村部农垦局提出。

本文件由农业农村部热带作物及制品标准化技术委员会归口。

本文件起草单位：中国热带农业科学院分析测试中心、海南省农业科学院农业环境与土壤研究所、海南省食品检验检测中心。

本文件主要起草人：邓爱妮、王明月、张利强、赵敏、雷菲、冯剑、苏初连、陈显柳、李备。

樱 桃 番 茄

1 范围

本文件规定了樱桃番茄(*Lycopersicon esculentum* var. *cerasiforme* Alef.)鲜果的术语和定义、要求、检验方法、检验规则以及包装、标识、储存和运输。

本文件适用于鲜食樱桃番茄,不适用于加工用樱桃番茄。

2 规范性引用文件

下列文件中的内容通过文中的规范性引用而构成本文件必不可少的条款。其中,注日期的引用文件,仅该日期对应的版本适用于本文件;不注日期的引用文件,其最新版本(包括所有的修改单)适用于本文件。

GB/T 191　包装储运图示标志

GB 2762　食品安全国家标准　食品中污染物限量

GB 2763　食品安全国家标准　食品中农药最大残留限量

GB 12456　食品安全国家标准　食品中总酸的测定

GB/T 33129　新鲜水果、蔬菜包装和冷链运输通用操作规程

NY/T 426　绿色食品　柑橘类水果

NY/T 1778　新鲜水果包装标识　通则

NY/T 2103　蔬菜抽样技术规范

NY/T 2637　水果和蔬菜可溶性固形物含量的测定　折射仪法

3 术语和定义

下列术语和定义适用于本文件。

3.1

樱桃番茄　cherry tomato

樱桃番茄又名迷你番茄、珍珠小番茄、小番茄、圣女果,是茄科番茄属普通番茄的一个变种。

3.2

成熟度适宜　maturity suitable

果实发育达到该品种固有的色泽、大小和品质风味,适合市场需求的成熟程度。

3.3

缺陷　defect

果实在生长发育和采摘、储运过程中,由于自然、生物、机械或人为因素的作用,对果实造成的机械损伤、病虫危害、污点、日灼等。

[来源:NY/T 426—2021,3.1,有修改]

4 要求

4.1 基本要求

应符合下列基本要求:

a) 相同品种或相似品种;

b) 无腐烂、变质;

c) 外观新鲜,清洁,无异物;

d) 无畸形果、裂果；

e) 无病虫导致的损伤；

f) 无冷害、冻害；

g) 无异味。

4.2 等级

4.2.1 等级划分

在符合基本要求的前提下，樱桃番茄分为特级、一级和二级，各等级应符合表1的规定。

表 1 樱桃番茄等级要求

项目	等级		
	特级	一级	二级
果形	具有该品种果形特征,果形大小均匀一致	具有该品种果形特征,果形大小基本一致	具有该品种果形特征,允许存在不影响果实品质的果形变化
色泽	具有该品种正常果皮色泽,果面颜色一致,有光泽,果蒂鲜绿	具有该品种正常果皮色泽,果面颜色较一致,有光泽,果蒂较鲜绿	具有该品种正常果皮色泽,果面颜色基本一致,果蒂轻微萎蔫
成熟度	成熟度适宜、一致	成熟度适宜、较一致	成熟度较适宜,基本一致,少量稍欠成熟或稍过熟
果实硬度	果实坚实,富有弹性	果实较坚实,富有弹性	果实弹性稍差
果实缺陷	无缺陷	无缺陷	允许有少量不影响果实内在品质的缺陷

4.2.2 等级容许度

按果实质量计，等级容许度如下：

a) 特级允许有4%的产品不符合该等级的要求，但应符合一级的要求；

b) 一级允许有8%的产品不符合该等级的要求，但应符合二级的要求；

c) 二级允许有10%的产品不符合该等级的要求，但应符合基本要求。

4.3 规格

4.3.1 规格划分

以单果质量为指标，将樱桃番茄划分为大（L）、中（M）、小（S）三个规格。各规格应符合表2的规定。

表 2 樱桃番茄规格要求

项目	规格		
	大（L）	中（M）	小（S）
单果质量,g	≥20.0	10.1~19.9	5.0~10.0

4.3.2 规格容许度

按果实质量计，规格容许度如下：

a) 特级允许有4%的产品不符合该规格要求；

b) 一级允许有8%的产品不符合该规格要求；

c) 二级允许有10%的产品不符合该规格要求。

4.4 理化指标

应符合表3的规定。

表 3 理化指标要求

项目	要求
可溶性固形物,%	≥6.0
总酸(以柠檬酸计),g/kg	≤10.00

4.5 卫生指标

污染物限量应符合 GB 2762 的规定，农药最大残留限量应符合 GB 2763 的规定。

5 检验方法

5.1 感官检验

从抽样所得样品中随机取 100 个果实,用目测法对果实形状、果面色泽、成熟度及果实缺陷等进行检验;果实硬度采用触摸法进行检验;用鼻嗅法进行气味检验,并作记录。一个果实同时存在多种缺陷时,仅记录最主要的一种缺陷。

5.2 果实规格

从抽样所得样品中随机取 100 个果实,采用感量为 0.1 g 的天平称量单果质量。

5.3 可溶性固形物含量测定

按 NY/T 2637 的规定执行。

5.4 总酸含量测定

按 GB 12456 的规定执行。

5.5 污染物和农药残留检测

分别按 GB 2762、GB 2763 规定的方法执行。

5.6 容许度计算

分别称取检验样品的果实质量和不符合等级/规格要求的果实质量,按公式(1)计算容许度。

$$C = \frac{X_2}{X_1} \times 100 \quad \cdots\cdots\cdots\cdots\cdots\cdots\cdots\cdots\cdots\cdots\cdots\cdots\cdots\cdots\cdots\cdots\cdots\cdots\cdots\cdots\cdots \quad (1)$$

式中:

C ——容许度的数值,单位为百分号(%);

X_2 ——不符合等级/规格要求的果实质量的数值,单位为千克(kg);

X_1 ——检验样品的果实质量的数值,单位为千克(kg)。

结果保留整数。

6 检验规则

6.1 组批

同一产地、品种、等级、规格、采收批次的鲜果作为一个检验批次。

6.2 抽样方法

按 NY/T 2103 的规定执行,其中抽样量见表 4。

表 4　抽样量

批量件数	≤100	101~300	301~500	501~1 000	≥1 001
抽样件数	3	7	9	10	15(最低限度)

6.3 型式检验

型式检验是对产品进行全面考核,即对本文件规定的全部要求(指标)进行检验。有下列情形之一者,应进行型式检验:

　　a) 前后 2 次检验,结果差异较大;

　　b) 因人为或自然因素使生产或储藏环境发生较大变化;

　　c) 国家质量监督机构或主管部门提出型式检验要求。

6.4 交收检验

每批产品交收前,生产者应进行交收检验。交收检验内容包括感官、分级、规格、包装和标识。检验合格并附合格证,方可交收。

6.5 判定规则

6.5.1 每批受检样品基本要求不合格率按其所检单位(箱、袋等)的平均值计算,若超过 10%则判该批产品为不合格产品。

6.5.2 不符合 4.1、4.4 或 4.5 的规定,判为不合格产品。

6.5.3 整批产品按容许度(4.2.2 和 4.3.2)的规定,判定出相应的等级与规格。

6.5.4 无标签或有标签但缺"等级"或"规格"内容,判为未分等级或规格产品。

6.6 复检

对检验结果持异议,允许用备用样(如果条件允许亦可重新加倍抽样)复检一次。复检结果为最终结果。理化指标或卫生指标检验不合格,不得复检。

7 包装、标识、储存和运输

7.1 包装

7.1.1 基本要求

同一包装箱内,产品品种、产地、等级、规格一致,包装内的产品可视部分应具有整个包装产品的代表性。包装图示应符合 GB/T 191 的要求。

7.1.2 包装材料

7.1.2.1 包装应采用新的、洁净、无毒、无害、无异味的材料,具有不会造成内外伤的品质。包装容器除了符合上述要求外,还应符合透气和强度要求,大小适宜且一致,便于产品的搬运、堆垛、保存和出售。

7.1.2.2 根据需要和当地的条件选择容器种类,外包装可选用钙塑瓦楞箱、泡沫塑料箱、纸箱等,内包装应具有一定的透气性和减震性,可选用透气的微孔保鲜袋结合衬垫物,避免碰撞和挤压。包装材料应符合 GB/T 33129 的相关规定。

7.2 标识

标识应符合 NY/T 1778 的要求,应标明产品名称、等级规格、执行标准、产地、净重、包装日期等,要求字迹清晰,描述内容完整、准确。如需冷藏保鲜,应注明其保藏方式。

7.3 储存

7.3.1 包装材料储存场地应清洁、通风,无毒、无异味、无污染,宜有防晒、防雨设施。

7.3.2 果实采收后宜在当日内储藏入库(冷库、通风库、运输工具等),产品应分等级存放,不应与有毒、有害、有异味的物品混存。

7.4 运输

运输工具应清洁,宜有冷藏设施。小心装卸,不应重压。不应与有毒、有害、有异味以及其他易于传播病虫的物品混合运输。

ICS 67.220.10
CCS B 36

中华人民共和国农业行业标准

NY/T 4266—2023

草　果

Amomum tsaoko

2023-02-17 发布

2023-06-01 实施

中华人民共和国农业农村部 发布

前　言

本文件按照GB/T 1.1—2020《标准化工作导则　第1部分:标准化文件的结构和起草规则》的规定起草。

请注意本文件的某些内容可能涉及专利。本文件的发布机构不承担识别专利的责任。

本文件由农业农村部农垦局提出。

本文件由农业农村部热带作物及制品标准化技术委员会归口。

本文件起草单位:中国热带农业科学院香料饮料研究所、海南热作高科技研究院有限公司、怒江绿色香料产业研究院、中国热带农业科学院农产品加工研究所。

本文件主要起草人:徐飞、谷风林、宗迎、孙亮、吴桂苹、廖子荣、秦晓威、朱红英、郝朝运、和俊才、蔡海滨、吴莲张、杨春亮、廖良坤、叶剑芝。

草　果

1　范围

本文件规定了草果（*Amomum tsaoko* Crevost et Lemarie）的术语和定义、要求、试验方法、检验规则、包装、标志、储存、运输。

本文件适用于加工干燥后的草果质量评定及贸易。

2　规范性引用文件

下列文件中的内容通过文中的规范性引用而构成本文件必不可少的条款。其中，注日期的引用文件，仅该日期对应的版本适用于本文件；不注日期的引用文件，其最新版本（包括所有的修改单）适用于本文件。

GB 2763　食品安全国家标准　食品中农药最大残留限量

GB 4789.2　食品安全国家标准　食品微生物学检验　菌落总数测定

GB 4789.3　食品安全国家标准　食品微生物学检验　大肠菌群计数

GB 4789.4　食品安全国家标准　食品微生物学检验　沙门氏菌检验

GB 4789.10　食品安全国家标准　食品微生物学检验　金黄色葡萄球菌检验

GB 4789.15　食品安全国家标准　食品微生物学检验　霉菌和酵母计数

GB 4806.1　食品安全国家标准　食品接触材料及制品通用安全要求

GB 5009.3　食品安全国家标准　食品中水分的测定

GB 5009.4　食品安全国家标准　食品中灰分的测定

GB 5009.11　食品安全国家标准　食品中总砷及无机砷的测定

GB 5009.12　食品安全国家标准　食品中铅的测定

GB 5009.15　食品安全国家标准　食品中镉的测定

GB 5009.17　食品安全国家标准　食品中总汞及有机汞的测定

GB 5009.22　食品安全国家标准　食品中黄曲霉毒素 B 族和 G 族的测定

GB/T 8946　塑料编织袋通用技术要求

GB/T 12729.2　香辛料和调味品　取样方法

GB/T 12729.5　香辛料和调味品　外来物含量的测定

GB/T 24904　粮食包装　麻袋

GB/T 30385　香辛料和调味品　挥发油含量的测定

JJF 1070　定量包装商品净含量计量检验规则

3　术语和定义

下列术语和定义适用于本文件。

3.1

果梗　fruit stalk

由花梗发育而成，连接总花梗与草果果实的部分。

4　要求

4.1　基本要求

无虫蛀，无霉变，无异味。

4.2　感官要求

草果分一级、二级和三级，各等级感官要求应符合表 1 的规定。

表 1 感官要求

项目	等级		
	一级	二级	三级
色泽	棕红	棕褐	深褐
气味和滋味	芳香、辛辣味浓	芳香、辛辣味淡	微香,辛辣味淡
果形特征	无果梗,椭圆形、果实饱满、完整、具纵沟及棱线,顶端有圆形柱基	有少量果梗,椭圆形、果实饱满、完整、具纵沟及棱线,顶端有圆形柱基	有少量果梗,椭圆形、果实欠饱满、具纵沟及棱线,顶端有圆形柱基

4.3 理化指标

应符合表 2 的规定。

表 2 理化指标

项目	等级		
	一级	二级	三级
果实数量,个/kg	≤350	≤400	≤500
破损率(质量分数),%	≤5.0	≤6.0	≤7.0
外来物(质量分数),%	≤0.5	≤0.7	≤1.0
挥发油,%	≥1.3	≥1.0	≥0.5
含水量,%	≤14.0		
灰分(以干物质计),%	≤8.0		

4.4 污染物限量

应符合表 3 的规定。

表 3 污染物限量

项目	指标
铅(以 Pb 计),mg/kg	≤1.5
镉(以 Cd 计),mg/kg	≤0.1
总砷(以 As 计),mg/kg	≤0.2
总汞(以 Hg 计),mg/kg	≤0.02
黄曲霉毒素 B_1,μg/kg	≤5.0

4.5 农药残留限量

按 GB 2763 的规定执行,多菌灵、氯氟氰菊酯为必检项目。

4.6 微生物限量

应符合表 4 的规定。

表 4 微生物限量

项目	采样方案及限量(每样取 25 g 进行检验)			
	n	c	m	M
菌落总数	5	2	10^3 CFU/g	$5×10^3$ CFU/g
霉菌	5	2	10^2 CFU/g	10^3 CFU/g
大肠菌群	5	2	10 MPN/g	10^2 MPN/g
沙门氏菌	5	0	不得检出	不得检出
金黄色葡萄球菌	5	1	10^2 CFU/g	10^3 CFU/g
注:n 为同一批次产品采集样品数;c 为最大可允许超出 m 值的样品数;m 为微生物指标可接受水平的限量值;M 为微生物指标的最高安全限量值。				

5 试验方法

5.1 感官

取样品于白色瓷盘中,反复翻动 2 次～3 次,自然光下观察其有无虫蛀、霉变,目测色泽、果形特征,随机取 2 个以上样品,嗅其气味,清洗后品尝滋味。

5.2 理化指标

5.2.1 果实数量

称取(1 000±3)g草果样品进行计数,取3次称量平均值。

5.2.2 破损率

称取(1 000±3)g草果样品,挑选出破损和开裂的果实进行计数,取3次称量平均值。破损率按公式(1)计算。

$$P = \frac{m}{M} \times 100 \quad \cdots\cdots\cdots\cdots\cdots\cdots\cdots\cdots\cdots\cdots\cdots\cdots\cdots\cdots\cdots\cdots\cdots \quad (1)$$

式中:

P——破损率的数值,以质量百分数表示,单位为百分号(%);

m——破损、开裂果质量的数值,单位为克(g);

M——样品总质量的数值,单位为克(g)。

结果保留1位小数。

5.2.3 外来物

按GB/T 12729.5的规定执行。

5.2.4 水分

按GB 5009.3的规定执行。

5.2.5 灰分

按GB 5009.4的规定执行。

5.2.6 挥发油

按GB/T 30385的规定执行。

5.3 污染物限量

5.3.1 铅

按GB 5009.12的规定执行。

5.3.2 镉

按GB 5009.15的规定执行。

5.3.3 总砷

按GB 5009.11的规定执行。

5.3.4 总汞

按GB 5009.17的规定执行。

5.3.5 黄曲霉毒素 B_1

按GB 5009.22的规定执行。

5.4 农药残留限量

按GB 2763的规定执行。

5.5 微生物限量

5.5.1 菌落总数

按GB 4789.2的规定执行。

5.5.2 霉菌

按GB 4789.15的规定执行。

5.5.3 大肠菌群

按GB 4789.3的规定执行。

5.5.4 沙门氏菌

按GB 4789.4的规定执行。

5.5.5 金黄色葡萄球菌

按 GB 4789.10 的规定执行。

5.6 净含量

按 JJF 1070 的规定执行。

6 检验规则

6.1 组批

同一品种、同一产地、同一等级、同一生产日期的草果产品为一批次。

6.2 抽样

按 GB/T 12729.2 的规定执行。

6.3 交收(出厂)检验

每批产品交收(出厂)前,应进行检验,检验合格并附有合格证的产品方可出厂。交收(出厂)检验项目包括净含量、基本要求、感官要求及理化指标中的果实数量、破损率、外来物、水分、灰分。

6.4 型式检验

型式检验是对产品质量进行全面考核,正常生产每年进行一次型式检验;另外,有下列情形之一者应对产品质量进行型式检验。型式检验,包括本文件的全部项目。

  a) 新产品试制或原料、工艺、设备有较大改变时;
  b) 因人为或自然因素使生产环境发生较大变化时;
  c) 前后两次抽样检验结果差异较大时;
  d) 质量监督管理部门提出要求时。

6.5 判定规则

6.5.1 不符合 4.1 要求,判定为不合格。

6.5.2 检验结果符合本文件规定要求的产品,判定该批产品为合格。

6.5.3 交收检验时按 6.3 规定的项目检验,不符合要求的产品,判定为不合格。

6.5.4 型式检验规定要求检验的各项,有一项不合格,判定为不合格。

6.6 复检

若检验结果有争议时,应按 GB/T 12729.2 的规定对保留样品或同批产品取样,以一次复检为限。微生物、污染物、农药残留指标不合格,不得复检。

7 包装、标志、储存、运输

7.1 包装

同一批次产品称量后,人工或机械设备缝口。包装材料应符合 GB 4806.1、GB/T 8946、GB/T 24904 要求,应牢固、干燥、洁净、无异味。

7.2 标志

在每一个定量包装正面、缝口标志卡或随附文件中,应清晰地标明包括但不限于下列项目:

  a) 产品名称、产品原产地;
  b) 产品标准编号、等级;
  c) 生产企业或包装企业名称、地址、电话;
  d) 净含量;
  e) 保质期、合格标志;
  f) 生产日期。

7.3 储存

应堆放整齐,储存在清洁、通风、干燥、常温的库房中,不应与有毒、有害、有污染和有异味物品混放。

7.4 运输

运输中应避免日晒雨淋,不应与有毒、有害、有异味物品混运。

ICS 67.080.10
CCS X 50

中华人民共和国农业行业标准

NY/T 4267—2023

刺 梨 汁

Chestnut rose juice

2023-02-17 发布　　　　　　　　　　　　　2023-06-01 实施

中华人民共和国农业农村部 发布

前　言

本文件按照 GB/T 1.1—2020《标准化工作导则　第 1 部分:标准化文件的结构和起草规则》的规定起草。

请注意本文件某些内容可能涉及专利。本文件的发布机构不承担识别专利的责任。

本文件由农业农村部乡村产业发展司提出。

本文件由农业农村部农产品加工标准化技术委员会归口。

本文件起草单位:中国农业大学、广州王老吉大健康产业有限公司、国投中鲁果汁股份有限公司、春归保健科技有限公司、贵州恒力源天然生物科技有限公司、贵州宏财聚农投资有限责任公司、贵州天刺力食品科技有限责任公司、贵州初好农业科技开发有限公司、贵州天赐贵宝食品有限公司。

本文件主要起草人:赵靓、廖小军、翁少全、劳菲、冷传祝、杨梦海、费建军、岑顺友、查必环、王欣颖、闫福泉、郑荣波、李词周、姜南、邹雷、谢保光、米璐。

刺 梨 汁

1 范围

本文件规定了刺梨汁的术语和定义、产品分类、要求、检验规则、标签、包装、运输与储存。

本文件适用于刺梨汁预包装汁液产品。

2 规范性引用文件

下列文件中的内容通过文中的规范性引用而构成本文件必不可少的条款。其中，注日期的引用文件，仅该日期对应的版本适用于本文件；不注日期的引用文件，其最新版本（包括所有的修改单）适用于本文件。

GB/T 191　包装储运图示标志

GB 2760　食品安全国家标准　食品添加剂使用标准

GB 2761　食品安全国家标准　食品中真菌毒素限量

GB 2762　食品安全国家标准　食品中污染物限量

GB 2763　食品安全国家标准　食品中农药最大残留限量

GB 4806.1　食品安全国家标准　食品接触材料及制品通用安全要求

GB 4806.5　食品安全国家标准　玻璃制品

GB 4806.7　食品安全国家标准　食品接触用塑料材料及制品

GB 4806.9　食品安全国家标准　食品接触用金属材料及制品

GB 5009.86　食品安全国家标准　食品中抗坏血酸的测定

GB/T 5009.171—2003　保健食品中超氧化物歧化酶（SOD）活性的测定

GB 5749　生活饮用水卫生标准

GB/T 6543　运输包装用单瓦楞纸箱和双瓦楞纸箱

GB 7101　食品安全国家标准　饮料

GB 7718　食品安全国家标准　预包装食品标签通则

GB/T 12143　饮料通用分析方法

GB 12456　食品安全国家标准　食品中总酸的测定

GB 14881　食品安全国家标准　食品生产通用卫生规范

GB 17325　食品安全国家标准　食品工业用浓缩液（汁、浆）

GB/T 18963　浓缩苹果汁

GB/T 24616　冷藏、冷冻食品物流包装、标志、运输和储存

GB 28050　食品安全国家标准　预包装食品营养标签通则

GB 29921　食品安全国家标准　预包装食品中致病菌限量

GB/T 31121　果蔬汁类及其饮料

JJF 1070　定量包装商品净含量计量检验规则

NY/T 3907　非浓缩还原果蔬汁用原料

NY/T 3909　非浓缩还原果蔬汁加工技术规程

NY/T 3910　非浓缩还原果蔬汁冷链物流技术规程

国家市场监督管理总局令2023年第70号　定量包装商品计量监督管理办法

3 术语和定义

GB/T 31121 界定的以及下列术语和定义适用于本文件。

3.1

刺梨汁　chestnut rose juice

以刺梨或金刺梨为原料,采用物理方法直接制成的可发酵但未发酵的汁液制品;或在浓缩刺梨汁中加入其加工过程中除去的等量水分复原而成的汁液制品。

可使用糖(包括食糖和淀粉糖)调整刺梨汁的口感。

3.2

浓缩刺梨汁　concentrated chestnut rose juice

采用物理方法从刺梨汁中除去一定比例的水分,加水复原后具有刺梨汁应有特征的制品。

4　产品分类

按产品加工形式分为非浓缩还原刺梨汁和浓缩还原刺梨汁。

a)　非浓缩还原刺梨汁(非复原刺梨汁):采用非热杀菌或巴氏杀菌制成的为鲜榨刺梨汁,包括澄清型和浑浊型;

b)　浓缩还原刺梨汁(复原刺梨汁):在浓缩刺梨汁中加入其加工过程中除去的等量水分复原而成的为浓缩还原刺梨汁,包括澄清型和浑浊型。

5　要求

5.1　原辅料

5.1.1　应符合 GB 2760、GB 2761、GB 2762、GB 2763 的要求。

5.1.2　以新鲜或冷藏、冷冻刺梨(汁)为原料,还应符合 NY/T 3907 的要求。

5.1.3　以浓缩刺梨汁为原料,还应符合 GB 17325 的要求。

5.1.4　生产用水应符合 GB 5749 的规定及饮料用水的要求。

5.2　生产过程

5.2.1　应符合 GB 14881 的要求。

5.2.2　非浓缩还原刺梨汁还应符合 NY/T 3909 的要求。

5.3　感官

应符合表 1 的要求。

表 1　刺梨汁感官要求

类型	澄清型	浑浊型	检测方法
色泽	清亮的浅黄色至黄褐色	浅黄色、金黄色至黄褐色	GB 7101
组织状态	均匀一致、透明的液体,久置后允许有微量沉淀	均匀一致、浑浊的液体,有一些悬浮肉质,久置后允许有少量沉淀	
口感	口感清爽	口感饱满	
滋味和气味	具有刺梨应有的香气及滋味,酸甜微涩,无异味	具有新鲜刺梨应有的香气和滋味,酸甜微涩,无异味	
杂质	无肉眼可见外来杂质		

5.4　理化指标

应符合表 2 的规定。

表 2　刺梨汁理化指标

项目	非浓缩还原刺梨汁		浓缩还原刺梨汁		检测方法
	澄清汁	浑浊汁	澄清汁	浑浊汁	
浊度,NTU	≤10	—	≤10	—	GB/T 18963
可溶性固形物,%	≥7				GB/T 12143
总酸(以柠檬酸计),g/L	≥5				GB 12456

表 2（续）

项目	非浓缩还原刺梨汁		浓缩还原刺梨汁		检测方法
	澄清汁	浑浊汁	澄清汁	浑浊汁	
抗坏血酸，mg/100 mL	≥300(600ᵃ)		—		GB 5009.86
超氧化物歧化酶(SOD)活性，U/mL	≥1 500(3 000ᵃ)		≥1 000		GB/T 5009.171—2003 第一法

ᵃ 采用非热杀菌或巴氏杀菌制成的非浓缩还原刺梨汁。

5.5 安全指标

5.5.1 微生物限量应符合 GB 7101 和 GB 29921 的规定。

5.5.2 真菌毒素限量应符合 GB 2761 的规定。

5.5.3 重金属限量应符合 GB 2762 的规定。

5.5.4 农药残留限量应符合 GB 2763 的规定。

5.6 净含量允差

见国家市场监督管理总局令 2023 年第 70 号的规定，检验方法按照 JJF 1070 的规定执行。

6 检验规则

6.1 组批

由生产企业的质量管理部门按照其相应规则确定产品的批次。

6.2 抽样方法

在同一组批产品中随机抽取至少 15 个最小独立包装（总计不少于 2 L 或 2 kg），分别用于感官、理化、微生物检验及留样。

6.3 出厂检验

6.3.1 产品出厂前，应由生产企业的质量检验部门按本文件规定逐批进行检验，检验合格方可出厂。

6.3.2 出厂检验项目包括每批必检项目标签、净含量、感官要求、可溶性固形物、总酸、菌落总数和大肠菌群，其他项目做不定期抽检。

6.4 型式检验

6.4.1 型式检验项目为本文件规定的 5.3～5.6。

6.4.2 一般情况下每年或一个生产周期对产品进行一次型式检验。发生下列情况之一时，应进行型式检验：

    a) 产品定型投产时；

    b) 停产 6 个月以上恢复生产时；

    c) 出厂检验结果与上次型式检验结果差异较大时；

    d) 国家安全监督管理部门提出型式检验要求时；

    e) 正式生产时，主要原辅材料或关键工艺发生较大更改可能影响到产品的质量时。

6.5 判定规则

6.5.1 检验结果全部项目符合本文件规定时，判该批产品为合格品。

6.5.2 除微生物限量指标外，如有不合格项目，可以从该批产品中加倍抽取样品复检，若复检结果仍有一项指标不合格，则判定该批产品不合格。微生物限量指标有一项不合格，则判定该批产品不合格，且不予复检。

7 标签、包装、运输与储存

7.1 标签

7.1.1 应符合 GB 7718、GB 28050 的规定。

7.1.2 采用非热杀菌或巴氏杀菌的非浓缩还原刺梨汁产品可以标注"鲜榨刺梨汁"及杀菌方式。

7.1.3 刺梨汁中添加糖时,应在产品名称附近位置标示"加糖",并在食品配料表中标示所添加糖的种类和添加量或在成品中的含量。

7.1.4 对运输与储存温度有要求的刺梨汁产品,应标示具体的温度要求。

7.2 包装

7.2.1 包装应符合 GB/T 191 的规定。

7.2.2 包装材料应符合 GB 4806.1、GB 4806.5、GB 4806.7、GB 4806.9、GB/T 6543 的规定。

7.2.3 冷藏的刺梨汁产品包装应符合 GB/T 24616 的规定。

7.3 运输与储存

7.3.1 应符合 GB/T 31121 的规定。

7.3.2 冷链运输应符合 NY/T 3910 的规定。

ICS 67.040
CCS X 10

中华人民共和国农业行业标准

NY/T 4283—2023

花生加工适宜性评价技术规范

Technical specification for suitability assessment of peanut processing

2023-02-17 发布
2023-06-01 实施

中华人民共和国农业农村部 发布

前　言

本文件按照 GB/T 1.1—2020《标准化工作导则　第 1 部分：标准化文件的结构和起草规则》的规定起草。

本文件由农业农村部乡村产业发展司提出。

本文件由农业农村部农产品加工标准化技术委员会归口。

本文件起草单位：中国农业科学院农产品加工研究所、全国农技推广服务中心、中国农业科学院生物技术研究所、山东省农业科学院、丰益（上海）生物技术研发中心有限公司、山东金胜粮油食品有限公司、青岛天祥食品集团有限公司、中国农业大学、中粮山萃花生制品（威海）有限公司、青岛长寿食品有限公司。

本文件主要起草人：王强、刘红芝、刘丽、汤松、石爱民、张雨、胡晖、赵思梦、郭芹、杜方岭、姜元荣、刘芳、高冠勇、于强、李栋、李滨、于小华、曲广坤。

花生加工适宜性评价技术规范

1 范围

本文件规定了花生加工适宜性评价技术的术语和定义、原料要求、评价流程和方法等。

本文件适用于花生(仁)原料,不包括经过熟化处理的花生。

2 规范性引用文件

下列文件中的内容通过文中的规范性引用而构成本文件必不可少的条款。其中,注日期的引用文件,仅该日期对应的版本适用于本文件;不注日期的引用文件,其最新版本(包括所有的修改单)适用于本文件。

GB/T 1532 花生

GB 5009.5 食品安全国家标准 食品中蛋白质的测定

GB 5009.6 食品安全国家标准 食品中脂肪的测定

GB 5009.8 食品安全国家标准 食品中果糖、葡萄糖、蔗糖、麦芽糖、乳糖的测定

GB 5009.124 食品安全国家标准 食品中氨基酸的测定

GB 5009.168 食品安全国家标准 食品中脂肪酸的测定

GB 5009.229 食品安全国家标准 食品中酸价的测定

GB 5491 粮食、油料检验扦样、分样法

GB/T 15399 饲料中含硫氨基酸的测定 离子交换色谱法

GB 20371 食品安全国家标准 食品加工用植物蛋白

NY/T 1067 食用花生

NY/T 1068 油用花生

NY/T 1893 加工用花生等级规格

NY/T 2794 花生仁中氨基酸含量测定 近红外法

SN/T 0798 进出口粮油、饲料检验 检验名词术语

3 术语和定义

GB/T 1532、GB 20371、NY/T 1067、NY/T 1068 和 SN/T 0798 界定的以及下列术语和定义适用于本文件。

3.1

花生加工适宜性 suitability of peanut processing

花生加工成不同制品的适宜程度,分为一级、二级、三级,一级为最适宜。

3.2

凝胶型花生蛋白质 gel-type peanut protein

具有良好的凝胶质构特性,凝胶性综合值(0.026 8+0.161 8×硬度+0.378 1×弹性+1.157 3×内聚力)大于 0.85 的花生蛋白质。

3.3

溶解型花生蛋白质 solubility-type peanut protein

具有较高氮溶解指数(>68%)的花生蛋白质。

3.4

花生球蛋白 arachin

花生蛋白质组分的一种,相对分子质量约为 600×10^3。

3.5

伴花生球蛋白   conarachin

花生蛋白质组分的一种,包括伴花生球蛋白 I 和伴花生球蛋白 II,分子量分别约为 142×10^3 和 290×10^3。

3.6

23.5×10^3 蛋白亚基 23.5×10^3 protein subunit

花生球蛋白中的一个亚基,分子量为 23.5×10^3,约占花生球蛋白的 22%。

3.7

油酸/亚油酸   oleic/linoleic acid

花生脂肪酸中的油酸含量与亚油酸含量的比值,文中用"O/L 值"表示。

4   原料要求

对于花生(仁)原料,应符合以下基本条件:

a) 按照 GB 5491 粮食、油料检验扦样、分样法取样;

b) 满足 GB/T 1532 花生的质量要求;

c) 具有一致的品种特性,异品种比例≤10%;

d) 适宜加工油的花生原料应符合 NY/T 1068 油用花生的要求;

e) 适宜加工酱、蛋白的花生原料应符合 NY/T 1067 食用花生的要求。

5   评价步骤

5.1   评价工作流程

按照图 1 所示工作流程开展花生加工适宜性评价工作。

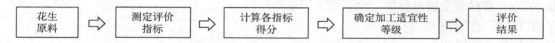

图 1   花生加工适宜性评价工作流程

5.2   原料品质指标测定

5.2.1   酸价的测定

按 GB 5009.229 中"第一法 冷溶剂指示剂滴定法"的规定执行。

5.2.2   脂肪的测定

按 GB 5009.6 中"第一法 索氏提取法"的规定执行。

5.2.3   蛋白质的测定

按 GB 5009.5 中"第一法 凯氏定氮法"的规定执行。

5.2.4   油酸、亚油酸、O/L 值的测定

按 GB 5009.168 中"第一法 内标法"的规定执行,得到油酸和亚油酸含量,计算 O/L 值。

5.2.5   蔗糖的测定

按 GB 5009.8 的规定执行。

5.2.6   半胱氨酸、蛋氨酸、谷氨酸、精氨酸、亮氨酸的测定:按 GB/T 15399、GB 5009.124 或 NY/T 2794 的规定执行。

5.2.7   花生球蛋白、伴花生球蛋白、23.5×10^3 蛋白亚基的测定:按《中华人民共和国药典》中"第五法 SDS-聚丙烯酰胺凝胶电泳法"的规定执行。

5.3   评价指标体系和评分

5.3.1   花生制油适宜性评价指标体系和评分

主要评价脂肪、O/L 值、油酸、亚油酸、酸价 5 个指标。根据分类值在表 1 找到对应的得分,并将所有

指标得分相加作为花生制油适宜性的总得分,依此确定加工适宜性等级;总得分>80 的花生品种为一级,60<总得分≤80 为的花生品种为二级,总得分≤60 的花生品种为三级,一级最适宜制油。

表 1 适宜制油的花生指标评分

指标	分类值/得分	Ⅰ类	Ⅱ类	Ⅲ类
脂肪,g/100 g	分类值	>45	>40~45	≤40
	得分	23	19	≤15
O/L 值	分类值	>1.1	>0.9~1.1	≤0.9
	得分	23	19	≤15
油酸,g/100 g	分类值	>21	>16~21	≤16
	得分	19	15	≤11
亚油酸,g/100 g	分类值	>18	>14~18	≤14
	得分	19	15	≤11
酸价,mg KOH/g	分类值	<1.5	1.5~<2.5	≥2.5*
	得分	16	12	≤8

* 当样品酸价值≥2.5,可直接判定为不适宜。

5.3.2 花生制酱适宜性评价指标体系和评分

主要评价脂肪、蛋白质、O/L 值、蔗糖 4 个指标。根据分类值在表 2 找到对应的得分,并将所有指标得分相加作为花生加工适宜性的总得分,依此确定加工适宜性等级;总得分>80 的花生品种为一级,60<得分≤80 为的花生品种为二级,得分≤60 的花生品种为三级,一级为最适宜制酱。

表 2 适宜制酱的花生指标评分

指标	分类值/得分	Ⅰ类	Ⅱ类	Ⅲ类
脂肪,g/100 g	分类值	46~52	>40~<46 或>52~<55	≥55 或≤40
	得分	30	24	≤18
蛋白质,g/100 g	分类值	>22~26	>18~22 或 26~30	≤18 或>30
	得分	30	24	≤18
O/L 值	分类值	≥1.1	>0.9~<1.1	≤0.9
	得分	25	20	≤15
蔗糖,g/100 g	分类值	>4.5~6	>3.5~4.5	≤3.5 或>6
	得分	15	12	≤9

5.3.3 凝胶型花生蛋白适宜性评价指标体系和评分

主要评价蛋白质、伴花生球蛋白、半胱氨酸、蛋氨酸 4 个指标。根据分类值在表 3 找到对应的得分,并将所有指标得分相加作为花生加工适宜性的总得分,依此确定加工适宜性等级;总得分>80 的花生品种为一级,60<得分≤80 为的花生品种为二级,得分≤60 的花生品种为三级,一级为最适宜加工凝胶型花生蛋白。

表 3 适宜加工凝胶型蛋白质的花生指标评分

指标	分类值/得分	Ⅰ类	Ⅱ类	Ⅲ类
蛋白质,g/100 g	分类值	>24	>21~24	≤21
	得分	30	27	≤20
伴花生球蛋白,g/100 g	分类值	>10	>8~10	≤8
	得分	36	27	≤20

表 3（续）

指标	分类值/得分	Ⅰ类	Ⅱ类	Ⅲ类
半胱氨酸,g/100 g	分类值	＞0.4	＞0.2～0.4	≤0.2
	得分	20	15	≤12
蛋氨酸,g/100 g	分类值	＞0.3	＞0.2～0.3	≤0.2
	得分	14	11	≤8

5.3.4 溶解型花生蛋白适宜性评价指标体系和评分

主要评价蛋白质、花生球蛋白、$23.5×10^3$ 蛋白亚基、谷氨酸、精氨酸、亮氨酸 6 个指标。根据分类值在表 4 找到对应的得分,并将所有指标得分相加作为花生加工适宜性的总得分,依此确定加工适宜性等级;总得分＞80 的花生品种为一级,60＜得分≤80 为的花生品种为二级,得分≤60 的花生品种为三级,一级为最适宜加工溶解型花生蛋白。

表 4 适宜加工溶解型蛋白质的花生指标评分

指标	分类值/得分	Ⅰ类	Ⅱ类	Ⅲ类
蛋白质,g/100 g	分类值	＞24	＞21～24	≤21
	得分	19	18	≤14
花生球蛋白,g/100 g	分类值	＞12	＞10～12	≤10
	得分	25	18	≤14
$23.5×10^3$ 蛋白亚基	分类值	＞5.7	＞4.9～5.7	≤4.9
	得分	18	14	≤11
谷氨酸,g/100 g	分类值	＞4.8	＞3.6～4.8	≤3.6
	得分	14	11	≤8
精氨酸,g/100 g	分类值	＞2.8	＞2.3～2.8	≤2.3
	得分	14	11	≤8
亮氨酸,g/100 g	分类值	＜1.7	＞1.7～2.0	≥2.0
	得分	10	8	≤5

5.4 评价结果

实施机构应出具评价结果报告,对评价情况和结果进行汇总整理和分析。报告中应至少包括以下内容:

  a) 报告标题;

  b) 实施机构信息,主要包括名称和地址等;

  c) 委托单位主要信息;

  d) 待评价样品的状态描述和标识;

  e) 收样日期;

  f) 评价日期;

  g) 评价结果和评价依据;

  h) 被评价样品是否符合国家有关规定的结论;

  i) 相关免责声明等。

ICS 67.080.20
CCS B 31

中华人民共和国农业行业标准

NY/T 4284—2023

香菇采后储运技术规范

Technical specification for postharvest storage and transportation of
Lentinus edodes (Berk.) Pegler

2023-02-17 发布
2023-06-01 实施

中华人民共和国农业农村部 发布

前　言

本文件按照 GB/T 1.1—2020《标准化工作导则　第 1 部分：标准化文件的结构和起草规则》的规定起草。

请注意本文件的某些内容可能涉及专利。本文件的发布机构不承担识别专利的责任。

本文件由农业农村部乡村产业发展司提出。

本文件由农业农村部农产品加工标准化技术委员会归口。

本文件起草单位：浙江省农业科学院食品科学研究所。

本文件主要起草人：陈杭君、郜海燕、周拥军、吴伟杰、房祥军、穆宏磊、刘瑞玲、韩延超、牛犇。

香菇采后储运技术规范

1 范围

本文件规定了新鲜香菇的采收、质量要求与分级、预冷、排湿、入库、储藏、包装、出库、运输和储运期限。

本文件适用于新鲜香菇采后的储藏与运输。

2 规范性引用文件

下列文件中的内容通过文中的规范性引用而构成本文件必不可少的条款。其中,注日期的引用文件,仅该日期对应的版本适用于本文件;不注日期的引用文件,其最新版本(包括所有的修改单)适用于本文件。

GB 4806.7 食品安全国家标准 食品接触用塑料材料及制品

GB 7096 食品安全国家标准 食用菌及其制品

GB 7718 食品安全国家标准 预包装食品标签通则

GB/T 12728 食用菌术语

GB 14881 食品安全国家标准 食品生产通用卫生规范

GB/T 24616 冷藏、冷冻食品物流包装、标志、运输和储存

GB/T 30134 冷库管理规范

GB/T 34343 农产品物流包装容器通用技术要求

GB/T 38581 香菇

NY/T 2000 水果气调库贮藏通则基本要求

3 术语和定义

GB/T 12728 界定的以及下列术语和定义适用于本文件。

3.1

菌褶 lamellae

垂直于菌盖下侧,形成担子、生产担孢子的辐射状排列的片状结构。

3.2

内菌幕 inner veil

菌盖与菌柄相连接并覆盖菌褶的菌膜。

3.3

霉烂菇 spoiled mushroom

存在肉眼可见霉菌或腐败的菇。

3.4

菇体排湿 moisture exhaustion of mushroom

排除菇体部分水分的处理措施。

4 采收

4.1 采收期

应在香菇菌盖边缘内卷,内卷的边缘处尚与菌褶相连、内菌幕完好未破裂时,及时采收。

4.2 采收要求

4.2.1 采收时应戴洁净、软质手套,用手指捏住菇柄基部,左右转动轻轻拧下;不碰伤周围小菇,剔除附带的培养基质等杂质。

4.2.2 采下的香菇宜置于洁净干燥、不易损伤菇体的塑料周转箱等容器内,盛菇高度不宜大于 30 cm。盛菇容器的安全卫生要求应符合 GB/T 34343 的规定。

4.2.3 采收前 1 d~2 d 应停止喷水。

5 质量要求与分级

5.1 质量要求

5.1.1 基本要求

菇体完整,具有香菇应有的气味、无异味,无霉烂菇,无塑料、玻璃、沙石和动物排泄物等异物。

5.1.2 水分指标

菇体的水分含量≤90%。

5.1.3 安全指标

安全指标应符合 GB 7096 的规定。

5.2 分级

按照 GB/T 38581 中的香菇鲜品感官规定执行,用于储运的质量应符合其中一级和二级的规定。

6 预冷

香菇采收后宜在 2 h 内进行预冷,可采用冷风预冷、真空预冷等方式使菇体中心温度迅速降至 0 ℃~4 ℃。储藏库预冷时,应分批入库,每天入库量不超过冷库容量的 20%。

7 排湿

长期储藏的鲜菇应进行排湿处理,使菇体保持干爽,含水量 75%~85%。如在库外排湿,完成后应及时入库。

8 入库

8.1 入库准备

入库前对冷库进行清扫和消毒,消毒方法按照 NY/T 2000 的规定执行。在入库前将库温降至 0 ℃~2 ℃。

8.2 码垛

码垛应层排整齐稳固,货垛的排列方式、走向应与库内空气循环方向一致。垛间距、垛与墙壁及顶间距 0.4 m~0.5 m,码垛距离冷风机不少于 1.5 m,垛底加厚度为 0.1 m~0.2 m 的垫层(如叉车托盘等)。应按品种分垛、分等级堆码,每垛标明品种、产地、等级、采收和入库时间等信息。

9 储藏

9.1 储藏条件

9.1.1 温度

宜为 0 ℃~2 ℃。

9.1.2 相对湿度

宜为 75%~85%。

9.2 储藏方式

9.2.1 10 d 以内的短期储运宜采用冷藏。

9.2.2 10 d 以上的中长期储运宜采用冷藏结合薄膜袋包装。预冷后的香菇装入内衬有聚乙烯薄膜袋的包装箱中,待菇体中心温度降至 0 ℃～2 ℃,将袋口扎紧。薄膜袋的厚度宜为 0.03 mm～0.05 mm,材料要求应符合 GB 4806.7 的要求。

9.3 储藏管理

9.3.1 储藏期间定期检查香菇的品质变化情况,及时发现并挑出霉烂菇,并根据储藏品质的变化状况适时结束储藏。

9.3.2 定时观测记录储藏温度与湿度,维持储藏条件在规定的范围内。冷库运行管理应按照 GB/T 30134 的规定执行。

10 包装

10.1 出库前的香菇宜进行分装,分装过程随时剔除不符合质量要求的香菇,根据需要可剪短菇柄。

10.2 包装方式

10.2.1 内包装

独立小包装可采用塑料托盘盛装并包裹聚乙烯薄膜。大包装可采用 0.03 mm～0.05 mm 厚的聚乙烯薄膜袋包装,装入香菇后采用抽气装置抽取适量空气(以包装薄膜略缩紧并刚贴近菇体为度)并扎紧袋口。聚乙烯薄膜袋应符合 GB 4806.7 的要求。

10.2.2 外包装

外包装可采用聚苯乙烯泡沫塑料箱、纸箱等包装材料,箱内的包装应摆放整齐、紧密。外包装箱应洁净、干燥,并具有一定的牢固性和抗压性。

10.3 包装操作间环境温度不宜超过 15 ℃。

10.4 包装操作间与操作人员卫生条件应符合 GB 14881 的要求。

10.5 包装标志应符合 GB 7718 和 GB/T 24616 的要求。

11 出库

出库遵循"先进先出"的原则。

12 运输

12.1 运输方式

宜采用冷藏运输,温度宜为 0 ℃～2 ℃。

12.2 运输要求

车厢内应清洁卫生,避免与其他货物混装,码垛要稳固;运输行车应平稳,减少颠簸和剧烈振荡;装卸过程应轻搬轻放。运输其他要求应符合 GB/T 24616 的要求。

13 储运期限

冷藏方式储运期限宜为 10 d 以内;冷藏结合薄膜袋方式储运期限宜为 25 d 以内。进入销售的香菇质量应符合 GB/T 38581 的要求。

ICS 67.080.20
CCS B 31

中华人民共和国农业行业标准

NY/T 4285—2023

生鲜果品冷链物流技术规范

Technical specification for cold chain logistics of fresh fruits

2023-02-17 发布　　　　　　　　　　　　2023-06-01 实施

中华人民共和国农业农村部 发布

前　言

本文件按照 GB/T 1.1—2020《标准化工作导则　第 1 部分:标准化文件的结构和起草规则》的规定起草。

请注意本文件的某些内容可能涉及专利。本文件的发布机构不承担识别专利的责任。

本文件由农业农村部乡村产业发展司提出。

本文件由农业农村部农产品加工标准化技术委员会归口。

本文件起草单位:浙江省农业科学院食品科学研究所。

本文件主要起草人:郜海燕、陈杭君、吴伟杰、房祥军、周拥军、韩延超、刘瑞玲、高原、童川、穆宏磊、牛犇、夏魏。

生鲜果品冷链物流技术规范

1 范围

本文件规定了生鲜果品的采收要求、原料质量要求、采收后预处理、储藏、包装与标志、运输、销售、卫生规范和质量管理与追溯。

本文件适用于生鲜果品的采后冷链物流。

2 规范性引用文件

下列文件中的内容通过文中的规范性引用而构成本文件必不可少的条款。其中,注日期的引用文件,仅该日期对应的版本适用于本文件;不注日期的引用文件,其最新版本(包括所有的修改单)适用于本文件。

GB 2760 食品安全国家标准 食品添加剂使用标准

GB 2762 食品安全国家标准 食品中污染物限量

GB 2763 食品安全国家标准 食品中农药最大残留限量

GB/T 5600 铁道货车通用技术条件

GB/T 7392 系列 1:集装箱的技术要求和试验方法 保温集装箱

GB 7718 食品安全国家标准 预包装食品标签通则

GB 14881 食品安全国家标准 食品生产通用卫生规范

GB/T 18354 物流术语

GB/T 24616 冷藏、冷冻食品物流包装、标志、运输和储存

GB/T 28843 食品冷链物流追溯管理要求

GB/T 30134 冷库管理规范

GB 31605 食品安全国家标准 食品冷链物流卫生规范

GB/T 33129 新鲜水果、蔬菜包装和冷链运输通用操作规程

GB/T 34344 农产品物流包装材料通用技术要求

GB/T 40446 果品质量分级导则

NY/T 2000 水果气调库贮藏通则

QC/T 449 保温车、冷藏车技术条件及试验方法

SB/T 10728 易腐食品冷藏链技术要求 果蔬类

3 术语和定义

GB/T 18354 界定的以及下列术语和定义适用于本文件。

3.1

生鲜果品 fresh fruits

未经深加工,只做必要的保鲜和简单整理,以新鲜状态供消费者食用的水果。

3.2

冷链物流 cold chain logistics

以制冷技术为主要手段,为保持生鲜果品的品质,使其从采收后到销售的各个环节中始终处于适宜低温状态的活动。

3.3

预冷 pre-cooling

在储运之前,通过必要的装置或设施,去除果品采后的田间热,使其中心温度降低到适宜温度范围的

操作过程。

4 采收要求

4.1 采收应在晴天气温较低时或阴天进行,避开雨天、露(雨)水未干和高温时段。

4.2 果品宜人工适熟采摘,采收过程应戴符合食品卫生要求的洁净软质手套,轻摘轻放,避免机械损伤。

4.3 采收的果品应当天就地或就近尽快分选、预冷,未及时运输的果品应放在阴凉、通风的场所,避免日晒或雨淋。

5 原料质量要求

5.1 基本要求

供冷链物流的生鲜果品,应符合食品安全要求,其污染物限量、农药最大残留限量应符合 GB 2762 和 GB 2763 的规定。

5.2 感官要求

供冷链物流的生鲜果品,应新鲜洁净、成熟度适宜、外形完整,并具有其固有的色泽和风味,无异味、无损伤、无病虫害和无霉烂。果品感官质量要求按照 SB/T 10728 的规定执行。

6 采收后预处理

6.1 分级

采收后剔除不符合 5.2 要求的果品,按照 GB/T 40446 的规定分级。

6.2 预冷

6.2.1 果品采收后应及时在产地进行预冷,可根据果品的特性,按照 SB/T 10728 的规定执行,选择适宜的方式进行预冷,使其预冷后的果心温度接近但不低于其适宜的储藏温度。

6.2.2 预冷后的果品应尽快进入冷链运输;暂时不进入运输流通环节的果品,应置于适宜温度和湿度的储藏环境中。

6.3 防腐保鲜处理

可根据果品的种类特性及保鲜期需要,选择浸泡、涂膜、熏蒸等不同形式的防腐保鲜处理,防腐保鲜剂的使用应符合 GB 2760 或其他国家相关规定。

7 储藏

7.1 冷库要求

7.1.1 冷库应设置温度不超过 15 ℃的理货区与装卸作业区,宜建有封闭式站台及与运输装备对接的门套密封装置。

7.1.2 入库前应对冷库进行清扫和消毒,消毒方法按照 NY/T 2000 的规定执行。

7.1.3 在入库前将库温降至果品的适宜储藏温度。

7.1.4 应定期对冷库、用具、周围环境等进行清洁、消毒,保持清洁卫生。

7.2 入库

预冷后暂时不能运输流通的果品应及时储入冷库,按照果品的种类分库储藏。

7.3 码垛

7.3.1 码垛应整齐稳固,货垛的排列方式、走向应与库内空气循环方向一致,留有空隙,保持库内空气流通,符合 GB/T 30134 的要求。

7.3.2 应按照果品的产地、品种、等级、规格、批次分库或分区码垛,并填写货位标签。

7.4 温度与相对湿度要求

库内的温度和相对湿度应符合不同种类生鲜果品冷藏技术的要求,储藏技术参数宜符合 SB/T 10728

的要求。

7.5 储藏管理

7.5.1 定时观测记录储藏温度与相对湿度，维持储藏条件在规定的范围内。冷库运行管理按照 GB/T 30134 的规定执行。

7.5.2 储藏库内的气流应畅通，适时对库内气体进行通风换气。

7.5.3 储藏期间应定期检查果品的质量变化情况，及时剔除感官质量不符合 5.2 要求的果品，并根据储藏品质的变化状况适时结束储藏。

7.6 出库

出库遵循"先进先出"的原则。

8 包装与标志

8.1 包装

8.1.1 应根据生鲜果品的类型、形状和特性，以及预冷方式、装载、储藏、运输、销售的需求，选择适宜的包装材料、容器和方式。包装应具有良好的保护性，能够有效避免果品在冷链物流过程中受到机械或其他损伤；能够满足果品的呼吸作用等基本生理需求，减轻其在储藏、运输期间病害的传染。

8.1.2 生鲜果品常用的包装容器、材料及适用范围按照 GB/T 33129 的规定。不耐压的果品包装时，应在包装容器内加支撑物或衬垫物。

8.1.3 包装材料的性能、安全卫生、环保和质量等要求应符合 GB/T 34344 的规定。

8.1.4 包装操作应在适宜的低温环境中进行，包装环境与操作人员的卫生条件应符合 GB 14881 的要求。

8.1.5 按照同一产地、同一品种、同一等级、同一批次进行包装。包装过程应轻拿轻放，避免机械损伤。

8.2 标志

应符合 GB 7718 和 GB/T 24616 的规定。

9 运输

9.1 运输装备要求

9.1.1 冷链运输时，应采用冷藏车、保温车、冷藏集装箱或冷藏火车等运输装备。冷藏车、保温车应符合 QC/T 449 的规定，冷藏集装箱应符合 GB/T 5600 的规定，冷藏火车应符合 GB/T 7392 的规定。

9.1.2 运输装备厢体内应清洁卫生，无毒、无害、无异味、无污染，内壁应平整光滑。

9.1.3 运输装备厢体内应配置具有异常报警功能的温度自动记录设备或远程数据监控设备，能对运输过程中厢体内的温度进行实时监测和记录。

9.1.4 装载前应对运输装备厢体进行预冷，使厢体内温度达到果品所需的适宜运输温度。

9.2 装载

9.2.1 同一车厢宜装载同类果品。冷藏温度相差 3 ℃以上的不同种类、具有强烈气味与易吸收异味、乙烯释放量大与对乙烯敏感的果品不应混装。

9.2.2 宜利用封闭式站台及与运输装备对接的门套密封装置进行装载。

9.2.3 应尽快完成装载，期间果品温度波动幅度宜小于 3 ℃；装载过程轻搬轻放，减少包装内果品晃动。

9.2.4 装载应码放稳固，不稳固的应采取加固措施。

9.2.5 包装箱与运输厢体四壁间距应大于 10 cm，码放高度应低于制冷机组出风口下沿。

9.3 运输过程

9.3.1 运输过程中，运输装备厢体内温度应维持在生鲜果品要求的适宜运输温度范围内，不同种类果品的适宜运输温度按照 SB/T 10728 的规定执行。

9.3.2 厢体内冷风应循环顺畅,温差宜控制在3℃以内。

9.3.3 应行驶平稳,避免果品挤压、碰撞;防止水淋、受潮、防止污染;应尽量减少开关运输装备厢门次数。

9.3.4 运输过程中应对厢体内的温度进行连续监测和记录,间隔时间小于10 min。超出允许的波动范围应有报警提醒,并及时处理。

9.4 卸货

9.4.1 卸货区宜配备封闭式站台,并配有与运输装备对接的密封装置。

9.4.2 应尽快完成卸货,及时转移至符合生鲜果品储藏温湿度要求的储藏设备或空间内。

9.4.3 应轻搬轻放,减少包装内果品晃动。卸货期间果品温度波动幅度宜小于3 ℃;卸货因故中断时,运输装备厢门应立即关闭,并保持制冷系统正常运转。

10 销售

10.1 销售场地应清洁卫生。

10.2 生鲜果品宜放在冷藏展售柜中销售;不能及时销售的果品,应置于冷库内临时储藏,其温湿度要求宜符合不同种类果品储藏的要求。

10.3 应定期检查果品的质量,将不合格的果品及时下架。

11 卫生规范

生鲜果品冷链物流的卫生规范应符合GB 31605的规定。

12 质量管理与追溯

12.1 应建立冷链物流质量管理体系,并配备专业的管理人员。

12.2 应建立冷链物流应急处理预案,应对过程中出现的突发情况。

12.3 应按照GB/T 28843的要求建立追溯体系,实现生鲜果品冷链物流全过程各类信息的可追溯性。

ICS 67.080.01
CCS B 31

中华人民共和国农业行业标准

NY/T 4286—2023

散粮集装箱保质运输技术规范

Technical specification for quality guaranteed container
transportation of bulk grain

2023-02-17 发布 2023-06-01 实施

中华人民共和国农业农村部 发布

前　言

本文件按照 GB/T 1.1—2020《标准化工作导则　第 1 部分：标准化文件的结构和起草规则》的规定起草。

请注意本文件的某些内容可能涉及专利。本文件的发布机构不承担识别专利的责任。

本文件由农业农村部市场与信息化司提出。

本文件由农业农村部农产品冷链物流标准化技术委员会归口。

本文件起草单位：农业农村部规划设计研究院、郑州中粮科研设计院有限公司、国家粮食和物资储备局科学研究院、中国农业大学。

本文件主要起草人：谢奇珍、王小萌、师建芳、翟晓娜、刘清、赵玉强、邵广、娄正、高兰、张涛、赵慧凝、李栋。

散粮集装箱保质运输技术规范

1 范围

本文件规定了散粮集装箱保质运输的总体要求、装箱散粮质量与控制、装载、运输与中转、卸载与接收、数据采集与信息交接、质量追溯的要求。

本文件适用于玉米、稻谷、小麦和大豆散粮集装箱公路、铁路、水路以及多式联运保质运输，其他粮食运输可参照使用。

2 规范性引用文件

下列文件中的内容通过文中的规范性引用而构成本文件必不可少的条款。其中，注日期的引用文件，仅该日期对应的版本适用于本文件；不注日期的引用文件，其最新版本（包括所有的修改单）适用于本文件。

GB/T 1413 系列 1 集装箱 分类、尺寸和额定质量

GB/T 1836 集装箱代码、识别和标记

GB 2715 食品安全国家标准 粮食

GB 5009.3 食品安全国家标准 食品中水分的测定

GB/T 5492 粮油检验 粮食、油料的色泽、气味、口味鉴定

GB/T 5493 粮油检验 类型及互混检验

GB/T 5494 粮油检验 粮食、油料的杂质、不完善粒检验

GB/T 5495 粮油检验 稻谷出糙率检验

GB/T 5496 粮食、油料检验 黄粒米及裂纹粒检验法

GB/T 5498 粮油检验 容重测定

GB/T 8613 淀粉发酵工业用玉米

GB 11602 集装箱港口装卸作业安全规程

GB/T 12418 钢质通用集装箱修理技术要求

GB/T 17274 系列 1 无压干散货集装箱技术要求和试验方法

GB/T 17382 系列 1 集装箱 装卸和栓固

GB 17440 粮食加工、储运系统粉尘防爆安全规程

GB/T 17890 饲料用玉米

GB 17918 港口散粮装卸系统粉尘防爆安全规程

GB/T 20411 饲料用大豆

GB/T 20569 稻谷储存品质判定规则

GB/T 20570 玉米储存品质判定规则

GB/T 20571 小麦储存品质判定规则

GB/T 21719 稻谷整精米率检验法

GB/T 26934 集装箱电子标签技术规范

GB/T 29890—2013 粮油储藏技术规范

GB/T 31785 大豆储存品质判定规则

GB/T 35201 系列 2 集装箱 分类、尺寸和额定质量

GB/T 36854 集装箱熏蒸操作规程

LS/T 6132 粮油检验 储粮真菌的检测 孢子计数法

LS/T 8011 散粮接收发放设施设计技术规程

SN/T 1253　入出境集装箱及其货物消毒规程

SN/T 1281　入出境集装箱及其货物除虫规程

SN/T 1286　入出境集装箱及其货物除鼠规程

SN/T 2504　进出口粮谷检验检疫操作规程

3　术语和定义

LS/T 8011 界定的以及下列术语和定义适用于本文件。

3.1

散粮　bulk grain

在粮食流通过程的装卸、运输和储存等环节中，以散装形式出现的颗粒状原粮。

[来源：LS/T 8011，2.0.1，有修改]

3.2

保质运输　quality guaranteed transportation

散粮运输中，采用品质检测、监测及质量控制等技术手段，保证散粮品质的运输方式。

3.3

立式装粮　vertical or tilt load

将集装箱置于竖直状态或倾斜一定角度的装粮方式。

3.4

平式装粮　horizontal load

将集装箱置于水平状态的装粮方式。

3.5

散粮集装箱装卸设施　loading and unloading facilities for bulk grain container

采用液压或机械等机构，完成集装箱升降、翻转等散粮装卸作业的设施装备，主要有地坑式和塔架式两种。

3.6

散粮集装箱运输　bulk grain container transportation

以集装箱作为运载单元，应用车船等运载形式而进行散粮运输的一种运输方式。

3.7

长途运输　long-distance transportation

运输距离在 400 km 以上的公路、铁路、水路运输以及多式联运。

4　总体要求

4.1　集装箱

4.1.1　根据散粮的密度、流动性等物理性质，以及质量与安全等级、装卸和运输载荷要求，宜选用公称长度为 20 ft、40 ft 的无压干散货集装箱或散粮专用集装箱，并符合 GB/T 1413、GB/T 35201 和 GB/T 17274 的规定。

4.1.2　集装箱应具备电子识别标记，并符合 GB/T 1836 的规定。集装箱应具备安全牌照批准证书、适航证明等证书。

4.1.3　散粮集装箱箱门、罩布、可拆卸和折叠的零部件以及其他活动装置等在集装箱起吊、移动或堆码时均应固定牢靠。散粮集装箱拴固应符合 GB/T 17382 的规定。

4.1.4　对于超长、超宽和超高等超限作业要求的集装箱，应制订相应的装卸操作方案以及应急预案。

4.1.5　散粮集装箱宜具备集装箱物流北斗或 GPS 定位系统、集装箱内外环境参数与散粮品质在途在线监测系统并具备自动预警报警功能。不具备自动监测与报警功能的则由人工作业完成并建立完备的记录档案。

4.2 辅助设施设备

4.2.1 粮库、加工企业、场站和码头等装运、转运场地应根据业务需求结合自身条件配备散粮集装箱装卸、起重、吸粮、抛粮、输送、取样、清理、除尘和暂存等作业设施设备,散粮集装箱装卸可选用立式装粮或平式装粮设施。

4.2.2 场站及码头应具备集装箱检修功能,宜配置集装箱检修场地和设备、快速换装装备和充电设施。

4.3 卫生

4.3.1 集装箱内应保持干燥无水渍、清洁无杂质、无粮食以外的异味,装运过其他物品的集装箱应经过清洗消毒后方可使用;与散粮直接接触的材料应无毒无害无异味,并不会产生颜色污染。

4.3.2 进出口运输的集装箱和散粮应按照 SN/T 1253、SN/T 1281、SN/T 1286、SN/T 2504 的规定处理,并应符合目的地国家检验检疫相关规定。

4.3.3 集装箱熏蒸作业应符合 GB/T 36854 的规定,临时作业亦可采用 75% 酒精溶液喷雾,并在达到4.3.1 的要求后再投入使用。

4.4 堆场管理及码放

4.4.1 集装箱堆场应坚固、平坦,远离污染源和危险源,避开蓄滞洪区和低洼水患地区。

4.4.2 堆场内应划定散粮专用箱区,并按作业需要规划车道、行车方向,并设安全标识。

4.4.3 堆场应保持清洁,及时清除残留的粮粒、灰尘和杂物等,消除安全隐患。

4.4.4 集装箱应按箱位线堆码,空箱、重箱和结构类型不同的集装箱应分别堆码。

4.4.5 车站、码头装卸散粮的货场、泊位宜专用,散粮集装箱应与其他货物集装箱分开堆放,并保持一定的安全距离;堆放过农药、化肥及其他有毒有害物品的货场应彻底清理干净。

4.4.6 港口、场站集装箱码放应符合 GB 11602 和《铁路集装箱运输规则》的规定。

4.5 人员卫生与安全

4.5.1 从事散粮集装箱装卸、运输作业的人员应考核合格并持证上岗。

4.5.2 作业人员需保持个人卫生清洁,工作时穿戴经定期消毒的工作服、帽和鞋等。

5 装箱散粮质量与控制

5.1 散粮质量指标

5.1.1 散粮真菌毒素、污染物、农药残留限量应符合 GB 2715 的规定。

5.1.2 装箱散粮质量应符合表 1 的要求。

表 1 装箱散粮质量要求及检验方法

检测项目	质量要求	检验方法
色泽、气味	正常	GB/T 5492
水分	不宜超过运输目的地规定的安全水分,最高值不超过安全水分值0.5 个百分点	GB 5009.3
容重,g/L 小麦 玉米	≥750 ≥660	GB/T 5498
杂质,%	≤1.0	GB/T 5494
害虫密度,头/kg	≤5	按 GB/T 29890—2013 中 7.1.4 的规定
热损伤粒,% 小麦、大豆	≤0.5	按 GB/T 5494 中不完善粒检验的规定,挑拣出霉变粒,进行称重、计算含量
霉变粒,% 大豆 除大豆外其他散粮	≤1.0 ≤2.0	按 GB/T 5494 中不完善粒检验的规定,挑拣出霉变粒,进行称重、计算含量

表1（续）

检测项目	质量要求	检验方法
脂肪酸值(KOH/干基),mg/100 g		
玉米	≤65.0	GB/T 20570
籼稻谷	≤30.0	GB/T 20569
粳稻谷	≤25.0	GB/T 20569
大豆[粗脂肪酸值(KOH)],mg/g	≤3.5	GB/T 31785

5.1.3 涉及接收地特殊要求的散粮其他质量指标及检验方法按附录A的规定执行。

5.2 散粮处理

5.2.1 水分、杂质超过表1规定的,应进行干燥、去杂处理。

5.2.2 其他品质指标未达到要求的,不应作为食品原料。

5.2.3 高温季节出仓时,应停止制冷并防止结露。

6 装载

6.1 装箱前检查

6.1.1 集装箱运输到达指定位置或卸下集装箱后,应按附录B的规定对集装箱的外观标识、外观质量、安全卫生、信息设备和其他设备等情况进行检查记录,检查结果应符合4.1、4.3和附录B的要求。

6.1.2 不应使用标识不清、质量残损、安全与卫生不达标、功能不全的集装箱。

6.1.3 散粮装箱前应检测和记录集装箱箱内温度,箱内温度过高时应在装箱前采取遮阴或通风等措施降低箱内温度至环境温度。

6.2 装粮作业

6.2.1 将集装箱运输至装粮区,宜采用散粮集装箱装卸设施进行立式装粮或平式装粮,装粮设备有移动式抛粮机、移动式吸粮机和带式输送机等。

6.2.2 集装箱装粮时宜放入专用衬袋,以防止或减少散粮破碎,保持散粮品质。

6.2.3 装粮口与输送机械出料口准确对位后装入散粮,应减少抛撒并采取除尘措施,防止杂质混入;长途运输或运往高温高湿地区,装粮时可按防护剂使用要求在集装箱内加入防虫剂和干燥剂。

6.2.4 装粮过程中宜配套专用的振动或摊平装置,实现集装箱均匀、满箱装载。

6.2.5 装载后散粮和箱体总重不应超过集装箱标识规定的额定重量。

6.2.6 装粮作业区域粉尘控制应符合GB 17440、GB 17918的规定。

6.2.7 集装箱装粮作业时,应避免散粮流动等产生的超载冲击造成集装箱失稳变形。

6.2.8 装粮完毕后,应平整集装箱粮面。

6.3 封箱

6.3.1 装粮口应关闭严密并用锁具锁闭,确保装粮口密闭、防雨雪。

6.3.2 锁闭完成后,可根据需要对集装箱进行机械或电子施封。

6.3.3 未经授权,卸粮前不应打开集装箱。

7 运输与中转

7.1 运输

7.1.1 宜尽量缩短运输时间,遇自然灾害确需转运或卸粮时,应在保证散粮质量和集装箱安全的条件下进行相应作业。

7.1.2 不应使用无固定集装箱装置的运输车辆。

7.1.3 运输过程中应防雨雪渗入、防长期暴晒。

7.1.4 跨储粮生态区运输的散粮应定期监测集装箱内散粮质量。储粮生态区域按 GB/T 29890—2013 中附录 A 的规定划分。

7.1.5 对符合 4.1.5 规定的集装箱，当预警、报警装置启动后，应 24 h 内送达目的地或就近处理。

7.2 中转

7.2.1 不应翻转倒置装有散粮的集装箱。

7.2.2 散粮集装箱多式联运时，集装箱装卸作业应符合 GB 11602、GB/T 17382 的规定。

7.2.3 散粮转运停留时间不宜超过 24 h；转运停留时，集装箱宜放置在阴凉、遮蔽处。

8 卸载与接收

8.1 卸箱

8.1.1 集装箱到达港口、场站、接收地后，集装箱转运和装卸作业应符合 GB 11602、GB/T 17382 的规定。

8.1.2 卸箱时，应垂直起吊集装箱，防止因重心偏心而造成集装箱吊起后发生倾斜或旋转。

8.1.3 不应对箱体施加超过箱体额定承载能力的卸载作业。

8.1.4 集装箱卸箱后，散粮在箱内存放不宜超过 24 h。

8.2 卸粮

8.2.1 卸粮前，应先检查集装箱施封是否完好。

8.2.2 将集装箱运输至卸粮区，宜采用自卸车、翻箱机倾倒卸粮，或采用吸粮机、扒谷机等设备辅助卸粮。

8.2.3 在开启箱门前，操作人员应做好安全防护工作。

8.2.4 高温高湿区域卸粮时，应尽快入仓，高温散粮应采取谷物冷却机辅助降温。

8.3 接收

8.3.1 散粮运抵目的地后，质量指标不得降低。

8.3.2 散粮水分、杂质超出表1规定的，应进行干燥、去杂处理。

8.3.3 其他质量指标未达到要求的，应及时查询集装箱交接信息，并与托运人、承运人协商处理，不宜食用的另做饲料或非食用产品加工用，应符合 GB/T 8613、GB/T 17890、GB/T 20411 的规定。

9 数据采集与信息交接

9.1 数据采集

9.1.1 散粮集装箱电子标签信息应符合 GB/T 26934 的规定。

9.1.2 散粮集装箱运输时，利用在途在线北斗或 GPS 系统采集集装箱位置信息。

9.1.3 散粮专用集装箱可在途在线采集集装箱内外空气温湿度、散粮水分等数据，温湿度可 1 h 循环采集一次，散粮水分可 1 d 检测记录一次。

9.1.4 当采集到的散粮温度、湿度和水分数据超出安全阈值时，应自动预警报警。

9.2 信息交接

9.2.1 散粮集装箱多式联运或运输作业涉及多个承运人时，交接双方均应按附录 B 的规定对集装箱及配件进行常规检查和记录备案存档。

9.2.2 承运人应按照约定及时采用电子或纸质文件传送集装箱运输信息及散粮质量信息。交接及检查应包括但不限于下列内容：

    a) 集装箱号、集装箱封签；

    b) 交接地点、交接天气、交接时间、交接人和移动联系方式；

    c) 设施设备检查记录、交接时的设施设备故障等异常检查记录；

    d) 包含 5.1 中散粮质量记录、8.3 中异常散粮处置记录；

    e) 包含 9.1 中数据采集相关信息记录等。

10 质量追溯

应做好散粮集装箱运输质量追溯,需要记录的追溯信息包括但不限于散粮原料、运输的质量安全相关信息及责任主体,见附录 C。

附 录 A
（规范性）
散粮其他质量要求及检验方法

散粮其他质量要求及检验方法见表 A.1。

表 A.1 散粮其他质量要求及检验方法

检测项目	质量要求	检验方法
出糙率,% 　　籼稻谷 　　粳稻谷	 ≥75.0 ≥77.0	GB/T 5495
整精米率,% 　　籼稻谷 　　粳稻谷	 ≥44.0 ≥55.0	GB/T 21719
黄粒米含量,%	≤1.0	GB/T 5496
谷外糙米含量,%	≤2.0	按 GB/T 5494,检出糙米粒,称量并计算含量
稻谷互混率,%	≤5.0	GB/T 5493
不完善粒,% 　　小麦 　　玉米	 ≤8.0 ≤8.0	GB/T 5494
品尝评分值,分 　　稻谷 　　玉米 　　小麦	 ≥70 ≥70 ≥70	GB/T 20569 GB/T 20570 GB/T 20571
小麦面筋吸水量,%	≥180	GB/T 20571
危害真菌孢子数,个/g	<1.0×10^5	LS/T 6132

附 录 B

（规范性）

散粮集装箱装箱前检查项目

散粮集装箱装箱前检查项目见表 B.1。

表 B.1　散粮集装箱装箱前检查项目

检查项目	检查要求	检查方式
外观标识	集装箱标识完整清晰	人工检查,符合 GB/T 1836 的规定
	集装箱铭牌完整清晰	人工检查,符合集装箱营运检验要求
外观质量	框架结构完整,无破损、变形	人工检查,符合 GB/T 12418 的规定
	壁板无破损、变形不超限	
	箱门、装货口、卸货口结构完整,无破损、变形	
	箱门胶条、通风器无损坏,箱体密封性能完好	
	角件结构完整,无开裂、变形	
安全卫生	箱体内部清洁、干燥、无异味、无虫害	人工检查
信息设备	集装箱定位(GPS 等)及电子标签是否配备	人工检查
	质量监测及传输信息设备是否配备且正常工作	
其他设备	装粮设备是否正常工作	人工检查

附　录　C
（资料性）
散粮追溯需要记录的信息

散粮追溯需要记录的信息见表 C.1。

表 C.1　散粮追溯需要记录的信息

信息分类	追溯信息		
散粮信息	产品名称		以品种审定名为准
	产地		某省、市、县或农场
储藏信息	储藏地址		××单位××仓
	储藏量		××t
	储藏方式		常温、低温或准低温（包括仓内温湿度，散粮平均温度，环境温湿度数据）
	虫霉防控记录		××时间采用××方式熏蒸或防虫等
	品质	色泽、气味	是否正常
		水分	××%
		容重	××g/L
		杂质	××%
		害虫密度	××头/kg
		霉变粒	××%
		脂肪酸值	××(KOH/干基)，mg/100 g
运输信息	运输方式		铁路、公路或水路
其他信息	（可填）		反映散粮质量的其他信息，如获得有机、绿色认证等

记录人员：

记录日期：

参 考 文 献

[1]　TG/HY 110(铁总运〔2015〕313号)　铁路集装箱运输规则

ICS 67.080.01
CCS B 31

中华人民共和国农业行业标准

NY/T 4287—2023

稻谷低温储存与保鲜流通技术规范

Technical specification for low temperature storage & preservation
distribution of rice

2023-02-17 发布

2023-06-01 实施

中华人民共和国农业农村部 发布

前　言

本文件按照 GB/T 1.1—2020《标准化工作导则　第 1 部分：标准化文件的结构和起草规则》的规定起草。

请注意本文件的某些内容可能涉及专利。本文件的发布机构不承担识别专利的责任。

本文件由农业农村部市场与信息化司提出。

本文件由农业农村部农产品冷链物流标准化技术委员会归口。

本文件起草单位：农业农村部规划设计研究院、无锡中粮工程科技有限公司、郑州中粮科研设计院有限公司、国家粮食和物资储备局科学研究院、北大荒粮食集团有限公司、中国农业大学。

本文件主要起草人：师建芳、王小萌、刘清、谢奇珍、翟晓娜、徐玉斌、娄正、赵玉强、邵广、戴亚俊、裴骏凯、龚刘闯、韩赟、高兰、张涛、王仁海、赵慧凝、李栋。

稻谷低温储存与保鲜流通技术规范

1 范围

本文件规定了稻谷低温储存与保鲜流通的总体要求、低温与准低温储存、保鲜流通、质量安全与追溯的要求。

本文件适用于稻谷以及加工后的糙米和大米的低温储存与保鲜流通,蒸谷米和胚芽米可参照执行。

2 规范性引用文件

下列文件中的内容通过文中的规范性引用而构成本文件必不可少的条款。其中,注日期的引用文件,仅该日期对应的版本适用于本文件;不注日期的引用文件,其最新版本(包括所有的修改单)适用于本文件。

GB 1350 稻谷

GB/T 1354 大米

GB 2761 食品安全国家标准 食品中真菌毒素限量

GB 2762 食品安全国家标准 食品中污染物限量

GB 2763 食品安全国家标准 食品中农药最大残留限量

GB 5009.3 食品安全国家标准 食品中水分的测定

GB/T 5491 粮食、油料检验 扦样、分样法

GB/T 5492 粮油检验 粮食、油料的色泽、气味、口味鉴定

GB/T 5493 粮油检验 类型及互混检验

GB/T 5494 粮油检验 粮食、油料的杂质、不完善粒检验

GB/T 5495 粮油检验 稻谷出糙率检验

GB 7718 食品安全国家标准 预包装食品标签通则

GB/T 9177 真空、真空充气包装机通用技术条件

GB/T 17109 粮食销售包装

GB/T 17344 包装 包装容器 气密试验方法

GB/T 17891 优质稻谷

GB/T 18810 糙米

GB/T 18835 谷物冷却机

GB/T 20569 稻谷储存品质判定规则

GB/T 21719 稻谷整精米率检验法

GB/T 23346—2009 食品良好流通规范

GB/T 26882(所有部分) 粮油储藏 粮情测控系统

GB/T 29374 粮油储藏 谷物冷却机应用技术规程

GB/T 29890 粮油储藏技术规范

GB/T 35881 粮油检验 稻谷黄粒米含量测定 图像分析法

GB/T 38501 给袋式自动包装机

GB/T 40475 冷藏保温车选型技术要求

JB/T 10951 重袋充填包装机

LS/T 1202 储粮机械通风技术规程

LS/T 6118 粮油检验 稻谷新鲜度测定与判别

NY/T 2334 稻米整精米率、粒型、垩白粒率、垩白度及透明度的测定 图像法

3 术语和定义

GB 1350、GB/T 1354 及 GB/T 18810 界定的以及下列术语和定义适用于本文件。

3.1

低温储存　low temperature storage

平均粮温常年保持在 15 ℃及以下,局部最高粮温不超过 20 ℃的储藏方式。

[来源:GB/T 29890—2013,3.25]

3.2

准低温储存　quasi-low temperature storage

平均粮温常年保持在 20 ℃及以下,局部最高粮温不超过 25 ℃的储藏方式。

[来源:GB/T 29890—2013,3.26]

3.3

低温储存设施　low temperature storage facility

采用制冷、通风降温除湿、保温隔热和密封等技术措施,实现稻谷低温或准低温储存的设施,包括冷藏间、浅圆仓和平房仓等。

3.4

流通　distribution

商品从生产领域向消费领域的转移过程。

[来源:GB/T 23346—2009,3.1,有修改]

3.5

保鲜流通　preservation distribution

保持稻谷原有感官、营养品质的流通方式。

注:保鲜流通包括保鲜包装、保鲜运输和货架暂存等环节。

3.6

缓苏　tempering

当稻谷温度低于环境露点温度时,为防止稻谷结露,稻谷与环境之间的进一步热湿交换和均质化的过程。

[来源:LS/T 1223—2020,3.6,有修改]

3.7

缓苏间　tempering room

进出仓前用于缓苏作业的粮仓或房间。

[来源:LS/T 1223—2020,3.8,有修改]

4 总体要求

4.1 一般要求

稻谷低温储存与保鲜流通应分析下列因素的影响:

a) 稻谷储存生态区域条件及运行成本;

b) 稻谷物料特性的区别;

c) 预计储存与保鲜流通时间;

d) 稻谷最终用途;

e) 储存与保鲜流通设施性能;

f) 储存、流通过程的质量追溯结果。

4.2 稻谷及糙米和大米

4.2.1 稻谷的质量指标应符合表 1 的要求。

表 1　稻谷质量要求及检验方法

检测项目		质量要求	检验方法
色泽、气味		正常	GB/T 5492
水分，%	籼稻谷	≤13.5，最高点水分值不超过当地安全水分的0.5个百分点	GB 5009.3
	粳稻谷	≤14.5，最高点水分值不超过当地安全水分的0.5个百分点	
出糙率，%	籼稻谷	≥75.0	GB/T 5495
	粳稻谷	≥77.0	
整精米率，%	籼稻谷	≥44.0	GB/T 21719
	粳稻谷	≥55.0	
黄粒米含量，%		≤1.0	GB/T 17891
谷外糙米含量，%		≤2.0	按GB/T 5494的规定筛选，捡出糙米粒，称量并计算含量
互混率，%		≤5.0	GB/T 5493
杂质，%		≤1.0	GB/T 5494
脂肪酸值(KOH/干基)，mg/100 g	籼稻谷	≤30.0	GB/T 20569
	粳稻谷	≤25.0	

4.2.2　糙米和大米的质量指标应符合表2的要求。

表 2　糙米和大米质量要求及检验方法

检测项目		质量要求	检验方法
色泽、气味		正常	GB/T 5492
水分，%	籼糙米	≤14.0	GB 5009.3
	粳糙米	≤15.0	
	籼米	≤14.5	
	粳米	≤15.5	
垩白度，%	籼米	≤8.0	NY/T 2334
	粳米	≤6.0	
黄粒米含量，%		≤0.5	GB/T 35881
大米新鲜度，分		≥70	LS/T 6118

4.2.3　稻谷真菌毒素、污染物、农药残留限量应符合 GB 2761、GB 2762、GB 2763 的规定。

4.3　设施设备

4.3.1　低温储存

4.3.1.1　储存设施包括平房仓、楼房仓、浅圆仓、保温隔热钢板仓、地下仓和冷藏库等，应具有良好的气密、保温隔热、防潮防水和控温调湿等性能，符合 GB/T 29890 的规定。

4.3.1.2　应根据所处的储粮生态条件、仓型和低温或准低温技术，选择配备粮情监测系统、机械通风系统、谷物冷却机和空调制冷机组等设备，并配备必要的扦样设备和检验仪器。

4.3.1.3　粮情监测系统应符合 GB/T 26882 的规定，机械通风系统应符合 LS/T 1202 的规定，谷物冷却机性能、参数应符合 GB/T 18835 的规定，并按 GB/T 29374 的规定操作。空调制冷机组单位制冷量应不小于 15 W/m³，宜采用仓外一体机。

4.3.2　保鲜流通

4.3.2.1　包装可使用给袋式自动包装机、重袋充填包装机、真空包装机和真空充气包装机等设备，且应符合 GB/T 38501、JB/T 10951 和 GB/T 9177 的规定。

4.3.2.2　运输工具包括常规运输工具、冷藏保温车等。密闭车厢体的内壁应使用平滑、不透水、防锈、耐腐蚀、无毒、无异味的材料，使用的消毒剂和清洁剂应符合食品卫生要求。冷藏保温车应符合 GB/T 40475 的规定。

4.3.2.3 货架暂存设施可使用暂存库、冷藏间等,应具备良好的通风干燥、保温隔热、防潮防水和控温控湿等性能,宜配备叉车托盘、货架等附件。

4.4 从业人员卫生与安全

4.4.1 从业人员应符合国家有关规定,必要岗位具备职业资质,按期培训、考核合格持证上岗。

4.4.2 从业人员应经健康检查并取得健康合格证后方可上岗工作,且每年至少进行一次健康检查,必要时接受临时检查。

4.4.3 从业人员应保持良好的个人卫生,工作时应按岗位要求穿戴工作服、工作帽和工作鞋等。凡直接接触糙米和大米的工作人员应每日更换工作服,其他人员应定期更换,保持清洁、卫生。

5 低温与准低温储存

5.1 入仓前准备

5.1.1 应对低温仓、准低温仓内部结构、墙体、设备、器材和用具进行检查和维修,确认门窗完好、密封良好,设备运转正常。

5.1.2 仓内、货场及作业区应清扫干净,确保无残留粮粒、灰尘和杂物。

5.1.3 空仓、包装器材、装粮用具和输送设备有活虫时,应在做好隔离、人员防护的前提下采用符合规范的杀虫剂进行灭活处理。

5.1.4 有缓苏间的低温仓、准低温仓,可预先将缓苏间内的温度调至粮温对应的不结露的室内温度后,将稻谷移至缓苏间内进行缓苏;无缓苏间的低温仓、准低温仓,稻谷入仓封仓后,可采用风机、谷物冷却机等设备降低粮温。

5.2 储存物料检测

5.2.1 稻谷入仓前应按表1的规定逐批次检测质量,糙米、大米入仓前应按表2的规定逐批次检测质量,并记录存档。

5.2.2 对不符合质量指标要求的稻谷、糙米和大米应要求返工且达到表1、表2的标准后方可入仓储存;对于处理后仍不达标的则应退货或单独储存、单独标识。

5.3 稻谷、糙米散装储存

5.3.1 设施设备选择

5.3.1.1 储粮生态区域应按GB/T 29890的规定划分。第一、第二、第三储粮生态区宜采用平房仓、保温隔热钢板仓、地下仓和浅圆仓,可充分利用自然气候条件实现稻谷和糙米低温、准低温储存。

5.3.1.2 其他储粮生态区采用平房仓、楼房仓和浅圆仓,可利用制冷设备、吸湿除湿辅助设备实现稻谷和糙米低温、准低温储存。

5.3.2 不同年份、品种、等级的稻谷和糙米宜分仓分级储存并标识。

5.3.3 入仓过程中应采取多点抛粮等措施,降低自动分级,避免杂质集聚。

5.3.4 温度相差5℃以上的不同批次稻谷和糙米宜分堆储存,如条件所限需堆放在一起时,应采取通风措施均衡粮温。

5.3.5 无缓苏间的低温仓、准低温仓,稻谷和糙米封仓后,高温季节宜采用谷物冷却机降低粮温,低温季节宜采用机械通风降低粮温。

5.3.6 低温、准低温储存时温度波动范围不超过2℃,内部相对湿度宜控制在70%～75%。

5.3.7 散装糙米低温储存时,宜在1 d～2 d内降温至25℃,然后10 d～15 d内缓慢降温至15℃,然后按照5.3.6储存。

5.3.8 储存管理

5.3.8.1 根据储粮生态区域特点,秋冬季节宜采用自然通风、机械通风降低粮温,使仓内稻谷和糙米温度降至低温状态并长期保持;气温较高季节宜采用空调制冷机组或谷物冷却机等制冷设备,保持粮堆低温、准低温状态。

5.3.8.2 低温、准低温储存时,可在密闭粮堆中采用充氮气调技术辅助保持品质,可遵循 GB/T 29890 的规定。

5.3.9 粮堆高度不应超过仓房设计装粮线,入仓完成后应平仓保持粮面平整。

5.3.10 入仓后整仓稻谷和糙米应扦取综合样品进行检验,扦样方法应符合 GB/T 5491 的规定。

5.3.11 储存过程中应采用符合规范的防护剂,防虫害、防霉变。

5.4 糙米、大米包装储存

5.4.1 宜采用安全、卫生、环保的复合材料,符合 GB/T 17109 的规定,应确保包装袋坚固结实、无破损,封口或缝口严密,质量、气密性应符合 GB/T 17344 的规定。

5.4.2 不同年份、不同品种、不同等级的包装糙米、大米应分类分区堆码储存并醒目标识,分级应符合 GB/T 1350、GB/T 1354、GB/T 18810 的规定。码放应整齐,离墙、离地、离顶放置。

5.4.3 粮温相差 5 ℃以上的包装糙米和大米应分垛储存。

5.4.4 包装糙米和大米应在清洁、干燥、防雨、防潮、防虫、防鼠、无异味的合格仓库单独存放,不应与有毒有害物质、高水分物质、有异味物质混杂堆放。

5.4.5 糙米和大米包装储存期超过 2 个月时,宜采用低温储存。

5.5 质量检测及监测

5.5.1 低温、准低温储存时应按表 1、表 2 的要求检测稻谷、糙米和大米的质量指标,非高温季节每月检测一次,高温季节每 2 周检测一次,并做好记录。扦样方法应符合 GB/T 5491 的规定。

5.5.2 储存期间应连续监测稻谷及环境温湿度,根据监测结果,及时采取制冷降温、密封隔热等措施,防止稻谷大幅升温、水分散失、结露或生虫。

5.6 出仓

5.6.1 水分超过运输要求的稻谷应先进行干燥处理至水分达标。

5.6.2 稻谷从低温储存设施出仓后采用常规运输工具运输的,应通过缓苏逐步降低稻谷和环境的温差;产生结露时,应立即采取自然通风缓苏等消除结露措施。

6 保鲜流通

6.1 进入保鲜流通的稻谷、糙米和大米质量应符合表 1、表 2 的规定。

6.2 保鲜包装

6.2.1 包装形式可采用真空、气调和真空气调等形式。

6.2.1.1 真空包装的糙米或大米,需确保包装袋的真空度。真空度范围为 −0.09 kPa～−0.07 kPa。气密性应符合 GB/T 17344 的规定。

6.2.1.2 采用低氧高氮气体气调包装稻谷时,宜将氮气浓度维持在 95%～99%;采用二氧化碳气体气调包装稻谷时,宜将二氧化碳浓度维持在 35%～60%。

6.2.1.3 真空气调包装可采用先抽真空再充氮气或二氧化碳的方法,改变包装袋内氮气、二氧化碳和氧气的比例。

6.2.2 包装材料应符合 5.4.1 的规定。

6.2.3 包装标签应符合 GB 7718 的规定。

6.3 保鲜运输

6.3.1 稻谷宜采用散装运输,糙米可采用散装或包装运输,大米应采用包装运输。

6.3.2 运输工具应根据运输季节、运输距离、运输数量、运输时间选择常规运输工具或冷藏保温车。

6.3.3 装运前应确保运输车辆整洁,箱体内干燥无水渍、清洁卫生、无锋利凸出物体,以防损毁包装、污染稻谷。

6.3.4 稻谷及气调包装、真空包装的糙米或大米可采用常温运输工具,应在盛装箱体内壁牢固加装纸板或包装完好的干燥剂等,防止因温差产生结露现象或受潮产生霉变。

6.3.5 冷链运输的糙米或大米可采用温度低于 15 ℃、相对湿度 70%~75% 的条件运输。

6.3.6 混批装运的,应在装运记录中说明。不应与可能污染稻谷、糙米或大米的其他货物混合装运。

6.3.7 装运时应注意天气情况,没有防护措施时,不应在雨雪天作业,以防止水湿及受潮。

6.4 货架暂存

6.4.1 进入货架的糙米和大米应检测质量指标、数量、重量、包装及食品安全、虫害和产品合格证等项目。

6.4.2 应建立登记制度和供应商、经销商管理档案,做好产品记录。

6.4.3 应按类别、品种分类、分架存放,并定期检查,使用应遵循先进先出的原则,过期应及时处置。

7 质量安全与追溯

7.1 低温储存与保鲜流通全过程中,采购、运输、储存、加工、销售每个环节应做好质量安全检验和记录,记录应保存 3 年以上。

7.2 生产经营主体宜建立完善的质量追溯体系,确保全程质量安全:

 a) 追溯记录信息包括但不限于稻谷原料、加工、储存、运输的质量安全相关信息;

 b) 稻谷追溯记录信息见附录 A,主要由稻谷储存主体完成;

 c) 糙米及大米追溯记录信息见附录 B,主要由加工主体完成;

 d) 稻谷生产经营主体应制定追溯工作规范及质量安全控制等相关制度,并有专业人员负责追溯工作的组织、实施与管理;

 e) 稻谷生产经营主体可配备必要的信息采集、传输、读写和标签打印等专用设备及相关软件。

附 录 A
（资料性）
稻谷追溯需要记录的信息

稻谷追溯需要记录的信息见表 A.1。

表 A.1 稻谷追溯需要记录的信息

信息分类		追溯需要记录的信息
稻谷信息	名称	以品种审定名为准
	产地	某省、市、县或农场
储存信息	储存地址	×× 单位××仓
	储存量	×× t
	储存方式	低温或准低温（包括仓内温湿度，稻谷平均温度，环境温湿度数据）
	虫霉防控记录	××时间采用××方式熏蒸或防虫等
运输信息	运输方式	铁路、公路或水路，常温或冷链
质量信息	色泽、气味	是否正常
	水分	×× ％
	出糙率	×× ％
	整精米率	×× ％
	黄粒米含量	×× ％
	谷外糙米含量	×× ％
	互混率	×× ％
	杂质	×× ％
	脂肪酸值	××（KOH/干基），mg/100 g
其他信息	（可填）	反映稻谷质量的其他信息，如获得有机、绿色认证等

记录人员：
记录日期：

附 录 B

（资料性）

糙米及大米追溯需要记录的信息

糙米及大米追溯需要记录的信息见表 B.1。

表 B.1 糙米及大米追溯需要记录的信息

信息分类		追溯需要记录的信息
产品名称	以品种审定名为准	
储存信息	储存地址	××单位××仓
	储存量	×× t
	储存方式	包装或散装,低温或准低温(包括仓内温湿度,稻谷平均温度,环境温湿度数据)
	虫霉防控记录	××时间采用××方式熏蒸或防虫等
运输信息	运输方式	包装或散装(包装方式:真空包装、××气调包装),铁路、公路或水路,常温或冷链
质量信息	色泽、气味	是否正常
	水分	×× ％
	垩白度	×× ％
	黄粒米含量	×× ％
	大米新鲜度	××分
其他信息	(可填)	反映糙米、大米质量的其他信息,如富硒,获得有机、绿色认证等

记录人员:

记录日期:

参 考 文 献

[1]　广东省粮食和物资储备局粤粮仓[2021]89 号　关于印发《广东省绿色储粮技术指南》的通知

————————

ICS 65.020.20
CCS B 05

中华人民共和国农业行业标准

NY/T 4288—2023

苹果生产全程质量控制技术规范

Technical specification for quality control of apple during whole
process of production

2023-02-17 发布
2023-06-01 实施

中华人民共和国农业农村部 发布

前　言

本文件按照 GB/T 1.1—2020《标准化工作导则　第 1 部分:标准化文件的结构和起草规则》的规定起草。

请注意本文件的某些内容可能涉及专利。本文件的发布机构不承担识别专利的责任。

本文件由农业农村部农产品质量安全监管司提出。

本文件由农业农村部农产品质量安全中心归口。

本文件起草单位:青岛农业大学、农业农村部果品质量安全风险评估实验室(青岛)、青岛市现代农业质量与安全工程重点实验室、青岛市农产品质量安全中心、山东省农业技术推广中心、山东农业工程学院。

本文件主要起草人:聂继云、韩令喜、贾东杰、万浩亮、原永兵、姜鹏、秦旭、赵强、刘晓丽、徐晓召、高文胜、付红蕾、魏亦山。

苹果生产全程质量控制技术规范

1 范围

本文件规定了苹果生产的组织管理、技术要求、产品质量管理等全程质量控制要求。

本文件适用于农业企业、合作社、家庭农场等规模化生产主体开展苹果生产管理,其他生产主体可参照使用。

2 规范性引用文件

下列文件中的内容通过文中的规范性引用而构成本文件必不可少的条款。其中,注日期的引用文件,仅该日期对应的版本适用于本文件;不注日期的引用文件,其最新版本(包括所有的修改单)适用于本文件。

GB 2762 食品安全国家标准 食品中污染物限量

GB 2763 食品安全国家标准 食品中农药最大残留限量

GB 3095 环境空气质量标准

GB 5084 农田灌溉水质标准

GB 5749 生活饮用水卫生标准

GB 9847 苹果苗木

GB/T 10651 鲜苹果

GB 15618 土壤环境质量 农用地土壤污染风险管控标准(试行)

GB/T 29373 农产品追溯要求 果蔬

GB/T 30134 冷库管理规范

GB 38400 肥料中有毒有害物质的限量要求

NY 329 苹果无病毒母本树和苗木

NY/T 441 苹果生产技术规程

NY/T 525 有机肥

NY/T 1276 农药安全使用规范 总则

NY/T 1505 水果套袋技术规程 苹果

NY/T 1555 苹果育果纸袋

NY/T 1778 新鲜水果包装标识 通则

NY/T 1793 苹果等级规格

3 术语和定义

本文件没有需要界定的术语和定义。

4 组织管理

4.1 组织机构

4.1.1 应建立经法人登记的生产主体,如企业、合作社、家庭农场等。

4.1.2 应建立与生产相适应的组织机构,包括生产、销售、质量管理、检验等部门,并明确各部门的岗位职责。

4.2 员工管理

4.2.1 应根据生产需要配备必要的技术人员、生产人员和质量管理人员。

4.2.2 应对员工进行基本的安全、卫生和生产技术知识培训。建园、树体管理、肥水管理、病虫草害防治、采后处理等关键岗位的从业人员应进行专门培训,培训合格后方可上岗。

4.2.3 每个生产区域应至少配备 1 名受过生产安全应急培训,并具有应急处理能力的人员。

4.2.4 应建立和保存所有人员的健康档案、相关能力、教育和专业资格、培训等记录。

4.3 制度管理

4.3.1 应根据生产实际编制适用的制度、程序、作业指导书等文件,并在相应功能区上墙明示。

4.3.2 制度内容包括但不限于:

a) 制度文件:组织机构、投入品管理、产品质量管理、员工管理、内部检查、记录和档案管理等;

b) 程序文件:人员培训、卫生管理、投入品使用、废弃物处理、紧急事故处理等;

c) 作业指导书:建园、土壤管理、肥料施用、水分管理、树体管理、花果管理、病虫害防控、果实采收、采后处理、储藏、运输等。

4.4 内部自查

4.4.1 应制定内部自查制度,至少每年进行 1 次内部自查,并保存相关记录。

4.4.2 应根据内部自查结果,对发现的不符合项,制定有效的整改措施,及时纠正并记录。

5 技术要求

5.1 园地选择与规划

5.1.1 园地选择

5.1.1.1 选择生态条件良好、排灌方便的地区。

5.1.1.2 远离污染源,土壤环境质量、环境空气质量和灌溉水质分别符合 GB 15618、GB 3095 和 GB 5084 的要求。

5.1.1.3 坡度和坡向适宜,有充足水源,土壤肥沃、土层深厚、透气性好、pH 和含盐量适宜。

5.1.1.4 重茬地应经过必要的轮作和处理。

5.1.2 园地规划

5.1.2.1 果园应有必要的道路系统、排灌系统、防风系统、办公室、物资库、农机具库房、果品储藏库、采后处理场、质量检验室、盥洗室等配套设施,配备必要的农机具和仪器设备,设置专用的农药和肥料配制区、废弃物存放区。各功能区应设置醒目的平面图和标志。

5.1.2.2 果园应根据大小和自然条件合理设置栽植小区。各小区应设置醒目的平面图和标志。

5.2 投入品管理

5.2.1 选购

5.2.1.1 应选购合格投入品。

5.2.1.2 种苗应有质量合格证和检疫合格证。

5.2.1.3 农药和商品肥料应"三证"齐全(登记证号、生产许可证号和执行标准号)。

5.2.1.4 器械、设备等应有产品质量合格证。

5.2.1.5 应索取并保存购买凭据等证明材料。

5.2.2 储存

5.2.2.1 储存仓库应清洁、干燥、安全、温度适宜,配备通风、防潮、防火、防盗、防爆、防虫、防鼠、防鸟、防渗等设施,配有急救药箱,出入处贴有警示标志。

5.2.2.2 投入品不与农产品混存混放。不同种类的投入品应按产品标签规定的储存条件分类分区存放,并采用隔离方式防止交叉污染。

5.2.2.3 仓库应有专人管理,并有入库、出库和领用记录。

5.2.3 使用

5.2.3.1 应按照产品标签和说明书规范使用。

5.2.3.2 农药和肥料应在专用配制区配制。配制区应远离水源、居所、畜牧场、水产养殖场等。

5.2.3.3 农药和肥料施用器械应保持良好状态，每年应至少校验 1 次，使用前应进行检查，使用后应及时清洗干净。

5.2.3.4 应建立和保存农药、肥料和施用器械的使用记录。内容包括施用地块、农药或肥料名称、生产厂家、成分含量、防治对象、施用量、施用方法、施用器械、施用时间、安全间隔期、施用人等。

5.2.3.5 变质、过期的投入品，以及剩余药液、施药器械清洗液、农药包装等，应做好标记、安全处置。

5.3 建园

5.3.1 根据品种特性和当地条件，选择适宜的主栽品种，并配置必要的授粉树。

5.3.2 根据品种特性、砧穗组合、立地条件、管理水平等，确定适宜栽植密度。

5.3.3 选用符合 GB 9847 和 NY 329 要求的合格苗木，在适宜栽植时期采用规范的栽植技术栽植，并做好栽后管理。

5.4 土壤管理

5.4.1 栽植前进行土壤深翻，如需土壤改良，可结合进行。

5.4.2 栽植后进行果园生草或覆盖。

5.4.2.1 果园生草多采用行间生草，适于年降水量 500 mm 以上的地区和有灌水条件的果园。所选草种应对苹果树生长结果无明显不良影响，且与苹果树无共同的病虫害，如早熟禾、三叶草、紫花苜蓿等。生草果园应注意补肥补水、及时刈割和翻压。

5.4.2.2 果园覆盖多采用作物秸秆、杂草等有机物或园艺地布，适于山地丘陵和干旱少雨地区。应注意防鼠、防兔、防火，加强果园及覆盖物中病虫害的防治。多雨年份和低洼地果园应注意防涝。连续覆盖 3 年～4 年后应耕翻 1 次。

5.5 施肥管理

5.5.1 不施用含氯肥料及垃圾、粉煤灰、污泥等。有机肥应符合 NY/T 525 的要求。肥料中有毒有害物质含量应符合 GB 38400 的规定。

5.5.2 基肥以有机肥为主，配合少量化肥。一般幼树园每 667 m^2 施优质有机肥 1.5 t 左右，结果园按产量"斤果斤肥"。

5.5.3 追肥以化肥为主，根据树龄、树势、结果状况、土壤肥力、品种、生育期等因素综合确定施肥比例、施肥量和施肥时期。

5.6 水分管理

5.6.1 灌水通常在展叶期、春梢迅速生长期、果实迅速膨大期和果园封冻前进行，其他时期灌水根据土壤墒情而定。灌水量以使土壤含水量达到田间持水量的 60%～80% 为宜。灌水宜采用微喷灌、滴灌等节水灌溉措施。果实采收前半个月内应停止灌水。

5.6.2 雨季，当果园出现积水时，应及时利用排水设施排水。

5.7 树体管理

5.7.1 根据栽植密度和砧穗组合选定适宜树形，并按所选树形的结构特点进行整形修剪。常用树形有细长纺锤形、高纺锤形、自由纺锤形、改良纺锤形、主干形、小冠疏层形等。

5.7.2 幼树期以培养树形为主。初果期以培养健壮结果枝组为主。盛果期以维持树形和稳产优质为主。衰老期以更新复壮为主。

5.8 花果管理

5.8.1 采用人工授粉、放蜂授粉等技术进行辅助授粉，提高授粉质量和坐果率。

5.8.2 花序分离期至幼果期，根据合理负载量，适时疏花疏果。

5.8.2.1 根据树龄、树势、树冠大小、品种特性、管理水平、气候条件等因素综合确定合理负载量。

5.8.2.2 采用距离法、干周法等方法进行人工疏花疏果。

5.8.2.3 疏除过多、过密的花和果实,以及病虫果、弱枝果、朝天果、背下果、腋花芽果、弱小果、偏斜果、畸形果等生长发育不良的果实。

5.8.3 如有必要,可进行果实套袋。果实套袋不应使用劣质果袋和违规使用农药的果袋,双层育果纸袋应符合 NY/T 1555 的要求。套袋操作按 NY/T 1505 的规定执行。

5.8.4 如有必要,可采用摘叶、转果、铺反光膜等技术促进果实着色,相关操作按 NY/T 441 的规定执行。

5.9 病虫害防治

5.9.1 防治原则

坚持"预防为主、综合防治"方针,尽可能采用农业防治、生物防治、物理防治等非化学防治方法,化学防治应科学、合理、安全、经济。

5.9.2 农业防治

采取选用抗病品种、剪除病虫枝、摘除病僵果、清除枯枝落叶、刮除树干翘裂皮、翻树盘、地面秸秆覆盖、科学施肥、果实套袋、保持树冠通风透光等措施抑制病虫害发生。

5.9.3 生物防治

利用天敌昆虫、微生物、昆虫性外激素和生物源农药进行病虫害防治。

5.9.4 物理防治

利用害虫趋光性,用黑光灯、杀虫灯等诱杀害虫。利用害虫趋化性,用糖醋液诱杀梨小食心虫、金龟子、卷叶蛾等害虫。利用害虫越冬习性,树干绑缚草、诱虫带、集虫板等诱集和消灭害虫。入冬前树干涂白兼治枝干病虫害。

5.9.5 化学防治

5.9.5.1 在病虫害预测预报基础上适时用药。用药应均匀、周到。施用农药人员的安全防护和安全操作按 NY/T 1276 的规定执行。

5.9.5.2 不使用高毒农药、剧毒农药和禁用农药,见附录 A。应选用苹果上登记的农药,优先选用低毒低残留农药,注意轮换用药和合理混用,目前苹果上登记的主要农药见附录 B。

5.9.5.3 严格按照农药标签规定的作物、防治对象、用药量、使用方法、施药次数、安全间隔期、注意事项等施用农药。

5.10 果实采收

5.10.1 根据采后用途、运输距离、储藏方式等对果实成熟度的要求确定适宜采收期。成熟度不一致的品种应分批采收。

5.10.2 避免雨天采收和雨后立即采收。如遇雨天,应在停雨 1 d～2 d 后采收。采收应在晴天露水已干的凉爽时段进行。午后采收的苹果应放置一夜,翌日 7:00 前入库或装运,以有效降低田间热。

5.10.3 采收人员应健康、卫生,采收工具应清洁、卫生、安全。采收过程中应文明操作,轻摘、轻放、轻装、轻卸,避免对果实造成机械损伤。薄皮品种应适当剪短果柄。采收时或采后入库前应剔除病果、虫果、烂果、机械伤果及枯枝、落叶等杂物。采下的果实不能直接接触地面。

5.11 采后处理

5.11.1 采后处理场所应清洁、卫生、防虫、防鼠,防止动物进入。采后处理场所和工具应消毒。直接接触苹果的人员应进行卫生手消毒。

5.11.2 消毒剂、清洗剂、防腐保鲜剂、果蜡等的使用应符合有关标准和法律法规的规定。苹果清洗用水应符合 GB 5749 的要求。

5.11.3 根据苹果品种特性、大小、外观等进行分级,适用时可按照 GB/T 10651、NY/T 1793 等的规定进行。

5.11.4 苹果包装标识应符合 NY/T 1778 的规定。

5.11.5 苹果采后处理过程中剔除的病果、虫果、烂果、机械伤果、枯枝、落叶等废弃物应及时消毒杀菌和清理。

5.12 储藏运输

5.12.1 储藏

5.12.1.1 用于储藏的苹果应完好、洁净，无机械伤、病虫害、腐烂、外来水分及枯枝、落叶等杂物，成熟度应基本一致。用于长期储藏的苹果，成熟度不宜过高。

5.12.1.2 储藏库应清洁、卫生、防虫、防鼠。冷库管理应符合 GB/T 30134 的规定。入库前应对储藏库进行消毒杀菌和通风换气。消毒剂使用应符合有关标准和法律法规的规定。入库前，库房温度应提前 3 d～5 d 预先降至—2 ℃～0 ℃。气调储藏库应检查气密性。

5.12.1.3 用于储藏的苹果应在采收后及时预冷，将果实温度降至适宜储藏温度或略高于适宜储藏温度。

5.12.1.4 入库时，应堆码合理，保证库内空气正常流通。不同品种、不同等级的苹果应分别堆码。不与其他农产品和有毒、有害物品混储。经过预冷的苹果可一次性入库。未经预冷的苹果应分批入库，每批一般不超过库容量的 20%。

5.12.1.5 冷藏应在入满库后 7 d 内将储藏温度和空气湿度控制在本品种的适宜范围内，并保持至储藏结束。应定期通风换气，排出库内有害气体和防止库温波动过大。储藏期间，应选择代表性测点进行定时监测，并保存监测记录。

5.12.1.6 气调储藏应在苹果入储封库后 2 d～3 d 内将储藏温度、空气湿度和库内气体成分浓度调至本品种的适宜范围内，并保持至储藏结束。储藏期间，应选择代表性测点定时监测，并保存监测记录。

5.12.2 运输

5.12.2.1 用于运输的苹果应完好、洁净，无机械伤、病虫害、腐烂、外来水分及枯枝、落叶等杂物，同一批苹果成熟度应基本一致。用于长途运输的苹果，成熟度不宜过高。

5.12.2.2 运输工具应清洁、卫生、防虫、防鼠。包装容器和包装材料应无毒、无味，不会对苹果造成污染和伤害；包装内不得有异物。

5.12.2.3 堆码应合理，保证每件货物均能接触到冷空气、货物之间温度均匀。不同品种、不同等级的苹果应分别堆码。不与其他农产品和有毒、有害物品混运。应有防止日晒、雨淋的设施。

5.12.2.4 应轻装轻卸、适量装载、快装快运、平稳运输、保持适当低温。采后不经储藏直接长途运输的苹果，运输前应进行预冷。长途运输过程中应采取必要的保湿措施，并进行通风换气；应对运输温度和湿度进行监测记录。

6 产品质量管理

6.1 生产主体应承诺产品合格，并有产品自检记录或产品检验报告。

6.2 产品质量应符合 GB/T 10651 或 NY/T 1793 的要求，污染物应符合 GB 2762 的要求，农药残留应符合 GB 2763 的要求。苹果中农药最大残留限量见附录 C。

6.3 应建立可追溯体系。追溯应符合 GB/T 29373 的要求。

6.4 应建立并保存各环节的生产记录和档案。记录和档案应保证产品可追溯、保存 2 年以上。

6.5 应制订质量投诉处理程序和应急处理预案。对于有效投诉和质量安全问题，应采取相应的纠正措施，并记录。发现苹果产品有安全危害时，应及时通知相关方(官方/客户/消费者)并召回产品。

附 录 A

（资料性）

苹果上禁止使用的农药

苹果上禁止使用的农药包括 2,4-滴丁酯、艾氏剂、胺苯磺隆、八氯二丙醚（农药增效剂）、百草枯水剂、苯线磷、除草醚、狄氏剂、滴滴涕、敌枯双、地虫硫磷、丁硫克百威、毒杀芬、毒鼠硅、毒鼠强、对硫磷、二溴氯丙烷、二溴乙烷、氟虫胺、氟虫腈、氟乙酸钠、氟乙酰胺、福美胂、福美甲胂、甘氟、汞制剂、甲胺磷、甲拌磷、甲磺隆、甲基对硫磷、甲基硫环磷、甲基异柳磷、久效磷、克百威、乐果、磷胺、磷化钙、磷化铝（采用内外双层包装的产品除外）、磷化镁、磷化锌、硫丹、硫环磷、硫线磷、六六六、氯化苦（土壤熏蒸除外）、氯磺隆、氯唑磷、灭多威、灭线磷、内吸磷、铅类、三氯杀螨醇、杀虫脒、砷类、特丁硫磷、涕灭威、溴甲烷、乙酰甲胺磷、蝇毒磷、治螟磷。

注：国家有新的规定出台时，应遵从其规定。

附 录 B

（资料性）

苹果上允许使用的主要农药

苹果上允许使用的主要农药见表 B.1。

表 B.1 苹果上允许使用的主要农药

防治对象或用途	农药名称
白粉病	石硫合剂、硫黄、嘧啶核苷类抗菌素、己唑醇、甲基硫菌灵等
斑点落叶病	戊唑醇、代森锰锌、多·锰锌、苯醚甲环唑、多抗霉素、戊唑·丙森锌、丙森锌、醚菌酯、唑醚·戊唑醇、己唑醇、戊唑·醚菌酯等
腐烂病	甲基硫菌灵、辛菌胺醋酸盐、吡唑醚菌酯、丙唑·多菌灵、丁香菌酯、腐酸·硫酸铜、甲硫·戊唑醇、戊唑醇、抑霉唑等
褐斑病	肟菌·戊唑醇、吡唑醚菌酯、丙环唑、唑醚·戊唑醇、多菌灵、肟菌酯、异菌脲、苯甲·肟菌酯、乙蒜素、多抗·戊唑醇、戊唑·多菌灵、戊唑·醚菌酯、唑醚·丙环唑等
轮纹病	甲基硫菌灵、多菌灵、代森锰锌、甲硫·福美双、戊唑·多菌灵、戊唑醇、甲硫·戊唑醇、乙铝·多菌灵、克菌丹等
炭疽病	代森锰锌、福·福锌、多菌灵、福美锌、咪鲜胺、苯醚·甲硫、二氰·吡唑酯、抑霉唑、代森联、甲硫·锰锌、戊唑·咪鲜胺、唑醚·代森联等
二斑叶螨	阿维菌素、阿维·哒螨灵
红蜘蛛	哒螨灵、阿维菌素、阿维·哒螨灵、四螨嗪、三唑锡、炔螨特、甲氰菊酯、联苯肼酯、唑螨酯、阿维·甲氰、哒螨·矿物油等
黄蚜	吡虫啉、高氯·马、吡虫·三唑锡、啶虫脒、甲氰·矿物油、甲氰·辛硫磷、氰戊·马拉硫磷等
金纹细蛾	灭幼脲、除虫脲
卷叶蛾	虫酰肼、甲氨基阿维菌素苯甲酸盐、杀螟硫磷等
绵蚜	毒死蜱
山楂叶螨	甲氰菊酯、噻螨酮、阿维·辛硫磷、哒螨·灭幼脲、双甲脒、四螨嗪等
食心虫	苏云金杆菌、氰戊·马拉硫磷、高效氯氰菊酯等
桃小食心虫	高效氯氟氰菊酯、氰戊·马拉硫磷、毒死蜱、高效氯氰菊酯、联苯菊酯、高氯·马、甲氰菊酯等
小卷叶蛾	敌敌畏
叶螨	哒螨灵、石硫合剂、联苯菊酯
蚜虫	敌敌畏、啶虫脒、吡虫啉、氰戊·马拉硫磷等
杂草	草甘膦异丙胺盐、莠去津、草甘膦、草甘膦铵盐等
保鲜	1-甲基环丙烯
调节生长	苄氨·赤霉酸、多效唑、24-表芸·嘌呤、赤霉酸 A4＋A7、芸薹素内酯等
注：此表信息来源于中国农药信息网（网址：http://www.chinapesticide.org.cn），最新苹果登记农药产品情况适用于本文件，国家新禁用的农药自动从本清单中删除。	

附　录　C
（资料性）
苹果中农药最大残留限量

苹果中农药最大残留限量见表C.1。

表C.1　苹果中农药最大残留限量

序号	农药中文名	农药英文名	用途	最大残留限量 mg/kg
1	2,4-滴和2,4-滴钠盐	2,4-D and 2,4-D Na	除草剂	0.01
2	2甲4氯（钠）	MCPA(sodium)	除草剂	0.05
3	阿维菌素	abamectin	杀虫剂	0.02
4	艾氏剂	aldrin	杀虫剂	0.05
5	胺苯磺隆	ethametsulfuron	除草剂	0.01
6	巴毒磷	crotoxyphos	杀虫剂	0.02*
7	百草枯	paraquat	除草剂	0.05*
8	百菌清	chlorothalonil	杀菌剂	1
9	保棉磷	azinphos-methyl	杀虫剂	2
10	倍硫磷	fenthion	杀虫剂	0.05
11	苯并烯氟菌唑	benzovindiflupyr	杀菌剂	0.2*
12	苯丁锡	fenbutatin oxide	杀螨剂	5
13	苯氟磺胺	dichlofluanid	杀菌剂	5
14	苯菌灵	benomyl	杀菌剂	5
15	苯菌酮	metrafenone	杀菌剂	1*
16	苯醚甲环唑	difenoconazole	杀菌剂	0.5
17	苯嘧磺草胺	saflufenacil	除草剂	0.01*
18	苯线磷	fenamiphos	杀虫剂	0.02
19	吡草醚	pyraflufen-ethyl	除草剂	0.03
20	吡虫啉	imidacloprid	杀虫剂	0.5
21	吡氟禾草灵和精吡氟禾草灵	fluazifop and fluazifop-P-butyl	除草剂	0.01
22	吡噻菌胺	penthiopyrad	杀菌剂	0.4*
23	吡唑醚菌酯	pyraclostrobin	杀菌剂	0.5
24	丙环唑	propiconazole	杀菌剂	0.1
25	丙炔氟草胺	flumioxazin	除草剂	0.02
26	丙森锌	propineb	杀菌剂	5
27	丙溴磷	profenofos	杀虫剂	0.05
28	丙酯杀螨醇	chloropropylate	杀虫剂	0.02*
29	草铵膦	glufosinate-ammonium	除草剂	0.1
30	草甘膦	glyphosate	除草剂	0.5
31	草枯醚	chlornitrofen	除草剂	0.01*
32	草芽畏	2,3,6-TBA	除草剂	0.01*
33	虫螨腈	chlorfenapyr	杀虫剂	1
34	虫酰肼	tebufenozide	杀虫剂	3
35	除虫脲	diflubenzuron	杀虫剂	5
36	哒螨灵	pyridaben	杀螨剂	2
37	代森铵	amobam	杀菌剂	5
38	代森联	metiram	杀菌剂	5
39	代森锰锌	mancozeb	杀菌剂	5
40	代森锌	zineb	杀菌剂	5

表 C.1（续）

序号	农药中文名	农药英文名	用途	最大残留限量 mg/kg
41	单甲脒和单甲脒盐酸盐	semiamitraz and semiamitraz chloride	杀虫剂	0.5
42	滴滴涕	DDT	杀虫剂	0.05
43	狄氏剂	dieldrin	杀虫剂	0.02
44	敌百虫	trichlorfon	杀虫剂	0.2
45	敌草快	diquat	除草剂	0.1
46	敌敌畏	dichlorvos	杀虫剂	0.1
47	敌螨普	dinocap	杀菌剂	0.2*
48	地虫硫磷	fonofos	杀虫剂	0.01
49	丁氟螨酯	cyflumetofen	杀螨剂	0.4
50	丁硫克百威	carbosulfan	杀虫剂	0.01
51	丁醚脲	diafenthiuron	杀虫剂/杀螨剂	0.2
52	丁香菌酯	coumoxystrobin	杀菌剂	0.2*
53	啶虫脒	acetamiprid	杀虫剂	0.8
54	啶酰菌胺	boscalid	杀菌剂	2
55	毒虫畏	chlorfenvinphos	杀虫剂	0.01
56	毒菌酚	hexachlorophene	杀菌剂	0.01*
57	毒杀芬	camphechlor	杀虫剂	0.05*
58	毒死蜱	chlorpyrifos	杀虫剂	1
59	对硫磷	parathion	杀虫剂	0.01
60	多果定	dodine	杀菌剂	5*
61	多菌灵	carbendazim	杀菌剂	5
62	多抗霉素	polyoxins	杀菌剂	0.5*
63	多杀霉素	spinosad	杀虫剂	0.1*
64	多效唑	paclobutrazol	植物生长调节剂	0.5
65	噁唑菌酮	famoxadone	杀菌剂	0.2
66	二苯胺	diphenylamine	杀菌剂	5
67	二嗪磷	diazinon	杀虫剂	0.3
68	二氰蒽醌	dithianon	杀菌剂	5*
69	二溴磷	naled	杀虫剂	0.01*
70	粉唑醇	flutriafol	杀菌剂	0.3
71	呋虫胺	dinotefuran	杀虫剂	1
72	伏杀硫磷	phosalone	杀虫剂	2
73	氟苯虫酰胺	flubendiamide	杀虫剂	0.8*
74	氟苯脲	teflubenzuron	杀虫剂	1
75	氟吡呋喃酮	flupyradifurone	杀虫剂	0.9*
76	氟吡甲禾灵和高效氟吡甲禾灵	haloxyfop-methyl and haloxyfop-P-methyl	除草剂	0.02*
77	氟吡菌酰胺	fluopyram	杀菌剂	0.5*
78	氟虫腈	fipronil	杀虫剂	0.02
79	氟虫脲	flufenoxuron	杀虫剂	1
80	氟除草醚	fluoronitrofen	除草剂	0.01*
81	氟啶胺	fluazinam	杀菌剂	2
82	氟啶虫胺腈	sulfoxaflor	杀虫剂	0.5*
83	氟啶虫酰胺	flonicamid	杀虫剂	1
84	氟硅唑	flusilazole	杀菌剂	0.2
85	氟环唑	epoxiconazole	杀菌剂	0.5
86	氟氯氰菊酯和高效氟氯氰菊酯	cyfluthrin and beta-cyfluthrin	杀虫剂	0.5
87	氟氰戊菊酯	flucythrinate	杀虫剂	0.5
88	氟酰脲	novaluron	杀虫剂	3
89	氟唑菌酰胺	fluxapyroxad	杀菌剂	0.9*
90	福美双	thiram	杀菌剂	5

表 C.1（续）

序号	农药中文名	农药英文名	用途	最大残留限量 mg/kg
91	福美锌	ziram	杀菌剂	5
92	咯菌腈	fludioxonil	杀菌剂	5
93	格螨酯	2,4-dichlorophenyl benzenesulfonate	杀螨剂	0.01*
94	庚烯磷	heptenophos	杀虫剂	0.01*
95	环螨酯	cycloprate	杀螨剂	0.01*
96	活化酯	acibenzolar-S-methyl	杀菌剂	0.3
97	己唑醇	hexaconazole	杀菌剂	0.5
98	甲氨基阿维菌素苯甲酸盐	emamectin benzoate	杀虫剂	0.02
99	甲胺磷	methamidophos	杀虫剂	0.05
100	甲拌磷	phorate	杀虫剂	0.01
101	甲苯氟磺胺	tolylfluanid	杀菌剂	5
102	甲磺隆	metsulfuron-methyl	除草剂	0.01
103	甲基对硫磷	parathion-methyl	杀虫剂	0.01
104	甲基硫环磷	phosfolan-methyl	杀虫剂	0.03*
105	甲基硫菌灵	thiophanate-methyl	杀菌剂	5
106	甲基异柳磷	isofenphos-methyl	杀虫剂	0.01*
107	甲氰菊酯	fenpropathrin	杀虫剂	5
108	甲霜灵和精甲霜灵	metalaxyl and metalaxyl-M	杀菌剂	1
109	甲氧虫酰肼	methoxyfenozide	杀虫剂	3
110	甲氧滴滴涕	methoxychlor	杀虫剂	0.01
111	腈苯唑	fenbuconazole	杀菌剂	0.1
112	腈菌唑	myclobutanil	杀菌剂	0.5
113	井冈霉素	jiangangmycin	杀菌剂	1
114	久效磷	monocrotophos	杀虫剂	0.03
115	抗蚜威	pirimicarb	杀虫剂	1
116	克百威	carbofuran	杀虫剂	0.02
117	克菌丹	captan	杀菌剂	15
118	喹啉铜	oxine-copper	杀菌剂	2
119	喹螨醚	fenazaquin	杀螨剂	0.3
120	乐果	dimethoate	杀虫剂	0.01
121	乐杀螨	binapacryl	杀螨剂/杀菌剂	0.05*
122	联苯肼酯	bifenazate	杀螨剂	0.2
123	联苯菊酯	bifenthrin	杀虫剂/杀螨剂	0.5
124	联苯三唑醇	bitertanol	杀菌剂	2
125	磷胺	phosphamidon	杀虫剂	0.05
126	硫丹	endosulfan	杀虫剂	0.05
127	硫环磷	phosfolan	杀虫剂	0.03
128	硫线磷	cadusafos	杀虫剂	0.02
129	六六六	HCH	杀虫剂	0.05
130	螺虫乙酯	spirotetramat	杀虫剂	1*
131	螺螨酯	spirodiclofen	杀螨剂	0.5
132	氯苯甲醚	chloroneb	杀菌剂	0.01
133	氯苯嘧啶醇	fenarimol	杀菌剂	0.3
134	氯虫苯甲酰胺	chlorantraniliprole	杀虫剂	2*
135	氯丹	chlordane	杀虫剂	0.02
136	氯氟氰菊酯和高效氯氟氰菊酯	cyhalothrin and lambda-cyhalothrin	杀虫剂	0.2
137	氯磺隆	chlorsulfuron	除草剂	0.01
138	氯菊酯	permethrin	杀虫剂	2
139	氯氰菊酯和高效氯氰菊酯	cypermethrin and beta-cypermethrin	杀虫剂	2
140	氯酞酸	chlorthal	除草剂	0.01*

表 C. 1（续）

序号	农药中文名	农药英文名	用途	最大残留限量 mg/kg
141	氯酞酸甲酯	chlorthal-dimethyl	除草剂	0.01
142	氯唑磷	isazofos	杀虫剂	0.01
143	马拉硫磷	malathion	杀虫剂	2
144	茅草枯	dalapon	除草剂	0.01*
145	咪鲜胺和咪鲜胺锰盐	prochloraz and prochloraz-manganese chloride complex	杀菌剂	2
146	醚菊酯	etofenprox	杀虫剂	0.6
147	醚菌酯	kresoxim-methyl	杀菌剂	0.2
148	嘧菌环胺	cyprodinil	杀菌剂	2
149	嘧菌酯	azoxystrobin	杀菌剂	0.5
150	嘧霉胺	pyrimethanil	杀菌剂	7
151	灭草环	tridiphane	除草剂	0.05*
152	灭多威	methomyl	杀虫剂	0.2
153	灭菌丹	folpet	杀菌剂	10
154	灭螨醌	acequincyl	杀螨剂	0.01
155	灭线磷	ethoprophos	杀线虫剂	0.02
156	灭蚁灵	mirex	杀虫剂	0.01
157	灭幼脲	chlorbenzuron	杀虫剂	2
158	萘乙酸和萘乙酸钠	1-naphthylacetic acid and sodium 1-naphthalacitic acid	植物生长调节剂	0.1
159	内吸磷	demeton	杀虫剂/杀螨剂	0.02
160	宁南霉	ningnanmycin	杀菌剂	1*
161	七氯	heptachlor	杀虫剂	0.01
162	嗪氨灵	triforine	杀菌剂	2*
163	氰戊菊酯和S-氰戊菊酯	fenvalerate and esfenvalerate	杀虫剂	1
164	炔螨特	propargite	杀螨剂	5
165	噻苯隆	thidiazuron	植物生长调节剂	0.05
166	噻草酮	cycloxydim	除草剂	0.09*
167	噻虫胺	clothianidin	杀虫剂	0.4
168	噻虫啉	thiacloprid	杀虫剂	0.7
169	噻虫嗪	thiamethoxam	杀虫剂	0.3
170	噻菌灵	thiabendazole	杀菌剂	3
171	噻螨酮	hexythiazox	杀螨剂	0.5
172	噻霉酮	benziothiazolinone	杀菌剂	0.05*
173	噻嗪酮	buprofezin	杀虫剂	3
174	三氟硝草醚	fluorodifen	除草剂	0.01*
175	三氯杀螨醇	dicofol	杀螨剂	0.01
176	三氯杀螨砜	tetradifon	杀螨剂	2
177	三乙膦酸铝	fosetyl-aluminium	杀菌剂	30*
178	三唑醇	triadimenol	杀菌剂	1
179	三唑磷	triazophos	杀虫剂	0.2
180	三唑酮	triadimefon	杀菌剂	1
181	三唑锡	azocyclotin	杀螨剂	0.5
182	杀草强	amitrole	除草剂	0.05
183	杀虫单	thiosultap-monosodium	杀虫剂	1*
184	杀虫脒	chlordimeform	杀虫剂	0.01
185	杀虫双	thiosultap-disodium	杀虫剂	1
186	杀虫畏	tetrachlorvinphos	杀虫剂	0.01
187	杀铃脲	triflumuron	杀虫剂	0.1
188	杀螟硫磷	fenitrothion	杀虫剂	0.5
189	杀扑磷	methidathion	杀虫剂	0.05
190	虱螨脲	lufenuron	杀虫剂	1

表 C.1（续）

序号	农药中文名	农药英文名	用途	最大残留限量 mg/kg
191	双胍三辛烷基苯磺酸盐	iminoctadinetris (albesilate)	杀菌剂	2*
192	双甲脒	amitraz	杀螨剂	0.5
193	水胺硫磷	isocarbophos	杀虫剂	0.01
194	四螨嗪	clofentezine	杀螨剂	0.5
195	四霉素	tetramycin	杀菌剂	0.5*
196	速灭磷	mevinphos	杀虫剂	0.01
197	特丁硫磷	terbufos	杀虫剂	0.01*
198	特乐酚	dinoterb	除草剂	0.01*
199	涕灭威	aldicarb	杀虫剂	0.02
200	肟菌酯	trifloxystrobin	杀菌剂	0.7
201	戊菌唑	penconazole	杀菌剂	0.2
202	戊硝酚	dinosam	杀虫剂/除草剂	0.01*
203	戊唑醇	tebuconazole	杀菌剂	2
204	西玛津	simazine	除草剂	0.2
205	烯虫炔酯	kinoprene	杀虫剂	0.01*
206	烯虫乙酯	hydroprene	杀虫剂	0.01*
207	烯肟菌酯	enestroburin	杀菌剂	1
208	烯唑醇	diniconazole	杀菌剂	0.2
209	消螨酚	dinex	杀虫剂/杀螨剂	0.01*
210	辛菌胺	xinjunan	杀菌剂	0.1*
211	辛菌胺醋酸盐	xinjunan acetate	杀菌剂	0.1*
212	辛硫磷	phoxim	杀虫剂	0.3
213	溴甲烷	methyl bromide	熏蒸剂	0.02*
214	溴菌腈	bromothalonil	杀菌剂	0.2*
215	溴螨酯	bromopropylate	杀螨剂	2
216	溴氰虫酰胺	cyantraniliprole	杀虫剂	0.8*
217	溴氰菊酯	deltamethrin	杀虫剂	0.1
218	蚜灭磷	vamidothion	杀虫剂	1
219	亚胺硫磷	phosmet	杀虫剂	3
220	亚胺唑	imibenconazole	杀菌剂	1*
221	氧乐果	omethoate	杀虫剂	0.02
222	乙基多杀菌素	spinetoram	杀虫剂	0.05*
223	乙螨唑	etoxazole	杀螨剂	0.1
224	乙嘧酚	ethirimol	杀菌剂	0.1
225	乙蒜素	ethylicin	杀菌剂	0.2*
226	乙烯利	ethephon	植物生长调节剂	5
227	乙酰甲胺磷	acephate	杀虫剂	0.02
228	乙氧氟草醚	oxyfluorfen	除草剂	0.05
229	乙酯杀螨醇	chlorobenzilate	杀螨剂	0.01
230	乙唑螨腈	cyetpyrafen	杀螨剂	1*
231	异狄氏剂	endrin	杀虫剂	0.05
232	异菌脲	iprodione	杀菌剂	5
233	抑草蓬	erbon	除草剂	0.05*
234	抑霉唑	imazalil	杀菌剂	5
235	茚草酮	indanofan	除草剂	0.01*
236	茚虫威	indoxacarb	杀虫剂	0.5
237	蝇毒磷	coumaphos	杀虫剂	0.05
238	莠去津	atrazine	除草剂	0.05

表 C.1（续）

序号	农药中文名	农药英文名	用途	最大残留限量 mg/kg
239	治螟磷	sulfotep	杀虫剂	0.01
240	唑螨酯	fenpyroximate	杀螨剂	0.3
注:表中限量摘自 GB 2763—2021,其最新版本(包括所有的修改单)适用于本文件。				
*:该限量为临时限量。				

ICS 65.020.20
CCS B 31

中华人民共和国农业行业标准

NY/T 4289—2023

芒果良好农业规范

Good agriculture practice for mango

2023-02-17 发布　　　　　　　　　　　　2023-06-01 实施

中华人民共和国农业农村部 发布

NY/T 4289—2023

前　言

本文件按照 GB/T 1.1—2020《标准化工作导则　第 1 部分：标准化文件的结构和起草规则》的规定起草。

请注意本文件的某些内容可能涉及专利。本文件的发布机构不承担识别专利的责任。

本文件由农业农村部农垦局提出。

本文件由农业农村部热带作物及制品标准化技术委员会归口。

本文件起草单位：中国热带农业科学院分析测试中心、中国热带农业科学院热带作物品种资源研究所、广西壮族自治区农业科学院农产品加工研究所。

本文件主要起草人：谢德芳、陈业渊、陈华蕊、何雪梅、段云、叶海辉、陈显柳、张月、孙健、韩丙军、文小卉。

芒果良好农业规范

1 范围

本文件规定了芒果(*Mangifera indica* L.)生产的组织管理、质量安全管理、种植操作规范、采后技术规范、储藏与运输等要求。

本文件适用于芒果的生产管理。

2 规范性引用文件

下列文件中的内容通过文中的规范性引用而构成本文件必不可少的条款。其中,注日期的引用文件,仅该日期对应的版本适用于本文件;不注日期的引用文件,其最新版本(包括所有的修改单)适用于本文件。

GB 2762 食品安全国家标准 食品中污染物限量

GB 2763 食品安全国家标准 食品中农药最大残留限量

GB 3095 环境空气质量标准

GB 5084 农田灌溉水质标准

GB/T 8321(所有部分) 农药合理使用准则

GB/T 15034 芒果贮藏导则

GB 15618 土壤环境质量 农用地土壤污染风险管控标准(试行)

GB/T 20014.2 良好农业规范 第2部分:农场基础控制点与符合性规范

GB/T 20014.5 良好农业规范 第5部分:水果和蔬菜控制点与符合性规范

NY/T 492 芒果

NY/T 496 肥料合理使用准则 通则

NY/T 590 芒果 嫁接苗

NY/T 880 芒果栽培技术规程

NY/T 1105 肥料合理使用准则 氮肥

NY/T 1276 农药安全使用规范 总则

NY/T 1476 热带作物主要病虫害防治技术规程 芒果

NY/T 1535 肥料合理使用准则 微生物肥料

NY/T 1868 肥料合理使用准则 有机肥料

NY/T 1869 肥料合理使用准则 钾肥

NY/T 1939 热带水果包装、标识通则

NY/T 3011 芒果等级规格

NY/T 3333 芒果采收及采后处理技术规程

3 术语和定义

本文件没有需要界定的术语和定义。

4 组织管理

4.1 组织形式与机构

4.1.1 有统一或相对统一的组织形式,管理、协调芒果良好农业规范的实施。可采用但不限于以下几种组织形式:

    a) 公司化组织管理;

b) 公司＋基地＋农户；

c) 专业合作组织；

d) 家庭农场；

e) 种植大户牵头的生产基地。

4.1.2 应建立与生产规模相适应的组织机构,包含生产、销售、质量管理、检验等部门及其负责人,并明确各部门和各岗位的职责。

4.2 人员管理

4.2.1 应有具备相应专业知识的技术员,负责技术操作规程制定、技术指导、技术培训等工作,必要时可外聘专业技术人员。

4.2.2 有熟知芒果生产相关知识的质量安全管理人员,负责生产过程质量管理与控制。

4.2.3 应对所用人员进行质量安全基础知识培训,对从事芒果生产关键岗位人员(如田间技术员、质检员、档案员、仓库管理员等)还应进行专业理论和技能的培训,培训合格后方可上岗。

4.2.4 建立并保存所有人员的教育、培训、专业资格、专业技能等记录。

4.3 职业健康

4.3.1 应制定书面的卫生规程、事故和紧急情况的处理规程,并张贴于明显位置。

4.3.2 包括生产和管理者在内的所有员工每年都应参加卫生规程及事故和紧急情况处理规程的培训。

4.3.3 在危险处设立永久性警示牌,标明潜在的危险。在固定场所和工作区附近配置急救箱。每个工作区至少配备 1 名受过应急培训、具备应急处置能力的人员。

4.3.4 应为从事特种工作的人员(如农药施用人员)提供完备、完好的防护用品(如胶靴、防护服、胶手套、面罩等)。

4.3.5 应有专人负责员工的健康、安全和福利。接触有毒有害物质(如农药)的员工应进行年度健康体检。每年至少召开 1 次关于员工健康、安全和福利的会议。

5 质量安全管理

5.1 质量安全管理制度

应建立质量安全管理体系和可追溯体系,其内容应符合 GB/T 20014.2、GB/T 20014.5 的规定。

5.2 质量安全管理体系

5.2.1 制定包含生产过程各环节的质量管理体系文件,包括质量手册和操作规程。

5.2.2 质量管理文件内容应包括：

a) 组织机构图及各部门、岗位的职责和权限；

b) 质量管理措施、内部检查程序、纠偏措施；

c) 人员培训规定；

d) 健康安全规定；

e) 从生产到销售的全程实施计划；

f) 风险评估实施程序；

g) 农业投入品及设施设备等的管理办法；

h) 产品的溯源管理办法；

i) 记录和档案管理制度；

j) 客户投诉处理和产品质量改进制度。

5.2.3 操作规程应简明、清晰,其内容应包含芒果生产、采收、储运、销售的各个环节,并有配套的记录表。

5.3 内部检查

5.3.1 每年应对照本文件至少进行 1 次内部检查,并保存相关记录。

5.3.2 内部检查应覆盖生产场所、生产过程和产品,并记录检查内容和检查结果。

5.3.3 内部检查发现的不符合项应采取有效的整改措施,并记录。

5.3.4 内部检查应由内部检查员实施。

5.4 可追溯系统

5.4.1 生产批号

根据种植产地、基地名称、产品类型、地块编号、采收时间、加工批次等信息编制唯一的生产批号。生产批号的编制和使用应有文件规定。每给定一个生产批号均应有记录。

5.4.2 生产记录

5.4.2.1 生产记录应如实反映生产真实情况,并涵盖生产的全过程。主要记录格式见附录 A。

5.4.2.2 基本情况记录包括:

a) 地块或基地分布图,标示基地内各地块的面积、位置和编号;

b) 地块的基本情况,记录土地以前使用情况、地块及周边环境变化情况;

c) 灌溉水基本情况,记录灌溉水的来源及变化情况。

5.4.2.3 生产过程记录包括:

a) 农事管理记录,按时间顺序记录每个地块、每个生产环节的农事管理,主要包括种植、土壤管理、施肥、水分管理、整形修剪、有害生物防治、农业投入品使用、采收、储存等操作,记录内容包括操作的时间、方式、人员等;

b) 农业投入品进货记录,内容包括投入品名称、规格或有效成分及含量、供应商、生产厂家、购买日期、数量、批号等;

c) 农业投入品领用与处置记录,内容包括肥料、农药、育果袋等农业投入品的领用、回收、报废处理等;

d) 肥料施用记录,内容包括肥料名称、生产厂家、生产日期、有效成分及含量、施用量、施用时间、施用方法、天气、施用人、技术员等;

e) 农药施用记录,内容包括防治对象/目的、农药名称(商品名/通用名)、生产厂家、成分含量、稀释倍数(或使用浓度)、施用方法、施药时间、天气、安全间隔期、施用人、技术员等信息;

f) 芒果采收和分级包装记录,记录采收芒果的日期、地块编号、品种名称、种植面积、采收数量、生产批号、包装、等级规格等信息;

g) 芒果储存记录,内容包括储藏地点、冷库编号、储藏条件、品种、生产编号、进库日期、进库量、出库日期、出库量、运往目的地等;

h) 芒果销售记录,内容包括销售日期、品种、生产编号、等级规格、销售量、购买人等。

5.4.2.4 其他记录

a) 环境、农业投入品和产品质量检验记录;

b) 农药和化肥的使用技术指导与监管记录;

c) 设施、设备的定期维护记录;

d) 废弃物和污染源的分类和记录。

5.4.2.5 应保存本文件中要求的所有文件记录,保存期不少于 2 年。

5.5 投诉处理

5.5.1 应制订投诉处理程序和芒果产品质量安全问题应急处置预案。

5.5.2 对有效投诉和产品质量安全问题应采取相应的纠正措施,并予记录。

5.5.3 发现产品有安全问题时,应及时通知相关方(官方、客户、消费者)并召回产品,保留样品后其余产品进行无害化处理。

6 种植操作规范

6.1 产地选择

6.1.1 生产基地应建在芒果的生态适宜区。气候条件、土壤条件、海拔、立地条件应符合 NY/T 880 的相关要求。

6.1.2 生产基地应远离污染源。

6.1.3 生产基地的灌溉水质、土壤环境质量和环境空气质量应分别符合 GB 5084、GB 15618 和 GB 3095 的要求。

6.2 农业投入品管理

6.2.1 采购

6.2.1.1 应制定农业投入品采购管理制度。

6.2.1.2 应选择合格供应商,并对其合法性、生产或供应保障能力、质量保证能力等进行评价。

6.2.1.3 采购的肥料、农药、杀虫灯、诱虫板等农业投入品应有产品合格证明,建立登记台账,并保存相关票据、质保单、合同等文件资料。

6.2.1.4 农药应标签清晰,农药登记证号、农药生产许可证号和执行标准号齐全。

6.2.1.5 商品肥料应有生产许可证、肥料登记证、执行标准号等信息。

6.2.1.6 不准许采购国家或地方明令禁止使用的农药。

6.2.2 储存

6.2.2.1 农业投入品仓库应清洁、干燥、安全,有相应的标识,并配备通风、防潮、防火、防爆、防虫、防鼠、防鸟、防渗等设施。

6.2.2.2 不同种类的农业投入品应分区域存放,并清晰标识,危险品应有危险警告标识。

6.2.2.3 农业投入品应有专人管理,并有入库、出库和领用记录。

6.2.3 废弃物处理

6.2.3.1 设立废弃物及污染物存放区,并建立处置的档案记录。

6.2.3.2 对剩余、变质和过期的农业投入品做好标记,并分别进行回收、隔离、禁用处理。

6.2.3.3 对生产过程中产生的一般废弃物及有害废弃物准确识别、分类管理、安全存放,并委托专业机构进行处理。

6.3 种苗管理

6.3.1 品种和砧木选择

应根据当地自然条件、栽培技术和市场需求选择适宜的品种和砧木,宜选用抗病虫、抗逆、适应性广、优质丰产、商品性好的品种。

6.3.2 苗木质量

苗木的质量应符合购买合同或 NY/T 590 的规定。购买的苗木应附检疫合格证、质量合格证和相关的有效证明。

6.4 栽培管理

6.4.1 土壤管理

6.4.1.1 绘制土壤分布图,包含各地块的朝向、地势、土壤类型、土层深度、地下水位等。

6.4.1.2 编制与本地块土壤类型、土层深度、地势、地下水位等相适应的土壤管理制度。

6.4.1.3 按照 NY/T 880 的相关规定进行间作、树盘覆盖、中耕除草、扩穴改土。

6.4.2 施肥

6.4.2.1 至少每 2 年监测 1 次土壤肥力。根据土壤肥力和植株营养需求进行配方施肥,具体按 NY/T 880 的相关规定执行。

6.4.2.2 肥料使用的总则按 NY/T 496 的规定执行,氮肥、微生物肥料、有机肥料、钾肥的使用分别按 NY/T 1105、NY/T 1535、NY/T 1868、NY/T 1869 的规定执行。

6.4.2.3 施肥机械应状态良好,且每年至少校验 1 次。施肥完毕,施肥器械、运输工具、包装用品等应清洗干净。

6.4.3 水分管理

6.4.3.1 根据芒果需水规律、土壤墒情和降水量,适时灌水和排水,具体按 NY/T 880 的相关规定执行。

6.4.3.2 提倡采用微喷灌、滴灌等水肥一体化措施。

6.4.4 整形修剪

根据品种特性、种植密度、立地条件等,确定适宜树形,进行合理整形修剪,具体按 NY/T 880 的相关规定执行。

6.4.5 产期调节

根据当地自然条件、树体条件和市场需求,合理调节芒果产期,具体按 NY/T 880 的相关规定执行。

6.4.6 花果管理

按 NY/T 880 的相关规定执行。

6.5 有害生物防治

6.5.1 防治原则

坚持"预防为主、综合防治"方针。优先选用农业防治、物理防治、生物防治等防治技术,根据有害生物发生规律、发生程度和经济阈值,适时开展化学防治。

6.5.2 农业防治

6.5.2.1 因地制宜选用抗病虫害或耐病虫害优良品种。

6.5.2.2 同一地块应种植单一品种,避免混种不同成熟期品种。

6.5.2.3 在果园建设和栽培管理过程中,种植防护林带、行间间作绿肥或留草。

6.5.2.4 搞好果园清洁,控制病虫害的侵染来源。结合果园修剪,去除交叉枝、过密枝、病虫枝叶和病虫花果等,及时清除果园的落叶、落花、落果和落枝等残体,集中销毁或深埋。

6.5.2.5 加强栽培管理,避开害虫高峰期,适期放梢,促使每次新梢整齐抽出,摘除零星抽发的嫩梢。

6.5.2.6 结合栽培管理,在嫩梢期进行植株树盘下翻地晒土,杀死地下害虫。

6.5.2.7 主要病虫害的农业防治方法按照 NY/T 1476 的相关规定执行。

6.5.3 物理防治

6.5.3.1 使用诱虫灯,诱杀夜间活动的害虫。

6.5.3.2 利用趋色性诱杀害虫,如黄色板、蓝色板和白色板。

6.5.3.3 采用防虫网和捕虫网隔离和捕杀害虫。

6.5.3.4 采用果实套袋技术,防治病虫害。

6.5.3.5 利用机械和人工除草。

6.5.3.6 主要病虫害的物理防治方法按照 NY/T 1476 的相关规定执行。

6.5.4 生物防治

6.5.4.1 果园周围和行间间种蜜源植物,以草控草及保护利用天敌。

6.5.4.2 助迁及繁殖释放害虫天敌。

6.5.4.3 使用真菌、细菌、病毒等生物农药。

6.5.4.4 利用信息素诱杀害虫或干扰害虫交配。

6.5.4.5 主要病虫害的生物防治方法按照 NY/T 1476 的相关规定执行。

6.5.5 化学防治

6.5.5.1 不准许使用国家或地方明令禁止使用的农药。

6.5.5.2 应有农药配制专用区域,并有相应的配药设施。农药的配制区域应选择在远离水源、居所、畜牧栏等场所。

6.5.5.3 优先选用已登记的高效、低毒、低残留农药。注意不同作用机理农药的轮换使用和合理混用。

保存所用农药清单。

6.5.5.4 使用农药人员的安全防护和安全操作按 NY/T 1276 的规定执行。

6.5.5.5 根据病虫测报,适时用药。主要病虫害的化学防治方法按照 NY/T 1476 的相关规定执行,严格按照农药标签规定的作物、防治对象、用药量、施药方式、时期、浓度、施药次数和安全间隔期用药。GB/T 8321 有规定的,按其规定执行。

7 采后技术规范

7.1 卫生要求

7.1.1 应制定采收、采后处理、分等分级、包装、标识、储藏、运输等工序的卫生操作规程。

7.1.2 应配备采收专用容器,容器内壁光洁、柔软。重复使用的采收工具应及时清洗维护。

7.1.3 工作区域内应有卫生状况良好的盥洗室、卫生间等设施。卫生间应与采收、分等分级、包装、储藏等场所保持足够距离。

7.1.4 分级设备和包装容器应清洁、干净、安全。果实采收、采后处理、分等分级、包装人员应穿工作服、戴胶手套,防止污染果实。

7.2 采收及采后处理

7.2.1 采收及采后处理按 NY/T 3333 的相关规定执行。

7.2.2 每年应至少开展 1 次型式检验:芒果卫生指标应符合 GB 2762、GB 2763 的规定,其余应符合 NY/T 492、NY/T 3011 的相关规定。

7.3 包装

按 NY/T 1939 的相关规定执行。

7.4 标识

按 NY/T 1939 的相关规定执行。

8 储藏与运输

8.1 储藏

按 GB/T 15034 的相关规定执行。

8.2 运输

按 NY/T 492 的相关规定执行。

附 录 A
（资料性）
芒果良好农业规范主要记录

A.1 果园作业记录表

见表 A.1。

表 A.1 果园作业记录表

基地名称			区块编号		
区块面积，hm²			种植时间		
日期	天气	果园作业内容	作业人员签名	记录人	审核人
备注					

A.2 肥料施用记录表

见表 A.2。

表 A.2 肥料施用记录表

基地名称				区块编号				
区块面积，hm²				技术员				
日期	天气	肥料名称	生产厂家	成分含量	施用量	施用方法	施用人	记录人	审核人
备注								

A.3 农药使用记录表

见表 A.3。

表 A.3　农药施用记录表

基地名称						区块编号				
区块面积,hm²						技术员				
施药时间						天气				
日期	防治对象/目的	农药（商品名/通用名）	生产厂家	成分含量	稀释倍数	施用方法	安全间隔期	施用人	记录人	审核人
备注										

A.4 采收和分级包装记录表

见表 A.4。

表 A.4　采收和分级包装记录表

采收日期	区块编号	品种名称	种植面积,hm²	采收数量,t	生产批号	包装	等级规格	记录人	审核人

A.5 储藏记录表

见表 A.5。

表 A.5　储藏记录表

储藏地点									
保管员			生产批号			品种名称			
储藏温度,℃			储藏湿度,%			产品等级规格			
储藏库编号	进库				出库				
	日期	数量,t	记录人	审核人	日期	数量,t	目的地	记录人	审核人

A.6 销售记录表

见表 A.6。

表 A.6　销售记录表

销售人	销售日期	品种	生产批号	等级规格	数量,t	购买人	联系方式	记录人	审核人

A.7 灌溉水质记录表

见表 A.7。

表 A.7 灌溉水质记录表

检测单位		检测日期	
基地名称		区块编号	
pH		水温,℃	
镉,mg/L		铅,mg/L	
总砷,mg/L		铬(六价),mg/L	
总汞,mg/L		全盐量,mg/L	
氯化物,mg/L		硫化物,mg/L	
5 日生化需氧量,mg/L		化学需氧量,mg/L	
悬浮物,mg/L		阴离子表面活性剂,mg/L	
蛔虫卵数,个/L		粪大肠菌群数,个/L	
与 GB 5084 的符合情况			
污染发生情况说明			

记录人:　　　年　月　日　　　　　　　审核人:　　　年　月　日

A.8 土壤质量记录表

见表 A.8。

表 A.8 土壤质量记录表

检测单位		检测日期	
基地名称		区块编号	
土壤类型		pH	
有机质,%		速效氮,%	
有效磷,%		速效钾,%	
镉,mg/kg		铬,mg/kg	
汞,mg/kg		镍,mg/kg	
铅,mg/kg		砷,mg/kg	
铜,mg/kg		锌,mg/kg	
六六六,mg/kg		滴滴涕,mg/kg	
与 GB 15618 的符合情况			
污染发生情况说明			

记录人:　　　年　月　日　　　　　　　审核人:　　　年　月　日

A.9 空气质量记录表

见表 A.9。

表 A.9 空气质量记录表

检测单位		检测日期	
基地名称			
项目	年平均,μg/m³	24 h平均,μg/m³	1 h平均,μg/m³
二氧化硫(SO₂)			
二氧化氮(NO₂)			
一氧化碳(CO)			
臭氧(O₃)			
颗粒物(粒径≤10 μm)			
颗粒物(粒径≤2.5 μm)			
总悬浮颗粒物(TSP)			
氮氧化物(NO)			

表 A.9（续）

铅（Pb）			
苯并（a）芘（BaP）			
与 GB 3095 的符合情况			
污染发生情况说明			

记录人：　　　　年　月　日　　　　　　　　审核人：　　　　年　月　日

A.10　苗木质量记录表

见表 A.10。

表 A.10　苗木质量记录表

检测单位		检测日期	
苗木品种		苗木类型	
苗木来源		检验标准	
苗木数量			
检验结果	详见所附检验报告	检验结论	
注：检验标准指检验所依据的购销合同或苗木产品标准。			

记录人：　　　　年　月　日　　　　　　　　审核人：　　　　年　月　日

A.11　设施、设备维护记录表

见表 A.11。

表 A.11　设施、设备维护记录表

维护时间	维护对象	维护内容					操作人	记录人	审核人
		检定	校准	维修	保养	其他			

A.12　废弃农药和农药包装处理记录表

见表 A.12。

表 A.12　废弃农药和农药包装处理记录表

基地名称						负责人		
处理对象	处理日期	处理方式	处理地点	成分含量	处理数量	操作人	记录人	审核人
备注								

ICS 65.020.20
CCS B 61

中华人民共和国农业行业标准

NY/T 4296—2023

特种胶园生产技术规范

Technical specification for agricultural practices of specialty
rubber plantation

2023-02-17 发布　　　　　　　　　　　　　2023-06-01 实施

中华人民共和国农业农村部 发布

前　言

本文件按照 GB/T 1.1—2020《标准化工作导则　第 1 部分：标准化文件的结构和起草规则》的规定起草。

请注意本文件的某些内容可能涉及专利。本文件的发布机构不承担识别专利的责任。

本文件由农业农村部农垦局提出。

本文件由农业农村部热带作物及制品标准化技术委员会归口。

本文件起草单位：中国热带农业科学院橡胶研究所。

本文件主要起草人：曾日中、罗微、安锋、茶正早、李维国、王真辉、桂红星、康桂娟、丁丽、黄红海。

特种胶园生产技术规范

1 范围

本文件规定了巴西橡胶树［*Hevea brasiliensis*（Willd. ex A. Juss.）Muell. Arg.，以下简称橡胶树］特种胶园的术语和定义、胶园选择与抚管、割胶、收胶与储运、鲜胶乳与生胶质量监控、生产管理和建档立案等技术、管理与质量要求，描述了特种胶园的基本情况和质量管控等生产过程记录的证实方法。

本文件适用于对橡胶树特种胶园基础要求和生产技术的符合性判断。

2 规范性引用文件

下列文件中的内容通过文中的规范性引用而构成本文件必不可少的条款。其中，注日期的引用文件，仅该日期对应的版本适用于本文件；不注日期的引用文件，其最新版本（包括所有的修改单）适用于本文件。

GB/T 528 硫化橡胶或热塑性橡胶 拉伸应力应变性能的测定

GB/T 529 硫化橡胶或热塑性橡胶撕裂强度的测定（裤形、直角形和新月形试样）

GB/T 1232.1 未硫化橡胶 用圆盘剪切黏度计进行测定 第1部分：门尼黏度的测定

GB/T 8292 浓缩天然胶乳 挥发脂肪酸值的测定

GB/T 17822.2 橡胶树苗木

GB/T 20014.1 良好农业规范 第1部分：术语

GB/T 29570 橡胶树叶片营养诊断技术规程

GB/T 35819 天然橡胶生产良好操作规范

NY/T 221 橡胶树栽培技术规程

NY/T 525 有机肥料

NY/T 735 天然生胶 子午线轮胎橡胶加工技术规程

NY/T 924 浓缩天然胶乳 氨保存离心胶乳加工技术规程

NY/T 1088 橡胶树割胶技术规程

NY/T 1089 橡胶树白粉病测报技术规程

NY/T 1219 浓缩天然胶乳初加工原料 鲜胶乳

NY/T 2259 橡胶树主要病虫害防治技术规范

NY/T 2263 橡胶树栽培学 术语

NY/T 3518 热带作物病虫害监测技术规程 橡胶树炭疽病

NY/T 3980 橡胶树种植土地质量等级

ISO 16564 天然生胶 用体积排阻色谱法测定平均分子量和分子量分布［Rubber, raw natural—Determination of average molecular mass and molecular-mass distribution by size exclusion chromatography（SEC）］

3 术语和定义

GB/T 20014.1 和 NY/T 2263 界定的以及下列术语和定义适用于本文件。

3.1

不耐刺激早熟品系 early-maturing variety with low stimulation-resistance

与橡胶树品种 RRIM600 产胶生理特性相似、不耐乙烯利刺激的早熟型橡胶树品系，主要包括 RRIM600、IAN873、热研 73397 和热研 879 等。

3.2

耐刺激晚熟品系 late-maturing variety with high stimulation-resistance

与橡胶树品种 PR107 产胶生理特性相似、耐乙烯利刺激的晚熟型橡胶树品系，主要包括 PR107、GT1、93114 和云研 774 等。

3.3

特种性能天然橡胶 natural rubber with specific properties

特种胶 specialty rubber

针对特种用途、具有特殊性能、采用特定加工工艺生产的天然橡胶，专用于国防装备、航空航天、工程机械、医疗卫生等高端制造业。

3.4

特种胶园 specialty rubber plantation

为特种胶(3.3)的生产提供胶乳原料的橡胶园。

4 要求

4.1 胶园选择

4.1.1 胶园环境

特种胶园应建设在天然橡胶生产保护区乙等以上，胶园风寒旱害侵袭少，积温充足，降水量适合；土壤 pH 4.5～6.5，质量等级二等以上，并符合 NY/T 3980 和 NY/T 221 的规定。

4.1.2 品种与苗木

橡胶树品种优先选用热研 73397、热研 917、热研 879、PR107、RRIM600、GT1、云研 774、93114 和 IAN873 等主栽品种以及农业农村部新推荐的主推品种；苗木应符合 GB/T 17822.2 规定的 2 级以上。

4.1.3 生产条件

胶园相对集中连片，规模在 133.33 hm²(2 000 亩)以上，各树龄胶树比例合理，品种纯正。

4.2 胶园抚管

4.2.1 杂草控制

保持胶园生物多样性和生态稳定性，植胶带杂草应适时清除，不影响橡胶树生长和割胶生产；萌生带杂草使用人工或机械除草方式清除，杂草高度控制在 10 cm～30 cm，不应使用除草剂灭草。

4.2.2 压青

按 NY/T 221 的规定执行。

4.2.3 水土保持工程维护和冬春抚管

按 NY/T 221 的规定执行。

4.2.4 施肥管理

4.2.4.1 施肥原则

根据 GB/T 29570 规定的方法进行营养诊断，按诊断结果进行配方施肥，以有机肥、复合肥配合为主，中微量元素肥为辅，宜选用中性或碱性肥料。

4.2.4.2 施肥种类

有机肥宜用优质农家肥和商品有机肥。农家肥包括充分腐熟的畜禽粪便、厩肥、沼肥、饼肥等；商品有机肥应符合 NY/T 525 的规定。复合肥优先选用符合橡胶树养分需求规律的橡胶专用肥和缓控释复合肥。

4.2.4.3 施肥方法

有机肥在每年 1 月—3 月一次性施用；复合肥分别在每年的 3 月、6 月和 9 月分 3 次施用，各次施肥量分别占年施化肥总量的 50%、30% 和 20%。有机肥料和复合肥均施于肥料穴(沟)内，施后覆土，复合肥不应撒施。

4.2.5 病虫害防控

4.2.5.1 防控原则

特种胶园病虫害防控应贯彻"预防为主，综合防治"的防控原则，综合应用农业防治、生物防治、物理防治和化学防治方法,不应使用高毒、高残留的化学农药。

4.2.5.2 预测预报

橡胶树白粉病的测报按 NY/T 1089 的规定执行,橡胶树炭疽病的测报按 NY/T 3518 的规定执行。

4.2.5.3 防控措施

除对中度以上小蠹虫发生区采取 20%吡虫啉乳油等杀虫剂处理树干受害部位,其余按 NY/T 2259 的规定执行。

4.2.6 死皮防控

4.2.6.1 防控原则

按 NY/T 1088 的规定执行,采用"预防为主、适时防控"的原则对橡胶树死皮进行管控。

4.2.6.2 死皮分级与防控管理

按 NY/T 1088 的规定执行,死皮达到 4 级及以上橡胶树树停止割胶,死皮调查见附录 A。

4.3 割胶

4.3.1 开割前准备

4.3.1.1 树位划分

按 NY/T 1088 的规定执行。

4.3.1.2 胶工及生产负责人

按 NY/T 1088 的规定选用一级胶工,生产负责人承担割胶辅导和检查工作。岗位及胶工的安排由 4.6.1 中生产管理工作小组确定。

4.3.2 割胶要求

4.3.2.1 割胶刀要求

推荐使用小圆口胶刀,刀身内外光滑,刀胸圆滑顺直,凿口平顺均匀,刀口平整锋利,不使用"三角刀"。

4.3.2.2 收胶操作要求

按 NY/T 1088 和 GB/T 35819 的规定执行。在割胶生产期间做好"六清洁"工作,每月用氨水清洗胶刀、胶桶、胶刮等,减少灰尘和其他杂质。

4.3.3 割胶制度

4.3.3.1 非刺激割胶

采用 S/2(1/2 树围)d/4(4 d 割 1 刀)非刺激割胶制度。

4.3.3.2 乙烯利(ET)刺激割胶

采用 S/2 d5~d7 刺激割胶制度(1/2 树围、5 d~7 d 割 1 刀并配合采用 ET 刺激)。除刺激浓度外,其余按照文件 NY/T 1088 的规定执行。根据橡胶树品种与生理特性及割龄等选择如下的刺激浓度:

   a) 采用 5 d 低频割制,PR107 等耐刺激晚熟品系和 RRIM600 等不耐刺激早熟品系的 ET 刺激浓度不超过 1.0%;

   b) 采用 6 d~7 d 超低频割制,ET 浓度比 5 d 割制相同割龄增加 0.5 个百分点,PR107 等耐刺激晚熟品系最高浓度不超过 2.0%,RRIM600 等不耐刺激早熟品系最高浓度不超过 1.5%。

4.3.4 割龄与物候季节

4.3.4.1 割龄要求

特种胶园橡胶树割龄应为 3 年~20 年。

4.3.4.2 物候季节要求

橡胶树每年开割后 15 d 内、第 2 次抽叶期、冬季低温割胶连续 3 d 干胶含量低于 25%的胶乳以及发生严重风害和旱害时的胶乳不适宜用于特种胶生产。

4.4 收胶与储运

4.4.1 收胶要求

收胶时间统一在 9:00 前,收胶后在 3 h 内将鲜胶乳送至胶厂加工。

a) 相同品种和割龄的橡胶树胶乳可以混合；

b) 长流胶不作为特种胶生产，另行收集；

c) 收胶员在收集胶乳的过程中确保取样、称量准确无误，并做好收胶站公用器具、设备等清洁卫生。

4.4.2 鲜胶乳保存

鲜胶乳氨含量控制在 0.05%（质量分数）以内或采用指定的新型保存剂；收胶后 0.5 h 内能送到胶厂加工的，可不加保存剂。

4.4.3 鲜胶乳储运

4.4.3.1 收胶容器

采用不锈钢收胶罐收集胶乳，首次使用前和每次收胶后用氨水清洗收胶罐，确保收胶罐清洁；加装胶乳后，洗桶水及其他任何杂物不应加入收胶罐。

4.4.3.2 收胶站

收胶站和储放胶乳规则按 NY/T 1219 的规定执行，按 4.5 的要求验收进站胶乳。

4.4.3.3 胶乳收集和运输监控

收胶、运胶等环节衔接有序、运行规范，建立每批次胶乳品质档案（见附录 B）。

4.5 鲜胶乳及生胶品质监控

4.5.1 鲜胶乳品质检测

按 GB/T 8292、NY/T 735 和 NY/T 924 的规定执行，制胶厂负责对所收集的鲜胶乳进行测定，主要品质指标和检验方法见表 1，做好每批次鲜胶乳品质指标记录（见附录 B），符合质量指标的鲜胶乳才能用于特种胶的制备。

表 1　鲜胶乳品质指标及检验方法

品质类别	指标	检验方法
外观	洁白	感官
气味	正常	感官
流动性	能顺利通过 40 目筛	筛网过滤
清洁度	未见明显的小凝块、树皮、树叶、泥沙和其他沉淀物	感官
挥发脂肪酸（VFA）值	≤0.10	GB/T 8292
干胶含量（质量分数），%	≥25.00	NY/T 924
氨含量（按鲜胶乳计，质量分数），%	≤0.05	NY/T 924

4.5.2 生胶及硫化胶质量检测

按 GB/T 528、GB/T 529、GB/T 1232.1 和 ISO 16564 的规定执行，主要指标及检验方法见表 2，做好每批次生胶及硫化胶质量记录（见附录 B）。

表 2　天然橡胶生胶及硫化胶主要指标及检验方法

性能		指标	检验方法
生胶	门尼黏度，ML(1+4)100 ℃	60～80	GB/T 1232.1
	分子质量（M_w），$10^4 \times u$	≥120	ISO 16564
硫化胶	拉伸强度，MPa	≥21	GB/T 528
	拉断伸长率，%	≥650	GB/T 528
	撕裂强度，kN/m	≥26	GB/T 529

4.5.3 质量追溯

制定基于胶乳品质的天然橡胶质量追溯制度，建立每批次胶乳品质与天然橡胶产品质量分析档案。天然橡胶产品质量分析指标主要包括橡胶分子量、杂质含量、灰分含量、挥发分含量、氮含量、塑性初值和塑性保持率等。

4.6 生产管理

4.6.1 管理形式

项目组织实施单位与生产单位建立特种胶园生产管理小组,负责建立特种胶园的规划、建设和生产指导。

4.6.2 管理、技术和生产人员

配备专职的管理、技术、运输和生产人员(胶工),确保生产管理各环节由专人负责。

4.6.3 技术培训

定期对胶工进行生产技术培训,提高胶工积极性和割胶生产水平,加强特种胶园生产意识。

4.6.4 规章制度

制定完善的质量控制与管理制度,技术管理和质量控制规范有序,胶乳品质与生胶质量及主要性能指标可跟踪追溯。

4.7 建档立案

特种胶园地点确定后,参照附录C开展生产环境调查;参照附录D对橡胶树逐株编号,建立特种胶园生产管理基本情况表;参照附录A进行橡胶树死皮调查,参照附录B记录胶乳品质、生胶及硫化胶质量,并建档立案作为特种胶园生产和管理的基础性资料。

附　录　A

（资料性）

特种胶园死皮情况调查表

特种胶园死皮情况调查表见表 A.1。

表 A.1　特种胶园死皮情况调查表

树位号：　　　胶工姓名：　　　品种：　　　割龄：　　　调查人：　　　调查时间：

抽样号	割线死皮长度,cm			死皮级别					4级及以上死皮率,%	死皮率,%	死皮指数
	割线长（TC）	死皮长（TPDC）	TPDC/TC	1级	2级	3级	4级	5级			
1											
2											
3											
4											
5											
6											
7											
8											
9											
10											
11											
12											
13											
14											
15											

附　录　B

（资料性）

胶乳品质、生胶及硫化胶主要性能指标溯源记录表

胶乳品质、生胶及硫化胶主要性能指标溯源记录表见表 B.1。

表 B.1　胶乳品质、生胶及硫化胶主要性能指标溯源记录表

记录人：　　　　　　　　　　　　　　记录时间：

胶园名称				编号	
胶园地址				面积，hm²	
胶园负责人				电话	
技术员姓名				电话	
胶工姓名				电话	
品种名称		种植时间		开割时间	
流向记录		胶园负责人签名并说明情况			
收胶人			收胶站负责人		
胶厂接胶人			胶厂检验员		
鲜胶乳品质	干胶含量（质量分数），%				
	氨含量（按鲜胶乳计，质量分数），%				
	挥发脂肪酸（VFA）值				
生胶指标	塑性初值（P_0）				
	塑性保持率（PRI）				
	留在筛网上的杂质（质量分数），%				
	挥发分含量（质量分数），%				
	氮含量（质量分数），%				
	灰分含量（质量分数），%				
	门尼黏度，ML(1+4)100℃				
	分子质量（M_w），$10^4 \times u$				
硫化胶指标	拉伸强度，MPa				
	拉断伸长率，%				
	撕裂强度，kN/m				
	100%定伸应力，MPa				
	300%定伸应力，MPa				
	t_{10}，min				
	t_{90}，min				

附　录　C
（资料性）
特种胶园生产环境调查表

特种胶园生产环境调查表见表C.1。

表 C.1　特种胶园生产环境调查表

记录人：　　　　　　　　　　记录时间：

胶园名称		编号	
经纬度，°		海拔，m	
坡度，°		坡向	
年平均气温，℃		月平均气温，℃	
年降水量，mm		平均风速，m/s	
土层厚度，cm		土壤质地	
土壤容重，g/cm³		土壤有机质含量，g/kg	
全氮，g/kg		有效磷，mg/kg	
速效钾，mg/kg		铜含量，mg/kg	
锰含量，mg/kg		土壤酸碱度（pH）	
近60年当地出现持续阴雨低温≥20 d，期内平均气温≤10 ℃的低温天气次数			
近60年当地出现风力≥12级（32.6 m/s）的台风天气次数			

附 录 D

（资料性）

特种胶园生产管理基本情况表

特种胶园生产管理基本情况表见表 D.1。

表 D.1 特种胶园生产管理基本情况表

记录人：　　　　　　　　　　　　记录时间：

胶园名称		编号	
胶园地址		面积，hm²	
胶园负责人		电话	
技术员姓名		电话	
胶工姓名		电话	
品种名称		种植时间	
开割时间		割胶制度	
肥料品种及用量		肥料生产单位	

ICS 65.080
CCS B 10

中华人民共和国农业行业标准

NY/T 4297—2023

沼肥施用技术规范　设施蔬菜

Technical specification for anaerobic digested fertilizer application—
Facility vegetables

2023-02-17 发布
2023-06-01 实施

中华人民共和国农业农村部 发布

前　言

本文件按照 GB/T 1.1—2020《标准化工作导则　第 1 部分：标准化文件的结构和起草规则》的规定起草。

请注意本文件的某些内容可能涉及专利。本文件的发布机构不承担识别专利的责任。

本文件由农业农村部科技教育司提出。

本文件由全国沼气标准化技术委员会（SAC/TC 515）归口。

本文件起草单位：农业农村部沼气科学研究所、四川中沼生物能源检测有限责任公司、农业农村部沼气产品及设备质量监督检验测试中心、华中农业大学、浙江科技学院、中国农业科学院环境与可持续发展研究所、山西省农业生态环境建设总站。

本文件主要起草人：冉毅、艾平、刘刈、王娟娟、曾文俊、陈佳、金柯达、白新禄、张冀川、单胜道、贾世江、杨高中、袁萧、宁睿婷、贺莉、李淑兰、龙玲、任俞先、陈昭江、魏凤、刘于嘉、刘永岗、贾梦晗、张云红。

沼肥施用技术规范　设施蔬菜

1　范围

本文件规定了设施蔬菜种植中沼肥施用的基本要求和施用技术等要求。

本文件适用于设施土壤栽培条件下果菜类(茄果类、瓜类及豆类)蔬菜种植中沼肥的施用。

2　规范性引用文件

下列文件中的内容通过文中的规范性引用而构成本文件必不可少的条款。其中,注日期的引用文件,仅该日期对应的版本适用于本文件;不注日期的引用文件,其最新版本(包括所有的修改单)适用于本文件。

GB 5084　农田灌溉水质标准

GB 38400　肥料中有毒有害物质的限量要求

NY/T 2065　沼肥施用技术规范

NY/T 2596　沼肥

NY/T 3244　设施蔬菜灌溉施肥技术通则

NY/T 3696　设施蔬菜水肥一体化技术规范

NY/T 3832　设施蔬菜施肥量控制技术指南

3　术语和定义

下列术语和定义适用于本文件。

3.1

沼肥　anaerobic digested fertilizer

畜禽粪便、秸秆等有机废弃物在厌氧条件下经微生物发酵制取沼气后用作肥料的残留物,主要由沼渣和沼液两部分组成。

3.2

沼渣　digested sludge

畜禽粪便、秸秆等有机废弃物经沼气发酵后并经过固液分离等处理得到的固体产物。

3.3

沼液　digested effluent

畜禽粪便、秸秆等有机废弃物经沼气发酵后并经过固液分离等处理得到的液体产物。

3.4

总养分　total nutrient content

沼肥中全氮、全磷(P_2O_5)和全钾(K_2O)的含量之和,通常以质量百分数(%)计。

4　基本要求

4.1　沼肥质量要求

沼肥的理化性状应符合 NY/T 2596 的要求,污染物限量应符合 GB 38400 的要求。

4.2　沼肥施用基本要求

4.2.1　按照作物、气候、土壤肥力不同,确定不同沼肥施用量。条件适宜时,可采取测土配肥的方法,根据种植面积和植株生长情况确定沼肥的施用量和磷、钾肥的添加量。

4.2.2　沼肥应取自正常产气 1 个月以上的沼气池,沼液施用前应稀释,稀释用水水质应符合 GB 5084 的要求,沼液宜采用喷施、撒施或水肥一体化设施施用。

4.2.3 对施用沼肥的土壤,应检测其 pH,注意其盐分变化;对可能出现的土壤盐渍化问题,可采用撤膜淋雨灌水等方法进行预防和治理;对可能出现的土壤酸化问题,可采用改变施肥方式或在休耕期施用生石灰中和酸性等方法进行预防和治理。

4.2.4 夏季设施内气温较高时,施用沼液后应注意通风。

4.2.5 沼肥施用时,不应与草木灰、石灰等碱性肥料混合施用。

4.2.6 沼肥施用时,不能让沼肥通过径流流入地表水、邻近土地或排水沟中。

5 沼肥施用技术

5.1 沼渣

沼渣一般作为基肥施用,栽植前一周翻耕时撒入或开沟一次性施入后覆盖 5 cm～10 cm 的原土,定植后立即浇透水分。沼渣施用应符合 NY/T 2065 的规定,施用量见附录 A。

5.2 沼液

5.2.1 沼液设施使用及处理

使用喷灌、滴灌、水肥一体化等设施施用沼液时,应对沼液进行预处理,处理后沼液应符合 NY/T 3244 的要求。灌溉设备选择安装与维护应按 NY/T 3244 的规定执行。水肥一体化设施建设应按 NY/T 3696 的规定执行。沼液水肥一体化施用一般采取清水—施肥—清水的步骤进行,每次施肥结束后用清水继续灌溉 15 min～20 min 冲洗管道,避免堵塞滴孔。

5.2.2 沼液用量

按照肥随水走、少量多次、分阶段拟合的原则,结合果菜类蔬菜不同生长期的需肥特点及生产目标,在果菜类蔬菜生长期分阶段进行合理追肥。根据所用沼液养分含量高低,适当增减每次施肥量。不同类别的果菜类蔬菜在不同生长时期的推荐沼液施用量见附录 A,还应符合 NY/T 3832 的要求。

5.2.3 根施追肥

在定植后 7 d～10 d 可轻施 1 次催苗肥(沼液与灌溉水按 1∶2 的比例混合),之后看苗情长势可再追施沼液(沼液与灌溉水按 1∶1 的比例混合)1 次。定植后至坐果前肥水管理重在稳,以控为主,防止茎叶徒长。

开花结果初期应重施追肥,以促进果实生长发育,在第 1 台(穗)果膨大时,可追施 1 次～2 次沼液(沼液与灌溉水按 1∶1 的比例混合),并按稀释后沼液体积占比的 0.2%～0.5%加入磷酸二氢钾等其他磷、钾肥,促幼果膨大。

在第 1 台(穗)果采摘后进入开花结果盛期,应每隔 10 d～15 d 追施沼液 1 次(沼液与灌溉水按 1∶1 的比例混合),并按稀释后沼液体积占比的 0.2%～0.5%加入磷酸二氢钾等其他磷、钾肥,保证植株不脱肥,以避免植株早衰,影响果实发育。

5.2.4 叶面喷施

在作物处于幼苗、嫩叶期时可用沼液与灌溉水按 1∶(10～20)的比例混合喷施,每 10 d 左右喷施 1 次。

进入开花结果期后,可用沼液与灌溉水按 1∶(5～10)的比例混合喷施,并按稀释后沼液体积占比的 0.2%～0.5%加入磷酸二氢钾等其他磷、钾肥,每 7 d～10 d 喷施 1 次,直至作物收获完成。

叶面喷施宜在晴天的早晨或傍晚进行,从叶片背面喷洒,以叶片布满液珠而不滴水为宜。蔬菜采摘前一周停止喷施沼液。

附 录 A
（资料性）
果菜类蔬菜沼肥施用量（推荐）

设施土壤栽培条件下果菜类（茄果类、瓜类及豆类）蔬菜种植中，沼渣作基肥、沼液作追肥的沼肥推荐施用量见表A.1。

表 A.1 果菜类蔬菜沼肥推荐施用量

类别	作物	沼渣基肥	沼液追肥		
		施用量 kg/hm²	幼苗期 施用量 kg/hm²	开花结果（结荚）期 施用量 kg/hm²	结果（结荚）盛期 施用量 kg/hm²
茄果类	茄子	30 000～45 000	16 200～18 900	31 500～37 500	90 000～99 000
	番茄		9 750～15 000	31 500～34 500	64 500～70 500
	辣椒		3 750～4 500	7 500～8 250	33 000～34 500
瓜类	黄瓜	30 000～52 500	4 500～6 000	6 000～10 500	27 000～48 000
	苦瓜		7 500～13 500	13 500～21 000	84 000～97 500
	南瓜		12 000～15 000	37 500～45 000	24 000～27 000
豆类	菜豆	30 000～37 500	13 500～19 500	21 000～30 000	15 000～22 500
	豇豆		10 500～12 000	18 000～25 500	10 500～15 000

注1：沼液施用量为稀释前的质量。
注2：试验用沼渣总氮（TN）范围为5 g/kg～8 g/kg，干物质浓度（TS）≥20%。
注3：试验用沼液追肥量以沼液总氮（TN）浓度计算，沼液总氮范围为1 000 mg/L～1 500 mg/L，干物质浓度（TS）≤5%。

ICS 65.020.20
CCS B 05

中华人民共和国农业行业标准

NY/T 4298—2023

气候智慧型农业 小麦-水稻生产技术规范

Climate-smart agriculture—Technical specification for wheat-rice production

2023-02-17 发布

2023-06-01 实施

中华人民共和国农业农村部 发布

前　言

本文件按照 GB/T 1.1—2020《标准化工作导则　第 1 部分：标准化文件的结构和起草规则》的规定起草。

本文件由农业农村部科技教育司提出并归口。

本文件起草单位：农业农村部农业生态与资源保护总站、中国农业科学院作物科学研究所、安徽农业大学、中国农业大学、农业农村部科技发展中心、安徽省农村能源总站、安徽省怀远县农机化技术推广中心、安徽省怀远县农业技术推广中心。

本文件主要起草人：宋振伟、闫成、王全辉、宋贺、王久臣、张卫建、董萧、陈阜、张俊、董召荣、葛羚、尹建锋、杨午滕、徐长春、王利、薛琳、胡红磊、唐兴龙、纪占志。

引　言

气候智慧型农业(climate-smart agriculture,CSA)是应对全球气候变化背景下一种新的农业发展理念和模式。联合国粮食及农业组织(FAO)将气候智慧型农业定义为能够可持续提高农业生产效率、增强农业适应气候变化能力、减少温室气体排放,以高目标实现国家粮食安全的农业生产和发展模式。遵循气候智慧型农业发展理念,转变作物生产方式,制定气候智慧型农业生产技术规范,对促进我国农业生产"稳粮增收、固碳减排"尤为重要。因此,本文件针对我国长江中下游小麦-水稻主产区气候变化导致的高温、低温与连阴雨等灾害性天气频发,提出适宜的适应气候变化农业技术、土壤固碳技术和农田温室气体减排技术,为集成气候智慧型作物生产技术体系,实现小麦-水稻系统稳产、减排与固碳等目标提供规范性指导。

气候智慧型农业 小麦-水稻生产技术规范

1 范围

本文件规定了气候智慧型农业 小麦-水稻生产的适用技术及基本要求。

本文件适用于我国长江中下游小麦-水稻一年两熟制地区。

2 规范性引用文件

下列文件中的内容通过文中的规范性引用而构成本文件必不可少的条款。其中，注日期的引用文件，仅该日期对应的版本适用于本文件；不注日期的引用文件，其最新版本（包括所有的修改单）适用于本文件。

GB 4404.1 禾谷类种子

GB/T 8321.8 农药合理使用准则（八）

GB/T 8321.9 农药合理使用准则（九）

GB/T 8321.10 农药合理使用准则（十）

GB/T 23348 缓释肥料

NY/T 500 秸秆粉碎还田机作业质量

NT/T 1118 测土配方施肥技术规范

NY/T 1276 农药安全使用规范 总则

NY/T 1411 小麦免耕播种机作业质量

NT/T 2156 水稻主要病害防治技术规程

NY/T 3302 小麦主要病虫害全生育期综合防治技术规程

NY/T 3504 肥料增效剂 硝化抑制剂及使用规程

NY/T 3505 肥料增效剂 脲酶抑制剂及使用规程

3 术语和定义

下列术语和定义适用于本文件。

3.1

气候智慧型农业 climate-smart agriculture

能够可持续提高农业生产效率、增强农业适应气候变化能力、减少温室气体排放，以高目标实现国家粮食安全的农业生产和发展模式。

3.2

适应气候变化农业技术 agronomic technology adaptive to climate change

能够发挥气候资源潜力和减轻灾害性气候不利影响的农业生产技术。

3.3

土壤固碳技术 technology to increase soil organic carbon sequestration

能够提高农田土壤有机碳储量的农业生产技术。

3.4

农田温室气体减排技术 technology to reduce greenhouse gases emission from cropland

降低单位农田面积或单位作物产量的甲烷和氧化亚氮等温室气体排放的农业生产技术。

3.5

硝化抑制剂 nitrification inhibitor

可降低土壤亚硝酸细菌活性，抑制铵态氮向硝态氮转化过程，减少氧化亚氮排放的一类化学制剂。

3.6

脲酶抑制剂 urease inhibitor

可降低土壤脲酶活性,抑制尿素水解过程,减少氧化亚氮排放的一类化学制剂。

3.7

生物炭 biochar

生物质(如植物根茎、木屑等)在无氧或缺氧条件下发生热化学转化产生的富碳固体物质。

4 技术及要求

4.1 适应气候变化农业技术

4.1.1 品种选择

应遵循以下原则:

a) 根据区域气候条件选择国家或省级审定的高产稳产、综合抗性好的品种;

b) 小麦品种应具有抗病、耐涝渍、抗倒伏、抗穗发芽、耐倒春寒和干热风等特性;

c) 水稻品种应具有耐高温热害、抗病、抗倒伏、抗穗发芽等特性;

d) 选择中熟中粳(中籼)水稻品种和春性小麦品种搭配,或早熟中粳(中籼)水稻品种和弱春性小麦品种搭配;

e) 种子质量符合 GB 4404.1。

4.1.2 种子处理

小麦播种前应晒种 2 d～3 d,根据当地病虫害发生情况选择药剂,对种子进行拌种或包衣处理。主要防治病虫害见附录 A。

水稻播种前应晒种 1 d～2 d,去除杂质和空瘪粒,根据当地病虫害发生情况选择药剂,对种子进行拌种或包衣处理。主要防治病虫害见附录 B。

4.1.3 播期或移栽期

小麦适宜播期为 10 月下旬至 11 月中旬,播种量 180 kg/hm²～240 kg/hm²。晚播应加大播种量,每晚播 1 d,播种量增加 3.75 kg/hm²～7.5 kg/hm²。

水稻适宜移栽期在 5 月下旬至 6 月下旬,应适时早栽,采用大苗人工栽插和钵苗机插,宜在小麦收获前 20 d 播种育秧,控制移栽秧龄为 20 d～30 d;采用毯苗机插秧,宜在小麦收割前 10 d～15 d 播种育秧,控制移栽秧龄 18 d～25 d。水稻直播,应在小麦收获后抢早播种。

4.1.4 防灾减灾

小麦播种前或播种后进行开沟,边沟深度 35 cm,田间每间隔 1.5 m～2.0 m 开畦沟,沟深 20 cm,田块长度超过 80 m 应开腰沟,沟深 25 cm。沟与排水口相通,遇连阴雨和涝渍等气象灾害,应及时清沟排水。倒春寒来临前 3 d～5 d,应及时灌水或叶片喷施浓度 1%的尿素溶液;发生冷害后,宜及时追施尿素,用量 75 kg/hm²～150 kg/hm²,施肥后灌水。遇干热风,宜叶面喷施磷酸二氢钾溶液,并根据土壤墒情进行灌水。

水稻抽穗扬花期遇高温宜灌深水,水层保持 5 cm～10 cm,或叶面喷施具有抗逆作用的植物生长调节剂,植物生长调节剂种类和使用方法应符合 GB/T 8321.8、GB/T 8321.9、GB/T 8321.10 的规定。水稻遇持续洪涝灾害,应及时排水。

4.1.5 收获与减损

小麦于蜡熟末期(籽粒含水量≤20%)进行机械化收获,应在雨季到来前完成收获。

水稻于完熟期(谷粒颖壳 95%以上变黄,籽粒含水量≤25%)进行机械化收获。

小麦、水稻收获后晾晒或低温烘干,水分下降到 14%后储藏。

4.2 土壤固碳技术

4.2.1 秸秆还田

小麦与水稻收获作业应选用带有秸秆切碎抛洒功能的联合收获机,秸秆留茬高度 10 cm～20 cm,脱粒后的秸秆全量粉碎均匀撒于田面,秸秆粉碎质量应符合 NY/T 500 的规定。

4.2.2 免耕

小麦季采用免耕施肥条播机一次性完成开沟、施肥、播种、覆盖、镇压,作业质量应符合 NY/T 1411 的规定。

4.3 农田温室气体减排技术

4.3.1 水稻旱耕

水稻移栽前采用旱整地技术,进行翻耕作业,作业深度 20 cm～25 cm,旋耕平地后进行浅水漫灌,保持田间湿润而不淹水 3 d～5 d,之后灌浅水,保持水层 2 cm～3 cm,打浆、沉实。

4.3.2 水分调控

水稻插秧至返青期保持土壤湿润,之后保持田间水层 2 cm～3 cm,达到高产所需总茎数的 80% 时晒田,拔节至穗分化初期保持田间水层≥5 cm,抽穗扬花期保持田间水层 2 cm～3 cm,灌浆期进行干湿交替灌溉。

4.3.3 氮肥精准管理

采用测土配方确定肥料用量,宜施用缓/控释氮肥,或含有脲酶抑制剂/硝化抑制剂的稳定性氮肥,肥料产品和使用方法应符合 NY/T 1118、GB/T 23348、NY/T 3505 和 NY/T 3504 的规定。

水稻插秧时,同步进行侧深施肥,将丸粒化均匀一致的肥料施于水稻根部一侧 3 cm～5 cm、深 5 cm 处。水稻追施氮肥宜施用硫酸铵。每隔 5 年宜基施一次生物炭,用量 10 t/hm²～15 t/hm²。

4.3.4 病虫草害防治

采用综合防治技术,通过生态控制、理化诱控、生物防治等绿色技术以及精准施药技术,减少化学农药使用量。农药种类和防治方法应符合 GB/T 8321.9、NY/T 1276、NY/T 3302、NT/T 2156 的规定。小麦主要防治病虫害见附录 A,水稻主要防治病虫害见附录 B。

附 录 A

（资料性）

小麦主要病虫害、防治时期与防治指标

小麦主要病虫害、防治时期与防治指标见表 A.1。

表 A.1 小麦主要病虫害、防治时期与防治指标

防治时期	主要病虫害	防治指标
播种期	纹枯病、白粉病、根腐病	预防为主
	蛴螬、金针虫、蝼蛄	预防为主
苗期	麦蜘蛛	机播行每米有麦蜘蛛 150 头，撒播麦田每平方米有麦蜘蛛 675 头
拔节期	纹枯病	纹枯病病株率达 10%
	麦蜘蛛	机播行每米有麦蜘蛛 600 头，撒播麦田每平方米有麦蜘蛛 3 150 头
	蚜虫	每 100 株 500 头
扬花期初期	红蜘蛛	机播行每米有麦蜘蛛 600 头，撒播麦田每平方米有麦蜘蛛 3 150 头
	赤霉病	见花打药
穗期	锈病	条锈病叶率达 0.5%，叶锈病叶率达 10%
	蚜虫	每穗 8 头
注：同一生育期，当多种病害混合发生且达到防治指标时，实施"一喷多防"措施，可采用杀虫剂和杀菌剂混合喷雾防治。		

附 录 B

（资料性）

水稻主要病虫害、防治时期与防治指标

水稻主要病虫害、防治时期与防治指标见表B.1。

表 B.1 水稻主要病虫害、防治时期与防治指标

防治时期	主要病虫害	防治指标
种子准备期	纹枯病、稻瘟病、稻蓟马	预防为主
育秧期	二化螟	一代常规中稻枯鞘率5%～6%，杂交稻3%～5%；二代枯鞘率0.6%～1%
	稻蓟马	当秧苗4叶～5叶，卷叶株率达10%～15%
分蘖-拔节期	二化螟、大螟	分蘖期二化螟枯鞘率达3.5%，穗期二化螟为上代每公顷平均残留虫量7 500头以上，当代卵孵化盛期与水稻破口期相吻合
	稻飞虱	分蘖盛期每百丛500头，穗期常规稻每百丛1 000头、杂交稻每百丛1 500头
	稻纵卷叶螟	分蘖及圆秆拔节期每百丛有50个束尖，穗期平均幼虫过10 000头
	纹枯病	预防为主
	稻瘟病	预防为主
孕穗-抽穗期	稻曲病	预防为主
	粒黑粉病	预防为主
	叶尖枯病	出现发病中心后

ICS 65.020.20
CCS B 05

中华人民共和国农业行业标准

NY/T 4299—2023

气候智慧型农业 小麦-玉米生产
技术规范

Climate—smart agriculture—Technical specification for wheat—corn production

2023-02-17 发布 2023-06-01 实施

中华人民共和国农业农村部 发布

前　言

本文件按照 GB/T 1.1—2020《标准化工作导则　第 1 部分：标准化文件的结构和起草规则》的规定起草。

本文件由农业农村部科技教育司提出并归口。

本文件起草单位：农业农村部农业生态与资源保护总站、河南农业大学、中国农业大学、中国农业科学院作物科学研究所、河南省农村能源环境保护总站、农业农村部国际交流服务中心、辽宁省农业科学院、河南省农业科学院、河南省叶县农业农村局。

本文件主要起草人：王全辉、严东权、张志勇、熊淑萍、尹小刚、陈阜、张卫建、李成玉、马新明、张国强、郑成岩、黄波、薛仁风、刘灏、张杰、李俊霖、黄洁、翟熙玥、肖升涛。

引　言

气候智慧型农业(climate-smart agriculture，CSA)是应对全球气候变化背景下一种新的农业发展理念和模式。联合国粮食及农业组织(FAO)将气候智慧型农业定义为能够可持续提高农业生产效率、增强农业适应气候变化能力、减少温室气体排放，以高目标实现国家粮食安全的农业生产和发展模式。遵循气候智慧型农业发展理念，转变作物生产方式，制定气候智慧型农业生产技术规范，对促进我国农业生产"稳粮增收、固碳减排"尤为重要。因此，本文件针对我国黄淮海平原小麦-玉米主产区气候变化导致的倒春寒、干热风与干旱等灾害性天气频发，提出适宜的适应气候变化农业技术、土壤固碳技术和农田温室气体减排技术，为集成气候智慧型作物生产技术体系，实现小麦-玉米系统稳产、减排与固碳等目标提供规范性指导。

气候智慧型农业 小麦-玉米生产技术规范

1 范围

本文件规定了气候智慧型农业 小麦-玉米生产的适用技术及基本要求。

本文件适用于我国黄淮海小麦-玉米一年两熟种植制地区。

2 规范性引用文件

下列文件中的内容通过文中的规范性引用而构成本文件必不可少的条款。其中，注日期的引用文件，仅该日期对应的版本适用于本文件；不注日期的引用文件，其最新版本（包括所有的修改单）适用于本文件。

GB 4404.1 禾谷类种子

GB/T 8321.8 农药合理使用准则（八）

GB/T 8321.9 农药合理使用准则（九）

GB/T 8321.10 农药合理使用准则（十）

GB/T 23348 缓释肥料

NY/T 500 秸秆粉碎还田机作业质量

NT/T 1118 测土配方施肥技术规范

NY/T 1276 农药安全使用规范 总则

NY/T 1411 小麦免耕播种机作业质量

NY/T 1628 玉米免耕播种机作业质量

NY/T 3260 黄淮海夏玉米病虫草害综合防控技术规程

NY/T 3302 小麦主要病虫害全生育期综合防治技术规程

NY/T 3504 肥料增效剂硝化抑制剂及使用规程

NY/T 3505 肥料增效剂脲酶抑制剂及使用规程

3 术语和定义

下列术语和定义适用于本文件。

3.1

气候智慧型农业 climate-smart agriculture

能够可持续提高农业生产效率、增强农业适应气候变化能力、减少温室气体排放，以高目标实现国家粮食安全的农业生产和发展模式。

3.2

适应气候变化农业技术 agronomic technique adapt to climate change

能够发挥气候资源潜力和减轻灾害性气候不利影响的农业生产技术。

3.3

土壤固碳技术 technique to promote soil organic carbon sequestration

能够提高农田土壤有机碳储量的农业生产技术。

3.4

农田温室气体减排技术 technique to mitigate greenhouse gas emission from cropland

降低单位农田面积或单位作物产量的氧化亚氮和甲烷等温室气体排放的农业生产技术。

3.5

硝化抑制剂 nitrification inhibitor

可降低土壤亚硝酸细菌活性,抑制铵态氮向硝态氮转化过程,降低氧化亚氮排放的一类化学制剂。

3.6

脲酶抑制剂　urease inhibitor

可降低土壤脲酶活性,抑制尿素水解过程,降低氧化亚氮排放的一类化学制剂。

4　技术及要求

4.1　适应气候变化农业技术

4.1.1　品种选择

应遵循以下原则:

a) 根据区域气候条件选择国家或省级审定的高产稳产、综合抗性好的品种;

b) 小麦品种应具有抗病、抗逆(干热风、倒春寒)、抗倒伏能力较强的特性;

c) 玉米品种应具有耐密、抗倒、适应性强、籽粒脱水快的特性;

d) 种子质量应符合 GB 4404.1 的要求。

4.1.2　播期播量

小麦适宜播期为 10 月 10 日—25 日,宜适期晚播;播种量 187.5 kg/hm²～225 kg/hm²,遇气候异常年型晚播时,应按照每晚播 2 d 增加 7.5 kg/hm² 播量;采用少免耕播种方式时,应增加播量 15.0 kg/hm²～30.0 kg/hm²。播种前,种子应进行包衣或拌剂处理。

玉米在小麦收获后抢时早播,宜用 60 cm 等行距种植,播种密度根据品种特性确定,一般为 67 500 株/hm²～75 000 株/hm²。

4.1.3　水分管理

冬小麦提倡足墒播种,小麦越冬前、拔节期和开花期根据土壤墒情、苗情适时灌溉,宜采用喷灌、滴灌等节水灌溉方式。

玉米播种后,土壤墒情不足应及时灌溉;当田内出现积水(涝)时,特别是幼苗期和灌浆中后期应及时排水。

4.1.4　防灾减灾

小麦倒春寒来临前 3 d～5 d,应及时灌水或叶片喷施浓度 1%的尿素溶液。对已受冻地块,宜及时追施尿素 150 kg/hm²,施肥后浇水;遇干热风,宜叶面喷施磷酸二氢钾。

玉米 6 片～8 片展开叶,叶面喷施控制节间伸长的植物生长调节剂,防止玉米倒伏;玉米抽雄吐丝期遇高温、干旱天气,应及时灌溉,配合叶面喷施具有抗逆作用的植物生长调节剂,植物生长调节剂种类和使用方法应符合 GB/T 8321.8、GB/T 8321.9 和 GB/T 8321.10 的规定。

4.1.5　收获与减损

小麦于蜡熟末期及时机械收获、晾晒,籽粒含水量≤13%时储藏入库。

玉米于生理成熟(籽粒乳线消失、黑层出现)后进行机械化收获。籽粒含水率≤28%时,可采用机械化籽粒直接收获,收获后及时烘干到安全储藏含水量标准(≤14%)。

4.2　土壤固碳技术

4.2.1　秸秆还田

小麦、玉米机械化收获时,秸秆留茬高度 15 cm～20 cm,脱粒后的秸秆全量粉碎并均匀抛洒于地面,作业质量应符合 NY/T 500 的规定。

4.2.2　耕作技术

小麦播种前进行耕翻或旋耕整地,深度 15 cm～20 cm。采用少免耕的地块每 2 年～3 年深翻 1 次,深度 25 cm～30 cm。有条件的地区,宜采用种肥同播一体机,在秸秆覆盖条件下一次性完成开沟、施肥、播种、覆盖、镇压等环节,肥料深度 10 cm～15 cm,播种质量应符合 NY/T 1411 的规定。

玉米采用免耕直播技术,种肥同播,肥料深度 15 cm～20 cm,播种质量应符合 NY/T 1628 的规定。

4.3　农田温室气体减排技术

4.3.1 氮肥精准调控

采用测土配方确定肥料用量,宜施用缓/控释氮肥,或含有脲酶抑制剂/硝化抑制剂的稳定性氮肥,肥料产品和使用方法应符合 NY/T 1118、GB/T 23348、NY/T 3505 和 NY/T 3504 的规定。

4.3.2 病虫草害综合防控

采用综合防治技术,通过生态控制、理化诱控、生物防治等绿色技术以及精准施药技术,减少化学农药使用量。农药种类和防治方法应符合 GB/T 8321.9、NY/T 1276、NY/T 3302 和 NY/T 3260 的规定。小麦主要病虫害防治见附录 A,玉米主要病虫草害防治见附录 B。

附 录 A

（资料性）

小麦主要病虫害、防治时期与防治指标

小麦主要病虫害、防治时期与防治指标见表 A.1。

表 A.1 小麦主要病虫害、防治时期与防治指标

防治时期	主要病虫害	防治指标
播种期	纹枯病、茎基腐病、白粉病、根腐病、全蚀病、黑穗病	预防为主，对苗期感病品种实施种子拌种
	孢囊线虫、麦蚜	预防为主，对苗期感病品种实施种子拌种
苗期	根腐病、孢囊线虫	预防为主，发生后尽快采取镇压措施
拔节期	条锈病、白粉病、纹枯病	小麦条锈病病叶率达到 0.5%～1%；白粉病病茎率达到15%～20%；纹枯病病株率达到 10%
	红蜘蛛、地下害虫	红蜘蛛每株超过 6 头；拔节时地下害虫害死苗率达到 10%
扬花期初期	赤霉病、白粉病和条锈病	白粉病病茎率达到 15%～20%；小麦条锈病病叶率达到0.5%～1%
	吸浆虫、红蜘蛛	吸浆虫每 10 网复次捕获 10 头以上成虫；红蜘蛛单行每米超过 600 头
穗期	白粉病、叶锈病、叶枯病和条锈病	病叶率超过 10%
	蚜虫	每百穗超过 800 头
注：同一生育期，当多种病害混合发生且达到防治指标时，实施"一喷多防"措施，可采用杀虫剂和杀菌剂混合喷雾防治。		

附 录 B

（资料性）

玉米主要病虫草害、防治时期与防治指标

玉米主要病虫草害、防治时期与防治指标见表 B.1。

表 B.1 玉米主要病虫草害、防治时期与防治指标

防治时期	主要病虫草害	防治指标
抽雄前病害	苗期根腐病、褐斑病、瘤黑粉病、粗缩病	种子包衣预防为主,根据发病情况可混喷苯醚甲环唑、丙环唑、戊唑醇等
抽雄后病害	小斑病、南方锈病、弯孢菌叶斑病、茎腐病、穗腐病、瘤黑粉病	种子包衣预防为主,根据发病情况可混喷咯菌睛、(精)甲霜灵、戊醇、种菌唑、苯醚甲环唑、嘧菌酯、吡唑密菌酯、噻菌灵、克菌丹、福美双等
抽雄前虫害	地老虎、蛴螬、蝼蛄、金针虫、耕葵粉蚧、根土蝽、二点委夜蛾、蓟马、灰飞虱、蚜虫、甜菜夜蛾、亚洲玉米螟、黏虫、棉铃虫	根据田间虫害发生情况,可选择喷施高效氯氰菊酯、灭幼脲、氯虫苯甲酰胺、甲维盐、噻虫嗪、吡虫啉等防治食叶害虫,或使用理化诱控
抽雄前虫害	蚜虫、亚洲玉米螟、黏虫、棉铃虫、桃蛀螟	根据田间虫害发生情况,喷施苯醚甲环唑、丙环唑混配氯虫苯甲酰胺、甲维盐、毒死蜱等。也可使用化学诱捕或物理诱控
草害	禾本科杂草	烟嘧磺隆、硝磺草酮、苯唑草酮等
	阔叶杂草	莠去津、氯氟吡氧乙酸、溴苯猜、烟密磺隆、硝磺草酮、苯唑草酮
	莎草科杂草	氯吡嘧磺隆、二甲四氯

ICS 65.020.20
CCS B 05

中华人民共和国农业行业标准

NY/T 4300—2023

气候智慧型农业 作物生产固碳减排
监测与核算规范

Climate-smart agriculture—Monitoring and accounting specification of carbon
sequestration and greenhouse gas emission mitigation in crop production

2023-02-17 发布　　　　　　　　　　　　　　2023-06-01 实施

中华人民共和国农业农村部 发布

NY/T 4300—2023

前　言

本文件按照 GB/T 1.1—2020《标准划工作导则　第 1 部分:标准化文件的结构和起草规则》的规定起草。

本文件由农业农村部科技教育司提出并归口。

本文件起草单位:中国农业科学院农业资源与农业区划研究所、农业农村部农业生态与资源保护总站、中国农业大学、中国农业科学院作物科学研究所、农业农村部科技发展中心。

本文件主要起草人:王立刚、王全辉、李虎、尹小刚、张卫建、王迎春、陈阜、邢可霞、宋振伟、张梦璇、张艳萍、管大海、韩圣慧、刘平奇、王卿梅、常乃杰、赵欣、魏欣宇。

引　言

气候智慧型农业(climate-smart agriculture,CSA)是应对全球气候变化背景下一种新的农业发展理念和模式。联合国粮食及农业组织(FAO)将气候智慧型农业定义为能够可持续提高农业生产效率、增强农业适应气候变化能力、减少温室气体排放,以高目标实现国家粮食安全的农业生产和发展模式。遵循气候智慧型农业发展理念,科学准确的度量气候智慧型农业固碳减排效应,制定气候智慧型农业生产固碳减排监测与核算规范,对促进我国农业生产"稳粮增收、固碳减排"尤为重要。因此,通过对国内外气候智慧型农业固碳减排监测与核算方法的分析、我国气候智慧型农业一系列作物生产的实践,编制了本文件,为气候智慧型农业　作物生产系统固碳减排效应的定量评价提供依据和方法支撑,为保障国家粮食安全、减缓气候变化对农业生产的影响和实现碳达峰、碳中和国家战略目标提供技术指导。

气候智慧型农业 作物生产固碳减排监测与核算规范

1 范围

本文件规定了气候智慧型农业 作物生产固碳减排监测与核算的相关术语和定义、监测内容与核算流程、情景识别与边界确定、核算方法、数据质量保证和控制等要求。

本文件适用于气候智慧型农业 作物生产固碳减排量的监测与核算。

2 规范性引用文件

下列文件中的内容通过文中的规范性引用而构成本文件必不可少的条款。其中，注日期的引用文件，仅该日期对应的版本适用于本文件；不注日期的引用文件，其最新版本（包括所有的修改单）适用于本文件。

GB/T 32150　工业企业温室气体排放核算和报告通则

NY/T 395　农田土壤环境质量监测技术规范

3 术语和定义

GB/T 32150 界定的以及下列术语和定义适用于本文件。

3.1

气候智慧型农业　climate-smart agriculture

能够可持续提高农业生产效率、增强农业适应气候变化能力、减少温室气体排放，以高目标实现国家粮食安全的农业生产和发展模式。

3.2

固碳　carbon sequestration

将无机碳（大气中 CO_2）转化为有机碳，将其固定在土壤和植物体内的过程。

3.3

土壤固碳　soil carbon sequestration

将大气中 CO_2 转化为一种稳定的含碳化合物，并将其长期储存在土壤中的过程，主要通过秸秆还田、施用有机肥等途径来实现。

3.4

林木固碳　agri-forest carbon sequestration

林木通过光合作用，将二氧化碳吸收到体内，并且合成有机物储存起来，使得大气中的二氧化碳量减少的过程，属于生物固碳的一种方式，主要通过田间防护林木建设等途径来实现。

3.5

温室气体　greenhouse gas

大气层中自然存在的和由于人类活动产生的能够吸收和散发由地球表面、大气层和云层所产生的、波长在红外光谱内的辐射的气态成分。

［来源：GB/T 32150—2015，3.1］

注：本文件涉及的温室气体包含二氧化碳（CO_2）、甲烷（CH_4）和氧化亚氮（N_2O）。

3.6

温室气体减排　greenhouse gas emission mitigation

减少种植生产过程产生的 N_2O、CH_4 的排放和能源消耗导致的 CO_2 排放。

3.7

活动数据　activity data

导致农业生产过程中碳储量变化和温室气体排放的生产活动量的表征值。

3.8

基准线情景 baseline scenario

未实施气候智慧型农业 作物生产的情景。

3.9

地理边界 geographical boundary

实施基准线情景和气候智慧型农业 作物生产情景的地理范围。

3.10

核算边界 accounting boundary

实施基准线情景和气候智慧型农业 作物生产情景导致的温室气体排放与固碳的范围。

3.11

碳库 carbon pool

地上生物量、地下生物量、枯落物、枯死木和土壤有机质碳库的总和。

3.12

排放源 carbon pool and greenhouse gas emission source

温室气体排放的单元和过程。

3.13

农田氧化亚氮(N_2O)排放 N_2O emission from farmland

因施用含氮的有机肥、化肥和秸秆还田等导致的农田 N_2O 直接排放,氨挥发和氮淋溶渗滤导致的间接排放。

3.14

稻田甲烷(CH_4)排放 CH_4 emission from paddy

水稻生长季和冷浸田水稻非生长季的甲烷排放。

3.15

生产过程能耗排放 CO_2 emission from energy consumption

农业生产过程中使用机械设备所消耗燃料或电力导致排放的 CO_2。

3.16

排放因子 emission factor

表征单位生产或消费活动量的温室气体排放系数。

[来源:GB/T 32150—2015,3.13]

4 监测内容与核算流程

4.1 监测内容

4.1.1 基本信息

获取基准线情景和实施气候智慧型农业 作物生产情景下农户基本信息、种植制度、地理边界、实施气候智慧型农业 作物生产时间等。按附录 A 中 A.1 和 A.2 的规定实施。

4.1.2 数据和参数

获取基准线情景和实施气候智慧型农业 作物生产情景下生产活动数据和参数,包括农田面积、农田土壤基本性状、田间栽培管理措施(土壤耕作、播种、施肥、灌溉、病虫草害防治、收获、秸秆还田等)、农机耗油及灌溉耗电量、田间防护林生长状况等,按 A.3 的规定实施。

4.2 核算流程

4.2.1 识别基准线情景,确定其地理边界。

4.2.2 识别气候智慧型农业 作物生产情景,确定其地理边界。

4.2.3 确定固碳和温室气体排放核算边界,识别碳库及排放源。

4.2.4 制定监测方案。

4.2.5 获取活动数据,选择和确定排放因子。

4.2.6 核算基准线情景和实施气候智慧型农业 作物生产情景碳储量与温室气体排放量。

4.2.7 核算气候智慧型农业 作物生产实施后的固碳减排量。

5 情景识别与边界确定

5.1 情景识别

确定基准线情景与气候智慧型农业 作物生产情景采取的措施,包括种植制度、田间管理措施、农机使用情况、田间防护林生长状况等,按照附录 A 的规定实施。

5.2 地理边界

确定基准线情景与实施气候智慧型农业 作物生产活动的地理边界,应按照 A.2 的规定执行。

5.3 核算边界

包括农田温室气体排放(N_2O 和 CH_4)、农田生产过程使用机械开展耕作、施肥等措施燃料燃烧过程能耗排放与灌溉使用电力能耗排放(简称生产过程能耗排放)、土壤有机碳储量变化、田间防护林碳储量变化等过程(见图1)。

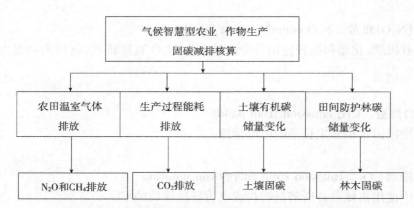

图 1　气候智慧型农业　作物生产核算边界示意

5.4 碳库及排放源识别

基准线情景(以下简称基准线)和实施气候智慧型农业 作物生产情景(以下简称实施情景)的碳库与排放源见表1和表2。

表 1　基准线和实施情景边界内碳库

项目	基准线					实施情景				
碳库	林木地上部分生物量	林木地下部分生物量	死木	枯枝落叶	土壤有机碳	林木地上部分生物量	林木地下部分生物量	死木	枯枝落叶	土壤有机碳
选择	计入	计入	排除	排除	计入	计入	计入	排除	排除	计入

表 2　基准线和实施情景边界内温室气体排放源

基准线			实施情景		
排放源	气体	计入/排除	排放源	气体	计入/排除
农田温室气体排放	N_2O	计入	农田温室气体排放	N_2O	计入
	CH_4	计入		CH_4	计入
	CO_2	排除		CO_2	排除

表 2（续）

基准线			实施情景		
排放源	气体	计入/排除	排放源	气体	计入/排除
生产过程能耗 排放	N_2O	排除	生产过程能耗 排放	N_2O	排除
	CO_2	计入		CO_2	计入
	CH_4	排除		CH_4	排除

6 核算方法

6.1 基准线碳储量和温室气体排放量核算

6.1.1 土壤有机碳储量

6.1.1.1 单位面积土壤有机碳储量

单位面积土壤有机碳储量 $BC_{SOC,i}$，按公式（1）计算。

$$BC_{SOC,i} = SOCC_i \times BD_i \times (1 - F_i) \times Depth \cdots\cdots\cdots\cdots\cdots\cdots\cdots\cdots\cdots（1）$$

式中：

$BC_{SOC,i}$——基准线 i 地块单位面积土壤有机碳储量的数值，单位为吨碳每公顷（t C/hm²）；

$SOCC_i$——i 地块土壤有机碳含量的数值，单位为克碳每百克土壤（g C/100 g 土壤）；

BD_i——i 地块土壤容重的数值，单位为克每立方厘米（g/cm³）；

F_i——i 地块监测土层直径大于 2 mm 石砾、根系和其他死残体体积百分含量的数值，单位为百分号（%）；

i——第 i 个地块；

Depth——土层的厚度（20 cm）。

6.1.1.2 耕地土壤有机碳储量

所有耕地土壤有机碳储量 BC_{SOC}，按公式（2）计算。

$$BC_{SOC} = \sum_{i=1}^{l}(BC_{SOC,i} \times BA_i) \times \frac{44}{12} \cdots\cdots\cdots\cdots\cdots\cdots\cdots（2）$$

式中：

BC_{SOC}——基准线所有地块土壤有机碳储量的数值，单位为吨二氧化碳（t CO_2）；

$BC_{SOC,i}$——i 地块单位面积土壤有机碳储量的数值，单位为吨碳每公顷（t C/hm²）；

BA_i——i 地块面积的数值，单位为公顷（hm²）；

i——第 i 个地块；

l——基准线情景下地块的数量；

$\dfrac{44}{12}$——将土壤 C 转化为 CO_2 的系数。

6.1.2 农田温室气体排放

6.1.2.1 农田氧化亚氮直接排放

农田氧化亚氮直接排放 BE_{N_2O}，按公式（3）计算。

$$BE_{N_2O} = BN_{Fer} \times EF \times \frac{44}{28} \cdots\cdots\cdots\cdots\cdots\cdots\cdots\cdots\cdots（3）$$

式中：

BE_{N_2O}——基准线农田氧化亚氮直接排放量的数值，单位为吨氧化亚氮（t N_2O）；

BN_{Fer}——农田投入总氮量的数值，单位为吨氮（t N）；

EF——农田氧化亚氮排放因子的数值，单位为吨氮每吨施氮量（t N/t 施氮量）；

$\dfrac{44}{28}$——将 N_2O-N 转化成 N_2O 的系数。

EF 选择优先序为：

a)　直接测定法,按表 A.1 实施;

b)　推荐因子法,推荐因子默认值见附录 B 中 B.1。

6.1.2.2　农田氧化亚氮的间接排放

农田氨挥发后沉降引起的氧化亚氮间接排放 $BE_{N_2O\_沉降}$,按公式(4)计算。

$$BE_{N_2O\_沉降} = BN_{Fer} \times FRAC_{挥发} \times EF_{挥发} \times \frac{44}{28} \quad\cdots\cdots\cdots\cdots (4)$$

式中:

$BE_{N_2O\_沉降}$——农田氨挥发后沉降引起氧化亚氮间接排放量的数值,单位为吨氧化亚氮(t N$_2$O);

BN_{Fer}　　——农田投入总氮量的数值,单位为吨氮(t N);

$FRAC_{挥发}$——施入农田氮以氨气和氮氧化物排放比例的数值,单位为百分号(%),不同肥料氨气和氮氧化物排放比率默认值见 B.2;

$EF_{挥发}$　——农田氨气和氮氧化物排放后的氮沉降引起氧化亚氮间接排放因子的数值,单位为吨氮每吨氨气和氮氧化物排放(t N/t N 氨气和氮氧化物排放量),默认值见 B.3;

$\frac{44}{28}$　　——将 N$_2$O-N 转化成 N$_2$O 的系数。

农田氮淋溶及径流引起的氧化亚氮间接排放 $BE_{N_2O\_淋溶及径流}$,按公式(5)计算。

$$BE_{N_2O\_淋溶及径流} = BN_{Fer} \times FRAC_{淋溶及径流} \times EF_{淋溶及径流} \times \frac{44}{28} \quad\cdots\cdots\cdots (5)$$

式中:

$BE_{N_2O\_淋溶及径流}$——农田氮淋溶及径流引起氧化亚氮间接排放的数值,单位为吨氧化亚氮(t N$_2$O);

BN_{Fer}　　——农田投入总氮量的数值,单位为吨氮(t N);

$FRAC_{淋溶及径流}$——施入农田氮淋溶和径流比例的数值,单位为百分号(%),默认值见 B.2;

$EF_{淋溶及径流}$　——淋溶和径流损失引起氧化亚氮间接排放因子的数值,单位为吨氮每吨淋溶径流氮量(t N/t N 淋溶径流量),默认值见 B.3;

$\frac{44}{28}$　　——将 N$_2$O-N 转化成 N$_2$O 的系数。

6.1.2.3　稻田 CH$_4$ 排放

稻田 CH$_4$ 排放 $BE_{CH4\_稻田}$,按公式(6)计算。

$$BE_{CH4\_稻田} = \sum_i (AD_i \times EF_i) \times 0.001 \quad\cdots\cdots\cdots\cdots\cdots\cdots\cdots (6)$$

式中:

$BE_{CH4\_稻田}$——基准线稻田产生甲烷排放量的数值,单位为吨甲烷(t CH$_4$);

AD_i　　——第 i 类稻田种植面积的数值,单位为公顷(hm^2);

EF_i　　——第 i 类稻田甲烷排放因子的数值,单位为千克甲烷每公顷(kg CH$_4$/hm^2);

i　　　——稻田类型,分别指单季水稻、双季早稻和晚稻;

0.001　——单位换算系数。

EF_i 选择优先序为:

a)　直接测定法,按表 A.1 实施;

b)　采用《省级温室气体清单编制指南(试行)》的推荐值(见 B.4)或未来出版的最新版本的《省级温室气体清单编制指南》;

c)　《2006 IPCC 国家温室气体清单指南》第 4 卷第 5 章推荐的方法计算排放因子[见公式(7)]。

稻田不同管理措施排放因子,按公式(7)计算。

$$EF_i = EF_c \times SF_W \times SF_P \times SF_O \times days \quad\cdots\cdots\cdots\cdots\cdots\cdots (7)$$

式中:

EF_i　——水稻生长季内日平均甲烷排放因子的数值,单位为千克甲烷每公顷(kg CH$_4$/hm^2);

EF_c　——连续淹灌、不施有机肥情景下的甲烷排放因子,推荐的默认值为 1.3 kg CH$_4$/(hm^2·d);

SF_W ——水稻生育期内不同田间水分条件下的甲烷排放因子调整因子,推荐默认值见 B.5;

SF_P ——水稻移栽之前不同田间水分条件下的甲烷排放因子调整因子,推荐默认值见 B.5;

SF_O ——稻田有机肥施用条件下的甲烷排放因子调整因子系数,利用公式(8)计算 SF_O;

days ——水稻生长季天数,单位为天(d)。

$$SF_O = (1 + \sum ROA_i \times CFOR_i)^{0.59} \quad\cdots\cdots\cdots\cdots\cdots\cdots\cdots\cdots \quad (8)$$

式中:

SF_O ——稻田有机肥施用条件下的甲烷排放因子调整系数;

ROA_i ——有机物类型 i 施用量的数值,单位为吨每公顷(t/hm^2),秸秆为干重,其他有机添加物为鲜重;

$CFOR_i$——有机添加物 i 的转化因子,推荐默认值见 B.5。

6.1.2.4 农田温室气体排放总量

农田温室气体排放总量 BE_{GHGs},按公式(9)计算。

$$BE_{GHGs} = (BE_{N_2O} + BE_{N_2O\_沉降} + BE_{N_2O\_淋溶及径流}) \times GWP_{N_2O} + BE_{CH_4\_稻田} \times GWP_{CH_4} \quad\cdots\cdots\cdots \quad (9)$$

式中:

BE_{GHGs} ——基准线温室气体排放总量的数值,单位为吨二氧化碳当量($t\ CO_2\text{-}e$);

BE_{N_2O} ——基准线农田氧化亚氮直接排放量的数值,单位为吨氧化亚氮($t\ N_2O$);

$BE_{N_2O\_沉降}$ ——农田氨挥发后沉降引起氧化亚氮间接排放的数值,单位为吨氧化亚氮($t\ N_2O$);

$BE_{N_2O\_淋溶及径流}$——农田氮淋溶及径流引起氧化亚氮间接排放的数值,单位为吨氧化亚氮($t\ N_2O$);

$BE_{CH_4\_稻田}$ ——基准线农田甲烷排放量的数值,单位为吨甲烷($t\ CH_4$);

GWP_{N_2O} ——N_2O 相对于 CO_2 的全球增温潜势,按 GB/T 32150 的规定取值;

GWP_{CH_4} ——CH_4 相对于 CO_2 的全球增温潜势,按 GB/T 32150 的规定取值。

6.1.3 机械燃油燃烧和耗电 CO_2 排放量

机械燃油燃烧和耗电 CO_2 排放量 BE_E,按公式(10)计算。

$$BE_E = \sum_i (CSP_{die} \times EF_{die} + CSP_{gas} \times EF_{gas} + CSP_{ele} \times EF_{ele}) \times 10^{-3} \quad\cdots\cdots\cdots\cdots \quad (10)$$

式中:

BE_E ——基准线机械燃油燃烧和耗电 CO_2 排放量的数值,单位为吨二氧化碳($t\ CO_2$);

CSP_{die} ——年度柴油消耗量的数值,单位为升(L);

EF_{die} ——柴油燃烧的 CO_2 排放因子,2.64 kg CO_2/L[来源:IPCC,2007];

CSP_{gas} ——年度汽油消耗量的数值,单位为升(L);

EF_{gas} ——汽油燃烧的 CO_2 排放因子,2.26 kg CO_2/L[来源:IPCC,2007];

CSP_{ele} ——年度电力消耗量的数值,单位为千瓦时(kW·h);

EF_{ele} ——电力消耗的 CO_2 排放因子,按《中国发电企业温室气体排放核算方法与报告指南(试行)》取值;

i ——燃料类型。

6.1.4 林木碳储量 BC_{PROJ}

本文件采用生物量异速生长方程法逐株计算样地内每株林木的生物量,累加计算基准线树木的地上生物量和地下生物量碳库中的碳储量,具体详见附录 C。

6.2 实施情景碳储量和温室气体排放量核算

6.2.1 土壤有机碳储量

6.2.1.1 单位面积土壤有机碳储量

单位面积土壤有机碳储量 $PC_{SOC,n,i}$,按公式(11)计算。

$$PC_{SOC,n,i} = SOCC_{n,i} \times BD_{n,i} \times (1 - F_{n,i}) \times Depth \quad\cdots\cdots\cdots\cdots\cdots\cdots \quad (11)$$

式中:

$PC_{SOC,n,i}$——实施情景第 n 年地块单位面积土壤有机碳储量的数值,单位为吨碳每公顷($t\ C/hm^2$);

$SOCC_{n,i}$ ——第 n 年监测 i 地块土壤有机碳含量的数值,单位为克碳每百克土壤(g C/100 g 土壤);

$BD_{n,i}$ ——第 n 年监测 i 地块土壤容重的数值,单位为克每立方厘米(g/cm³);

$F_{n,i}$ ——第 n 年监测 i 地块监测土层直径大于 2 mm 石砾、根系和其他死残体体积百分含量的数值,单位为百分号(%);

n ——监测时间,单位为年;

i ——第 i 个地块;

Depth ——土层的厚度(20 cm)。

6.2.1.2 耕地土壤有机碳储量

所有耕地土壤有机碳储量 PC_{SOC},按公式(12)计算。

$$PC_{SOC} = \sum_{i=1}^{l} (PC_{SOC,n,i} \times PA_i) \times \frac{44}{12} \quad\cdots\cdots\cdots\cdots\cdots\cdots\cdots (12)$$

式中:

PC_{SOC} ——实施情景所有耕地土壤有机碳储量的数值,单位为吨二氧化碳(t CO₂);

$PC_{SOC,n,i}$ ——第 n 年 i 地块单位面积土壤有机碳储量的数值,单位为吨碳每公顷(t C/hm²);

PA_i —— i 地块面积的数值,单位为公顷(hm²);

i ——第 i 个地块;

l ——实施情景下地块的数量;

$\frac{44}{12}$ ——将土壤 C 转化为 CO₂ 的系数。

6.2.2 农田温室气体排放

6.2.2.1 农田氧化亚氮排放量

农田氧化亚氮排放量 PE_{N_2O},按公式(13)计算。

$$PE_{N_2O} = PN_{Fer} \times EF \times \frac{44}{28} \quad\cdots\cdots\cdots\cdots\cdots\cdots\cdots\cdots\cdots (13)$$

式中:

PE_{N_2O} ——实施情景农田氧化亚氮直接排放量的数值,单位为吨氧化亚氮(t N₂O);

PN_{Fer} ——农田投入总氮量的数值,单位为吨氮(t N);

EF ——农田氧化亚氮直接排放因子的数值,单位为吨氮每吨施氮量(t N/t 施氮量);

$\frac{44}{28}$ ——将 N₂O-N 转化成 N₂O 的系数。

EF 选择优先序为:

a) 直接测定法,按表 A.1 实施;

b) 推荐因子法,推荐因子默认值见 B.1。

6.2.2.2 农田氧化亚氮的间接排放

农田氨挥发后沉降引起的氧化亚氮间接排放 $PE_{N_2O\_沉降}$,按公式(14)计算。

$$PE_{N_2O\_沉降} = PN_{Fer} \times FRAC_{挥发} \times EF_{挥发} \times \frac{44}{28} \quad\cdots\cdots\cdots\cdots\cdots\cdots (14)$$

式中:

$PE_{N_2O\_沉降}$ ——农田氨挥发后沉降引起氧化亚氮间接排放的数值,单位为吨氧化亚氮(t N₂O);

PN_{Fer} ——农田投入总氮量的数值,单位为吨氮(t N);

$FRAC_{挥发}$ ——施入农田的氮以氨气和氮氧化物排放比例的数值,单位为百分号(%),不同肥料氨气和氮氧化物排放比率默认值见 B.2;

$EF_{挥发}$ ——农田氨气和氮氧化物排放后的氮沉降引起氧化亚氮间接排放因子的数值,单位为吨氮每吨氨气和氮氧化物排放(t N/t 氨气和氮氧化物排放量),默认值见 B.3;

$\frac{44}{28}$ ——将 N₂O-N 转化成 N₂O 的系数。

农田氮淋溶及径流引起的氧化亚氮间接排放 $PE_{N_2O\_淋溶及径流}$，按公式(15)计算。

$$PE_{N_2O\_淋溶及径流} = PN_{Fer} \times FRAC_{淋溶及径流} \times EF_{淋溶及径流} \times \frac{44}{28} \cdots\cdots\cdots\cdots (15)$$

式中：

$PE_{N_2O淋溶及径流}$ ——农田氮淋溶及径流引起氧化亚氮间接排放的数值，单位为吨氧化亚氮(t N$_2$O)；

PN_{Fer} ——农田投入总氮量的数值，单位为吨氮(t N)；

$FRAC_{淋溶及径流}$ ——施入农田的氮的淋溶和径流比例，单位为百分号(%)，默认值见 B.2；

$EF_{淋溶及径流}$ ——淋溶和径流损失引起氧化亚氮间接排放因子的数值，单位为吨氮每吨淋溶径流氮量(t N/t 氮淋溶径流量)，默认值见 B.3；

$\frac{44}{28}$ ——将 N$_2$O-N 转化成 N$_2$O 的系数。

6.2.2.3 稻田甲烷排放

稻田甲烷排放 $PE_{CH_4\_稻田}$，按公式(16)计算。

$$PE_{CH_4\_稻田} = \sum_i (AD_i \times EF_i) \times 0.001 \cdots\cdots\cdots\cdots\cdots (16)$$

式中：

$PE_{CH_4\_稻田}$ ——实施情景水稻种植产生甲烷排放量的数值，单位为吨甲烷(t CH$_4$)；

AD_i ——第 i 类稻田种植面积的数值，单位为公顷(hm^2)；

EF_i ——第 i 类稻田甲烷排放因子的数值，单位为千克甲烷每公顷(kg CH$_4$/hm^2)；

i ——稻田类型，分别指单季水稻、双季早稻和晚稻；

0.001 ——单位换算系数。

EF_i 选择优先序为：

a) 直接测定法，按表 A.1 实施；

b) 采用《省级温室气体清单编制指南(试行)》的推荐值(见 B.4)或未来出版的最新版本的《省级温室气体清单编制指南》；

c) 《2006 IPCC 国家温室气体清单指南》第 4 卷第 5 章推荐的方法计算排放因子[见公式(17)]。

稻田甲烷排放因子，按公式(17)计算。

$$EF_i = EF_c \times SF_W \times SF_P \times SF_O \times days \cdots\cdots\cdots\cdots (17)$$

式中：

EF_i ——水稻生长季内日平均甲烷排放因子的数值，单位为千克甲烷每公顷(kg CH$_4$/hm^2)；

EF_c ——连续淹灌、不施有机肥情景下的甲烷排放因子，推荐默认值为 1.3 kg CH$_4$/(hm^2·d)；

SF_W ——水稻生育期内不同田间水分条件下甲烷排放因子调整因子，推荐默认值见 B.5；

SF_P ——水稻移栽之前不同田间水分条件下甲烷排放因子调整因子，推荐默认值见 B.5；

SF_O ——稻田有机肥施用条件下的甲烷排放因子调整因子系数，利用公式(18)计算 SF_O；

days ——水稻生长季天数，单位为天(d)。

$$SF_O = (1 + \sum ROA_i \times CFOR_i)^{0.59} \cdots\cdots\cdots\cdots (18)$$

式中：

SF_O ——稻田有机肥施用条件下的甲烷排放因子调整系数；

ROA_i ——有机物类型 i 施用量的数值，单位为吨每公顷(t/hm^2)，秸秆为干重，其他有机添加物为鲜重；

$CFOR_i$ ——有机添加物 i 的转化因子，推荐的默认值见 B.5。

6.2.2.4 农田温室气体排放总量

农田温室气体排放总量 PE_{GHGs}，按公式(19)计算。

$$PE_{GHGs} = (PE_{N_2O} + PE_{N_2O\_沉降} + PE_{N_2O\_淋溶及径流}) \times GWP_{N_2O} + PE_{CH_4\_稻田} \times GWP_{CH_4} \cdots\cdots (19)$$

式中：

PE_{GHGs} ——温室气体排放总量的数值，单位为吨二氧化碳当量(t CO$_2$-e)；

PE_{N_2O} ——农田氧化亚氮排放量的数值,单位为吨氧化亚氮(t N_2O);

$PE_{N_2O\_沉降}$ ——农田氨挥发后沉降引起氧化亚氮间接排放的数值,单位为吨氧化亚氮(t N_2O);

$PE_{N_2O\_淋溶及径流}$ ——农田氮淋溶及径流引起氧化亚氮间接排放的数值,单位为吨氧化亚氮(t N_2O);

$PE_{CH_4\_稻田}$ ——实施情景农田甲烷排放量的数值,单位为吨甲烷(t CH_4);

GWP_{N_2O} ——N_2O 相对于 CO_2 的全球增温潜势;按 GB/T 32150 的规定取值;

GWP_{CH_4} ——CH_4 相对于 CO_2 的全球增温潜势;按 GB/T 32150 的规定取值。

6.2.3 机械燃油燃烧和耗电 CO_2 排放量

机械燃油燃烧和耗电 CO_2 排放量 PE_E,按公式(20)计算。

$$PE_E = \sum_i (CSP_{die} \times EF_{die} + CSP_{gas} \times EF_{gas} + CSP_{ele} \times EF_{ele}) 10^{-3} \cdots\cdots (20)$$

式中:

PE_E ——实施情景机械燃油燃烧和耗电的 CO_2 排放量的数值,单位为吨二氧化碳(t CO_2);

CSP_{die} ——年度柴油消耗量的数值,单位为升(L);

EF_{die} ——柴油燃烧的 CO_2 排放因子,2.64 kg CO_2/L[来源:IPCC,2007];

CSP_{gas} ——年度汽油消耗量的数值,单位为升(L);

EF_{gas} ——汽油燃烧的 CO_2 排放因子,2.26 kg CO_2/L[来源:IPCC,2007];

CSP_{ele} ——年度电力消耗量的数值,单位为千瓦时(kW·h);

EF_{ele} ——电力消耗的 CO_2 排放因子,按《中国发电企业温室气体排放核算方法与报告指南(试行)》取值;

i ——燃料类型。

6.2.4 林木碳储量 PC_{PROJ}

本文件采用生物量异速生长方程法逐株计算样地内每株林木的生物量,累加计算气候智慧型农业作物生产情景树木的地上生物量和地下生物量碳库中的碳储量,具体详见附录 C。

6.3 气候智慧型农业 作物生产固碳减排量核算

气候智慧型农业 作物生产固碳减排量 ΔR,按公式(21)计算。

$$\Delta R = BE - PE \cdots\cdots\cdots (21)$$

式中:

ΔR ——气候智慧型农业 作物生产固碳减排量的数值,单位为吨二氧化碳(t CO_2);

BE ——基准线碳储量和温室气体排放量的数值,单位为吨二氧化碳(t CO_2);

PE ——实施情景碳储量和温室气体排放量的数值,单位为吨二氧化碳(t CO_2)。

其中:

$$BE = BC_{SOC} - BE_{GHGs} - BE_E + BC_{PROJ} \cdots\cdots\cdots (22)$$

$$PE = PC_{SOC} - PE_{GHGs} - PE_E + PC_{PROJ} \cdots\cdots\cdots (23)$$

式中:

BE ——基准线碳储量和温室气体排放量的数值,单位为吨二氧化碳(t CO_2);

BC_{SOC} ——基准线土壤有机碳储量的数值,单位为吨二氧化碳(t CO_2);

BE_{GHGs} ——基准线农田温室气体排放量的数值,单位为吨二氧化碳当量(t CO_2-e);

BE_E ——基准线机械燃油燃烧和耗电 CO_2 排放量的数值,单位为吨二氧化碳(t CO_2);

BC_{PROJ} ——基准线农田防护林木碳储量的数值,单位为吨二氧化碳(t CO_2);

PE ——实施情景碳储量和温室气体排放量的数值,单位为吨二氧化碳(t CO_2);

PC_{SOC} ——实施情景土壤有机碳储量的数值,单位为吨二氧化碳(t CO_2);

PE_{GHGs} ——实施情景农田温室气体排放量的数值,单位为吨二氧化碳当量(t CO_2-e);

PE_E ——实施情景机械燃油燃烧和耗电 CO_2 排放量的数值,单位为吨二氧化碳(t CO_2);

PC_{PROJ} ——实施情景农田防护林木碳储量的数值,单位为吨二氧化碳(t CO_2)。

7 数据质量保证和控制

7.1 数据的获取

7.1.1 制定数据获取的技术步骤和细则。

7.1.2 对从事数据获取和数据分析的相关责任人员进行培训。

7.1.3 详细记录数据获取工作的过程,保留并归档原始记录、修正记录、验证记录。

7.2 数据录入与分析

7.2.1 按监测与核算流程依次进行数据录入,并由独立专家组进行复核,确保录入数据的准确性和一致性。

7.2.2 定期对监测数据进行交叉检验,对可能产生的数据误差风险进行识别,并提出相应的解决方案。

7.2.3 进行不确定性评估。

7.3 数据归档

7.3.1 所有纸质版与电子版监测数据及图件应存档并保留备份件。

7.3.2 监测报告应归档并保留备份件。

附　录　A

（规范性）

需监测和获取的活动数据及相关要求

A.1　基本信息

A.1.1　基准线情景和气候智慧型农业　作物生产情景基本信息：农户编号、户主姓名、农地的地理位置、土地利用类型、土壤类型、气候类型。

A.1.2　基准线情景和气候智慧型农业　作物生产情景种植制度：作物类型、轮作模式、熟制。

A.1.3　气候智慧型农业　作物生产情景实施时间：基准线情景实施年份为气候智慧型农业　作物生产起始年，气候智慧型农业　作物生产情景时间以具体实施年度为准，用年（a）表示。

A.2　地理边界

A.2.1　基准线情景

采用全球定位系统（GPS）或其他卫星导航系统，测定所有地块地理边界线的拐点坐标，或者使用大比例尺地形图（比例尺不小于1∶10 000）进行现场勾绘，结合GPS等定位系统进行精度控制。将测定的拐点坐标或边界输入地理信息系统，计算地块面积。

A.2.2　气候智慧型农业　作物生产情景

按照A.2.1的方法确定实施气候智慧型农业　作物生产的地块并计算面积。

在每次监测时，应对实施气候智慧型农业　作物生产情景边界进行监测，如果边界内某些地块没有采取气候智慧型农业　作物生产措施，应将这些地块调出边界之外。如果在之后监测期内这些地块重新开展气候智慧型农业　作物生产活动，这些地块可继续参与监测，并重新纳入固碳减排量核算范围。

A.3　监测数据和参数

A.3.1　记录每种农作物种植面积（hm^2）、播种、收获时间（年/月/日）和生育期天数（d）。

A.3.2　记录每次施肥时间（年/月/日）、肥料类型（化肥、有机肥、复合肥）、施肥方式、单位面积肥料施用量（kg/hm^2）及折纯量（$kg\ N/hm^2$，$kg\ P_2O_5/hm^2$，$kg\ K_2O/hm^2$）、施肥面积（hm^2）。

A.3.3　记录每次灌溉时间（年/月/日）、单位面积灌溉水量（m^3/hm^2）、灌溉面积（hm^2）。在稻田中还应记录水分管理（如"落干/湿润/淹水"）及其稻田水分状态变化的日期（年/月/日）。

A.3.4　记录秸秆还田时间（年/月/日）、单位面积还田量（kg/hm^2）、秸秆中碳氮含量（$kg\ C/kg$，$kg\ N/kg$）；有机物料投入时间（年/月/日）、有机物料投入类型（绿肥、饼肥、生物炭）、单位有机物料投入量（kg/hm^2）、有机物料碳氮含量（$kg\ C/kg$，$kg\ N/kg$）。

A.3.5　记录病虫草害防治措施的时间（年/月/日）、方法（人工、机械）和农药用量（L/hm^2）。

A.3.6　记录农机使用时间（年/月/日）、机具类型（播种、收获、耕作、施肥、灌溉、喷药）、燃油类型（柴油、汽油）、燃油消耗量（L），灌溉所用的耗电量（kW·h）。

A.3.7　记录逐日气象数据，包括平均气温（℃）及降水（mm）。

A.3.8　监测土壤性状（0 cm～20 cm土壤深度），包括容重（g/cm^3）、有机碳含量（$g\ C/100\ g$土壤）。

A.3.9　监测作物产量（t）。

A.3.10　监测温室气体排放（N_2O和CH_4）。

A.3.11　监测农用林木类型、数量（株）、树高（m）、胸径（cm）。

主要监测数据和方法见表 A.1。

表 A.1 主要监测数据和方法

序号	数据	单位	描述	监测/记录频率	测定方法和程序
1	N_2O	$t N_2O\text{-}N$	基准线或气候智慧型农业作物生产情景农田土壤 N_2O 直接排放量	每周至少观测 2 次,并在施肥灌溉(或降雨事件)等管理措施后,增加取样频率,要求连续观测至少 1 周年(一年一熟制)或一个完整轮作周期(一年两熟制及以上)	静态箱-气相色谱监测法(参照《生态系统大气环境观测规范》) 设立一个能代表该地区基准线情景和气候智慧型农业作物生产情景的地块,并设置一个参照地块(无施肥措施)。基准线情景和气候智慧型农业作物生产情景地块和参照地块各设置 3 个~4 个重复
2	EF	t N/t 施氮量	N_2O 排放因子	/	(实施情景或基准线情景 N_2O 排放量-参照地块 N_2O 排放量)/施氮总量。施氮总量数据获取见本表序号 5
3	CH_4	$t CH_4/a$	基准线或气候智慧型农业作物生产情景 CH_4 排放量	每周至少观测 2 次,并在施肥灌溉(或降雨事件)等管理措施后,增加取样频率,要求连续观测至少 1 周年(一年一熟制)或一个完整轮作周期(一年两熟制及以上)	静态箱-气相色谱监测法(参照《生态系统大气环境观测规范》) 设立一个能代表该地区基准线情景和气候智慧型农业作物生产情景的地块,每个地块各设置 3 个~4 个重复
4	EF_i	$kg CH_4/hm^2$	CH_4 排放因子	/	静态箱-气相色谱监测法测定的 $kg CH_4/m^2$ 转化为每公顷 CH_4 排放量($kg CH_4/hm^2$)
5	F_N	t N	基准线或实施情景下施氮总量	记录每次肥料施用量和每次秸秆还田量	采取调查记录法。基准线情景每公顷施肥量应从实施情景开始前的实地调查中获得。实施情景施肥时由参与方记录,实施情景周期内,每一农户均须记录肥料施用类型、施用量,秸秆还田量,并计算实施情景内所有农户的年度施氮总量
6	CSP_{die}	L	年度柴油消耗量	每次播种、耕作、施肥、灌溉、收获等措施使用农机消耗的柴油量	确定各种措施使用的机械种类、单位柴油消耗量(每小时或每公顷耗油量),按不同机械和作业时间或作业面积计算年度柴油消耗量
7	CSP_{gas}	L	年度汽油消耗量	每次播种、耕作、施肥、灌溉、收获等措施使用农机消耗的汽油量	确定各种措施使用的机械种类、单位汽油消耗量(每小时或每公顷耗油量),按不同机械和作业时间或作业面积计算年度汽油消耗量
8	CSP_{ele}	kW·h	电力消耗量	每次灌溉消耗的电量	确定单位耗电量(每小时或每公顷耗电量),按作业时间或作业面积计算电力消耗量

表 A.1（续）

序号	数据	单位	描述	监测/记录频率	测定方法和程序
9	SOCC	g C/100 g 土壤	土壤有机碳含量	基准线情景在起始年只监测一次；实施气候智慧型农业作物生产情景在结束年监测一次，监测时间为作物收获后。实施情景和基准线情景测定的地块保持一致	采集 0 cm～20 cm 土壤样品。基准线情景和气候智慧型农业作物生产情景随机选择 l 个地块，每个地块按五点法取样，采用碳氮分析仪测定土壤有机碳含量 取样地块选择按以下步骤实施：第一步，采用分层随机抽样方法，依据土壤类型、地理位置等确定样本量；第二步，在调查基础上参考地块肥力水平和管理措施，选取 100 个左右的样本；第三步，依据选定的样本随机选取有代表性的地块进行取样，并记录经纬度。（具体按 NY/T 395 的规定执行）
10	BD	g/cm³	土壤容重	同本表序号 7	环刀法测定 地块选择参照本表序号 9
11	DBH, H	cm, m	胸径，树高	基准线情景在起始年只监测一次；实施气候智慧型农业作物生产情景在结束年监测一次。实施情景和基准线情景测定的树木保持一致	第一步，选择样地。采取随机抽样调查方法，设置临时调查样地（样地面积 900 m²），样地数量取决于树木的变异性，且不少于 3 个样地。第二步：测定样地内所有活立木的平均胸径（DBH）、平均树高（H）和株数。第三步：利用生物量异速方程计算每株林木生物量（见附录 C），再累积到样地水平生物量和碳储量。（参照 LY/T 2253 的相关规范监测）
12	Y	t/hm²	作物产量	基准线情景在起始年监测一次；实施气候智慧型农业作物生产情景每年监测一次	采用样方实际测产方法。每个样方为 1 m²，将每个样方的产量折算成 t/hm²。样方选取方法参照本表序号 9

附 录 B
（资料性）
相关参数推荐值

B.1 全国不同区域农田氧化亚氮直接排放因子默认值

见表 B.1。

表 B.1 全国不同区域农田氧化亚氮直接排放因子默认值

单位为吨氮每吨施氮量

区域	EF	范围
Ⅰ区（内蒙古、新疆、甘肃、青海、西藏、陕西、山西、宁夏）	0.005 6	0.001 5～0.008 5
Ⅱ区（黑龙江、吉林、辽宁）	0.011 4	0.002 1～0.025 8
Ⅲ区（北京、天津、河北、河南、山东）	0.005 7	0.001 4～0.008 1
Ⅳ区（浙江、上海、江苏、安徽、江西、湖南、湖北、四川、重庆）	0.010 9	0.002 6～0.022 0
Ⅴ区（广东、广西、海南、福建）	0.017 8	0.004 6～0.022 8
Ⅵ区（云南、贵州）	0.010 6	0.002 5～0.021 8
注：数据来源于《省级温室气体清单编制指南（试行）》。		

B.2 不同肥料氨挥发、淋溶径流造成的氮损失比例默认值

见表 B.2。

表 B.2 不同肥料氨挥发、淋溶径流造成的氮损失比例默认值

肥料类型	肥料类型	
	化肥	有机肥
$FRAC_{挥发}$	0.1（0.03～0.3）	0.2（0.05～0.5）
$FRAC_{淋溶}$	0.3（0.1～0.8）	
注：数据来源于《2006 年 IPCC 国家温室气体清单指南》。		

B.3 氮沉降、淋溶和径流氧化亚氮排放因子默认值

见表 B.3。

表 B.3 氮沉降、淋溶和径流氧化亚氮排放因子默认值

排放源	排放因子
氮沉降	0.01
淋溶和径流	0.007 5
注：数据来源于《2006 年 IPCC 国家温室气体清单指南》。	

B.4 各区域不同稻田类型 CH_4 平均排放因子

见表 B.4。

表 B.4　各区域不同稻田类型 CH₄ 平均排放因子

单位为千克甲烷每公顷

区域	单季稻		双季早稻		双季晚稻	
	推荐值	范围	推荐值	范围	推荐值	范围
华北[a]	234.0	134.4～341.9				
华东[b]	215.5	158.2～255.9	211.4	153.1～259.0	224.0	143.4～261.3
中南华南[c]	236.7	170.2～320.1	241.0	169.5～387.2	273.2	185.3～357.9
西南[d]	156.2	75.0～246.5	156.2	73.7～276.6	171.7	75.1～265.1
东北[e]	168.0	112.6～230.3				
西北[f]	231.2	175.9～319.5				
注:数据来源于《省级温室气体清单编制指南(试行)》。						
[a]　华北:北京、天津、河北、山西、内蒙古。						
[b]　华东:上海、江苏、浙江、安徽、福建、江西、山东。						
[c]　中南华南:河南、湖北、湖南、广东、广西、海南。						
[d]　西南:重庆、四川、贵州、云南、西藏。						
[e]　东北:辽宁、吉林、黑龙江。						
[f]　西北:陕西、甘肃、青海、宁夏、新疆。						

B.5　稻田管理甲烷排放因子调整因子

见表 B.5。

表 B.5　稻田管理甲烷排放因子调整因子

稻田管理措施		调整因子
水稻生长季灌溉(SF_w)	连续淹灌	1
	间歇灌溉,一次落干	0.60
	间歇灌溉,多次落干	0.52
水稻移栽前田间水分管理(SF_P)	移栽前非淹灌时间<180 d	1
	移栽前非淹灌时间>180 d	0.68
	移栽前淹灌时间>30 d	1.90
稻田施用有机肥(CFOR_i)	水稻移栽前30 d之内秸秆还田	1
	秸秆还田至水稻移栽的天数>30 d	0.29
	堆肥	0.05
	农家肥	0.14
	绿肥	0.50
注:数据来源于《2006 IPCC 国家温室气体清单指南》。		

附 录 C
（资料性）
树木生物量异速生长方程

进行树木生物量固碳核算时，选择生物量异速生长方程的方法，按公式(C.1)和公式(C.2)计算。

$$C_{PROJ,AB,i,t} = \sum f_{AB\_Tr,j}(DBH_i, H_i) \times CF_j \quad\cdots\cdots\cdots\cdots\cdots\cdots\cdots (C.1)$$

$$C_{PROJ,BB,i,t} = \sum f_{BB\_Tr,j}(DBH_i, H_i) \times CF_j \quad\cdots\cdots\cdots\cdots\cdots\cdots\cdots (C.2)$$

式中：

$C_{PROJ,AB,i,t}$ ——第 t 年 i 地块树木地上生物量碳库中碳储量的数值，单位为吨碳(t C)；

$C_{PROJ,BB,i,t}$ ——第 t 年 i 地块树木地下生物量碳库中碳储量的数值，单位为吨碳(t C)；

$f_{AB\_Tr,j}(DBH_i, H_i)$ —— i 地块 j 树种地上生物量异速生长方程，单位为吨干物质每株(t DM/株)；

$f_{BB\_Tr,j}(DBH_i, H_i)$ —— i 地块 j 树种地下生物量异速生长方程，单位为吨干物质每株(t DM/株)；

DBH_i —— i 地块 j 树种平均胸径的数值，单位为厘米(cm)；

H_i —— i 地块 j 树种平均树高的数值，单位为米(m)；

CF_j —— j 树种平均含碳率的数值，单位为百分号(%)；

t ——实施情景开始后的年数，单位为年，$t=0$ 时为基准线情景；

j ——树种($j=1,2,\cdots,J$)。

不同树种地上和地下生物量异速方程及含碳率参照《AR-CM-003-V01-森林经营碳汇项目方法学》和 LY/T 2253。

造林碳汇总量 C_{PROJ}，按公式(C.3)计算。

$$C_{PROJ} = (C_{PROJ,AB,i,t} + C_{PROJ,BB,i,t}) \times \frac{44}{12} \quad\cdots\cdots\cdots\cdots\cdots\cdots\cdots (C.3)$$

式中：

C_{PROJ} ——第 t 年 i 地块生物量碳库中碳储量的数值，单位为吨二氧化碳(t CO$_2$)；

$C_{PROJ,AB,i,t}$ ——第 t 年 i 地块地上生物量碳库中碳储量的数值，单位为吨碳(t C)；

$C_{PROJ,BB,i,t}$ ——第 t 年 i 地块地下生物量碳库中碳储量的数值，单位为吨碳(t C)；

$\frac{44}{12}$ ——将土壤 C 转化为 CO$_2$ 的系数。

参 考 文 献

[1] GB/T 33760—2017　基于项目的温室气体减排量评估技术规范通用要求
[2] 政府间气候变化专门委员会(IPCC),2006 年 IPCC 国家温室气体清单指南
[3] 中国发电企业温室气体排放核算方法与报告指南(试行)
[4] 国家发展和改革委员会,省级温室气体清单编制指南(试行)
[5] IPCC,2007. Summary for Policymakers[M]//Parry M L,Canziani O F,Palutikof J P,et al. Climate Change 2007:Impacts,Adaptation and Vulnerability. Cambridge University Press
[6] 中国生态系统研究网络科学委员会 . 生态系统大气环境观测规范[M]. 北京:中国环境科学出版社,2007
[7] AR-CM-003-V01-森林经营碳汇项目方法学
[8] LY/T 2253—2014　造林项目碳汇计量监测指南

ICS 65.020.20
CCS B 31

中华人民共和国农业行业标准

NY/T 4327—2023

菱白生产全程质量控制技术规范

Technical specification for quality control of water bamboo during
whole process of production

2023-04-11 发布
2023-08-01 实施

中华人民共和国农业农村部 发布

前　言

本文件按照 GB/T 1.1—2020《标准化工作导则　第 1 部分：标准化文件的结构和起草规则》的规定起草。

请注意本文件的某些内容可能涉及专利。本文件的发布机构不承担识别专利的责任。

本文件由农业农村部农产品质量安全监管司提出。

本文件由农业农村部农产品质量安全中心归口。

本文件起草单位：中国农业科学院农业质量标准与检测技术研究所、浙江省农业科学院、金华市农业科学研究院、台州市黄岩区农业技术推广中心、衢江区农业农村局。

本文件主要起草人：胡桂仙、钱永忠、赖爱萍、张尚法、翁瑞、金芬、王祥云、李雪、何杰、毛聪妍、林燕清、杨梦飞。

茭白生产全程质量控制技术规范

1 范围

本文件规定了茭白生产的组织管理、文件管理、技术要求、产品质量管理、记录及内部自查等全程质量控制的要求,描述了对应的证实方法。

本文件适用于农产品生产企业、农民专业合作社、农业社会化服务组织等规模生产主体,指导茭白生产与管理。

2 规范性引用文件

下列文件中的内容通过文中的规范性引用而构成本文件必不可少的条款。其中,注日期的引用文件,仅该日期对应的版本适用于本文件;不注日期的引用文件,其最新版本(包括所有的修改单)适用于本文件。

GB 2762 食品安全国家标准 食品中污染物限量

GB 2763 食品安全国家标准 食品中农药最大残留限量

GB 3095 环境空气质量标准

GB 4806.7 食品安全国家标准 食品接触用塑料材料及制品

GB 5084 农田灌溉水质标准

GB/T 6544 瓦楞纸板

GB 15618 土壤环境质量 农用地土壤污染风险管控标准(试行)

GB/T 25413 农田地膜残留量限值及测定

GB/T 30768 食品包装用纸与塑料复合膜、袋

NY/T 496 肥料合理使用准则 通则

NY/T 1276 农药安全使用规范 总则

NY/T 1834 茭白等级规格

NY/T 2103 蔬菜抽样技术规范

NY/T 3416 茭白储运技术规范

NY/T 3441 蔬菜废弃物高温堆肥无害化处理技术规程

3 术语和定义

本文件没有需要界定的术语和定义。

4 组织管理

4.1 组织机构

4.1.1 应建立生产企业、专业合作社、社会化服务组织等生产主体,并进行法人登记。

4.1.2 应建立相应的生产、销售、质量管理等组织部门,明确岗位职责。

4.2 人员管理

4.2.1 根据需要配备必要的技术人员、生产人员和质量管理人员。

4.2.2 人员应进行基本的公共卫生安全和生产技术知识更新培训,并保存培训记录。

4.2.3 从事关键生产岗位的人员(如植保、施肥等技术岗位)应具备相应的专业知识,经专门培训后上岗。每个生产区域至少配备 1 名受过应急培训,并具有应急处理能力的人员。

4.2.4 应为从事特种工作的人员(如施用农药等)提供完备的防护装备(包括胶靴、防护服、橡胶手套、面

罩等）。

5 文件管理

根据生产实际编制适用的制度和规程等文件，并在相应功能区上墙明示。文件内容包括但不限于：

a) 制度规定应包括农业投入品管理制度、产品质量管理制度、农产品生产记录制度、仓库管理制度、员工管理制度等；

b) 操作程序应包括人员培训程序、卫生管理程序、农业投入品使用程序、废弃物处理程序等；

c) 作业指导书应包括育苗、定植、肥水管理、有害生物防治、采收、储藏、运输等生产过程。

6 技术要求

6.1 基地环境与基础设施

6.1.1 基地环境

6.1.1.1 环境选择原则

生产基地应选择水源丰富、保水性好的田块，远离污染源。灌溉用水水质应符合 GB 5084 中水田作物的要求，土壤污染风险管控应按照 GB 15618 的规定执行，空气质量应符合 GB 3095 的要求。

6.1.1.2 环境条件评价

种植前应从以下几个方面对基地环境进行调查和评估，并保存相关的检测和评价记录。

a) 基地的历史使用情况以及化学农药、重金属等残留情况；

b) 周围农用、民用和工业用水的排污和溢流情况以及土壤的侵蚀情况；

c) 周围农业生产中农药等化学物品使用情况，包括化学物品的种类及其操作方法对茭白质量安全的影响。

6.1.2 基础设施

6.1.2.1 根据经营规模，划分作业区，规划基地排灌系统，应分别建设存放农业投入品和茭白产品的专用仓库。建设产品分级、包装、储藏、盥洗室和废弃物存放区等专用场所，并配备相应设施设备。有关区域应设置醒目的平面图、标志、标识等。

6.1.2.2 根据环境条件和栽培方式，配备相应的生产设施。塑料大棚的建造以实用牢固为原则，可选竹木结构或钢架结构。

6.2 农业投入品管理

6.2.1 采购

应购买符合法律法规、获得国家登记许可的农药、肥料等农业投入品，查验产品批号、标签标识是否符合规定，购买时应进行实名登记，索取票据并妥善保存。

6.2.2 运输储存

6.2.2.1 农业投入品从供应商到生产基地的运输过程需按相关要求放置，农药、肥料等化学投入品应与其他物品隔离分开，防止交叉污染。

6.2.2.2 建立和保存农业投入品库存目录。农业投入品按照农药、肥料、器械等进行分类，不同类型农业投入品应根据产品储存要求单独隔离存放，防止交叉污染。

6.2.2.3 储存仓库应符合防火、卫生、防腐、避光、温湿度适宜、通风等安全条件，配有急救药箱，出入处贴有警示标志。

6.2.2.4 农业投入品应有专人管理，并有入库、出库、领用以及使用地点记录。

6.2.3 使用

6.2.3.1 遵守投入品使用要求，选择合适的施用器械，在农技人员的指导下，适时、适量、科学合理使用农业投入品。

6.2.3.2 建立和保存农药、肥料及施用器械的使用记录。内容包括基地名称、农药或肥料名称、农药的防治对象、安全间隔期、生产厂家、有效成分含量、施用量、施用方法、施用器械、施用时间以及施用人等。

6.2.3.3 设有农药肥料配制专用区域，并有相应的设施。配制区域应远离水源、居所、畜牧场、水产养殖场等。对过期的投入品做好标记，回收隔离，并安全处置。

6.2.3.4 施药器械每年至少检修一次，保持良好状态。使用完毕，器械及时清洗干净，废液和包装分类回收。

6.3 栽培管理

6.3.1 种苗繁育

6.3.1.1 种墩选择

应选择符合品种特征特性、孕茭率高、整齐度好、结茭部位低、肉质茎饱满白嫩、无病虫危害、无雄茭或灰茭的种墩。

6.3.1.2 直立茎采集

秋季茭白采收进度达到 20%～50% 时，采集已收获茭白的直立茎，在育苗田排种，繁殖种苗。

6.3.1.3 育苗田管理

茭白种苗高度低于 10 cm 时，育苗田畦面保持湿润；种苗高度达到 10 cm 以上，基部覆盖稀薄泥土 1 cm～3 cm，畦面保持 5 cm～10 cm 浅水，并预防病虫害 1 次。气温下降到 0 ℃ 以下，应灌水护苗越冬，水层低于叶环。

6.3.2 定植

6.3.2.1 单季茭白

春季气温回升到 10 ℃ 以上，分墩或分株定植。宜宽窄行定植，宽行行距 90 cm～110 cm，窄行行距 60 cm～70 cm，株距 40 cm～50 cm。每穴种 2 株～3 株基本苗，种苗根部入土约 10 cm。

6.3.2.2 双季茭白

6月下旬至7月下旬定植，每穴种 1 株～2 株基本苗。宜宽窄行定植，宽行行距 100 cm～120 cm，窄行行距 60 cm～80 cm，株距 40 cm～60 cm。

6.3.3 间苗补苗

缓苗后，应及时补苗，避免缺墩。单季茭白或双季茭白秋茭，每穴保持有效分蘖株 5 株～10 株。双季茭白夏茭苗高 15 cm～20 cm 时，及时去除细弱、密集的分蘖株，每穴保持有效分蘖株 15 株～20 株。分蘖株宜均匀分布，以利于通风透光。

6.3.4 去杂去劣

应将田间不符合品种特征特性的植株、雄茭和灰茭连墩挖除。

6.3.5 清洁田园

及时中耕除草，清除田边、沟岸杂草；植株枯黄后，用茭墩清理机或人工方式齐泥割除茭墩地上部茎叶，运出田外集中处理。

6.3.6 促早栽培

适用于双季茭白。12月中旬至翌年1月中旬，齐泥割除地上茎叶，施足基肥，间隔 2 d 后盖膜扣棚，可采用"棚膜＋地膜"双层膜覆盖，薄膜宜采用无滴膜。萌芽后冬春季节需经常通风降湿，加强炼苗。当棚内温度超过 25 ℃ 时，需揭边膜通风降温；白天最高气温稳定在 25 ℃ 以上时，揭顶膜。一般小棚在3月下旬揭膜，大中棚在清明前后全部掀膜。

6.4 肥水管理

6.4.1 肥料管理

根据土壤肥力和目标产量，按照"前促、中控、后促"的原则进行科学施肥。

茭白每个生长季节施肥 3 次～4 次，施肥时期分别为分蘖前期、分蘖中后期和孕茭期，根据茭白生长情况配方施肥，肥料使用按照 NY/T 496 的规定执行。

6.4.2 水位管理

按照"浅水促蘖、深水护茭、湿润越冬"的原则进行水位管理。

移栽及分蘖初期宜保持浅水位,分蘖中后期保持深水位。追肥和施药等田间操作时应控制在 3 cm～5 cm 水位,3 d 后恢复水位。

6.5 有害生物防治

6.5.1 基本原则

按照"预防为主,综合防治"的原则,根据病虫害发生规律,优先采用农业防治、物理防治、生物防治等技术,必要时科学精准使用化学防治。

6.5.2 农业防治

选用抗病虫性好的品种、科学肥水管理,结合中耕除草,及时清除枯(黄、病)叶、虫蛀株和卵块。

6.5.3 物理防治

6.5.3.1 迁飞性害虫成虫发生期选用频振式杀虫灯诱杀,分布密度按说明书执行。

6.5.3.2 螟虫成虫发生期用昆虫性信息素诱杀,分布密度和诱芯更换周期按产品说明书执行。

6.5.3.3 福寿螺可采用在田间插高出水面 50 cm 左右的竹片或木条引诱其产卵,插杆密度根据产卵多少增减,结合人工检螺摘卵进行防治。

6.5.4 生物防治

6.5.4.1 采用茭白田间套养殖鸭、鱼、鳖、蟹等模式控制茭白有害生物。

6.5.4.2 采用香根草、赤眼蜂防治螟虫。

6.5.4.3 采用丽蚜小蜂防治长绿飞虱。

6.5.4.4 茭白田边较宽路边和田埂边种植芝麻、波斯菊、向日葵等蜜源植物,引入害虫天敌。

6.5.5 化学防治

6.5.5.1 按照"生产必须、防治有效、风险最小"的原则,选择可使用农药。

6.5.5.2 应选用茭白上已登记的农药品种,见附录 A。

6.5.5.3 应按照产品标签规定的剂量、作物、防治对象、施用次数、安全间隔期、注意事项等施用农药。应交替轮换使用不同作用机理的农药品种。

6.5.5.4 农药配制、施用时间和方法、施药器械选择和管理、安全操作、剩余农药的处理等,按照 NY/T 1276 的规定执行。

6.5.5.5 农药宜选用水剂、水乳剂、微乳剂和水分散粒剂等环境友好型剂型。

6.5.5.6 茭白孕茭前一个月,针对锈病和胡麻叶斑病预防性施药一次,孕茭期慎用杀菌剂。

6.6 废弃物和污染物管理

6.6.1 生产地周围产生的所有垃圾应清理干净。

6.6.2 农药包装废弃物处理参照《农药包装废弃物回收处理管理办法》的规定执行,及时收集农药包装废弃物并交回农药经营者或农药包装废弃物回收站(点)。配药时应当通过清洗等方式充分利用包装物中的农药,减少残留农药,保存相关处理记录。

6.6.3 废弃和过期的农药应按国家相关规定处理。

6.6.4 肥料包装废弃物参照《农业农村部办公厅关于肥料包装废弃物回收处理的指导意见》的规定执行。

6.6.5 植株残体处理按照 NY/T 3441 的规定执行。

6.6.6 地膜和棚膜应及时回收处理。地膜残留量应满足 GB/T 25413 限值要求。

6.6.7 避免重金属、激素等化学污染物流入农田或污染农用水。

6.7 采收

采收时确保施用的农药已过安全间隔期。

宜在孕茭部位显著膨大、叶鞘刚开裂、露出茭壳 0 cm～0.5 cm 时采收。宜避开高温时段,在晴天的清晨或阴天等气温较低时进行采收。

6.8 分级

按照 NY/T 1834 的规定执行。

6.9 包装标识

6.9.1 卫生要求

应有专用包装场所,内外环境应整洁、卫生,根据需要设置消毒、防尘、防虫、防鼠等设施和温湿度调节装置。防止在包装和标识过程中对茭白造成二次污染,避免机械损伤。

6.9.2 包装材料

茭白直接接触的塑料薄膜袋、塑料箱及塑料筐等塑料类包装材料应符合 GB 4806.7 的规定。塑料薄膜袋宜选用具有防雾、防结露等功能的无滴膜。茭白外包装瓦楞纸应符合 GB/T 6544 的规定,内包装纸质塑料复合材料应符合 GB/T 30768 的规定。

6.9.3 标识

应当附加承诺达标合格证等标识后方可销售。标识内容应包含产品的品名、产地、生产者、生产日期、保质期、产品质量等级等内容。

6.10 储存运输

按照 NY/T 3416 的规定执行。

7 产品质量管理

7.1 合格管理

销售的产品应符合农产品质量安全标准,承诺不使用禁用的农药及其他化合物,且使用的常规农药不超标,并附承诺达标合格证等。

根据质量安全控制要求可自行或者委托检测机构对茭白质量安全进行抽样检测,经检测不符合农产品质量安全标准的茭白产品,应当及时采取管控措施,不应销售。抽样方法按照 NY/T 2103 的规定执行,茭白产品农药残留量应符合 GB 2763 的规定(见附录 B);污染物限量应符合 GB 2762 的规定。

7.2 可追溯系统

生产批号以保障溯源为目的,作为生产过程各项记录的唯一编码,包括产地、基地名称、产品类型、田块号、采收时间等信息内容。

生产批号的编制和使用应有文件规定。每给定一个生产批号均应有记录。宜采用二维码等现代信息技术和网络技术,建立电子追溯信息体系。

7.3 投诉处理

7.3.1 应制定投诉处理程序和茭白质量安全问题的应急处置预案。

7.3.2 对于有效投诉和茭白质量安全问题,应采取相应的纠正措施,并记录。

8 记录和内部自查

8.1 记录

记录应如实反映生产过程的真实情况,并涵盖全程质量控制各环节相关内容。记录包括基地环境与基础设施、农业投入品管理、栽培管理、肥水管理、有害生物防治、废弃物和污染物管理、采收、分级、包装标识、储存运输、产品质量管理以及以下内容:

    a) 环境、投入品和产品质量的检验记录;

    b) 农药和化肥使用的技术指导及监督记录;

    c) 生产使用的设施和设备定期维护、校验及检查记录;

    d) 废弃物和潜在污染源的分类及记录。

所有记录保存期不少于 2 年。

8.2 内部自查

8.2.1 应制定内部自查制度和自查表,至少每年进行 2 次内部自查,保存相关记录。

8.2.2 根据内部自查结果发现的问题,制定有效的整改措施,及时纠正并记录。

附 录 A
（资料性）
茭白上允许使用的农药清单

茭白上允许使用的农药清单见表A.1。

表 A.1 茭白上允许使用的农药清单

序号	农药类别	防治对象	农药通用名
1	杀虫剂	二化螟	阿维菌素、甲氨基阿维菌素苯甲酸盐、苏云金杆菌、氯虫·噻虫嗪
2		长绿飞虱	噻虫嗪、噻嗪酮、吡蚜酮
3	杀菌剂	胡麻斑病	丙环唑、咪鲜胺
4		纹枯病	井冈霉素、噻呋酰胺
5	除草剂	一年生杂草	吡嘧·丙草胺
注：此表为茭白上已登记农药，来源于中国农药信息网（网址：http://www.chinapesticide.org.cn/hysj/index.jhtml），最新茭白登记农药产品情况适用于本文件，国家新禁用的农药自动从本清单中删除。			

附　录　B

（资料性）

茭白农药最大残留限量

茭白农药最大残留限量见表 B.1。

表 B.1　茭白农药最大残留限量

序号	农药中文名称	农药英文名称	类别	最大残留限量 mg/kg	食品类别/名称
1	阿维菌素	abamectin	杀虫剂	0.3	茭白
2	苯醚甲环唑	difenoconazole	杀菌剂	0.03	茭白
3	吡虫啉	imidacloprid	杀虫剂	0.5	茭白
4	吡嘧磺隆	pyrazosulfuron-ethyl	除草剂	0.01	茭白
5	丙草胺	pretilachlor	除草剂	0.01	茭白
6	丙环唑	propiconazole	杀菌剂	0.1	茭白
7	甲氨基阿维菌素苯甲酸盐	emamectin benzoate	杀虫剂	0.1	茭白
8	咪鲜胺和咪鲜胺锰盐	prochloraz and prochloraz-manganese chloride complex	杀菌剂	0.5	茭白
9	噻嗪酮	buprofezin	杀虫剂	0.05	茭白
10	胺苯磺隆	ethametsulfuron	除草剂	0.01	水生蔬菜
11	巴毒磷	crotoxyphos	杀虫剂	0.02*	水生蔬菜
12	百草枯	paraquat	除草剂	0.05*	水生蔬菜
13	倍硫磷	fenthion	杀虫剂	0.05	水生蔬菜
14	苯线磷	fenamiphos	杀虫剂	0.02	水生蔬菜
15	丙酯杀螨醇	chloropropylate	杀虫剂	0.02*	水生蔬菜
16	草枯醚	chlornitrofen	除草剂	0.01*	水生蔬菜
17	草芽畏	2,3,6-TBA	除草剂	0.01*	水生蔬菜
18	敌百虫	trichlorfon	杀虫剂	0.2	水生蔬菜
19	敌敌畏	dichlorvos	杀虫剂	0.2	水生蔬菜
20	地虫硫磷	fonofos	杀虫剂	0.01	水生蔬菜
21	丁硫克百威	carbosulfan	杀虫剂	0.01	水生蔬菜
22	毒虫畏	chlorfenvinphos	杀虫剂	0.01	水生蔬菜
23	毒菌酚	hexachlorophene	杀菌剂	0.01*	水生蔬菜
24	毒死蜱	chlorpyrifos	杀虫剂	0.02	水生蔬菜
25	对硫磷	parathion	杀虫剂	0.01	水生蔬菜
26	二溴磷	naled	杀虫剂	0.01*	水生蔬菜
27	氟虫腈	fipronil	杀虫剂	0.02	水生蔬菜
28	氟除草醚	fluoronitrofen	除草剂	0.01*	水生蔬菜
29	格螨酯	2,4-dichlorophenyl benzenesulfonate	杀螨剂	0.01*	水生蔬菜
30	庚烯磷	heptenophos	杀螨剂	0.01*	水生蔬菜
31	环螨酯	cycloprate	杀螨剂	0.01*	水生蔬菜
32	甲胺磷	methamidophos	杀虫剂	0.05	水生蔬菜
33	甲拌磷	phorate	杀虫剂	0.01	水生蔬菜
34	甲磺隆	metsulfuron-methyl	除草剂	0.01	水生蔬菜
35	甲基对硫磷	parathion-methyl	杀虫剂	0.02	水生蔬菜
36	甲基硫环磷	phosfolan-methyl	杀虫剂	0.03*	水生蔬菜
37	甲基异柳磷	isofenphos-methyl	杀虫剂	0.01*	水生蔬菜
38	甲萘威	carbaryl	杀虫剂	1	水生蔬菜

表 B.1（续）

序号	农药中文名称	农药英文名称	类别	最大残留限量 mg/kg	食品类别/名称
39	甲氧滴滴涕	methoxychlor	杀虫剂	0.01	水生蔬菜
40	久效磷	monocrotophos	杀虫剂	0.03	水生蔬菜
41	克百威	carbofuran	杀虫剂	0.02	水生蔬菜
42	乐果	dimethoate	杀虫剂	0.01	水生蔬菜
43	乐杀螨	binapacryl	杀螨剂、杀菌剂	0.05*	水生蔬菜
44	磷胺	phosphamidon	杀虫剂	0.05	水生蔬菜
45	硫丹	endosulfan	杀虫剂	0.05	水生蔬菜
46	硫环磷	phosfolan	杀虫剂	0.03	水生蔬菜
47	硫线磷	cadusafos	杀虫剂	0.02	水生蔬菜
48	氯苯甲醚	chloroneb	杀菌剂	0.01	水生蔬菜
49	氯磺隆	chlorsulfuron	除草剂	0.01	水生蔬菜
50	氯菊酯	permethrin	杀虫剂	1	水生蔬菜
51	氯酞酸	chlorthal	除草剂	0.01*	水生蔬菜
52	氯酞酸甲酯	chlorthal-dimethyl	除草剂	0.01	水生蔬菜
53	氯唑磷	isazofos	杀虫剂	0.01	水生蔬菜
54	茅草枯	dalapon	除草剂	0.01*	水生蔬菜
55	灭草环	tridiphane	除草剂	0.05*	水生蔬菜
56	灭多威	methomyl	杀虫剂	0.2	水生蔬菜
57	灭螨醌	acequincyl	杀螨剂	0.01	水生蔬菜
58	灭线磷	ethoprophos	杀线虫剂	0.02	水生蔬菜
59	内吸磷	demeton	杀虫/杀螨剂	0.02	水生蔬菜
60	三氟硝草醚	fluorodifen	除草剂	0.01*	水生蔬菜
61	三氯杀螨醇	dicofol	杀螨剂	0.01	水生蔬菜
62	三唑磷	triazophos	杀虫剂	0.05	水生蔬菜
63	杀虫脒	chlordimeform	杀虫剂	0.01	水生蔬菜
64	杀虫畏	tetrachlorvinphos	杀虫剂	0.01	水生蔬菜
65	杀螟硫磷	fenitrothion	杀虫剂	0.5	水生蔬菜
66	杀扑磷	methidathion	杀虫剂	0.05	水生蔬菜
67	水胺硫磷	isocarbophos	杀虫剂	0.05	水生蔬菜
68	速灭磷	mevinphos	杀虫剂、杀螨剂	0.01	水生蔬菜
69	特丁硫磷	terbufos	杀虫剂	0.01*	水生蔬菜
70	特乐酚	dinoterb	除草剂	0.01*	水生蔬菜
71	涕灭威	aldicarb	杀虫剂	0.03	水生蔬菜
72	戊硝酚	dinosam	杀虫剂、除草剂	0.01*	水生蔬菜
73	烯虫炔酯	kinoprene	杀虫剂	0.01*	水生蔬菜
74	烯虫乙酯	hydroprene	杀虫剂	0.01*	水生蔬菜
75	消螨酚	dinex	杀螨剂、杀菌剂	0.01*	水生蔬菜
76	辛硫磷	phoxim	杀虫剂	0.05	水生蔬菜
77	溴甲烷	methyl bromide	熏蒸剂	0.02*	水生蔬菜
78	氧乐果	omethoate	杀虫剂	0.02	水生蔬菜

表 B.1（续）

序号	农药中文名称	农药英文名称	类别	最大残留限量 mg/kg	食品类别/名称
79	乙酰甲胺磷	acephate	杀虫剂	0.02	水生蔬菜
80	乙酯杀螨醇	chlorobenzilate	杀螨剂	0.01	水生蔬菜
81	抑草蓬	erbon	除草剂	0.05*	水生蔬菜
82	茚草酮	indanofan	除草剂	0.01*	水生蔬菜
83	蝇毒磷	coumaphos	杀虫剂	0.05	水生蔬菜
84	治螟磷	sulfotep	杀虫剂	0.01	水生蔬菜
85	艾氏剂	aldrin	杀虫剂	0.05	水生蔬菜
86	滴滴涕	DDT	杀虫剂	0.05	水生蔬菜
87	狄氏剂	dieldrin	杀虫剂	0.05	水生蔬菜
88	毒杀芬	camphechlor	杀虫剂	0.05*	水生蔬菜
89	六六六	HCH	杀虫剂	0.05	水生蔬菜
90	氯丹	chlordane	杀虫剂	0.02	水生蔬菜
91	灭蚁灵	mirex	杀虫剂	0.01	水生蔬菜
92	七氯	heptachlor	杀虫剂	0.02	水生蔬菜
93	异狄氏剂	endrin	杀虫剂	0.05	水生蔬菜
94	保棉磷	azinphos-methyl	杀虫剂	0.5	蔬菜

* 该限量为临时限量。

[来源：GB 2763—2021]。

参 考 文 献

［1］ 农药包装废弃物回收处理管理办法

［2］ 农业农村部办公厅关于肥料包装废弃物回收处理的指导意见

————————

ICS 67.080.20
CCS X 26

中华人民共和国农业行业标准

NY/T 4330—2023

辣椒制品分类及术语

Classification and vocabulary of chili products

2023-04-11 发布

2023-08-01 实施

中华人民共和国农业农村部 发布

前　言

本文件按照 GB/T 1.1—2020《标准化工作导则　第 1 部分：标准化文件的结构和起草规则》的规定起草。

请注意本文件的某些内容可能涉及专利。本文件的发布机构不承担识别专利的责任。

本文件由农业农村部乡村产业发展司提出。

本文件由农业农村部农产品加工标准化技术委员会归口。

本文件起草单位：中国农业大学、贵州省贵三红食品有限公司、晨光生物科技集团股份有限公司、中国农业科学院农业质量标准与检测技术研究所。

本文件主要起草人：廖小军、徐贞贞、吴思伟、赵靓、连运河、吴鸿燕、赵婧、尹学东、徐嘉悦、焦利卫、杨诗妮、王雪。

辣椒制品分类及术语

1 范围

本文件界定了辣椒制品的分类、术语和定义。

本文件适用于辣椒制品的研发、生产、检验、物流和销售。

2 规范性引用文件

本文件没有规范性引用文件。

3 分类

依据生产工艺对辣椒制品分类,具体见表1。

表 1 辣椒制品分类

一级	二级	三级	四级
辣椒制品	非发酵辣椒制品	鲜切辣椒	—
		速冻辣椒	—
		鲜辣椒浆	—
		鲜辣椒酱	—
		干辣椒 (辣椒干、辣椒段、辣椒碎)	辣椒粉
			风味干辣椒
			油辣椒
			辣椒颗粒
	发酵辣椒制品	剁辣椒	—
		泡辣椒	—
		糟辣椒	—
		鲊辣椒	—
		发酵辣椒酱	—
		豆瓣辣椒酱	—
	辣椒提取物制品	辣椒油树脂	—
		辣椒红色素	辣椒红
			辣椒橙
		辣椒素	—
		辣椒籽油	—
		辣椒籽粕	—
		辣椒籽蛋白	—
		辣椒籽膳食纤维	—

4 术语和定义

4.1

辣椒制品 chili products

辣椒属(*Capsicum*)植物的果实经加工而成的制品,包括非发酵辣椒制品、发酵辣椒制品和辣椒提取物制品。

4.2

非发酵辣椒制品 non-fermented chili products

以鲜辣椒或干辣椒为主要原料,经非发酵工艺(不包括提取分离)加工而成的制品。

4.3

发酵辣椒制品 fermented chili products

以鲜辣椒、辣椒浆或干辣椒为主要原料,经发酵或腌制等工艺加工而成的制品。

4.4

辣椒提取物制品 chili extraction products

以辣椒、辣椒果肉、辣椒籽等为原料,经提取、分离,添加或不添加其他辅料加工而成的制品。

4.5

鲜切辣椒 fresh-cut chili pepper

以鲜辣椒为原料,在清洁环境经预处理、清洗、切分、减菌、漂洗、去除表面水等工艺加工而成,密封包装后经冷链储运销售的制品。

4.6

速冻辣椒 quick frozen chili pepper

以鲜辣椒为原料,采用清洗、切分或不切分、烫漂或不烫漂、冷却、速冻等工艺加工而成,在冷链条件下储运销售的制品。

4.7

鲜辣椒浆 fresh chili pulp

以鲜辣椒为原料,经清洗、破碎、打浆、灌装、密封、杀菌或无菌灌装等工艺加工而成的浆状制品。

4.8

鲜辣椒酱 fresh chili sauce

以鲜辣椒为主要原料,经清洗、破碎、打浆、配料、灌装、密封、杀菌或无菌灌装等工艺加工而成的酱状制品;或以鲜辣椒浆为主要原料,经配料、灌装、密封、杀菌或无菌灌装等工艺加工而成的酱状制品。

4.9

干辣椒 dried chili pepper

以鲜辣椒为原料,切分或不切分,经自然或人工干燥等工艺加工而成的脱水制品,如辣椒干、辣椒段、辣椒碎。

4.10

辣椒粉 chili powder

辣椒面

以辣椒干、辣椒段或辣椒碎为原料,经粉碎工艺加工而成的粉状制品。

4.11

风味干辣椒 flavored dried chili pepper

以辣椒干、辣椒段、辣椒碎为主要原料,添加或不添加盐、胡椒粉等其他辅料,经油炸等工艺加工而成的制品;或以辣椒粉为主要原料,添加或不添加盐、胡椒粉等其他辅料,经调配等工艺加工而成的制品。

4.12

油辣椒 fried chili

以辣椒碎或辣椒粉、食用油为主要原料,添加或不添加豆豉、肉丝等其他辅料,经炒制或熬制等工艺加工而成的混合体。

4.13

辣椒颗粒 paprika pellet

以干辣椒为原料经籽肉分离、粉碎、造粒等工艺加工而成,或以辣椒粉为原料直接造粒的颗粒状制品。

4.14

剁辣椒 minced chili pepper

剁椒

以鲜辣椒或鲜切辣椒为原料,添加或不添加柠檬酸、氯化钙等其他辅料,经食盐腌制等工艺加工后,不脱盐或脱盐、调配而成的制品。

4.15

　　泡辣椒　pickled chili pepper
　　泡椒
　　以鲜辣椒为原料,添加或不添加乙酸、柠檬酸、乳酸等其他辅料,经盐水腌制等工艺加工而成的制品。

4.16

　　糟辣椒　zao chili pepper
　　以鲜辣椒或鲜切辣椒为原料,添加或不添加柠檬酸、氯化钙等其他辅料,经食盐(含量低于12%,以NaCl计)腌制等工艺加工后,不脱盐而成的制品。

4.17

　　鲊辣椒　zha chili pepper
　　以鲜辣椒或鲜切辣椒、米粉为原料,添加或不添加柠檬酸、氯化钙、玉米粉等其他辅料,经食盐腌制等工艺加工后,不脱盐而成的制品。

4.18

　　发酵辣椒酱　fermented chili sauce
　　以鲜辣椒、辣椒浆或辣椒粉为主要原料,添加或不添加大蒜、洋葱等其他辅料,经发酵、调配等工艺加工而成的酱状制品。

4.19

　　豆瓣辣椒酱　broad bean and chili sauce
　　以鲜辣椒、蚕豆、食用盐为主要原料,添加或不添加辣椒干或辣椒粉、小麦粉、食用植物油等其他辅料,鲜辣椒腌制成盐渍辣椒坯、蚕豆制曲发酵酿成蚕豆瓣酱坯,盐渍辣椒坯与蚕豆瓣酱坯按一定比例混合,再进行后发酵制成的酱状制品。

4.20

　　辣椒油树脂　paprika oleoresin
　　辣椒精　capsicum oleoresin
　　以鲜辣椒、干辣椒或辣椒颗粒等为原料,经溶剂提取等工艺加工而成的呈红色至深红色的油状液体制品。

4.21

　　辣椒红色素　capsanthin
　　以鲜辣椒、干辣椒或辣椒颗粒等为原料,经溶剂提取、过滤、浓缩、脱辣椒素等工艺加工而成的天然色素制品。

4.22

　　辣椒红　paprika red
　　以鲜辣椒、干辣椒或辣椒颗粒等为原料,经溶剂提取、过滤、浓缩、脱辣椒素等工艺加工而成的呈深红色的天然色素制品。

4.23

　　辣椒橙　paprika orange
　　以鲜辣椒、干辣椒或辣椒颗粒等为原料,经溶剂提取、过滤、浓缩、脱辣椒素等工艺加工而成的呈橙色或橙红色的天然色素制品。

4.24

　　辣椒素　capsaicinoid
　　以鲜辣椒、干辣椒或辣椒颗粒等为原料,经溶剂提取、过滤、浓缩等工艺加工而成的具有辣味的富含香草酰胺类生物碱制品。

4.25

辣椒籽油　chili seed oil

以辣椒籽为原料,经压榨或浸出工艺加工而成的油脂制品。

4.26

辣椒籽粕　chili seed meal

以辣椒籽为原料,经压榨或浸出工艺去除(或提取)油脂后的制品。

4.27

辣椒籽蛋白　chili seed protein

以辣椒籽或辣椒籽粕为原料,经碱溶、酸沉等工艺加工而成的分离蛋白制品。

4.28

辣椒籽膳食纤维　chili seed dietary fiber

以辣椒籽粕为原料,经提纯、分离、干燥、粉碎等工艺加工而成的富含膳食纤维的制品。

索 引

汉语拼音索引

英文对应词索引

Z

———————————

ICS 67.080.20
CCS X 26

中华人民共和国农业行业标准

NY/T 4331—2023

加工用辣椒原料通用要求

General requirements for chili as raw material for processing

2023-04-11 发布

2023-08-01 实施

中华人民共和国农业农村部 发布

NY/T 4331—2023

前　言

本文件按照 GB/T 1.1—2020《标准化工作导则　第 1 部分：标准化文件的结构和起草规则》的规定起草。

本文件由农业农村部乡村产业发展司提出。

本文件由农业农村部农产品加工标准化技术委员会归口。

本文件起草单位：中国农业科学院农业质量标准与检测技术研究所、晨光生物科技集团股份有限公司、贵州省贵三红食品有限公司、中国农业大学、华中农业大学。

本文件主要起草人：徐贞贞、廖小军、张星联、吴思伟、卢颖、吴鸿燕、连运河、杨诗妮、赵靓、刘凤霞、尹学东、赵婧、王雪、徐嘉悦、张蕾。

加工用辣椒原料通用要求

1 范围

本文件规定了加工用辣椒原料的术语和定义、技术要求、试验方法、包装与标签、运输和储存。

本文件适用于食品加工时，使用的新鲜辣椒或新鲜辣椒经过冷冻、干制、发酵和（或）分离等加工后的物料。

2 规范性引用文件

下列文件中的内容通过文中的规范性引用而构成本文件必不可少的条款。其中，注日期的引用文件，仅该日期对应的版本适用于本文件；不注日期的引用文件，其最新版本（包括所有的修改单）适用于本文件。

GB 2761 食品安全国家标准 食品中真菌毒素限量

GB 2762 食品安全国家标准 食品中污染物限量

GB 2763 食品安全国家标准 食品中农药最大残留限量

GB 5009.3 食品安全国家标准 食品中水分的测定

GB 5009.4 食品安全国家标准 食品中灰分的测定

GB 5009.44 食品安全国家标准 食品中氯化物的测定

GB 12456 食品安全国家标准 食品中总酸的测定

GB/T 21266 辣椒及辣椒制品中辣椒素类物质测定及辣度表示方法

GB/T 23183 辣椒粉

GB/T 24616 冷藏、冷冻食品物流包装、标志、运输和储存

GB/T 29372 食用农产品保鲜贮藏管理规范

GB/T 30382 辣椒（整的或粉状）

GB/T 32950 鲜活农产品标签标识

3 术语和定义

GB/T 30382 界定的以及下列术语和定义适用于本文件。

3.1

新鲜辣椒原料 fresh chili as raw material for processing

采收后直接使用或按照 GB/T 29372 的相关规定经保鲜储藏，具有该品种固有品质和新鲜度的物料。

3.2

冷冻辣椒原料 frozen chili as raw material for processing

以新鲜辣椒为原料，经清洗等预处理，采用冷冻工艺生产所得的物料。

3.3

干制辣椒原料 dried chili as raw material for processing

以新鲜或冷冻辣椒为原料，经自然晾晒或人工干燥等工艺去除一定水分所得的物料。

注：按形状分为整的和粉状；按用途分可分为调味料加工用和提取物加工用。

3.4

发酵辣椒原料 fermented chili as raw material for processing

以新鲜或干制辣椒为主要原料，经盐渍、发酵等工艺生产所得的物料。

3.5

辣椒提取物原料　chili extracts as raw material for processing

以新鲜、干制或冷冻辣椒为原料,采用适当溶剂或其他方法对其中特定成分进行提取、再经浓缩和(或)干燥,但未经进一步分离纯化所得的物料。

注:按形态分为固态和液态。

3.6

加工用辣椒原料　chili as raw material for processing

食品加工时使用的新鲜辣椒或新鲜辣椒经过冷冻、干制、发酵和(或)分离等工艺生产所得的物料,包括新鲜辣椒、冷冻辣椒、干制辣椒、发酵辣椒和辣椒提取物5类。

3.7

原料成分分析保证值　guaranteed value of raw material composition analysis

在保质期内采用规定的分析方法能得到的、符合标准要求的原料成分值。

4　技术要求

4.1　基本要求

4.1.1　加工用辣椒原料所需的新鲜辣椒应无霉烂和病虫害。

4.1.2　干制辣椒类原料所需的新鲜或冷冻辣椒宜具有干物质含量高、含水量低、易干制的特点。

4.1.3　发酵辣椒类原料所需的新鲜或干制辣椒宜具有干物质含量高、果肉厚、皮肉不易分离的特点。

4.1.4　辣椒提取物类原料所需的新鲜、冷冻或干制辣椒宜具有特定成分含量高、含籽率低的特点。

4.2　感官指标

4.2.1　具有相应原料固有的组织状态、色泽和气味。

4.2.2　无异味、无杂质。

4.3　理化指标

理化指标应符合表1规定。

表 1　理化指标

原料类别		原料成分分析保证值要求
新鲜辣椒		应规定未熟果和斑点果的质量分数
干制辣椒	调味料加工用	应规定水分、总灰分和酸不溶性灰分,可规定辣度或色价;整干制辣椒还应规定未熟果和斑点果、碎果和碎片的质量分数;粉类原料还应规定磨碎细度
	提取物加工用	应规定水分、总灰分、含籽率、色价、辣度或特定成分含量
发酵辣椒		应规定食盐含量和总酸含量
辣椒提取物		应规定色价、辣度或特定成分含量;固态原料还应规定水分和总灰分

4.4　真菌毒素、污染物及农药最大残留限量

真菌毒素限量、污染物限量及农药最大残留限量应符合 GB 2761、GB 2762 和 GB 2763 的规定。

4.5　微生物限量

应符合相关标准和规定。

5　试验方法

5.1　感官指标

取适量混合均匀的被测试样于无色透明的容器中,置于明亮处,观察其组织状态和色泽,并在室温下,嗅其气味,品尝其滋味(辣椒提取物原料除外)。

5.2　理化指标

5.2.1 未熟果、斑点果、碎果和碎片的质量分数按 GB/T 30382 中的方法测定。

5.2.2 水分按 GB 5009.3 中的方法测定。

5.2.3 总灰分和酸不溶性灰分按 GB 5009.4 中的方法测定。

5.2.4 辣度按 GB/T 21266 中的方法测定。

5.2.5 色价按附录 A 规定的方法测定。

5.2.6 磨碎细度按 GB/T 23183 中的方法测定。

5.2.7 含籽率按附录 B 规定的方法测定。

5.2.8 食盐含量按 GB 5009.44 中的方法测定。

5.2.9 总酸按 GB 12456 中的方法测定。

5.2.10 特定成分的测定应选择适宜的方法测定。

6 包装与标签

6.1 包装

应符合相关食品安全国家标准的规定。

6.2 标签

6.2.1 应符合相关标准和规定。

6.2.2 新鲜辣椒原料应符合 GB/T 32950 的规定。

6.2.3 冷冻辣椒原料应符合 GB/T 24616 的规定。

6.2.4 应在标签中标示物料成分分析保证值,标示应符合表 2 的规定。

表 2 原料成分分析保证值项目及标示要求

原料类别		标示要求
新鲜辣椒		未熟果和斑点果的质量分数最大值
干制辣椒	调味料加工用	水分、总灰分和酸不溶性灰分最大值,辣度和色价最小值;整干制辣椒未熟果和斑点果、碎果和碎片质量分数最大值;粉类原料磨碎细度最大值
	提取物加工用	水分、总灰分、含籽率的最大值;色价、辣度或特定成分含量最小值
发酵辣椒		食盐含量和总酸含量最大值
辣椒提取物		色价、辣度或特定成分含量最小值;固态原料水分和总灰分最大值

7 运输和储存

7.1 运输工具应清洁、干燥、无污染,运输过程避免日晒、雨淋、重压。

7.2 储存仓库应清洁、干燥、无污染,不应与有毒、有害、有异味、易挥发、易腐蚀的物品混装运输或储存。

7.3 新鲜辣椒原料还应符合 GB/T 29372 的规定。

7.4 冷冻辣椒原料还应控制运输和储存温度不高于−18 ℃。

7.5 干制辣椒原料还应防潮、防雨。

附　录　A

（规范性）

色价测定方法

A.1　试剂和材料

丙酮。

A.2　仪器和设备

分光光度计，附 1 cm 比色皿；粉碎机；天平（感量为 0.000 1 g）。

A.3　试样制备

固态样品：称取大于试验需要量的样品，粉碎机粉碎，粉碎过程应避免过热，粉碎后样品粒度大小约为 1 mm。准确称取一定量粉碎后的样品（精确至 0.000 2 g），转入 100 mL 容量瓶中，加入 60 mL 丙酮，摇匀后于 25 ℃水浴条件下避光静置 1.5 h，继续添加丙酮定容，充分振摇，避光静置 30 min，溶液分层。移取容量瓶中上层清液，用丙酮稀释一定倍数，充分摇匀，即为试样液，待测。

液态样品：准确称取一定量的样品（视样品色价高低进行适当调整）（精确至 0.000 2 g），用丙酮稀释一定倍数，充分摇匀，即为试样液，待测。

A.4　分析步骤

将试样液置于 1 cm 比色皿中，以丙酮作参比液，用分光光度计在 460 nm 波长处测定吸光度。

注：试样液的吸光度范围宜控制在 0.30～0.70。

A.5　计算结果

吸光度 $E_{1\,cm}^{1\%}$ 460 nm 按公式（A.1）计算。

$$E_{1\,cm}^{1\%}460\ nm=\frac{A\times f}{m\times 100} \quad\cdots\cdots\cdots\cdots\cdots\cdots\cdots\cdots\cdots\cdots\cdots\cdots\cdots\cdots\cdots\cdots\cdots\cdots \text{(A.1)}$$

式中：

A　——试样液的实测吸光度；

f　——稀释倍数；

m　——试样质量的数值，单位为克（g）；

100——换算系数。

结果以 3 次独立测定结果的算术平均值为准。

附　录　B
（规范性）
含籽率测定方法

B.1　仪器和设备

天平（感量为 0.1 g）。

B.2　分析步骤

随机选取不少于 30 根辣椒，去除梗蒂，籽肉分离（胎座计入果肉）后，分别称量籽和果肉质量。

B.3　计算结果

含籽率 W_1，按公式（B.1）计算。

$$W_1 = \frac{m_1}{m_0 + m_1} \times 100 \quad\cdots\cdots\cdots\cdots\cdots\cdots\cdots\cdots\cdots\cdots\cdots\cdots\cdots\cdots\cdots\cdots\cdots\cdots \text{(B.1)}$$

式中：
W_1——含籽率的数值，单位为百分号（％）；
m_1——籽质量的数值，单位为克（g）；
m_0——果肉质量的数值，单位为克（g）。
结果以 3 次独立测定结果的算术平均值为准。

ICS 67.060
CCS B 22

中华人民共和国农业行业标准

NY/T 4339—2023

铁生物营养强化小麦

Iron biofortified wheat

2023-04-11 发布　　　　　　　　　　　　　　　2023-08-01 实施

中华人民共和国农业农村部 发布

前　言

本文件按照 GB/T 1.1—2020《标准化工作导则　第 1 部分：标准化文件的结构和起草规则》的规定起草。

请注意本文件的某些内容可能涉及专利。本文件的发布机构不承担识别这些专利的责任。

本文件由农业农村部农产品质量安全监管司提出。

本文件由农业农村部农产品营养标准专家委员会归口。

本文件起草单位：农业农村部食物与营养发展研究所、中国农业科学院作物科学研究所、中国疾病预防控制中心营养与健康所、中国农业大学。

本文件主要起草人：徐海泉、孙君茂、张勇、黄建、郭晓晖、郑成岩、乌日娜、蔡少伦。

铁生物营养强化小麦

1 范围

本文件规定了铁生物营养强化小麦的术语和定义、技术要求、检验方法、检验规则、标签标识、包装、储存和运输。

本文件适用于在生产、加工和销售过程中对铁生物营养强化小麦进行判定、评价。本文件对铁生物营养强化小麦进行规定,未做规定部分依照 GB 1351 的规定执行。

2 规范性引用文件

下列文件中的内容通过文中的规范性引用而构成本文件必不可少的条款。其中,注日期的引用文件,仅该日期对应的版本适用于本文件;不注日期的引用文件,其最新版本(包括所有的修改单)适用于本文件。

GB 1351 小麦

GB 2715 食品安全国家标准 粮食

GB 5009.90 食品安全国家标准 食品中铁的测定

GB/T 5490 粮油检验 一般规则

GB 7718 食品安全国家标准 预包装食品标签通则

GB 28050 食品安全国家标准 预包装食品营养标签通则

NY/T 4174 食用农产品生物营养强化通则

3 术语和定义

下列术语和定义适用于本文件。

3.1

铁生物营养强化小麦 **iron biofortified wheat**

采用 NY/T 4174 规定的生物营养强化方式,使小麦籽粒中铁含量满足本文件要求的小麦。

4 技术要求

4.1 感官要求

色泽、气味正常,籽粒完整。

4.2 质量要求

应符合 GB 1351 的要求。

4.3 铁含量要求

籽粒铁含量≥55 mg/kg(以干基计)。

4.4 食品安全要求

按国家有关标准的规定执行。

5 检验方法

5.1 铁含量测定

小麦籽粒去杂粉碎后,按 GB 5009.90 的规定执行。

5.2 其他指标检验

按 GB 1351 的规定执行。

6 检验规则

6.1 检验一般规则

检验一般规则按 GB/T 5490 的规定执行。

6.2 检验批

同种类、同产地、同收获年度、同运输单元、同储存单元的小麦。

6.3 判定规则

6.3.1 凡不符合 GB 2715 和植物检疫相关国家标准及有关规定的,判为非食用小麦。

6.3.2 小麦籽粒铁含量需满足本文件要求,其他指标按国家有关规定执行。

7 标签标识

可在包装物上或随行文件中注明"铁生物营养强化小麦"字样、类别、等级、产地、收获年月。预包装产品标签应符合 GB 7718 和 GB 28050 的要求。

8 包装、储存和运输

包装应洁净、无异味、牢固、无破损。应储存在干燥、通风、防雨、防虫鼠害的仓库内,不应与有毒有害物质混储。运输用车辆、工具、铺垫物等必须清洁,不得与污染物同车运输;运输过程中需防雨防潮和防污染。

ICS 67.060
CCS B 22

中华人民共和国农业行业标准

NY/T 4340—2023

锌生物营养强化小麦

Zinc biofortified wheat

2023-04-11 发布

2023-08-01 实施

中华人民共和国农业农村部 发布

前　言

本文件按照 GB/T 1.1—2020《标准化工作导则　第 1 部分：标准化文件的结构和起草规则》的规定起草。

请注意本文件的某些内容可能涉及专利。本文件的发布机构不承担识别这些专利的责任。

本文件由农业农村部农产品质量安全监管司提出。

本文件由农业农村部农产品营养标准专家委员会归口。

本文件起草单位：农业农村部食物与营养发展研究所、中国农业科学院作物科学研究所、山东农业大学、中国农业大学、河北金沙河面业集团有限责任公司、华南理工大学、北京市粮油食品检验所、河南工业大学、中粮营养健康研究院有限公司、山东龙凤面粉有限公司、陕西天山西瑞面粉有限公司、北京东方倍力营养科技有限公司、北京金瑞典膳科技有限公司。

本文件主要起草人：刘锐、何中虎、张小村、郝元峰、聂莹、孙君茂、黄家章、王志敏、田纪春、张英华、吴桂玲、邢亚楠、张斌、韩金媛、刘征、关二旗、赵文红、董志忠、明丽丽、李向阳、蒋彤。

锌生物营养强化小麦

1 范围

本文件规定了锌生物营养强化小麦的术语和定义、技术要求、检验方法、检验规则、标签标识、包装、储存和运输。

本文件适用于在生产、储运、加工、销售过程中对锌生物营养强化小麦进行判定、评价。本文件对锌生物营养强化小麦进行规定,未做规定部分依照 GB 1351 的规定执行。

2 规范性引用文件

下列文件中的内容通过文中的规范性引用而构成本文件必不可少的条款。其中,注日期的引用文件,仅该日期对应的版本适用于本文件;不注日期的引用文件,其最新版本(包括所有的修改单)适用于本文件。

GB 1351 小麦

GB 2715 食品安全国家标准 粮食

GB 5009.14 食品安全国家标准 食品中锌的测定

GB/T 5490 粮油检验 一般规则

GB 7718 食品安全国家标准 预包装食品标签通则

GB 28050 食品安全国家标准 预包装食品营养标签通则

NY/T 4174 食用农产品生物营养强化通则

3 术语和定义

下列术语和定义适用于本文件。

3.1

锌生物营养强化小麦 zinc biofortified wheat

采用 NY/T 4174 规定的生物营养强化方式,使小麦籽粒中锌含量满足本文件要求的小麦。

4 技术要求

4.1 感官要求

色泽、气味正常,籽粒完整。

4.2 质量要求

应符合 GB 1351 的要求。

4.3 锌含量要求

籽粒锌含量≥45 mg/kg(以干基计)。

4.4 食品安全要求

按国家有关标准的规定执行。

5 检验方法

5.1 锌含量测定

小麦籽粒去杂粉碎后,按 GB 5009.14 的规定执行。

5.2 其他指标检验

按 GB 1351 的规定执行。

6 检验规则

6.1 检验一般规则

检验一般规则按 GB/T 5490 的规定执行。

6.2 检验批

同种类、同产地、同收获年度、同运输单元、同储存单元的小麦。

6.3 判定规则

6.3.1 凡不符合 GB 2715 和植物检疫相关国家标准及有关规定的，判为非食用小麦。

6.3.2 小麦籽粒锌含量需满足本文件要求，其他指标按国家有关规定执行。

7 标签标识

可在包装物上或随行文件中注明"锌生物营养强化小麦"字样，以及类别、等级、产地、收获年月。预包装产品标签应符合 GB 7718 和 GB 28050 的要求。

8 包装、储存和运输

包装应洁净、无异味、牢固、无破损。应储存在干燥、通风、防雨、防虫鼠害的仓库内，不应与有毒有害物质混储。运输用车辆、工具、铺垫物等必须清洁，不得与污染物同车运输；运输过程中需防雨防潮和防污染。

ICS 67.060
CCS B 22

中华人民共和国农业行业标准

NY/T 4341—2023

叶酸生物营养强化玉米

Folate biofortified corn

2023-04-11 发布

2023-08-01 实施

中华人民共和国农业农村部 发布

前　言

本文件按照 GB/T 1.1—2020《标准化工作导则　第 1 部分：标准化文件的结构和起草规则》的规定起草。

请注意本文件的某些内容可能涉及专利。本文件的发布机构不承担识别专利的责任。

本文件由农业农村部农产品质量安全监管司提出。

本文件由农业农村部农产品营养标准专家委员会归口。

本文件起草单位：农业农村部食物与营养发展研究所、中国农业科学院生物技术研究所、中国疾病预防控制中心营养与健康所、北京市农林科学院玉米研究中心、青岛东鲁生态农业有限公司。

本文件主要起草人：徐海泉、孙君茂、张春义、王磊、黄建、赵久然、王荣焕、李建波、王鸥。

叶酸生物营养强化玉米

1 范围

本文件规定了叶酸生物营养强化玉米的术语和定义、技术要求、检验方法、检验规则、标签标识、包装、储存和运输。

本文件适用于在生产、加工和销售过程中对鲜食叶酸生物营养强化玉米质量的检测、评价和鉴定。本文件对叶酸生物营养强化玉米进行规定,未做规定部分依照 NY/T 523—2020 的规定执行。

2 规范性引用文件

下列文件中的内容通过文中的规范性引用而构成本文件必不可少的条款。其中,注日期的引用文件,仅该日期对应的版本适用于本文件;不注日期的引用文件,其最新版本(包括所有的修改单)适用于本文件。

GB 1353　玉米

GB 5009.211　食品安全国家标准　食品中叶酸的测定

GB/T 5490　粮油检验　一般规则

GB 7718　食品安全国家标准　预包装食品标签通则

GB 28050　食品安全国家标准　预包装食品营养标签通则

NY/T 523—2020　专用籽粒玉米和鲜食玉米

NY/T 4174　食用农产品生物营养强化通则

3 术语与定义

下列术语和定义适用于本文件。

3.1

叶酸生物营养强化玉米　folate biofortified corn

按照 NY/T 4174 中的营养强化方式,使玉米籽粒中叶酸含量经测定达到本文件规定含量的玉米。

4 技术要求

4.1 质量要求

应符合 NY/T 523—2020 中 4.2 的要求。

4.2 叶酸含量要求

籽粒叶酸含量≥100 μg/100 g(鲜重)。

4.3 食品安全要求

按国家有关标准的规定执行。

5 检验方法

5.1 叶酸含量检测

按 GB 5009.211 的规定执行。

5.2 其他指标检验

按 NY/T 523—2020 和 GB 1353 的规定执行。

6 检验规则

6.1 检验一般规则

检验一般规则按 GB/T 5490 的规定执行。

6.2 检验批

同种类、同产地、同收获年度、同收获期、同运输单元、同储存单元的玉米。

6.3 判定规则

玉米籽粒叶酸含量需满足本文件要求,质量指标要求按 NY/T 523—2020 中 4.2 的规定执行,其他指标按国家有关规定执行。

7 标签标识

可在包装物上或随行文件中注明"叶酸生物营养强化玉米"字样、类别、产地、收获年月。预包装产品标签应符合 GB 7718 和 GB 28050 的要求。

8 包装、储存和运输

包装应符合国家有关规定的要求,并清洁、牢固、无破损,不应撒漏,不应带来污染和异常气味。储存应在清洁、无异味、温度湿度适宜的仓库或环境内,并注意防虫、防鼠、防鸟、防晒,不应与有毒有害物质或可能引发不良气味的物质混存。运输应使用符合卫生和质量要求的运输工具和容器,应注意防止雨淋和被污染。

———————————

ICS 65.020.01
CCS B 04

中华人民共和国农业行业标准

NY/T 4343—2023

黑果枸杞等级规格

Grades and specifications of black wolfberry

2023-04-11 发布

2023-08-01 实施

中华人民共和国农业农村部 发布

前　言

本文件按照 GB/T 1.1—2020《标准化工作导则　第 1 部分：标准化文件的结构和起草规则》的规定起草。

请注意本文件的某些内容可能涉及专利。本文件的发布机构不承担识别专利的责任。

本文件由农业农村部农产品质量安全监管司提出。

本文件由农业农村部农产品营养标准专家委员会归口。

本文件起草单位：北京市农林科学院质量标准与检测技术研究所、宁夏农产品质量标准与检测技术研究所、新疆农垦科学院、新疆农业科学院农业质量标准与检测技术研究所、新疆黑果枸杞生物科技有限公司、宁夏灏瀚生物科技产业有限公司、北京农产品质量安全学会。

本文件主要起草人：王蒙、苟春林、邢丽杰、赵多勇、武琳霞、王昕璐、张静、赵子丹、李赫、李想、陈晓燕。

黑果枸杞等级规格

1 范围

本文件规定了黑果枸杞等级规格的术语和定义、要求、试验方法、检验规则、标识和包装、储存和运输。
本文件适用于黑果枸杞成熟果实经干燥加工制成的干果。

2 规范性引用文件

下列文件中的内容通过文中的规范性引用而构成本文件必不可少的条款。其中,注日期的引用文件,仅
该日期对应的版本适用于本文件;不注日期的引用文件,其最新版本(包括所有的修改单)适用于本文件。

GB 2762 食品安全国家标准 食品中污染物限量

GB 2763 食品安全国家标准 食品中农药最大残留限量

GB 5009.3 食品安全国家标准 食品中水分的测定

GB 7718 食品安全国家标准 预包装食品标签通则

GB/T 18672 枸杞

GB 28050 食品安全国家标准 预包装食品营养标签通则

GB 29921 食品安全国家标准 食品中致病菌限量

NY/T 2640 植物源性食品中花青素的测定

SN/T 0878 进出口枸杞子检验规程

国家市场监督管理总局令2023年第70号 定量包装商品计量监督管理办法

3 术语和定义

下列术语和定义适用于本文件。

3.1

黑果枸杞干果 dried black wolfberry

黑果枸杞(*Lycium ruthenicum* Murr.)成熟果实经自然晾晒、热风干燥、冷冻干燥等工艺加工制成的干果。

3.2

不完善粒 imperfect dried wolfberry

尚有使用价值的破碎粒、未成熟粒。

3.2.1

破碎粒 broken dried wolfberry

缺失部分达果粒体积1/3以上的果粒。

3.2.2

未成熟粒 immature wolfberry

小而不饱满、颜色过淡的果粒,明显与正常黑果枸杞不同。

3.3

无使用价值颗粒 non-consumable wolfberry

虫蛀、病斑粒为无使用价值的颗粒。

4 要求

4.1 基本要求

黑果枸杞干果应符合下列基本要求:

a) 果粒经捏实,松开后不结块,易散开;

b) 球形或扁球形,表面略有皱缩,颗粒饱满,大小均匀;

c) 果面清洁,无正常视力可见外来异物。

4.2 等级

4.2.1 等级划分

黑果枸杞干果分为特级、一级、二级,各等级应符合表1的规定。

表 1 黑果枸杞干果等级要求

项目	特级	一级	二级
色泽	果实黑色或紫黑色,不掉色		
滋味、气味	味微甜,具有黑果枸杞特有的滋味、气味,无异味		
无使用价值颗粒	不得检出		
水分,%	≤12.0		
不完善粒质量分数,%	≤1.0	≤1.5	≤3.0
花青素,%	≥1.0	≥0.8	≥0.5

4.2.2 等级容许度

按不完善粒质量分数计:

a) 特级允许有≤5%的产品不符合该等级的要求,但应符合一级的要求;

b) 一级允许有≤10%的产品不符合该等级的要求,但应符合二级的要求;

c) 二级允许有≤10%的产品不符合该等级的要求。

4.3 规格

4.3.1 规格划分

以黑果枸杞干果粒度或粒径为指标,黑果枸杞产品分为大(L)、中(M)、小(S)3个规格,同规格果粒大小应基本均匀。各规格的划分应符合表2的规定。各规格黑果枸杞产品见附录A中的图A.1。

表 2 黑果枸杞干果规格

项目	大(L)	中(M)	小(S)
粒度,粒/50 g	≤450	451~650	651~850
粒径,mm	≥8.0	7.0~7.9	5.0~6.9

4.3.2 规格容许度

按干果数量计:

a) 大(L)规格允许有≤10%的产品不符合该规格的要求,但应符合中(M)规格的要求;

b) 中(M)规格允许有≤10%的产品不符合该等级的要求,但应符合小(S)规格的要求;

c) 小(S)规格允许有≤10%的产品不符合该等级的要求。

4.4 安全指标

4.4.1 污染物限量按 GB 2762 中水果干制品的规定执行。

4.4.2 农药残留限量按 GB 2763 中枸杞(干)的规定执行。

4.4.3 微生物指标按 GB 29921 即食产品的规定执行。

5 试验方法

5.1 感官

按 SN/T 0878 的规定执行。

5.2 水分

按 GB 5009.3 的规定执行。

5.3 花青素

按 NY/T 2640 的规定执行。

5.4 粒度

按 GB/T 18672 的规定执行。

6 检验规则

6.1 组批

以同批原料,由同一加工方法、同一品种、同一班次、同一工艺所生产的同一等级规格且包装完好的产品为一批产品。

6.2 抽样

从同批产品的不同部位随机抽取样品进行检验。每批至少抽 2 kg(每批抽样量不得少于 15 个独立包装)样品作为检验样品。

6.3 检验分类

6.3.1 出厂检验

出厂检验项目包括感官指标、粒度、不完善粒质量分数、水分。产品经生产单位质检部门检验合格附合格证,方可出厂。

6.3.2 型式检验

型式检验每年进行一次,在有下列情况之一时应随时进行:

a) 新产品投产时;
b) 原料、工艺有较大改变、可能影响产品质量时;
c) 出厂检验结果与上次型式检验结果差异较大时;
d) 质量监督机构提出要求时。

6.4 判定规则

检验项目全部符合本文件相应要求的,判定该批产品符合该等级规格规定。若检验结果中有一项不符合的,允许从该批产品中增加抽检数量的 20%对不合格项进行复检一次。若复检仍不符合的,则按下一级别规定的容许度检验,直到判出等级规格为止。

7 标识和包装

7.1 标识

预包装产品的标识应符合 GB 7718 和 GB 28050 的规定。

7.2 包装

7.2.1 包装容器(袋)应用干燥、清洁、无异味并符合国家食品安全要求的包装材料。

7.2.2 包装要牢固、防潮、整洁、美观,便于装卸、仓储和运输。

7.2.3 预包装产品净含量允差应符合国家市场监督管理总局令 2023 年第 70 号。

8 储存和运输

8.1 储存

产品应储存于清洁、阴凉、干燥、无异味的仓库中,不得与有毒、有害、有异味及易污染的物品共同存放。

8.2 运输

运输工具应清洁、干燥、无异味、无污染。运输时应防雨防潮,严禁与有毒、有害、有异味、易污染的物品混装、混运。

附　录　A
（资料性）
黑果枸杞产品各规格样品

黑果枸杞产品各规格样品见图 A.1。

大（L）　　　　　　　　中（M）　　　　　　　　小（S）

图 A.1　黑果枸杞产品各规格样品

ICS 67.080.20
CCS B 31

中华人民共和国农业行业标准

NY/T 4344—2023

羊肚菌等级规格

Grades and specifications of morel

2023-04-11 发布

2023-08-01 实施

中华人民共和国农业农村部 发布

前　言

本文件按照 GB/T 1.1—2020《标准化工作导则　第 1 部分：标准化文件的结构和起草规则》的规定起草。

本文件由农业农村部农产品质量安全监管司提出。

本文件由农业农村部农产品营养标准专家委员会归口。

本文件起草单位：上海市农业科学院农产品质量标准与检测技术研究所、农业农村部食用菌产品质量监督检验测试中心（上海）、江苏安惠生物科技有限公司、上海科立特农产品检测技术服务有限公司、上海国森生物科技有限公司。

本文件主要起草人：赵晓燕、周昌艳、范丽莹、陈惠、李晓贝、张艳梅、何香伟、吴伟杰、雷萍、鄂恒超、范婷婷、赵志勇、陈磊、董慧、李健英、查磊、徐春花。

羊肚菌等级规格

1 范围

本文件规定了羊肚菌的术语和定义、要求、检测方法、判定规则、包装、标识和储运。

本文件适用于人工栽培羊肚菌鲜品和干品。

2 规范性引用文件

下列文件中的内容通过文中的规范性引用而构成本文件必不可少的条款。其中，注日期的引用文件，仅该日期对应的版本适用于本文件；不注日期的引用文件，其最新版本（包括所有的修改单）适用于本文件。

GB 4806.6 食品安全国家标准 食品接触用塑料树脂

GB 4806.8 食品安全国家标准 食品接触用纸和纸板材料及制品

GB 5009.3 食品安全国家标准 食品中水分的测定

GB/T 6543 运输包装用单瓦楞纸箱和双瓦楞纸箱

GB 7096 食品安全国家标准 食用菌及其制品

GB/T 12728 食用菌术语

GB/T 34318 食用菌干制品流通规范

GB/T 37109 农产品基本信息描述 食用菌类

NY/T 3220 食用菌包装及储运技术规范

SN/T 0266 出口商品运输包装钙塑瓦楞箱检验规程

3 术语和定义

GB/T 12728 和 GB/T 37109 界定的以及下列术语和定义适用于本文件。

3.1

羊肚菌 morel

一类珍稀食药两用真菌，系真菌界（Fungi）子囊菌门（Ascomycota）盘菌纲（Pezizomycetes）盘菌目（Pezizales）羊肚菌科（Morchellaceae）羊肚菌属（*Morchella*）真菌的统称。目前人工栽培品种主要为六妹羊肚菌（*Morchella sextelata* M. Kuo），梯棱羊肚菌（*Morchella importuna* M. Kuo）和七妹羊肚菌（*Morchella septimelata* M. Kuo）也有一定规模种植。

3.2

子囊果 ascocarp

产生子囊的子实体。

3.3

残缺菇 fragmentary ascocarp

菌盖、菌柄不完整的子囊果。

3.4

缺陷菇 defective mushroom

残缺菇和虫蛀菇统称为缺陷菇。

4 要求

4.1 基本要求

应符合下列基本要求：

a) 菌柄基部剪切平整；
b) 具有羊肚菌特有的香味，无霉变、腐烂等异味；
c) 清洁，无肉眼可见的杂质、异物；
d) 鲜品无喷淋、浸泡等异常外来水分，干品水分含量≤12 g/100 g；
e) 农药、重金属等限量，应符合 GB 7096 的规定。

4.2 等级

4.2.1 等级划分

在符合基本要求的前提下，羊肚菌产品分为特级、一级和二级，不能纳入特级、一级、二级且未失去食用价值的列为等外级。

4.2.2 质量指标

羊肚菌等级要求见表1。

表 1 羊肚菌等级要求

项目		特级	一级	二级
外观		菌盖表面凹坑纵向排列，脉络清晰，菌柄粗短，中空		
鲜品	形态	菇形饱满完整，菇体周正，菇肉厚实，无残缺和虫蛀	菇形较饱满完整，菇体周正，菇肉较厚实，允许有轻微残缺或虫蛀	菇形完整，菇体较周正，菇肉厚度适中，略有干瘪，允许有残缺或虫蛀
	色泽	菌盖色泽呈（红）褐色，菌柄为白色或黄白色。同批产品色泽一致均匀	菌盖呈红褐色至褐色，菌柄为白色或黄白色。同批产品色泽较一致均匀	
	缺陷菇，%（质量比）	无	≤5	≤10
干品	形态	菇形完整，菇体周正，菇肉厚实有质感，无残缺、畸形和虫蛀	菇形完整，较周正，菇肉较厚实，允许有轻微残缺、畸形或虫蛀	菇形完整，菇肉较薄，允许有残缺或虫蛀，无严重畸形菇
	色泽	菌盖色泽呈深黑色，菌柄为白色或浅黄色。同批产品色泽一致均匀	菌盖呈棕色至浅黑色，菌柄为白色或浅黄色。同批产品色泽较一致均匀	
	缺陷菇，%（质量比）	无	≤10	≤15

4.2.3 等级容许度

以质量计：

a) 特级允许有 5% 的产品不符合该等级的要求，但应符合一级要求；
b) 一级允许有 10% 的产品不符合该等级的要求，但应符合二级要求；
c) 二级允许有 10% 的产品不符合该等级的要求。

4.3 规格

4.3.1 规格划分

以羊肚菌菌盖和菌柄长度作为规格划分的指标，分为大（L）、中（M）、小（S）3 个规格，规格划分应符合表 2 的要求。

表 2 羊肚菌规格要求

项目		大（L）	中（M）	小（S）
鲜品	菌盖长度，cm	7～11	5～7	3～5
	菌柄长度，cm	≤4	≤3	≤2

表 2（续）

项目			大(L)	中(M)	小(S)
干品	菌盖长度,cm		6～9	4～6	2～4
	菌柄长度	部分剪柄,cm	≤3	≤2	≤1
		全剪柄,cm	≤1		≤0.5

注：同一规格下菌柄长度可在本表基础上，根据约定方式选择，非一一对应。

4.3.2 规格容许度

以质量计:

a) 大(L)规格允许有5%的产品不符合该规格的要求;

b) 中(M)和小(S)规格允许有10%的产品不符合该规格的要求。

5 检测方法

5.1 感官指标

应在常温、清洁、干燥、光线良好、无异味的场所进行感官检验。将样品置于白色瓷盘等浅色背景容器中,肉眼观测样品色泽、形态、霉烂、异物,嗅闻气味。

5.2 残缺菇、虫蛀菇

按照 NY/T 3220 规定的方法测定。

5.3 水分

按照 GB 5009.3 规定的方法测定。

6 判定规则

6.1 按色泽、形态、气味、虫蛀、残缺、杂质、异物、理化指标确定羊肚菌鲜品和干品受检批次产品的等级。按菌盖和菌柄长度指标规定确定羊肚菌鲜品和干品受检批次产品的规格。

6.2 检验项目全部符合本文件相应要求的,判定该批产品符合该等级规格规定。若检验结果中有一项不符合的,允许从该批产品中增加抽检数量的20%对不合格项进行复检一次。若复检仍不符合的,则按下一级别规定的容许度检验,直到判出等级规格为止。

7 包装、标识和储运

7.1 包装

应符合 GB/T 34318 和 NY/T 3220 的规定执行。内包装可使用吸水纸、发泡网、聚乙烯等,材料应符合 GB 4806.6、GB 4806.8 的规定。外包装可采用蔬菜周转箱、聚苯乙烯泡沫箱、瓦楞纸箱等,材料应符合 GB/T 6543 的规定。用于出口的包装箱应符合 SN/T 0266 的要求。

7.2 标识

7.2.1 等级标识

采用特级、一级、二级表示。

7.2.2 规格标识

采用小(S)、中(M)、大(L)表示,同时标注相应规格指标值的范围。

7.3 储运

应符合 GB/T 34318 和 NY/T 3220 的规定执行。羊肚菌鲜品应储存在温度 2 ℃～4 ℃、相对湿度90%～95%条件下,冷链运输。羊肚菌干品应储存在通风、阴凉干燥、清洁的室温条件下,运输过程中应轻装轻卸,注意防潮、防霉。

ICS 67.080.20
CCS B 31

中华人民共和国农业行业标准

NY/T 4345—2023

猴头菇干品等级规格

Grades and specifications of dried lion's mane mushroom

2023-04-11 发布

2023-08-01 实施

中华人民共和国农业农村部 发布

前　言

本文件按照 GB/T 1.1—2020《标准化工作导则　第 1 部分:标准化文件的结构和起草规则》的规定起草。

请注意本文件的某些内容可能涉及专利。本文件的发布机构不承担识别专利的责任。

本文件由农业农村部农产品质量安全监管司提出。

本文件由农业农村部农产品营养标准专家委员会归口。

本文件起草单位:上海市农业科学院农产品质量标准与检测技术研究所、上海沛元农业发展有限公司、江苏安惠生物科技有限公司、农业农村部食用菌产品质量监督检验测试中心(上海)、上海科立特农产品检测技术服务有限公司、上海国森生物科技有限公司、中国农业科学院农业质量标准与检测技术研究所。

本文件主要起草人:周昌艳、张艳梅、赵晓燕、何香伟、李晓贝、陈磊、庞小博、陈惠、吴伟杰、郭倩、郭林宇、范婷婷、赵志勇、鄂恒超、董慧、李旭娇、彭书婷、李健英、胡丹。

猴头菇干品等级规格

1 范围

本文件规定了猴头菇干品的术语和定义、要求、检测方法、判定规则、包装、标识和储运。

本文件适用于以栽培的猴头菇鲜品为原料,经晾晒、热风、冷冻干燥等脱水工艺制成的干制品。

2 规范性引用文件

下列文件中的内容通过文中的规范性引用而构成本文件必不可少的条款。其中,注日期的引用文件,仅该日期对应的版本适用于本文件;不注日期的引用文件,其最新版本(包括所有的修改单)适用于本文件。

GB 4806.6 食品安全国家标准 食品接触用塑料树脂

GB 5009.3 食品安全国家标准 食品中水分的测定

GB 5009.4 食品安全国家标准 食品中灰分的测定

GB/T 6543 运输包装用单瓦楞纸箱和双瓦楞纸箱

GB 7096 食品安全国家标准 食用菌及其制品

GB/T 12728 食用菌术语

GB/T 34318 食用菌干制品流通规范

GB/T 37109 农产品基本信息描述 食用菌类

NY/T 3220 食用菌包装及储运技术规范

SN/T 0266 出口商品运输包装钙塑瓦楞箱检验规程

3 术语和定义

GB/T 12728 和 GB/T 37109 界定的以及下列术语和定义适用于本文件。

3.1

猴头菇 lion's mane mushroom

猴头菇[*Hericium erinaceus*(Bull.)Pers.]又名猴头菌、猴头蘑等,隶属真菌界担子菌门伞菌纲多孔菌目齿菌科猴头菌属,因外形酷似猴头而得名。

3.2

猴头菇干品 dried lion's mane mushroom

猴头菇鲜品经晾晒、热风、冷冻干燥等脱水工艺制成的干制品。

3.3

破损菇 injuried mushroom

因采收不当、采后包装时机械损伤等因素,使菇体部分或整体受到伤害破损。

3.4

菇体直径 diameter of mushroom body

菇体最大处横断面的长度。

4 要求

4.1 基本要求

应符合下列基本要求:

a) 具有猴头菇特有的气味,无霉变、腐烂等异味;

b) 无虫蛀菇;

c) 清洁,无肉眼可见的杂质、异物;

d) 水分含量≤12.0 g/100 g;

e) 灰分(以干物质计)含量≤8.0 g/100 g;

f) 农药、重金属等限量,应符合 GB 7096 的规定。

4.2 等级

4.2.1 等级划分

在符合基本要求的前提下,猴头菇干品分 3 个等级,不能纳入特级、一级、二级且未失去食用价值的列为等外级。

4.2.2 质量指标

猴头菇干品的等级应符合表 1 的要求。

表 1 猴头菇干品的等级要求

项目	特级	一级	二级
色泽	黄里带白、金黄色或淡黄色	淡黄色至深黄色	深黄色至黄褐色
形态	菇体呈单头状或倒卵状,菇形规整;大小均匀;表面须状菌刺长短、粗细和分布均匀	菇体呈单头状或倒卵状,菇形较规整;大小基本均匀;表面须状菌刺长短、粗细和分布基本均匀	菇体呈单头状或倒卵状,菇形不规整,菇体表面可有褶皱;大小不均匀;表面须状菌刺长短、粗细和分布不均匀
破损菇,% (质量比)	无	≤10.0	

4.2.3 等级容许度

按其质量计:

a) 特级允许有 5% 的产品不符合该等级的要求,但同时应符合一级的要求;

b) 一级允许有 10% 的产品不符合该等级的要求,但同时应符合二级的要求;

c) 二级允许有 10% 的产品不符合该等级的要求。

4.3 规格

4.3.1 规格划分

以猴头菇干品的菇体直径作为规格划分的指标,分为大(L)、中(M)、小(S)3 个规格,规格的划分应符合表 2 的要求。

表 2 猴头菇干品的规格要求

项目	大(L)	中(M)	小(S)
菇体直径,cm	>8.0	6.0~8.0	<6.0

4.3.2 规格容许度

按其质量计:

a) 大(L)规格允许有小于或等于 5% 的产品不符合该规格的要求;

b) 中(M)和小(S)规格允许有小于或等于 10% 的产品不符合该规格的要求。

5 检测方法

5.1 感官指标

猴头菇干品应在常温、清洁、干燥、光线良好、无异味的场所,置于白色瓷盘中进行感官检验。肉眼观测猴头菇样品的色泽、形态、霉烂、虫蛀、杂质、异物,嗅闻气味。

5.2 菇体直径

用相应精度的量具,量取菇体最大和最小宽度,计算出猴头菇菇体各自直径的平均值。

5.3 水分

按照 GB 5009.3 规定的方法测定。

5.4 灰分

按照 GB 5009.4 规定的方法测定。

5.5 破损菇

按照 NY/T 3220 规定的方法测定。

6 判定规则

6.1 按色泽、形态、气味、虫蛀、破损、杂质、异物、理化指标确定猴头菇干品受检批次产品的等级。按菇体直径确定猴头菇干品受检批次产品的规格。

6.2 检验项目全部符合本文件相应要求的,判定该批产品符合该等级规格规定。若检验结果中有一项不符合的,允许从该批产品中增加抽检数量的 20% 对不合格项进行复检一次。若复检仍不符合的,则按下一级别规定的容许度检验,直到判出等级规格为止。

7 包装、标识和储运

7.1 包装

应符合 GB/T 34318 和 NY/T 3220 的规定。内包装材料可使用塑料袋、塑料罐密封包装,材料应符合 GB 4806.6 的规定。外包装宜采用瓦楞纸箱包装,应符合 GB/T 6543 的规定。用于出口的包装箱应符合 SN/T 0266 的规定。

7.2 标识

7.2.1 等级标识

采用特级、一级、二级表示。

7.2.2 规格标识

采用大(L)、中(M)、小(S)表示,同时标注相应规格指标值的范围。

7.3 储运

应符合 GB/T 34318 和 NY/T 3220 的规定。猴头菇干品应储存在温度 2 ℃～4 ℃、相对湿度≤75% 的冷库。运输过程中应轻装轻卸,注意防潮、防霉。

ICS 67.080.20
CCS B 31

中华人民共和国农业行业标准

NY/T 4346—2023

榆黄蘑等级规格

Grades and specifications of *Pleurotus citrinopileatus* Sing.

2023-04-11 发布

2023-08-01 实施

中华人民共和国农业农村部 发布

前　言

本文件按照 GB/T 1.1—2020《标准化工作导则　第 1 部分：标准化文件的结构和起草规则》的规定起草。

请注意本文件的某些内容可能涉及专利。本文件的发布机构不承担识别专利的责任。

本文件由农业农村部农产品质量安全监管司提出。

本文件由农业农村部农产品营养标准专家委员会归口。

本文件起草单位：上海市农业科学院、农业农村部食用菌产品质量监督检验测试中心（上海）、江苏安惠生物科技有限公司、上海科立特农产品检测技术服务有限公司。

本文件主要起草人：董慧、陆欢、周昌艳、赵晓燕、彭书婷、陈惠、吴伟杰、尚晓冬、王瑞娟、蔡敏、陈磊、张艳梅、李晓贝、郭倩、范婷婷、赵志勇、鄂恒超、包振伟。

榆黄蘑等级规格

1 范围

本文件规定了榆黄蘑的术语和定义、要求、检测方法、判定规则、包装、标识和储运。

本文件适用于人工栽培榆黄蘑子实体鲜品及干品。

2 规范性引用文件

下列文件中的内容通过文中的规范性引用而构成本文件必不可少的条款。其中,注日期的引用文件,仅该日期对应的版本适用于本文件;不注日期的引用文件,其最新版本(包括所有的修改单)适用于本文件。

GB 4806.6 食品安全国家标准 食品接触用塑料树脂

GB 4806.8 食品安全国家标准 食品接触用纸和纸板材料及制品

GB 5009.3 食品安全国家标准 食品中水分的测定

GB/T 6543 运输包装用单瓦楞纸箱和双瓦楞纸箱

GB 7096 食品安全国家标准 食用菌及其制品

GB/T 12728 食用菌术语

GB/T 34318 食用菌干制品流通规范

GB/T 37109 农产品基本信息描述 食用菌类

NY/T 3220 食用菌包装及储运技术规范

SN/T 0266 出口商品运输包装钙塑瓦楞箱检验规程

3 术语和定义

GB/T 12728 和 GB/T 37109 界定的以及下列术语和定义适用于本文件。

3.1

榆黄蘑 golden oyster mushroom

中文学名金顶侧耳(*Pleurotus citrinopileatus* Sing.),隶属担子菌门(Basidiomycota)伞菌纲(Agaricomycetes)伞菌目(Agaricales)侧耳科(Pleurotaceae)侧耳属(*Pleurotus*)。因菌盖多呈草黄色至金黄色而得名。

3.2

菌盖最大宽度 maximum width of pileu

子实体菌盖最宽的横径(最长的距离)。

3.3

残缺菇 fragmentary fruiting body

菌盖、菌柄不完整的子实体。

4 要求

4.1 基本要求

应符合下列基本要求:

a) 具有榆黄蘑特有的香味,无霉变、腐烂等异味;

b) 清洁,无肉眼可见的杂质、异物;

c) 鲜品无喷淋、浸泡等异常外来水分,干品水分含量≤12.0 g/100 g;

d) 农药、重金属等限量,应符合 GB 7096 的规定。

4.2 等级

4.2.1 等级划分

在符合基本要求的前提下,榆黄蘑产品分为特级、一级和二级,不能纳入特级、一级、二级且未失去食用价值的列为等外级。

4.2.2 质量指标

榆黄蘑等级应符合表 1 的要求。

表 1 榆黄蘑等级要求

指标		特级	一级	二级
鲜品	形态	菇形完整周正,无残缺;菌盖呈扇形、掌形或扇半球形,菌盖边缘内卷;盖厚柄粗	菇形较完整,允许有轻微残缺;菌盖呈扇形、掌形或扇半球形,菌盖边缘稍平展;盖厚柄细或盖薄柄粗	菇形较完整,允许有残缺;菌盖呈扇形、掌形或扇半球形,菌盖边缘平展;盖薄柄细
	色泽	菌柄为白色或灰白色		
		具有该品种自然颜色,同批产品色泽均匀一致,无异色斑点	具有该品种自然颜色,同批产品色泽较均匀一致,允许有轻微异色斑点	具有该品种自然颜色,同批产品色泽基本均匀一致,带有轻微异色斑点
	残缺菇,%(质量比)	无	≤2	≤4
干品	形态	菇形完整,无残缺、扭曲或畸形;菌盖呈扇形或扇半球形	菇形较完整,允许有轻微残缺、扭曲或畸形;菌盖呈扇形或扇半球形	菇形较完整,允许有残缺,无过度扭曲或畸形;菌盖呈扇形或扇半球形
	色泽	菌盖呈黄色,菌柄为淡黄色至灰白色,同批产品色泽均匀一致	菌盖呈暗黄色至黄棕色,菌柄为白色至灰白色,同批产品色泽较均匀一致	菌盖呈黄棕色至黄褐色,菌柄为灰白色至浅褐色,同批产品色泽基本均匀一致
	残缺菇,%(质量比)	无	≤2	≤4

4.2.3 等级容许度

以质量计:

a) 特级允许有 5% 的产品不符合该等级的要求,但同时应符合一级的要求;

b) 一级允许有 10% 的产品不符合该等级的要求,但同时应符合二级的要求;

c) 二级允许有 10% 的产品不符合该等级的要求。

4.3 规格

4.3.1 规格划分

以榆黄蘑菌盖最大宽度作为规格划分的指标,分为大(L)、中(M)、小(S)3 个规格,规格的划分应符合表 2 的要求。

表 2 榆黄蘑规格要求

项目		大(L)	中(M)	小(S)
菌盖最大宽度,cm	鲜品	>5.0	3.0~5.0	<3.0
	干品	>4.5	2.5~4.5	<2.5

4.3.2 规格容许度

按其质量计:

a) 大(L)规格允许有小于或等于 5% 的产品不符合该规格的要求;

b) 中(M)和小(S)规格允许有小于或等于 10% 的产品不符合该规格的要求。

5 检测方法

5.1 感官指标

应在常温、清洁、干燥、光线良好、无异味的场所进行感官检验。将样品置于白色瓷盘等浅色背景容器中,肉眼观测样品色泽、形态、霉烂、异物,嗅闻气味。

5.2 残缺菇

按照 NY/T 3220 规定的方法测定。

5.3 水分

按照 GB 5009.3 规定的方法测定。

6 判定规则

6.1 按色泽、形态、气味、残缺、杂质、异物、理化指标确定榆黄蘑鲜品和干品受检批次产品的等级。按菌盖最大宽度指标确定榆黄蘑鲜品和干品受检批次产品的规格。

6.2 检验项目全部符合本文件相应要求的,判定该批产品符合该等级规格规定。若检验结果中有一项不符合的,允许从该批产品中增加抽检数量的 20% 对不合格项进行复检一次。若复检仍不符合的,则按下一级别规定的容许度检验,直到判出等级规格为止。

7 包装、标识和储运

7.1 包装

应符合 GB/T 34318 和 NY/T 3220 的规定。内包装可使用吸水纸、发泡网、聚乙烯等,材料应符合 GB 4806.6、GB 4806.8 的规定。外包装可采用蔬菜周转箱、聚苯乙烯泡沫箱、瓦楞纸箱等,材料应符合 GB/T 6543 的规定。用于出口的包装箱应符合 SN/T 0266 的要求。

7.2 标识

7.2.1 等级标识

采用特级、一级、二级表示。

7.2.2 规格标识

采用大(L)、中(M)、小(S)表示,同时标注相应规格指标值的范围。

7.3 储运

应符合 GB/T 34318 和 NY/T 3220 的规定。榆黄蘑鲜品应储存在温度 2 ℃～4 ℃、相对湿度 90%～95% 条件下,冷链运输。榆黄蘑干品应储存在通风、阴凉干燥、清洁的室温条件下,运输过程中应轻装轻卸,注意防潮、防霉。

ICS 65.020.01
CCS B 05

中华人民共和国农业行业标准

NY/T 4370—2023

农业遥感术语 种植业

Terminology of agricultural remote sensing—Crop farming

2023-04-11 发布
2023-08-01 实施

中华人民共和国农业农村部 发布

前　言

本文件按照 GB/T 1.1—2020《标准化工作导则　第 1 部分：标准化文件的结构和起草规则》的规定起草。

请注意本文件的某些内容可能涉及专利。本文件的发布机构不承担识别专利的责任。

本文件由农业农村部市场与信息化司提出。

本文件由农业农村部农业信息化标准化技术委员会归口。

本文件起草单位：北京市农林科学院信息技术研究中心、中国科学院空天信息创新研究院、中国农业科学院农业资源与农业区划研究所、浙江大学、中国农业大学、南京农业大学。

本文件主要起草人：宋晓宇、杨贵军、李静、杨小冬、高懋芳、孟炀、岑海燕、王鹏新、姚霞、顾晓鹤、徐新刚、李振海、龙慧灵、李贺丽、徐波、冯海宽。

引　言

　　遥感技术是农业生产决策管理的重要技术支撑手段。农业遥感术语从农业生产及遥感技术两个领域的相关专业词汇中,凝练出农业遥感技术与应用的常用术语,从遥感数据获取、遥感数据分析、农业遥感应用等不同环节对主要术语和定义进行标准化,以确保相关术语的准确性、科学性及专业性。本文件旨在规范农业遥感应用术语在种植业领域的使用,为遥感技术在农业(种植业)生产中的应用提供基本术语参考。

农业遥感术语　种植业

1　范围

本文件界定了农业遥感（种植业）的术语和定义。涵盖了农业遥感基础术语、农业遥感传感器及平台术语、农业遥感数据术语、农业遥感数据处理与分析术语、农作物生长遥感监测术语、农作物遥感估产术语、农作物品质遥感监测术语、精准农业遥感监测术语、农业自然资源遥感监测术语、农业生态环境遥感监测术语、农业气象灾害遥感监测术语、农业生物灾害遥感监测术语、成果/产品术语共 13 个部分的术语。

本文件适用于农业遥感标准的制定、技术文件编制、教材和书刊及文献的编写以及农业遥感研究及应用领域。

2　规范性引用文件

本文件没有规范性引用文件。

3　农业遥感基础术语

3.1

遥感　remote sensing

不接触物体本身，用传感器收集目标物的电磁波信息，经处理与分析后，识别目标物、揭示其几何、物理特征和相互关系及其变化规律的现代科学技术。

［来源：GB/T 14950—2009，3.1］

3.2

可见光遥感　visible remote sensing

传感器工作波段限于可见光谱段范围内的遥感技术。

注：可见光波长应限于 380 nm～700 nm。

［来源：GB/T 14950—2009，3.8，有修改］

3.3

多光谱遥感　multispectral remote sensing

在电磁波谱的可见光、近红外、短波红外、中波红外、热红外等谱段范围内，将地物反射或辐射的电磁波信息分成多个通道进行接收或记录的遥感技术。

注：可见光波长应限于 380 nm～700 nm；近红外波长应限于 700 nm～1 000 nm；短波红外波长应限于 1 μm～3 μm；中波红外波长应限于 3 μm～5 μm；热红外波长应限于 6 μm～15 μm。

［来源：GB/T 14950—2009，3.7，有修改］

3.4

高光谱遥感　hyperspectral remote sensing

在电磁波谱的可见光-短波红外谱段范围内，获取光谱分辨率达到 $10^{-2}\lambda$ 数量级（λ 表示工作波长）或纳米（nm）数量级的遥感技术。

注：可见光-短波红外波长范围应限于 380 nm～2 500 nm。

［来源：GB/T 14950—2009，3.14，有修改］

3.5

热红外遥感　thermal Infrared remote sensing

传感器工作波段限于热红外波长范围内的遥感技术。

注：热红外波长范围应限于 6 μm～15 μm。

3.6

微波遥感 microwave remote sensing

传感器工作波段限于微波频率范围 300 MHz～300 GHz 内或者波长范围 1 mm～1 m 内的遥感技术。

[来源:GB/T 14950—2009,3.10,有修改]

3.7

激光遥感 laser remote sensing

由发射和接收激光来探测目标物的主动式遥感技术。

[来源:GB/T 14950—2009,3.13]

3.8

叶绿素荧光遥感 chlorophyll fluorescence remote sensing

利用传感器探测植被叶绿素荧光的遥感技术。

3.9

农业遥感 agricultural remote sensing

利用搭载于航空、航天、无人机及地面等不同遥感平台的传感器,获取农业目标的电磁波信息,结合计算机、光电、地理、农学等多学科理论方法,揭示农业生产过程的各种信息时空变化特征的技术。

3.10

农业定量遥感 quantitative remote sensing for agriculture

运用农学、数学模型以及相关数据处理或反演方法,从对地观测电磁波信息中定量地反演或推算农业相关信息的技术。

4 农业遥感传感器及平台术语

4.1

传感器 sensor

依照一定的规则,对物理世界中的客观现象、物理属性进行监测,并将监测结果转化为可以进一步处理的信号的设备。

注 1:信号可以为电子的、化学的或者其他形式的传感器响应。

注 2:信号可以表示为一维、二维、三维或者更高维度的数据。

[来源:GB/T 30269.2—2013,2.1.2]

4.2

遥感器 remote sensor

用于遥感应用的传感器,是非接触探测和识别地物(地球表面)与环境(地球表面以上的大气)反射、散射或发射的电磁波能量的装置。

4.3

主动式遥感器 active remote sensor

由人工辐射源向目标物发射辐射能量,然后接收目标物反射能量的传感器。

注:如微波辐射计、激光雷达、侧视雷达等。

4.4

被动式遥感器 passive remote sensor

接收地物反射的辐射能量或地物本身的热辐射能量的遥感器。

注:如航空摄影机、多光谱扫描仪、高光谱扫描仪、红外扫描仪等。

4.5

光学遥感器 optical remote sensor

非接触测量目标反射或辐射的紫外、可见光和红外波段能量,以获取目标特性的遥感器。

[来源:GB/T 38236—2019,3.1,有修改]

4.6

激光雷达   lidar

发射激光束并接收回波获取目标三维信息的遥感系统。

［来源:GB/T 14950—2009,4.150,有修改］

4.7

合成孔径雷达   synthetic aperture radar;SAR

以多普勒频移理论和雷达相干为基础,主动向目标物发射电磁波,再由自身携带的传感器接收和记录雷达回波振幅与相位信息的遥感系统。

［来源:GB/T 14950—2009,4.151,有修改］

4.8

农业传感器   agricultural sensor

依照一定的规则,对农业相关场景中的客观现象、物理属性进行监测,并将监测结果转化为可以进一步处理的信号的设备。

［来源:GB/T 30269.2—2013,2.1.2,有修改］

4.9

农业传感[器]网[络]   agricultural sensor network

利用传感器(如土壤传感器或环境传感器)网络节点及其他网络基础设施,对农业相关场景中的信息进行采集并对采集的信息进行传输和处理,为用户提供服务的网络化信息系统。

［来源:GB/T 30269.2—2013,2.1.6,有修改］

4.10

农业物联网   agricultural internet of things

面向农业生产过程中所涉及的物品与物品(Thing to Thing,T2T)、人与物品(Human to Thing,H2T)、人与人(Human to Human,H2H)之间的信息互联网络。

4.11

遥感平台   remote sensing platform

搭载传感器并进行遥感作业的载体。

［来源:GB/T 14950—2009,3.2,有修改］

4.12

航空遥感   aerial[airborne] remote sensing

以飞机、飞艇、气球等航空飞行器为平台的遥感观测系统。

［来源:GB/T 14950—2009,3.3,有修改］

4.13

航天遥感   space[spaceborne] remote sensing

以人造卫星、宇宙飞船、航天飞机、空间站等航天飞行器为平台的遥感观测系统。

［来源:GB/T 14950—2009,3.4］

4.14

农业遥感卫星   agricultural remote sensing satellite

可以用于大范围农情信息监测与评估等农业应用需求以及专门为农业遥感监测服务的卫星遥感观测系统。

4.15

农业无人机遥感   agricultural unmanned aerial vehicle(UAV)remote sensing

以无人机为监测平台,用于小范围农情信息监测与评估的遥感观测系统。

4.16

农业地面遥感   agricultural proximal remote sensing

在农田内部,以移动车辆、固定支架、机器人或人体等为平台,传感器观测高度距观测目标在厘米至米级的近地面遥感观测系统。

5 农业遥感数据术语

5.1

农业遥感数据 agricultural remote sensing data

利用遥感技术对农业过程监测产生的数据集合。

5.2

地表反射率 surface reflectance

地物表面反射能量与到达地物表面入射能量的比值。

[来源:GB/T 30115—2013,3.9]

5.3

光谱反射率 spectral reflectance

在指定波长处,地物反射能量与入射能量之比。

5.4

农作物光谱反射率 crop spectral reflectance

在指定波长处,农作物表面反射能量与到达农作物表面入射能量的比值。

[来源:GB/T 30115—2013,3.9,有修改]

5.5

土壤光谱反射率 soil spectral reflectance

在指定波长处,土壤表面反射能量与到达土壤表面入射能量的比值。

5.6

农作物波谱特性 spectral characteristics of crop objects

描述农作物反射、吸收、透射或发射辐射随波长变化的特征。

[来源:GB/T 36299—2018,3.5,有修改]

5.7

光谱分辨率 spectral resolution

表征传感器随辐射波长变化对观测目标光谱细节分辨能力的参数。

注:通常用光谱带宽表示,即辐射测量通道之光谱响应曲线峰值的1/2所对应的波长间隔。

[来源:GB/T 33988—2017,3.3,有修改]

5.8

空间分辨率 spatial resolution

遥感影像中能够区分地面观测目标最小单元的尺寸或大小。

注:对于摄影影像,用线对在地面的覆盖宽度表示(米);对于扫描影像,是像元所对应的地面实际尺寸(米)。

5.9

时间分辨率 temporal resolution

对同一目标进行重复遥感探测时,相邻两次探测的时间间隔。

5.10

遥感影像 remote sensing image

通过加工处理安置于卫星、飞机、无人机、地面等平台的成像传感器记录的地物波谱和空间信息得到的图像数据。

5.11

激光雷达数据 lidar data

发射激光束并接收回波获取的目标三维信息。

［来源：GB/T 14950—2009,4.150,有修改］

5.12

合成孔径雷达数据　synthetic aperture radar data;SAR data

以多普勒频移理论和雷达相干为基础,主动向目标物发射电磁波,再由自身携带的传感器接收、记录和处理的雷达回波振幅与相位数据。

［来源：GB/T 14950—2009,4.151,有修改］

6　农业遥感数据处理与分析术语

6.1

影像预处理　image preprocessing

对空、天、地各类遥感平台获取的原始影像数据所进行的纠正与重建的过程。

6.2

辐射纠[校]正　radiometric correction

对遥感图像存在的系统性、随机性辐射失真或畸变进行校正的过程。

［来源：GB/T 14950—2009,5.195,有修改］

6.3

辐射定标　radiometric calibration

根据遥感器定标方程和定标系数,将记录的量化数字灰度值转换成对应视场表观辐亮度的过程。

［来源：GB/T 30115—2013,3.7］

6.4

大气纠[校]正　atmospheric correction

消除或减弱卫星或航空遥感影像在获取时因大气吸收或散射作用引起的辐射畸变的过程。

［来源：GB/T 14950—2009,5.191,有修改］

6.5

几何纠[校]正　geometric correction

为消除遥感影像的几何畸变而进行投影变换以及不同波段影像套合等校正过程。

［来源：GB/T 14950—2009,5.190,有修改］

6.6

几何配准　geometric registration

将不同时间、不同波段、不同传感器系统所获得的同一地区的遥感影像,经几何变换使同名像点在位置上和方位上完全叠合的处理过程。

［来源：GB/T 14950—2009,5.194,有修改］

6.7

多时相分析　multi-temporal analysis

联合分析不同时间获取的相同空间位置的影像,以提取目标特征及其动态变化信息的分析方法。

［来源：GB/T 14950—2009,5.231,有修改］

6.8

遥感影像镶嵌[拼接]　remote sensing image mosaic

将若干相邻分幅的遥感影像拼接成一幅影像的处理过程。

［来源：GB/T 14950—2009,5.42,有修改］

6.9

影像重采样　image resampling

遥感影像灰度数据在进行几何变换时,根据相邻像元信息内插得到新像元灰度信息的过程。

［来源：GB/T 14950—2009,5.158,有修改］

6.10

植被指数　vegetation index；VI

利用不同谱段光谱反射率的线性或非线性组合而形成的能反映绿色植物生长及健康状况的特征指数。

[来源：GB/T 14950—2009，5.201，有修改]

6.11

辐射传输模型　radiative transfer model

描述电磁波与地物（含大气）相互作用中辐射能量吸收、散射或反射的能量转化过程的模型。

6.12

遥感经验[统计]模型　empirical[statistical] model in remote sensing

通过实验获取遥感光谱参数及其对应的目标参数，以目标地物参数为因变量、遥感光谱参数为自变量，构建遥感光谱参数和目标参数之间的统计关系，对目标参数进行估算的模型。

6.13

半经验模型　semi-empirical model

耦合遥感机理（物理）模型与经验统计模型建立遥感光谱参数与目标参数之间定量关系的方法。

6.14

遥感机理模型　mechanistic model of remote sensing

基于辐射传输机理构建的目标地物参数和遥感波谱信号之间的定量关系模型。

6.15

作物生长模拟模型　crop growth simulation model

采用数学系统分析方法和计算机模拟技术，对作物生长发育过程及其与气候、土壤之间作用过程的关系进行描述和预测，根据气象条件、土壤条件以及管理方案，定量和动态地描述作物生长、发育和产量形成过程及其对环境的反馈模型。

7　农作物生长遥感监测术语

7.1

农作物长势遥感监测　crop growth monitoring with remote sensing

利用遥感技术直接或者间接对作物群体生长状况及生长过程的特征量（叶面积指数、生物量、产量等）进行测量或者诊断，获取作物空间分布、肥水行情、病虫草害动态及时序变化等信息的过程。

7.2

农作物播期遥感监测　crop sowing date monitoring with remote sensing

利用遥感技术对某种农作物播种时期进行监测的过程。

7.3

农作物物候遥感监测　crop phenology monitoring with remote sensing

利用遥感时间序列数据对作物从播种到收获过程中形态发生显著变化的生育期进行监测的过程。

7.4

农作物苗情遥感监测　crop seedling condition monitoring with remote sensing

利用遥感技术对作物出苗率、覆盖度、整齐度等苗情信息进行监测、评估的过程。

7.5

农作物理化参数遥感监测　crop physicochemical parameters monitoring with remote sensing

利用遥感技术对农作物生长过程中生理生化参数进行监测及评估的过程。

注：生理生化参数包括叶绿素含量、氮素含量、水分含量、叶面积指数、生物量、叶倾角、株高、株形等生长参数。

7.6

农作物农情遥感监测　crop growth condition monitoring with remote sensing

利用遥感技术对农作物空间分布、墒情、苗情、长势、病虫害、灾情等进行监测的过程。

注:农情遥感监测包括农作物种植面积与布局调查、农作物的墒情、苗情、长势监测,农业病虫害、灾害的发生与发展监测以及农业灾情损失评估、农作物产量预测等。

[来源:NY/T 3526—2019,3.1,有修改]

7.7

农作物收获期遥感监测 crop harvest period monitoring with remote sensing

利用遥感技术对农作物成熟收获的时期进行监测的过程。

8 农作物遥感估产术语

8.1

农作物遥感估产 crop yield estimation with remote sensing

基于农作物生物学特征及遥感记录的不同生育期波谱特征,在作物收获前对其产量进行预测的过程。

8.2

农作物遥感估产模型 crop yield estimation model with remote sensing

利用农作物光谱反射率以及光谱/植被指数等变量建立的可用于作物产量估算的数学模型。

8.3

农作物初级生产力遥感估测 crop primary productivity estimation with remote sensing

以遥感数据和地面观测数据为基础,建立遥感数据与农作物初级生产力统计关系或利用光能利用率模型进行农作物初级生产力的估算过程。

9 农作物品质遥感监测术语

9.1

农作物品质遥感监测 crop quality monitoring with remote sensing

利用遥感技术对农作物生长过程中氮素、水分、糖分等营养状况进行监测建模,并根据作物生殖生长期营养转运规律间接估算作物籽粒营养品质的过程。

注:营养品质包括作物籽粒蛋白质含量、淀粉含量等。

10 精准农业遥感监测术语

10.1

精准农业遥感定量监测技术 precision agricultural remote sensing quantitative monitoring technology

针对农业生产关键管理环节,适时获取田间作物遥感影像,通过数据分析获取作物养分、水分、病虫害等信息,将所获遥感信息与农业施肥、灌溉、施药等模型结合转化为农业定量决策管理信息,并依据其空间分布特征生成作业处方图,用来指导田间肥、水、药精准管理的过程。

11 农业自然资源遥感监测术语

11.1

农业自然资源遥感监测 agricultural natural resources monitoring with remote sensing

利用遥感技术对农业自然资源进行调查、测算和评估的过程,以查明不同地区农业自然资源的状况、特点和开发潜力,以便合理利用。

注:一般包括各种气象要素、水、土地、生物等自然资源。

11.2

耕地资源遥感监测 cultivated land resources monitoring with remote sensing

利用遥感技术对耕地资源进行监测及评价的过程。

注:包括耕地面积、分布及质量等。

11.3

作物遥感分类 crop classification with remote sensing

利用遥感技术对不同作物类型进行识别,明确作物空间分布状况的过程。

11.4

作物种植面积遥感监测 crop planted area monitoring with remote sensing

利用遥感技术,根据不同作物在遥感影像上呈现的颜色、纹理、形状、光谱、时相等特征信息,对作物种植面积在空间及时间上的分布进行识别及统计的过程。

11.5

耕地面积遥感监测 cultivated land area monitoring with remote sensing

利用遥感技术对耕地在空间上的分布或变化等信息进行识别提取的过程。

11.6

耕地质量遥感监测 cultivated land quality monitoring with remote sensing

利用遥感技术,结合定点调查、观测记载和采样测试等方式,对耕地的理化性状、生产能力和环境质量进行监测与评估的过程。

11.7

农业基础设施遥感监测 agricultural infrastructure monitoring with remote sensing

利用遥感技术对农业基础设施,如灌溉与排水设施、田间道路、农田防护设施、生态环境保护设施、农田输配电设施等与农业相关的设施空间分布及其空间变化情况进行监测的过程。

11.8

种植模式遥感监测 planting patterns monitoring with remote sensing

利用遥感技术对某个地区或生产单位不同作物空间组合模式和时间复种模式进行监测的过程。

11.9

设施农业遥感监测 facility agricultural monitoring with remote sensing

利用遥感技术对设施农业的面积、分布、类别、数量进行识别及信息提取的过程。

12 农业生态环境遥感监测术语

12.1

农业面源污染遥感监测 agricultural nonpoint source pollution monitoring with remote sensing

利用遥感监测技术,结合地面同步调查、观测记载和采样测试等方式,对农田面源污染导致的土壤理化性状、植被生产能力和环境质量的变化进行监测与评估的过程。

12.2

农田灌溉用水污染遥感监测 cultivated land irrigation water pollution monitoring with remote sensing

利用遥感技术对造成农田灌溉用水污染的污染源进行监测、评估的过程。

12.3

农田重金属污染遥感监测 cultivated land heavy metal pollution monitoring with remote sensing

利用遥感技术对农田土壤及作物系统的重金属污染状况进行监测和评估的过程。

12.4

农田土壤侵蚀遥感监测 cultivated land soil erosion monitoring with remote sensing

利用遥感技术进行的农田土壤侵蚀时空演变的定位和定量分析工作。

12.5

农田生态系统服务功能遥感监测 cultivated land ecosystem services monitoring with remote sensing

利用遥感技术对农田生态系统支持、调节、供给等服务功能进行监测和评估的过程。

12. 6

农田生态风险遥感评估 remote sensing assessment of cultivated land ecological risk

利用遥感技术对农田生态系统暴露于一种或多种胁迫因子时负面效应发生的可能性进行评估的过程。

12. 7

农田碳通量遥感监测 remote sensing monitoring of carbon flux in cultivated land ecosystem

以碳通量原位测量数据为基础,利用遥感技术并结合生态系统模型(统计模型、过程模型、半经验模型等)对农田生态系统碳通量进行监测与估算的过程。

13 农业气象灾害遥感监测术语

13. 1

农业气象灾害遥感监测 agricultural meteorological disaster monitoring with remote sensing

利用遥感技术对气象灾害所导致的农业生产受损情况进行监测及评估的过程。

13. 2

农业干旱遥感监测 agricultural drought monitoring with remote sensing

利用遥感技术对农田生态系统中存在的农业干旱(包括农田土壤墒情及作物水分)情况进行监测及评估的过程。

注:如农业干旱面积、干旱等级、干旱造成农作物减产损失等灾害情况。

13. 3

农田土壤墒情遥感监测 cultivated land soil moisture monitoring with remote sensing

采用遥感技术对农田土壤水分含量、农田土壤湿度状况进行监测及评估的过程。

13. 4

农业洪涝灾害遥感监测 agricultural flood disaster monitoring with remote sensing

利用遥感技术对因气象原因引起的水位异常升高导致的农业土地及作物被淹等受灾状况进行监测及评估的过程。

注:如农田受灾面积、受灾程度以及作物减产或绝收等灾害情况。

13. 5

农业低温灾害遥感监测 agricultural low temperature and cold injury monitoring with remote sensing

利用遥感技术对于低温冷冻害造成作物生长受损等情况进行监测及评估的过程。

注:如冷冻害受灾面积、冷冻害受灾程度以及冷冻害导致作物减产损失等灾害情况。

13. 6

农业冰雹灾害遥感监测 agricultural hailstorm disaster monitoring with remote sensing

利用遥感技术对冰雹灾害造成农业设施损坏及作物生长受损等情况进行监测及评估的过程。

注:如受灾面积、受灾程度以及冰雹灾害导致作物减产损失等灾害情况。

13. 7

农业雪灾遥感监测 agricultural snow disaster monitoring with remote sensing

利用遥感技术对积雪覆盖造成的农业设施损坏及作物生长受损等情况进行监测及评估的过程。

注:如积雪范围、积雪厚度以及雪灾导致作物减产损失等灾害情况。

13. 8

农业高温热害遥感监测 agricultural high temperature heat injury monitoring with remote sensing

利用遥感技术对高温热害造成作物生长受损等情况进行监测及评估的过程。

注:如高温热害受灾面积、热害受灾程度以及热害导致作物减产损失等灾害情况。

13. 9

农作物倒伏遥感监测 crop lodging monitoring with remote sensing

利用遥感技术对作物倒伏面积、倒伏程度、因倒伏导致作物减产损失等情况进行监测及评估的过程。

14 农业生物灾害遥感监测术语

14.1

农作物病害遥感监测 crop disease monitoring with remote sensing

利用遥感技术对农田土壤或作物病菌、病毒引发的作物感染、生长异常甚至死亡以及产量损失等情形进行监测及评估的过程。

注：如病害导致的作物受损的严重程度、病害发生面积、因病害导致的作物产量损失等灾害情况。

14.2

农作物虫害遥感监测 crop pest monitoring with remote sensing

利用遥感技术对因农作物害虫引发的作物生长受损、产量损失等情况进行监测及评估的过程。

注：如虫害导致的作物受损的严重程度、虫害发生面积、因虫害导致的作物产量损失等灾害情况。

14.3

农田杂草遥感识别 cultivated land weed identification with remote sensing

利用遥感或机器视觉等技术方法，将杂草与田间作物、土壤背景进行区分与辨识的过程。

15 成果/产品术语

15.1

农业遥感产品 agricultural remote sensing product

针对农作物分类、农作物长势监测、农作物田间管理、农业灾害监测等需求，综合利用遥感数据、地面观测数据、基础地理信息等数据制作的作物长势、作物分类、农业灾害等遥感监测专题图、表、要素图等可视化成果。

15.2

作物波谱数据库 crop spectral library

汇集典型作物的波谱数据，能够涵盖多种典型作物目标的波谱与特征参数的数据集合。

15.3

农业遥感影像数据库 agricultural remote sensing image library

面向农业应用服务的卫星、航空器及无人机遥感影像数据的集合。

15.4

农业遥感专题图 agricultural remote sensing thematic map

面向农业应用服务对象，利用遥感影像、地理信息以及地面调查数据等资料制作的反映目标对象某一属性信息的图件。

参 考 文 献

[1] GB/T 14950—2009 摄影测量与遥感术语
[2] GB/T 30115—2013 卫星遥感影像植被指数产品规范
[3] GB/T 30269.2—2013 信息技术 传感器网络 第2部分:术语
[4] GB/T 33988—2017 城镇地物可见光-短波红外光谱反射率测量
[5] GB/T 36299—2018 光学遥感辐射传输基本术语
[6] GB/T 38236—2019 航天光学遥感器实验室辐射定标方法
[7] NY/T 3526—2019 农情监测遥感数据预处理技术规范

索　引

汉语拼音索引

英文对应词索引

A

C

P

Q

R

S

T

V

ICS 35.240.01
CCS B 01

中华人民共和国农业行业标准

NY/T 4371—2023

大豆供需平衡表编制规范

Specifications for soybean supply and demand balance sheet

2023-04-11 发布

2023-08-01 实施

中华人民共和国农业农村部 发布

前　言

本文件按照 GB/T 1.1—2020《标准化工作导则　第 1 部分：标准化文件的结构和起草规则》的规定起草。

本文件的某些部分内容可能涉及专利。本文件的发布机构不承担识别专利的责任。

本文件由农业农村部市场与信息化司提出。

本文件由农业农村部农业信息化标准化技术委员会归口。

本文件起草单位：农业农村部信息中心、北京金谷高科技术股份有限公司、国家粮油信息中心、中国农业科学院农业信息研究所、北京市农林科学院数据科学与农业经济研究所。

本文件主要起草人：殷瑞锋、黄菡、王辽卫、张振、张永恩、孟丽、马光霞、徐佳男、李淞淋、王芸娟、罗长寿。

大豆供需平衡表编制规范

1 范围

本文件规定了中国大豆供需平衡表的术语和定义、编制原则、内容要素、平衡表样式、数据来源等。

本文件适用于行政管理部门、高校和科研院所、市场主体等，以衡量全国性的大豆供需平衡状况为目的的表格编制。区域性大豆供需平衡表，或细分项产品，如食用大豆、油用大豆，以及国产大豆、进口大豆等供需平衡表的编制，可参照执行。

2 规范性引用文件

下列文件中的内容通过文中的规范性引用而构成本文件必不可少的条款。其中，注日期的引用文件，仅该日期对应的版本适用于本文件；不注日期的引用文件，其最新版本（包括所有的修改单）适用于本文件。

NY/T 4170　大豆市场信息监测要求

3 术语和定义

下列术语和定义适用于本文件。

3.1

供需平衡表　supply and demand balance sheet

描述商品供给与需求在数量上平衡关系的表格，用于衡量和预测一个或多个市场年度或自然年度期间商品供给与需求的平衡关系。

注：市场年度指周期性生产的产品上市销售的年度。自然年度为每年1月—12月。

3.2

大豆市场年度　soybean marketing year

中国大豆收获上市后的12个月时间，即当年10月至翌年9月。

4 编制原则

4.1　遵循供需平衡原则，即：供给量（期初库存量＋生产量＋进口量）＝需求量（消费量＋出口量＋期末库存量）。

4.2　遵循单项平衡原则，即：生产量＝收获面积×单产、消费量＝压榨消费量＋食用和食品加工消费量＋饲用消费量＋种用消费量＋损耗量。

4.3　数据来源遵循权威性和客观性原则。使用统计数据时，数据来源、采集方法、采集渠道等应科学规范；使用预测数据时，应基于科学合理的模型测算、德尔菲调查法、专家会商等。

4.4　数据处理遵循科学性、专业性、符合产业实际原则。

5 内容要素

5.1 必选要素

5.1.1 时期跨度

包含一个或多个市场年度或自然年度，表明供需平衡表衡量或预测的时间和期间。

5.1.2 播种面积

大豆播种面积应符合NY/T 4170的相关要求。

5.1.3 收获面积

大豆播种面积中扣除因灾绝收等情况后的实际收获面积。

5.1.4 单产

大豆单产应符合 NY/T 4170 的相关要求。

5.1.5 生产量

大豆生产量应符合 NY/T 4170 的相关要求。

5.1.6 进口量

通过各种贸易方式进口的国外生产的大豆数量之和。

5.1.7 消费量

5.1.7.1 压榨消费量

用于加工提取大豆油的大豆消费量。

5.1.7.2 食用和食品加工消费量

食用和食品企业加工大豆的数量,包括直接食用(豆芽、豆浆、毛豆等)的数量、豆制品加工消费的数量、大豆蛋白加工消费的数量和酱油酿造加工消费的数量等。

5.1.7.3 饲用消费量

直接用于饲料的大豆消费量,主要为膨化大豆。

5.1.7.4 种用消费量

预留国产大豆用于后季种植所需种子的数量。

5.1.7.5 损耗量

收获、运输、加工、储藏过程中造成的大豆损失数量。

5.1.8 出口量

通过各种贸易方式出口到其他国家和地区的国产大豆数量之和。

5.1.9 结余量

依据供需平衡原则估算的年度剩余数量,即生产量与进口量之和减去消费量和出口量。

5.1.10 表格说明

说明供需平衡表在编制和使用时的注意事项,包括年度的界定方法,实际数据的采集方法、采集时间、统计口径,预测数据使用的模型和算法等。

5.2 可选要素

5.2.1 主产区播种面积

大豆播种面积应符合 NY/T 4170 的相关要求。主产区可用区域范围、地域范围或省(自治区、直辖市)表示。

5.2.2 主产区收获面积

主产区播种面积中扣除因灾绝收等情况后的实际收获面积。

5.2.3 主产区单产

大豆单产应符合 NY/T 4170 的相关要求。主产区可用区域范围、地域范围或省(自治区、直辖市)表示。

5.2.4 主产区生产量

大豆生产量应符合 NY/T 4170 的相关要求。主产区可用区域范围、地域范围或省(自治区、直辖市)表示。

5.2.5 供给量

根据供需平衡原则估算的年度供给数量,即大豆期初库存量、生产量和进口量的总和。

5.2.6 需求量

根据供需平衡原则估算的年度需求数量,即大豆期末库存量、消费量和出口量的总和。

5.2.7 期初/期末库存量

市场年度或自然年度开始/结束时可供使用或出售的大豆数量,包括政府储备、企业库存和农户库存。

上一个年度的期末库存量即下一个年度的期初库存量。

5.2.8 国产大豆销售参考价

加工企业、贸易商收购大豆的结算价格。已结束的年度使用实际监测的平均价,未结束的年度使用预估价格区间表示。

5.2.9 进口大豆成本参考价

根据进口大豆到岸价、关税、增值税、汇率、港口杂费计算的成本价格,即进口到岸价×美元兑人民币汇率中间价＋进口关税＋进口增值税＋港口杂费。已结束的年度使用海关总署统计的不同来源地实际进口到岸平均价计算,未结束的年度使用不同进口来源地的预估成本价格区间表示。

6 平衡表样式

6.1 大豆供需平衡表样式见附录 A。

6.2 年度供给项包括播种面积、收获面积、单产、生产量、进口量。

6.3 年度需求项包括消费量和出口量,消费量具体包括压榨消费量、食用和食品加工消费量、饲用消费量、种用消费量、损耗量 5 个子项。

6.4 供需平衡表内同类要素计量单位保持一致。播种面积和收获面积为同一计量单位,单产为一计量单位,生产量、进口量、消费量、出口量、年度结余量为同一计量单位。

7 数据来源

大豆供需平衡表数据来源于国家有关部门、行业协会、企业、国际机构,以及平衡表编制主体通过统计调查采集或基于模型和算法测算的生产、加工、消费等方面的信息资料。

附　录　A

（资料性）

中国大豆供需平衡表样式

中国大豆供需平衡表样式见表 A.1。

表 A.1 给出了多个年度期间的，包含必选项和部分可选项的中国大豆供需平衡表样式。

表 A.1　中国大豆供需平衡表样式

项目	Tᵃ	T+1（上次估计）	T+1（本次估计）	T+2（上次预测）	T+2（本次预测）
单位:千公顷					
播种面积					
收获面积					
单位:千克/公顷					
单产					
单位:万吨					
生产量					
其中:主产区生产量					
进口量					
消费量					
其中:压榨消费量					
食用和食品加工消费量					
饲用消费量					
种用消费量					
损耗量					
出口量					
结余量					
单位:元/吨					
国产大豆销售参考价					
进口大豆成本参考价					

ᵃ　T 表示平衡表包含的第一个市场年度或自然年度。例如，2020 年 10 月至 2021 年 9 月表示为 2020/21 年度，2020 年 1 月至 12 月表示为 2020 年度。

ICS 65.020.01
CCS B 02

中华人民共和国农业行业标准

NY/T 4372—2023

食用油籽和食用植物油供需
平衡表编制规范

Specifications for supply and demand balance sheets of
edible oilseeds and edible vegetable oil

2023-04-11 发布

2023-08-01 实施

中华人民共和国农业农村部 发布

前　言

本文件按照 GB/T 1.1—2020《标准化工作导则　第 1 部分：标准化文件的结构和起草规则》的规定起草。

本文件的某些部分内容可能涉及专利。本文件的发布机构不承担识别专利的责任。

本文件由农业农村部市场与信息化司提出。

本文件由农业农村部农业信息化标准化技术委员会归口。

本文件起草单位：农业农村部信息中心、农业农村部农村经济研究中心、河南工业大学、中国植物油行业协会。

本文件主要起草人：李淞淋、张雯丽、汪学德、陈刚、黄家章、包月红、徐佳男、马宇翔、马云倩、高雯。

食用油籽和食用植物油供需平衡表编制规范

1 范围

本文件规定了中国食用油籽和食用植物油供需平衡表的术语和定义、编制原则、内容要素、平衡表样式、数据来源及处理等。

本文件适用于行政管理部门、高校和科研院所、市场主体等,以衡量全国性的食用油籽和食用植物油两大类产品供需平衡状况为目的的表格编制。编制区域性食用油籽和食用植物油供需平衡表,或编制细分项产品,如油用大豆、油菜籽、花生仁、葵花籽、油棕果、棉籽、芝麻、胡麻籽、油茶籽,以及大豆油、菜籽油、花生油、葵花籽油、棕榈油、棉籽油、芝麻油、胡麻油、亚麻籽油、茶籽油等的供需平衡表可参照执行。

2 规范性引用文件

下列文件中的内容通过文中的规范性引用而构成本文件必不可少的条款。其中,注日期的引用文件,仅该日期对应的版本适用于本文件;不注日期的引用文件,其最新版本(包括所有的修改单)适用于本文件。

GB/T 30354—2013 食用植物油散装运输规范

GB/T 35873 农产品市场信息采集与质量控制规范

3 术语和定义

下列术语和定义适用于本文件。

3.1

食用油籽 edible oilseeds

可供提取食用植物油的植物果实、籽实等的统称。

3.2

食用植物油 edible vegetable oil

从植物油料中提取的成品食用油和作为成品食用油原料的毛油。

[GB/T 30354—2013,定义3.1]

3.3

供需平衡表 supply and demand balance sheet

描述商品供给与需求在数量上平衡关系的表格,用于衡量和预测一个或多个市场年度或自然年度期间商品供给与需求的平衡关系。

注:市场年度指周期性生产的产品上市销售的年度。自然年度为每年1月—12月。

4 编制原则

4.1 遵循供需平衡原则,即:供给量(期初库存量＋生产量＋进口量)＝需求量(国内消费需求＋出口量＋期末库存量)。

4.2 遵循大类产品和细分项产品总量平衡原则,即:大类产品的生产量、进口或出口量、消费量、库存量是细分项产品相应指标取值之和。

4.3 遵循食用油籽和食用植物油产品间协调统一原则。

4.4 数据来源遵循权威性和客观性原则。使用统计数据时,数据来源、采集方法、采集渠道等应科学规范;使用预测数据时,应基于科学合理的模型测算、德尔菲调查法、专家会商等。

4.5 数据处理遵循科学性、专业性、符合产业实际的原则。

5 内容要素

5.1 必选要素

5.1.1 时期跨度

包含一个或多个市场年度或自然年度,表明供需平衡表衡量或预测的时间和期间。

5.1.2 食用油籽供需必选要素

5.1.2.1 生产量

收获的可提取食用植物油的植物果实、籽实等的数量之和。

5.1.2.2 进口量

通过各种贸易方式进口的国外生产的食用油籽数量之和。

5.1.2.3 消费量

全社会消费食用油籽的数量。食用油籽消费量涉及的指标及内容见附录 A。

5.1.2.4 出口量

通过各种贸易方式出口到其他国家和地区的国产食用油籽数量之和。

5.1.3 食用植物油供需必选要素

5.1.3.1 生产量

将国产和进口植物油料经过压榨、浸出或萃取等加工方法提取食用植物油的数量之和。

5.1.3.2 进口量

通过各种贸易方式进口的国外生产的食用植物油数量之和。

5.1.3.3 消费量

全社会消费食用植物油的数量。

5.1.3.4 出口量

通过各种贸易方式出口到其他国家和地区的国产食用植物油数量之和。

5.1.4 库存量或结余量

库存量为实地调查统计的库存仓储量。上一个年度的期末库存量即下一个年度的期初库存量。结余量为依据供需平衡原则估算的库存量。

5.1.5 表格说明

说明供需平衡表在编制和使用时的注意事项,包括年度的界定方法,实际数据的采集方法、采集时间、统计口径,预测数据使用的模型和算法等。

5.2 可选要素

5.2.1 食用油籽供需可选要素

主要包括 3 类指标:生产量指标,如播种面积、收获面积、单产;消费量细分指标,如饲用消费量、损耗量等;细分产品信息。

5.2.2 食用植物油供需可选要素

主要包括 3 类指标:生产量指标和参数,如从国产油籽提取食用植物油生产量、从进口油籽提取食用植物油生产量、杂质率、出油率等;消费量细分指标,如城镇居民食用消费量、农村居民食用消费量、饲用消费量等;细分产品信息。

5.2.3 价格信息

产品价格,及其对应产品名称、产品等级、价格类型、交易地点、计量单位,应符合 GB/T 35873 的相关要求。

6 平衡表样式

6.1 食用油籽和食用植物油供需平衡表样式见附录 B。

6.2 年度新增供应项包括生产量和进口量2项。

6.3 年度需求项包括消费量和出口量2项。

6.4 供需平衡表内同类要素计量单位保持一致。

7 数据来源及处理

7.1 数据来源

7.1.1 食用油籽供需平衡表数据来源于国家有关部门、行业协会、企业、国际机构,以及平衡表编制主体通过统计调查采集、在实验室测试或基于模型和算法测算的生产、加工、消费等方面的信息资料。

7.1.2 食用植物油供需平衡表数据来源于平衡表编制主体通过统计调查采集或基于模型和算法测算得到的信息资料,或以食用油籽供需平衡表数据和杂质率、加工出油率等相关参数为基础的测算数据。

7.2 数据处理

7.2.1 食用油籽供需指标取值为各细分项食用油籽产品相应指标取值之和,按公式(1)计算。

$$X = \sum_{i=1}^{N} X_i \quad \cdots\cdots\cdots\cdots\cdots\cdots\cdots\cdots\cdots\cdots\cdots\cdots\cdots\cdots\cdots\cdots\cdots\cdots\cdots \quad (1)$$

式中:

X ——食用油籽供需指标的数值,包括生产量、进口量、出口量、消费量、压榨使用量、结余变化量、库存量,单位为万吨(万 t);

X_i ——第 i 项食用油籽产品在供需指标 X 上的取值,单位为万吨(万 t);

i ——第 i 项食用油籽产品,如油用大豆、油菜籽、花生仁、葵花籽、油棕果、棉籽、芝麻、胡麻籽、油茶籽等。

7.2.2 食用植物油供需指标取值为各细分项食用植物油产品相应指标取值之和,按公式(2)计算。

$$Y = \sum_{j=1}^{N} Y_j \quad \cdots\cdots\cdots\cdots\cdots\cdots\cdots\cdots\cdots\cdots\cdots\cdots\cdots\cdots\cdots\cdots\cdots \quad (2)$$

式中:

Y ——食用植物油供需指标的数值,包括生产量、进口量、出口量、消费量、结余变化量、库存量,单位为万吨(万 t);

Y_j ——第 j 项食用植物油产品在供需指标 Y 上的取值,单位为万吨(万 t);

j ——第 j 项食用植物油产品,如大豆油、菜籽油、花生油、葵花籽油、棕榈油、棉籽油、芝麻油、胡麻油、亚麻籽油、茶籽油等。

7.2.3 单项食用植物油产品的生产量是从相应的食用油籽产品(国产的和进口的)提取的食用植物油数量之和,按公式(3)～公式(5)计算。

$$O_j = O_{j,dome} + O_{j,inpor} \quad \cdots\cdots\cdots\cdots\cdots\cdots\cdots\cdots\cdots\cdots\cdots\cdots\cdots\cdots\cdots\cdots \quad (3)$$

$$O_{j,dome} = D_{j,dome} \times r_{j,dome} \quad \cdots\cdots\cdots\cdots\cdots\cdots\cdots\cdots\cdots\cdots\cdots\cdots\cdots\cdots \quad (4)$$

$$O_{j,inpor} = Q_{j,inpor} \times e_{j,inpor} \times (1 - z_{j,inpor}) \times r_{j,inpor} \quad \cdots\cdots\cdots\cdots\cdots \quad (5)$$

式中:

O_j ——第 j 项食用植物油产品生产量的数值,单位为万吨(万 t);

$O_{j,dome}$ ——从国产油籽提取第 j 项食用植物油产品生产量的数值,单位为万吨(万 t);

$O_{j,inpor}$ ——从进口油籽提取第 j 项食用植物油产品生产量的数值,单位为万吨(万 t);

$D_{j,dome}$ ——提取第 j 项食用植物油产品所用国产油籽压榨使用量的数值,单位为万吨(万 t);

$r_{j,dome}$ ——提取第 j 项食用植物油产品所用国产油籽加工出油率的数值,单位为百分号(%);

$Q_{j,inpor}$ ——提取第 j 项食用植物油产品所用进口油籽数量的数值,单位为万吨(万 t);

$e_{j,inpor}$ ——提取第 j 项食用植物油产品所用进口油籽的压榨使用比例的数值,单位为百分号(%);

$z_{j,inpor}$ ——提取第 j 项食用植物油产品所用进口油籽杂质率的数值,单位为百分号(%);

$r_{j,inpor}$ ——提取第 j 项食用植物油产品所用进口油籽加工出油率的数值,单位为百分号(%)。

附 录 A
（规范性）
食用油籽消费量涉及的指标及内容

A.1 压榨使用量

用于加工提取食用植物油的食用油籽消费量。

A.2 食用量

直接食用、剥去果荚后食用，或经过磨制、干炒、煎炸等加工后食用的油籽消费量。

A.3 种用消费量

预留国产油籽用于后季种植所需种子的数量。

A.4 其他消费量

除明确列出用途的消费量外，其他消费量之和，包括损耗等。

附 录 B

（资料性）

食用油籽和食用植物油供需平衡表样式

B.1 中国食用油籽供需平衡表样式

表 B.1 给出了多个年度期间的，包含必选项和部分可选项的中国食用油籽供需平衡表样式。

表 B.1 中国食用油籽供需平衡表样式

市场年度	T[a]	T+1 （上次估计）	T+1 （本次估计）	T+2 （上次预测）	T+2 （本次预测）
单位：万吨					
供给量					
期初库存量[b]					
生产量					
其中：油菜籽					
花生					
…					
进口量					
其中：大豆					
油菜籽					
…					
需求量					
消费量					
其中：压榨使用量					
出口量					
期末库存量[b]					
单位：元/吨					
国产二级花生仁批发价					

[a] T 表示平衡表包含的第一个市场年度或自然年度。例如：2020 年 10 月至 2021 年 9 月表示为 2020/21 年度，2020 年 1 月至 12 月表示为 2020 年度。

[b] 当库存量不便获取时，改用结余量或结余变化量。

B.2 中国食用植物油供需平衡表样式

表 B.2 给出了多个年度期间的，包含必选项和部分可选项的中国食用植物油供需平衡表样式。

表 B.2 中国食用植物油供需平衡表样式

市场年度	T[a]	T+1 （上次估计）	T+1 （本次估计）	T+2 （上次预测）	T+2 （本次预测）
单位：万吨					
供给量					
期初库存量[b]					
生产量					
其中：豆油					
菜籽油					

表 B.2（续）

市场年度	Tᵃ	T+1 （上次估计）	T+1 （本次估计）	T+2 （上次预测）	T+2 （本次预测）
花生油					
…					
进口量					
其中：棕榈油					
菜籽油					
豆油					
…					
需求量					
消费量					
出口量					
期末库存量ᵇ					
单位：元/吨					
国内三级豆油出厂价					
国内三级菜籽油出厂价					
进口棕榈油完税价					
进口豆油完税价					

ᵃ T 表示平衡表包含的第一个市场年度或自然年度。例如，2020 年 10 月至 2021 年 9 月表示为 2020/21 年度，2020 年 1 月至 12 月表示为 2020 年度。

ᵇ 当库存量不便获取时，改用结余量或结余变化量。

ICS 19.020
CCS B 05

中华人民共和国农业行业标准

NY/T 4373—2023

面向主粮作物农情遥感监测田间
植株样品采集与测量

Plant Samples collection and measurement for agricultural remote
sensing monitoring of main crops

2023-04-11发布

2023-08-01实施

中华人民共和国农业农村部 发布

前　言

本文件按照 GB/T 1.1—2020《标准化工作导则　第 1 部分：标准化文件的结构和起草规则》的规定起草。

请注意本文件的某些内容可能涉及专利。本文件的发布机构不承担识别专利的责任。

本文件由农业农村部市场与信息化司提出。

本文件由农业农村部农业信息化标准化技术委员会归口。

本文件起草单位：北京市农林科学院信息技术研究中心、农芯（南京）智慧农业研究院有限公司。

本文件主要起草人：杨小冬、杨贵军、常红、宋晓宇、徐新刚、杨浩、龙慧灵、孟炀、李伟国、冯海宽、卢宪祺。

面向主粮作物农情遥感监测田间植株样品采集与测量

1 范围

本文件规定了面向主要粮食作物(小麦、水稻、玉米等)农情遥感监测所涉及的田间植株样品的术语和定义、测量基本要求、田间测量、样品采集、室内测量、资料记录和档案管理。

本文件适用于开展主要粮食作物(小麦、水稻、玉米等)农情遥感监测的田间植株样品采集和测量工作。

2 规范性引用文件

下列文件中的内容通过文中的规范性引用而构成本文件必不可少的条款。其中,注日期的引用文件,仅该日期对应的版本适用于本文件;不注日期的引用文件,其最新版本(包括所有的修改单)适用于本文件。

GB/T 20264　粮食、油料水分两次烘干测定法
GB/T 24896　粮油检验　稻谷水分含量测定　近红外法
GB/T 24897　粮油检验　稻谷粗蛋白质含量测定　近红外法
GB/T 24898　粮油检验　小麦水分含量测定　近红外法
GB/T 24899　粮油检验　小麦粗蛋白质含量测定　近红外法
GB/T 24900　粮油检验　玉米水分含量测定　近红外法
GB/T 24901　粮油检验　玉米粗蛋白质含量测定　近红外法
GB/T 31578　粮油检验　粮食及制品中粗蛋白测定　杜马斯燃烧法
GB/T 33862　全(半)自动凯氏定氮仪
GB/T 33988　城镇地物可见光-短波红外光谱反射率测量
GB/T 37802　农田信息监测点选址要求和监测规范
GB/T 37804　冬小麦苗情长势监测规范
GB/T 40834　夏玉米苗情长势监测规范
NY/T 3921　面向农业遥感的土壤墒情和作物长势地面监测技术规程
NY/T 3922　中高分辨率卫星主要农作物长势遥感监测技术规范
NY/T 4065　中高分辨率卫星主要农作物产量遥感监测技术规范
QX/T 468　农业气象观测规范　水稻

3 术语和定义

下列术语和定义适用于本文件。

3.1

地上生物量　aboveground biomass
单位土地面积内,作物在地表以上所有器官干物质质量的总和。

3.2

叶面积指数　leaf area index
单位土地面积上作物叶片单面总面积与该土地面积的比值。

3.3

叶片水分含量　leaf water content
叶片水分质量占鲜叶片质量的百分比。

3.4

苗情长势 growth conditions

作物生长期间的植株生长发育状况及产量指标等信息。

4 测量基本要求

4.1 测量日期与频率

4.1.1 测量日期应与开展农情遥感监测的遥感影像拍摄时间基本一致,前后日期相差不应大于 2 d。具体按 NY/T 3922 和 NY/T 4065 的规定执行。

4.4.2 测量频率按 NY/T 3921 的规定执行。

4.2 冠层光谱测量技术要求

冠层光谱测量环境、测量时间、工作人员、光谱测量仪和标准参考板技术要求按 GB/T 33988 的规定执行。

5 田间测量

5.1 采样点选址

按 GB/T 37802 的规定执行。

5.2 采样点定位测量

5.2.1 用定位精度优于 5 m 的定位测量仪测量采样点经纬度。

5.2.2 在采样点中心区域放置编号标识,并按照平行垄向、垂直垄向和 45°垄向分别拍照记录。

5.3 苗情长势指标测量

5.3.1 按 GB/T 37804 的规定测量小麦基本苗数、总茎蘖数、株高、叶面积指数、穗数、穗粒数和千粒重。

5.3.2 按 GB/T 40834 的规定测量玉米行距、株距、株高、叶面积指数、穗数、穗粒数和百粒重。

5.3.3 按 QX/T 468 的规定测量水稻株高、密度、叶面积指数、穗数、穗粒数和千粒重。

5.4 冠层光谱测量

5.4.1 测量高度

应设置为光谱仪探头视场角内有不少于 2 行作物,一般距离作物冠层不低于 1 m。

5.4.2 测量顺序

先测量标准参考板,再测定目标作物冠层,测量完成时再次测量标准参考板。

5.4.3 测量方向

仪器探头部位垂直向下。

5.4.4 测量次数

在采样点周边 1 m² 范围内,测量次数应不小于 10 次,取平均值。

6 样品采集

6.1 植株样品采集

6.1.1 小麦和水稻样品

取 0.5 m² 范围内植株地上部全部器官,将样品放入写好编号的黑色或不透光塑封袋中,迅速放入 0 ℃～8 ℃保温箱内。

6.1.2 玉米样品

取相邻 2 行代表性 3 株植株地上部全部器官,将样品放入写好编号的黑色或不透光塑封袋中,迅速放入 0 ℃～8 ℃保温箱内。

6.2 籽粒样品采集

6.2.1 小麦样品

在采样点范围内,按对角线三点取样法,每点取 0.5 m² 调查穗数,并从中随机取 20 穗调查穗粒数。对角线三点取样法示例见附录 A。

6.2.2 玉米样品

在采样点范围内,按对角线三点取样法,量取连续 11 行宽度计算平均行距,并从中选取有代表性的相邻两行 10 m 长为调查样本行,计数其株数和穗数;在每个测定样段内每隔 5 穗收取 1 个果穗,共计收获 20 个穗作为样本测定其穗粒数。

6.2.3 水稻样品

在采样点范围内,按对角线三点取样法,移栽稻每点量取 21 行,测量行距;量取 21 株,测定株距,计算每亩穴数;顺序选取 20 穴计算穗数。直播和抛秧稻每点取 0.5 m² 调查穗数;取平均穗数左右的稻株 2 穴~3 穴(不少于 50 穗)调查穗粒数。

6.3 产量计算

6.3.1 小麦和水稻产量计算

按公式(1)计算。

$$Y = s \times k \times w_t \times 10^{-6} \cdots\cdots\cdots\cdots\cdots\cdots\cdots\cdots\cdots\cdots\cdots\cdots\cdots (1)$$

式中:

Y ——产量的数值,单位为千克每 667 平方米(kg/667 m²);

s ——穗数的数值,单位为穗每 667 平方米(穗/667 m²);

k ——穗粒数的数值,单位为粒/穗;

w_t——千粒重的数值,单位为克每千粒(g/千粒)。

6.3.2 玉米产量计算

按公式(2)计算。

$$Y = s \times k \times w_h \times 10^{-5} \cdots\cdots\cdots\cdots\cdots\cdots\cdots\cdots\cdots\cdots\cdots\cdots\cdots (2)$$

式中:

w_h——百粒重的数值,单位为克每百粒(g/百粒)。

7 室内测量

7.1 叶片氮含量测量

按 GB/T 33862 的规定执行。

7.2 叶片叶绿素含量测量

从 3 片~5 片待测叶片的中间部位以打孔器各截取 1 cm² 样品并称取 0.2~0.3 g,放入磨口试管中。加入适量 95% 乙醇,避光静置,待样品完全脱色后(叶片变白无绿色),用分光光度法分别测定 649 nm 和 665 nm 处的吸光度值(分别记为 OD_{649} 和 OD_{665})。按附录 B 中叶片叶绿素含量公式计算叶片叶绿素含量。

7.3 叶片水分含量测量

将采集的植株样品按叶片和其他部分分别放入鼓风干燥箱内,105 ℃密封条件下高温处理 30 min,再将温度调至 75 ℃烘至恒定质量,称取样品干重,按附录 B 中叶片水分含量公式计算叶片水分含量。

7.4 地上生物量测量

将 7.3 中称取的样品干重,按附录 B 中地上生物量公式计算地上生物量。

7.5 籽粒品质测量

7.5.1 按 GB/T 24897、GB/T 24899、GB/T 24901 或 GB/T 31578 的规定,分别测量水稻、小麦和玉米籽粒粗蛋白质含量。

7.5.2 按 GB/T 24896、GB/T 24898、GB/T 24900 或 GB/T 20264 的规定,分别测量水稻、小麦和玉米籽

粒水分含量。

8 资料记录与档案管理

8.1 田间测量记录

采样点定位数据和冠层光谱测量数据,导出相应测量设备数据打印进行记录。苗情指标测量采用相应标准表格进行记录。

8.2 室内测量记录

叶片水分含量、叶片叶绿素含量、地上生物量、叶片氮含量、籽粒品质等记录。

8.3 档案管理

所有田间和室内测量记录均应存档,保存期不少于 3 年。

附　录　A
（资料性）
对角线三点取样法示意

对角线三点取样法示意见图 A.1。

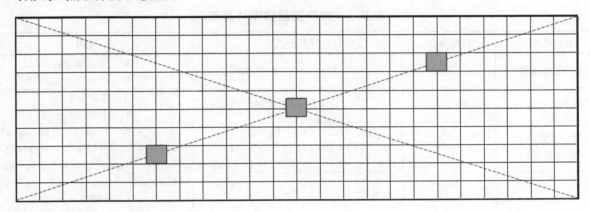

标引序号说明：

 ——取样点。

注：取样点一般应距离村庄或建筑物 100 m 以上，并距离田块边界、树木、机井、电线杆等不小于 20 m。

图 A.1　对角线三点取样法示意

附 录 B

（规范性）

室内测量数据计算

室内测量数据计算按照表 B.1 进行。

表 B.1 室内测量数据计算表

项目名称	计量单位	计算公式	说明
叶片水分含量	%	$P=100\times(W_f-W_d)/W_f$	W_f：叶片鲜重（g） W_d：叶片干重（g）
地上生物量	kg/hm²	$AGB=10^5\times W/S$	W：样品干重（g） S：取样面积（cm²）
叶片叶绿素含量（单位质量）	mg/g	$PChl\_a=10^{-3}\times C_a\times V/M$ $PChl\_b=10^{-3}\times C_b\times V/M$ $PChl\_(a+b)=10^{-3}\times(C_a+C_b)\times V/M$	$PChl\_a$：叶片叶绿素 a 含量（mg/g） $PChl\_b$：叶片叶绿素 b 含量（mg/g） $PChl\_(a+b)$：叶片叶绿素总含量（mg/g）
叶片叶绿素含量（单位面积）	μg/cm²	$AChl\_a=10^{-6}\times C_a\times V/S$ $AChl\_b=10^{-6}\times C_b\times V/S$ $AChl\_(a+b)=10^{-6}\times(C_a+C_b)\times V/S$	$AChl\_a$：叶片叶绿素 a 含量（μg/cm²） $AChl\_b$：叶片叶绿素 a 含量（μg/cm²） $AChl\_(a+b)$：叶片叶绿素总含量（μg/cm²） V：提取液体积（cm³） M：被提取物质量（g） S：被提取物面积（cm²） C_a：叶绿素 a 浓度（g/cm³） $C_a=13.7\times OD_{665}-5.76\times OD_{649}$ C_b：叶绿素 b 浓度（g/cm³） $C_b=25.8\times OD_{649}-7.6\times OD_{665}$ C_a+C_b：叶绿素 a+b 浓度（g/cm³） $C_a+C_b=6.1\times OD_{665}+20.04\times OD_{649}$

ICS 65.020.99
CCS B 04

中华人民共和国农业行业标准

NY/T 4376—2023

农业农村遥感监测数据库规范

Specification for databases of agricultural and rural remote sensing monitoring

2023-04-11 发布
2023-08-01 实施

中华人民共和国农业农村部 发布

前　言

本文件按照 GB/T 1.1—2020《标准化工作导则　第 1 部分：标准化文件的结构和起草规则》的规定起草。

请注意本文件的某些内容可能涉及专利。本文件的发布机构不承担识别专利的责任。

本文件由农业农村部市场与信息化司提出。

本文件由农业农村部大数据发展中心归口。

本文件起草单位：农业农村部大数据发展中心。

本文件主要起草人：韩旭、韩巍、胡华浪、蒋依凡、姜雷、孙丽、申克建、何亚娟、陈曦炜、陈媛媛、焦为杰、顾晓珊、陶双华、陈昕然、马榕迪、杜英坤、杨唯。

农业农村遥感监测数据库规范

1 范围

本文件规定了农业农村遥感监测数据库的数据内容和组织管理、数据交换内容和格式、数据库结构等内容。

本文件适用于开展国内农业农村遥感监测数据库、国外农业遥感监测数据库的建设与数据交换。

2 规范性引用文件

下列文件中的内容通过文中的规范性引用而构成本文件必不可少的条款。其中,注日期的引用文件,仅该日期对应的版本适用于本文件;不注日期的引用文件,其最新版本(包括所有的修改单)适用于本文件。

GB/T 2260 中华人民共和国行政区划代码

GB/T 4880.1 语种名称代码 第 1 部分:2 字母代码

GB/T 7027 信息分类和编码的基本原则与方法

GB/T 13923 基础地理信息要素分类与代码

NY/T 2539 农村土地承包经营权确权登记数据库规范

3 术语和定义

下列术语和定义适用于本文件。

3.1

要素 feature

现实世界现象的抽象。

[来源:GB/T 33188.1—2016,4.1.11]

3.2

类 class

具有共同特性和关系的一组要素的集合。

[来源:TD/T 1057—2020,3.3]

3.3

层 layer

具有相同应用特征的类的集合。

[来源:TD/T 1057—2020,3.6]

3.4

标识码 identification code

对某一要素个体进行唯一表示的代码。

[来源:TD/T 1057—2020,3.6]

3.5

矢量数据 vector data

由几何元素所表示的数据。

[来源:GB/T 17798—2007,3.34]

3.6

栅格数据 raster data

被表示成有规则的空间阵列的数据。

［来源：GB/T 17798—2007,3.35］

3.7

图形数据　graphic data

表示地理实体的位置、形态、大小和分布特征以及几何类型的数据。

［来源：GB/T 16820—2009,5.15］

3.8

格网数据　grid data

与特定参照系相对应的空间的规则化的数据。

［来源：GB/T 17798—2020,3.36］

3.9

属性数据　attribute data

描述地理实体质量和数量特征的数据。

［来源：GB/T 16820—2009,5.16］

3.10

元数据　metadata

关于数据的内容、质量、状况和其他特性的描述性数据。

［来源：GB/T 17798—2007,3.33］

4　数据内容和组织管理

4.1　数据库内容

农业农村遥感监测数据库包括空间数据、非空间数据、元数据和属性值代码。具体包括如下内容。

　　a)　空间数据包括基础地理要素、土地要素、栅格要素、解译样本要素、遥感监测要素、遥感调查要素、独立要素等,具体属性结构应符合附录 A～附录 G 的规定。

　　b)　非空间数据包括但不限于表格、照片、图片、文字报告等,具体属性结构描述见附录 H。

　　c)　元数据采用 XML 数据格式,元数据内容应符合附录 I 的规定。

　　d)　属性值代码是对数据库表中数据的数据项做出的详细定义和说明,属性值名称和代码应符合附录 J 的规定。

4.2　分类与编码

农业农村遥感监测数据库要素分类中,大类采用面分类法,小类以下采用线分类法。根据分类编码通用原则,将农业农村遥感监测数据库数据要素依次按大类、小类、一级类、二级类、三级类划分。要素代码由 10 位数字构成,空位以 0 补齐,其结构如下:

大类码　　小类码　　一级类要素分类码　　二级类要素分类码　　三级类要素分类码

　　a)　大类码为专业代码,设定为 2 位数字码。其中,基础地理要素专业代码为 10,土地要素专业代码为 20,栅格要素专业代码为 30,解译样本要素专业代码为 40,遥感监测要素专业代码为 50,遥感调查要素专业代码为 60,独立要素专业代码为 70。小类码为业务代码,设定为 2 位数字码,空位以 0 补齐。一至三级类码为要素分类代码。其中,一级类要素、二级类要素、三级类要素的分类代码均为 2 位数字码,空位以 0 补齐。

　　b)　基础地理要素的一级类码引用 GB/T 13923 中的基础地理要素代码结构与代码。

　　c)　各要素类中如含有"其他"类,则该类代码直接设为"99"。

农业农村遥感监测数据库各类要素代码与名称描述见表 1。

表 1 要素代码与名称描述表

要素代码	要素名称
1000000000	基础地理要素ᵃ
1000610000	国内境界与管辖区域ᵃ
1000610200	管辖区域划界ᵇ
1000610201	区域界线ᵇ
1000610202	区域注记ᵇ
1000610100	管辖区域ᵇ
1000610101	省级行政区ᵇ
1000610102	地级行政区ᵇ
1000610103	县级行政区ᵇ
1000610104	乡级区域ᵇ
1000610105	村级区域
1000610106	组级区域
1000620000	国外境界与区域ᵇ
1000620200	国外区域划界ᵇ
1000620201	国外区域界线ᵇ
1000620202	国外区域注记ᵇ
1000620100	国外区域ᵃ
1000620101	国家(地区)区域ᵇ
1000620102	一级行政区ᶜ
1000620103	二级行政区ᶜ
1000620104	三级行政区ᶜ
1000630000	海洋要素
1000630100	海岸线
1000630200	海岸线注记
2000000000	土地要素
2001000000	耕地利用要素
2001010000	耕地地块
2001020000	耕地地块注记
2002000000	永久基本农田要素
2002010000	永久基本农田图斑
2002020000	永久基本农田图斑注记
2003000000	高标准农田要素
2003010000	高标准农田地块
2003020000	高标准农田地块注记
2004000000	两区ᵈ要素
2004010000	两区地块
2004020000	两区地块注记
2005000000	农村承包地要素
2005010000	承包地块
2005020000	承包地块注记
2006000000	农村宅基地要素
2006010000	宅基地宗地
2006020000	宅基地宗地注记
2007000000	设施农用地要素
2007010000	设施农用地地块
2007020000	设施农用地地块注记
2008000000	农村产业用地要素
2008010000	农村产业用地地块
2008020000	农村产业用地地块注记
2099000000	农村其他用地要素
2099010000	农村其他用地地块

表 1（续）

要素代码	要素名称
2099020000	农村其他用地地块注记
3000000000	栅格要素
3001010000	数字正射影像图
3001020000	数字栅格地图
3001030000	遥感原始影像
3001040000	其他栅格数据
4000000000	解译样本要素
4001000000	遥感影像样本
4002000000	照片与遥感影像样本关系表
4003000000	地面照片样本
4004000000	地面样方样本
4005000000	地面标识点样本
4006000000	社交媒体数据样本
5000000000	遥感监测要素
5001000000	耕地种植结构监测要素
5001010000	作物种植面积抽样单元监测数据
5001020000	耕地地块种植情况监测数据
5001030000	耕地非农变化监测数据
5001040000	耕地非粮变化监测数据
5002000000	作物生长情况监测要素
5002010000	作物物候期监测数据
5002020000	作物长势监测数据
5002030000	作物产量估测数据
5003000000	农业灾害监测要素
5003010000	农业干旱监测数据
5003020000	农业洪涝监测数据
5003030000	农业病虫害监测数据
5004000000	园地监测要素
5004010000	园地监测数据
5005010000	渔业水域监测要素
5005020000	坑塘水面监测数据
5005030000	自然水面监测数据
5006000000	宅基地变化监测
5006010000	宅基地变化监测数据
5007000000	设施农用地变化监测
5007010000	设施农用地变化监测数据
5008000000	农村产业用地变化监测
5008010000	农村产业用地变化监测数据
5009000000	遥感监测统计
5009010000	作物种植面积区域汇总
5009020000	耕地非农变化统计表
5009030000	耕地非粮变化统计表
5009040000	作物物候期统计表
5009050000	园地监测统计表
5009060000	坑塘水面监测统计表
5009070000	水库水面监测统计表
5009080000	宅基地变化统计表
5009090000	设施农用地变化统计表
5009100000	农村产业用地变化统计表
6000000000	遥感调查要素
6001000000	耕地种植用途调查要素

表 1（续）

要素代码	要素名称
6001010000	耕地种植用途调查数据
6001020000	耕地种植用途调查统计表
6002000000	耕地种植用途核查要素
6002010000	耕地种植用途核查数据
6002020000	耕地种植用途核查统计表
6003000000	耕地种植用途管控要素
6003010000	耕地种植用途管控数据
6003020000	耕地种植用途管控统计表
6004000000	耕地种植用途地块台账
6004010000	耕地种植用途地块台账
6004020000	耕地种植用途区域地块台账
6005000000	园地调查要素
6005010000	园地调查数据
6006000000	渔业水面调查要素
6006010000	坑塘水面调查数据
6006020000	自然水面调查数据
6007000000	设施农用地调查要素
6007010000	设施农用地调查数据
6008000000	农村产业用地调查要素
6008010000	农村产业用地调查数据
7000000000	独立要素
7000000000	现代农业示范区
7001000000	现代农业产业园
7002000000	农业现代化示范区
7003000000	特色农产品优势区
7004000000	农业产业强镇
7005000000	一村一品示范村
7006000000	现代农业科技示范展示基地
7007000000	水产种质资源保护区要素
7008000000	海洋牧场示范区
7009000000	水生野生动物重要栖息地
7010000000	水产健康养殖和生态养殖示范区
7011000000	种业基地
7012000000	农产品质量安全示范区
7013000000	绿色发展示范区
7014000000	高产创建示范基地
7015000000	粮（油）大县
7016000000	生猪（牛羊）大县
7017000000	其他独立要素

a   基础地理要素参考 GB/T 13923。
b   行政区、行政区界线与行政区注记要素参考 GB/T 13923，各级行政区的信息使用行政区与行政区界线属性表描述。
c   参考 FAO GAUL 数据编码，国外各级行政区的信息使用行政区与行政区界线属性表描述。
d   粮食生产功能区与重要农产品生产保护区。

4.3 标识码编制规则

按照每个要素的标识码应具有唯一代码的基本要求，依据 GB/T 7027 规定的信息分类原则和方法，要素标识码采用 3 层 24 位层次码结构，由区域代码、要素层代码、要素标识码顺序号构成。其结构如下：

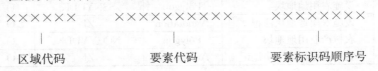

a) 第 1 层为区域代码,国内区域采用 GB/T 2260 中规定的县级行政区代码 6 位数字码,国外区域
参考 FAO GAUL 数据编码 3 级行政区代码的 6 位数字码。

b) 第 2 层为要素代码,采用本文件表 1 中规定的 10 位数字码。

c) 第 3 层为要素标识码顺序号,采用 8 位数字码,码值为 00000001~99999999。

4.4 空间要素分层

空间要素应采用分层的方法进行组织管理,并应符合表 2 的要求。

表 2　空间要素层名称及各层要素

序号	层名	层要素	集合特征	属性表名	约束	说明
1	国内境界与管辖区域	省级行政区	Polygon	SJXZQ	M	见表 A.1
		地级行政区	Polygon	DJXZQ	M	见表 A.2
		县级行政区	Polygon	XJXZQ	M	见表 A.3
		乡级区域	Polygon	XJQY	M	见表 A.4
		村级区域	Polygon	CJQY	M	见表 A.5
		组级区域	Polygon	ZJQY	O	见表 A.6
		国内区域界线	Line	GNQYJX	M	见表 A.7
		国内区域注记	Annotation	ZJ	O	见表 G.2
2	国外境界与区域	国家(地区)区域	Polygon	GJQY	M	见表 A.8
		一级行政区	Polygon	YJXZQ	M	见表 A.9
		二级行政区	Polygon	EJXZQ	O	见表 A.10
		三级行政区	Polygon	SJXZQ	O	见表 A.11
		国外区域界线	Line	GWQYJX	M	见表 A.12
		国外区域注记	Annotation	ZJ	O	见表 G.2
3	海岸线	海岸线	Line	HAX	C	见表 A.13
		海岸线注记	Annotation	ZJ	0	见表 G.2
4	耕地利用	耕地地块	Polygon	GDDK	M	见表 B.1
		耕地地块注记	Annotation	ZJ	O	见表 G.2
5	永久基本农田	永久基本农田图斑	Polygon	YJJBNTTB	M	引用《永久基本农田数据库标准》中的永久基本农田保护属性结构
		永久基本农田图斑注记	Annotation	ZJ	O	见表 G.2
6	高标准农田	高标准农田地块	Polygon	GBZNTDK	M	引用《高标准农田统一上图入库数据要求》高标准农田建设拐点坐标数据属性结构表
		高标准农田地块注记	Annotation	ZJ	O	见表 G.2
7	两区	两区地块	Polygon	LQDK	O	引用《粮食生产功能区和重要农产品保护区划定数据库规范》中的两区地块属性结构
		两区地块注记	Annotation	ZJ	O	见表 G.2
8	宅基地	宅基地宗地	Polygon	ZJDZD	O	引用《农村宅基地数据库规范》中宅基地宗地属性结构
		宅基地宗地注记	Annotation	ZJ	O	见表 G.2
9	承包地	承包地块	Polygon	CBDK	O	引用 NY/T 2539 中地块属性结构
		承包地块注记	Annotation	ZJ	O	见表 G.2
10	设施农用地	设施农用地地块	Polygon	SSNYDDK	O	见表 B.2
		设施农用地地块注记	Annotation	ZJ	O	见表 G.2
11	产业服务	农村产业用地地块	Polygon	NCCYYDDK	O	见表 B.3
		农村产业用地地块注记	Annotation	ZJ	O	见表 G.2

表 2（续）

序号	层名	层要素	集合特征	属性表名	约束	说明
12	其他用地	其他用地地块	Polygon	QTYDDK	O	—
		其他用地地块注记	Annotation	ZJ	O	见表 G.2
13	栅格数据	数字正射影像图	Image	SGSJ	M	见表 C.1
		数字栅格地图	Image	SGSJ	C	见表 C.1
		遥感原始影像	Image	YGYSYX	C	见表 C.2
14	解译样本	遥感影像样本	Polygon	YGYXYB	M	见表 D.1
		地面照片样本	Point	DMZPYB	M	见表 D.2
		地面样方样本	Point	DMYFYB	M	见表 D.3
		地面标识点样本	Point	DMBSDYB	M	见表 D.4
		社交媒体数据样本	Point	SJMTSJYB	C	见表 D.5
15	耕地种植结构监测	作物种植面积抽样单元	Polygon	ZWZZMJCYDY	C	见表 E.1
		作物种植面积抽样单元注记	Annotation	ZJ	O	见表 G.2
		耕地地块种植情况	Polygon	GDDKZZQK	C	见表 E.2
		耕地地块种植情况注记	Annotation	ZJ	O	见表 G.2
		耕地非粮化监测数据	Polygon	GDFLHJCSJ	C	见表 E.3
		耕地非粮化监测数据注记	Annotation	ZJ	O	见表 G.2
		耕地非农化监测数据	Polygon	GDFNHJCSJ	C	见表 E.4
		耕地非农化监测数据注记	Annotation	ZJ	O	见表 G.2
16	作物生长情况监测	作物物候期监测数据	Polygon	ZWWHQJCSJ	C	见表 E.5
		作物物候期监测数据注记	Annotation	ZJ	O	见表 G.2
		作物长势监测数据	Polygon	ZWZSJCSJ	O	见表 E.6
		作物长势监测数据注记	Annotation	ZJ	O	见表 G.2
		作物产量估测数据	Polygon	ZWCLGCSJ	O	见表 E.7
		作物产量估测数据注记	Annotation	ZJ	O	见表 G.2
17	农业灾害监测	农业干旱监测数据	Polygon	NYGHJCSJ	O	见表 E.8
		农业干旱监测数据注记	Annotation	ZJ	O	见表 G.2
		农业洪涝监测数据	Polygon	NYHLJCSJ	O	见表 E.9
		农业洪涝监测数据注记	Annotation	ZJ	O	见表 G.2
		农业病虫害监测数据	Polygon	NYBCHJCSJ	O	见表 E.10
		农业病虫害监测数据注记	Annotation	ZJ	O	见表 G.2
18	园地监测	园地监测数据	Polygon	YDJCSJ	O	见表 E.11
		园地监测数据注记	Annotation	ZJ	O	见表 G.2
19	渔业水域监测	坑塘水面监测数据	Polygon	KTSMJCSJ	O	见表 E.12
		坑塘水面监测数据注记	Annotation	ZJ	O	见表 G.2
		自然水面监测数据	Polygon	ZRSMJCSJ	O	见表 E.13
		自然水面监测数据注记	Annotation	ZJ	O	见表 G.2
20	宅基地监测	宅基地变化监测数据	Polygon	ZJDBHJCSJ	O	见表 E.14
		宅基地变化监测数据注记	Annotation	ZJ	O	见表 G.2
21	设施农用地监测	设施农用地变化监测数据	Polygon	SSNYDBHJCSJ	O	见表 E.15
		设施农用地变化监测数据注记	Annotation	ZJ	O	见表 G.2
22	农村产业用地监测	农村产业用地变化监测数据	Polygon	NCCYYDBHJCSJ	O	见表 E.16
		农村产业用地变化监测数据注记	Annotation	ZJ	O	见表 G.2
23	耕地种植用途调查	耕地种植用途调查数据	Polygon	GDZZYTDCSJ	O	见表 F.1
		耕地种植用途调查数据注记	Annotation	ZJ	O	见表 G.2
24	耕地种植用途核查	耕地种植用途核查数据	Polygon	GDZZYTHCSJ	O	见表 F.2
		耕地种植用途核查数据注记	Annotation	ZJ	O	见表 G.2

表 2（续）

序号	层名	层要素	集合特征	属性表名	约束	说明
25	耕地种植用途管控	耕地种植用途管控数据	Polygon	GDZZYTGKSJ	O	见表 F.3
		耕地种植用途管控数据注记	Annotation	ZJ	O	见表 G.2
26	园地调查	园地调查数据	Polygon	YDDCSJ	O	见表 F.4
		园地调查数据注记	Annotation	ZJ	O	见表 G.2
27	渔业水域调查	坑塘水面调查数据	Polygon	KTSMDCSJ	O	见表 F.5
		坑塘水面调查数据注记	Annotation	ZJ	O	见表 G.2
		自然水面调查数据	Polygon	ZRSMDCSJ	O	见表 F.6
		自然水面调查数据注记	Annotation	ZJ	O	见表 G.2
28	设施农用地调查	设施农用地调查数据	Polygon	SSNYDDCSJ	O	见表 F.7
		设施农用地调查数据注记	Annotation	ZJ	O	见表 G.2
29	农村产业用地调查	农村产业用地调查数据	Polygon	NCCYYDDCSJ	O	见表 F.8
		农村产业用地调查数据注记	Annotation	ZJ	O	见表 G.2
30	农业示范区类	现代农业示范区	Polygon	XDNYSFQ	C	见表 G.1
		现代农业示范区注记	Annotation	ZJ	O	见表 G.2
		现代农业产业园	Polygon	XDNYCYY	C	见表 G.1
		现代农业示范区注记	Annotation	ZJ	O	见表 G.2
		农业现代化示范区	Polygon	NYXXHSFQ	C	见表 G.1
		农业现代化示范区注记	Annotation	ZJ	O	见表 G.2
		特色农产品优势区	Polygon	TSNCPYSQ	C	见表 G.1
		特色农产品优势区注记	Annotation	ZJ	O	见表 G.2
		农业产业强镇	Polygon	NYCYQZ	C	见表 G.1
		农业产业强镇注记	Annotation	ZJ	O	见表 G.2
		"一村一品"示范村	Point	YCYPSFC	C	见表 G.1
		"一村一品"示范村注记	Annotation	ZJ	O	见表 G.2
		农产品质量安全示范区	Polygon	NCPZLAQSFQ	C	见表 G.1
		农产品质量安全示范区注记	Annotation	ZJ	O	见表 G.2
		绿色发展示范区	Polygon	LVFZSFQ	C	见表 G.1
		绿色发展示范区注记	Annotation	ZJ	O	见表 G.2
		高产创建示范基地	Polygon	GCCJSFJD	C	见表 G.1
		高产创建示范基地注记	Annotation	ZJ	O	见表 G.2
		现代农业科技示范展示基地	Polygon	XDNYKJSFZSJD	C	见表 G.1
		现代农业科技示范展示基地注记	Annotation	ZJ	O	见表 G.2
31	水产养殖类	水产种质资源保护区	Polygon	SCZZZYBHQ	C	见表 G.1
		水产种质资源保护区注记	Annotation	ZJ	O	见表 G.2
		海洋牧场示范区	Polygon	HYMCSFQ	C	见表 G.1
		海洋牧场示范区注记	Annotation	ZJ	O	见表 G.2
		水生野生动物重要栖息地	Polygon	SSYSDWZYQXD	C	见表 G.1
		水生野生动物重要栖息地注记	Annotation	ZJ	O	见表 G.2
		水产健康养殖和生态养殖示范区	Polygon	SCJKYZHSTYZSFQ	C	见表 G.1
		水产健康养殖和生态养殖示范区注记	Annotation	ZJ	O	见表 G.2

表 2（续）

序号	层名	层要素	集合特征	属性表名	约束	说明
32	产业类	种业基地	Polygon	ZYJD	C	见表 G.1
		种业基地注记	Annotation	ZJ	O	见表 G.2
		粮（油）大县	Polygon	LYDX	C	见表 G.1
		粮（油）大县注记	Annotation	ZJ	O	见表 G.2
		生猪（牛羊）大县	Polygon	SZNYDX	C	见表 G.1
		生猪（牛羊）大县注记	Annotation	ZJ	O	见表 G.2
33	其他独立要素类	其他独立要素	Polygon	QTDLYS	C	见表 G.1
		其他独立要素注记	Polygon	ZJ	O	见表 G.2
注：约束条件取值分别是 M（必选），O（可选），C（条件必选），以下含义相同。						

4.5 非空间要素分层

非空间要素采用二维表的方法进行组织管理，见表 3。

表 3 非空间要素

序号	类别	属性名称	属性表名	约束	说明
1	关系表	照片与遥感影像样本关系	ZPYYYGXYYBGX	C	见表 H.1
2	统计表	作物种植面积区域汇总	ZWZZMJQYHZ	C	见表 H.2
3	统计表	耕地非农变化统计	GDFNBHTJ	C	见表 H.3
4	统计表	耕地非粮变化统计	GDFLBHTJ	C	见表 H.4
5	统计表	作物物候期统计	ZWWHQTJ	C	见表 H.5
6	统计表	园地监测统计	YDJCTJ	C	见表 H.6
7	统计表	坑塘水面监测统计	KTSMJCTJ	C	见表 H.7
8	统计表	自然水面监测统计	ZRSMJCTJ	C	见表 H.8
9	统计表	宅基地变化统计	ZJDBHTJ	C	见表 H.9
10	统计表	设施农用地变化统计	SSNYDBHTJ	C	见表 H.10
11	统计表	农村产业用地变化统计	NCCYYDBHTJ	C	见表 H.11
12	统计表	耕地种植用途调查数据统计	GDZZYTDCSJTJ	C	见表 H.12
13	统计表	耕地种植用途核查数据统计	GDZZYTHCSJTJ	C	见表 H.13
14	统计表	耕地种植用途管控数据统计	GDZZYTGKSJTJ	C	见表 H.14
15	统计表	耕地种植用途地块台账	GDZZYTDKTZ	C	见表 H.15
16	统计表	耕地种植用途区域地块台账	GDZZYTQYDKTZ	C	见表 H.16
17	统计表	独立要素数据统计	DLYSSJTJ	C	见表 H.17

5 数据交换内容和格式

5.1 数据交换内容

农业农村遥感监测数据库需要交换的数据内容包括空间要素数据、非空间要素数据、元数据 3 种。数据交换时以县级行政区为交换单元，数据文件采用目录方式存储，一个交换单元对应一个目录。根目录命名方式为 6 位县级行政区代码＋县级行政区名称。

5.2 空间信息数据

空间信息数据包括矢量数据和栅格数据 2 种类型。

a) 矢量数据采用标准的 shapefile 格式。同一个县级行政区内的矢量文件存放在"矢量数据"目录中。矢量数据文件命名规则为数据属性表名＋6 位县级行政区代码＋4 位年份代码。所有的矢量文件放置在"矢量数据"目录下。

b) 栅格数据采用标准的 IMG 格式或 Tiff 格式。以县级行政区为基础，栅格数据文件命名规则为 6 位区域代码＋3 位顺序码＋栅格数据类型。存放在"栅格数据"目录中，分别建立"数字正射影像图""数字栅格地图""其他栅格数据"目录管理。

5.3 非空间信息数据

非空间信息数据以表格的形式存放在"非空间数据"目录中。文档资料存放在"文档资料"目录中。表格信息采用 MDB 保存,文件命名采用 10 位数字形代码,即 6 位县级区划代码＋4 位年份代码,文档材料按照文件夹分类管理。

5.4 元数据

矢量数据的元数据采用 XML 格式存放在"矢量数据"目录中。矢量数据的元数据主要包括数据标识、数据内容、空间参照系统、数据质量 4 个部分,内容符合附录 I 的规定。

附　录　A
（规范性）
基础地理要素属性结构

A.1　国内省级行政区属性结构

见表 A.1。

表 A.1　国内省级行政区属性结构描述表（表名：SJXZQ）

序号	字段名称	字段代码	字段类型	字段长度	小数位数	值域	约束	备注
1	标识码	BSM	Int	24		＞0	M	
2	要素代码	YSDM	Char	10		见表1	M	
3	区域代码[a]	QYDM	Char	6		＞0	M	唯一
4	区域名称	QYMC	Char	100		非空	M	
5	区域面积[b]	QYMJ	Float	15	2	≥0	M	单位：m²
6	备注	BZ	Varchar				O	

[a] 填写 GB/T 2260 的 6 位数字码。
[b] 区域面积宜采用国家行政职能部门发布的数据。

A.2　国内地级行政区属性结构

见表 A.2。

表 A.2　国内地级行政区属性结构描述表（表名：DJXZQ）

序号	字段名称	字段代码	字段类型	字段长度	小数位数	值域	约束	备注
1	标识码	BSM	Int	24		＞0	M	
2	要素代码	YSDM	Char	10		见表1	M	
3	区域代码[a]	QYDM	Char	6		＞0	M	
4	区域名称	QYMC	Char	100		非空	M	
5	区域面积[b]	QYMJ	Float	15	2	≥0	M	单位：m²
6	备注	BZ	Varchar				O	

[a] 填写 GB/T 2260 的 6 位数字码。
[b] 区域面积宜采用国家行政职能部门发布的数据。

A.3　国内县级行政区属性结构

见表 A.3。

表 A.3　国内县级行政区属性结构描述表（表名：XJXZQ）

序号	字段名称	字段代码	字段类型	字段长度	小数位数	值域	约束	备注
1	标识码	BSM	Int	24		＞0	M	
2	要素代码	YSDM	Char	10		见表1	M	
3	区域代码[a]	QYDM	Char	6		＞0	M	
4	区域名称	QYMC	Char	100		非空	M	
5	区域面积[b]	QYMJ	Float	15	2	≥0	M	单位：m²
6	备注	BZ	Varchar				O	

[a] 填写 GB/T 2260 的 6 位数字码。
[b] 区域面积宜采用国家行政职能部门发布的数据。

A.4 国内乡级区域属性结构

见表 A.4。

表 A.4 国内乡级区域属性结构描述表(表名:XJQY)

序号	字段名称	字段代码	字段类型	字段长度	小数位数	值域	约束	备注
1	标识码	BSM	Int	24		>0	M	
2	要素代码	YSDM	Char	10		见表1	M	
3	区域代码[a]	QYDM	Char	9		>0	M	
4	区域名称	QYMC	Char	100		非空	M	
5	区域面积[b]	QYMJ	Float	15	2	≥0	M	单位:m²
6	备注	BZ	Varchar				O	

[a] 在县级行政区代码的基础上扩展到乡级,即县级行政区代码+乡级代码。其中,乡级代码为3位数字码。
[b] 区域面积宜采用国家行政职能部门发布的数据。

A.5 国内村级区域属性结构

见表 A.5。

表 A.5 国内村级区域属性结构描述表(表名:CJQY)

序号	字段名称	字段代码	字段类型	字段长度	小数位数	值域	约束	备注
1	标识码	BSM	Int	24		>0	M	
2	要素代码	YSDM	Char	10		见表1	M	
3	区域代码[a]	QYDM	Char	12		>0	M	
4	农村集体经济组织代码[b]	NCJTJJZZDM	Char	18			C	
5	区域名称	QYMC	Char	100		非空	M	
6	区域面积[c]	QYMJ	Float	15	2	≥0	M	单位:m²
7	备注	BZ	Varchar				O	

[a] 在乡级区域代码的基础上扩展到村级,即乡级区域代码+村级代码。其中,村级代码为3位数字码。
[b] 农村集体经济组织代码宜采用国家行政职能部门赋予的18位数字码。
[c] 区域面积宜采用国家行政职能部门发布的数据。

A.6 国内组级区域属性结构

见表 A.6。

表 A.6 国内组级区域属性结构描述表(表名:ZJQY)

序号	字段名称	字段代码	字段类型	字段长度	小数位数	值域	约束	备注
1	标识码	BSM	Int	24		>0	M	
2	要素代码	YSDM	Char	10		见表1	M	
3	区域代码[a]	QYDM	Char	14		>0	M	
4	农村集体经济组织代码[b]	NCJTJJZZDM	Char	18			C	
5	区域名称	QYMC	Char	100		非空	M	
6	区域面积[c]	QYMJ	Float	15	2	≥0	M	单位:m²
7	备注	BZ	Varchar				O	

[a] 在村级区域代码的基础上扩展到组级,即村级区域代码+组级代码。其中,组级代码为3位数字码。
[b] 农村集体经济组织代码宜采用国家行政职能部门赋予的18位数字码。
[c] 区域面积宜采用国家行政职能部门发布的数据。

A.7 国内区域界线属性结构

见表 A.7。

表 A.7 国内区域界线属性结构描述表(表名:QYJX)

序号	字段名称	字段代码	字段类型	字段长度	值域	约束	备注
1	标识码	BSM	Int	24	>0	M	
2	要素代码	YSDM	Char	10	见表1	M	
3	界线类型	JXLX	Char	6	见表J.1	M	
4	界限性质	JXXZ	Char	6	见表J.2	M	
5	界线说明	JXSM	Char	100		O	
6	备注	BZ	Varchar			O	

A.8 国外国家(地区)区域属性结构

见表 A.8。

表 A.8 国外国家(地区)区域属性结构描述表(表名:GJQY)

序号	字段名称	字段代码	字段类型	字段长度	小数位数	值域	约束	备注
1	标识码	BSM	Int	24		>0	M	
2	要素代码	YSDM	Char	10		见表1	M	
3	国家(地区)代码[a]	GJDM	Char	6		非空	M	
4	国家(地区)名称	GJMC	Char	100		非空	M	
5	国家(地区)面积	GJMJ	Float	15	2	≥0	M	单位:m²
6	备注	BZ	Varchar				O	
[a] 参考 FAO GAUL 数据编码生成 6 位数字码。								

A.9 国外一级行政区属性结构

见表 A.9。

表 A.9 国外一级行政区属性结构描述表(表名:YJXZQ)

序号	字段名称	字段代码	字段类型	字段长度	小数位数	值域	约束	备注
1	标识码	BSM	Int	24		>0	M	
2	要素代码	YSDM	Char	10		见表1	M	
3	区域代码[a]	QYDM	Char	6		非空	M	
4	区域名称	QYMC	Char	100		非空	M	
5	区域面积	QYMJ	Float	15	2	≥0	M	单位:m²
6	备注	BZ	Varchar				O	
[a] 参考 FAO GAUL 数据编码生成 6 位数字码。								

A.10 国外二级行政区属性结构

见表 A.10。

表 A.10 国外二级行政区属性结构描述表(表名:EJXZQ)

序号	字段名称	字段代码	字段类型	字段长度	小数位数	值域	约束	备注
1	标识码	BSM	Int	24		>0	M	
2	要素代码	YSDM	Char	10		见表1	M	
3	区域代码[a]	QYDM	Char	6		非空	M	
4	区域名称	QYMC	Char	100		非空	M	
5	区域面积	QYMJ	Float	15	2	≥0	M	单位:m²
6	备注	BZ	Varchar				O	
[a] 参考 FAO GAUL 数据编码生成 6 位数字码。								

A.11 国外三级行政区属性结构

见表 A.11。

表 A.11 国外三级行政区属性结构描述表(表名:SJXZQ)

序号	字段名称	字段代码	字段类型	字段长度	小数位数	值域	约束	备注
1	标识码	BSM	Int	24		>0	M	
2	要素代码	YSDM	Char	10		见表1	M	
3	区域代码ª	QYDM	Char	6		非空	M	
4	区域名称	QYMC	Char	100		非空	M	
5	区域面积	QYMJ	Float	15	2	≥0	M	单位:m²
6	备注	BZ	Varchar				O	

ª 参考 FAO GAUL 数据编码生成 6 位数字码。

A.12 国外区域界线属性结构

见表 A.12。

表 A.12 国外区域界线属性结构描述表(表名:GWQYJX)

序号	字段名称	字段代码	字段类型	字段长度	值域	约束	备注
1	标识码	BSM	Int	24	>0	M	
2	要素代码	YSDM	Char	10	见表1	M	
3	界线类型	JXLX	Char	6	见表J.1	M	
4	界线性质	JXXZ	Char	6	见表J.2	M	
5	界线说明	JXSM	Char	100		O	
6	备注	BZ	Varchar			O	

A.13 海岸线属性结构

见表 A.13。

表 A.13 海岸线属性结构描述表(属性表名:HAX)

序号	字段名称	字段代码	字段类型	字段长度	小数位数	值域	约束条件	备注
1	标识码	BSM	Char	24			M	
2	要素代码	YSDM	Char	10		见表1	M	
3	区域代码	QYDM	Char	12			M	
4	海岸线类型	HAXLX	Char	2		见表J.3	M	
5	海岸线长度	HAXCD	Float	15	2	>0	C	单位:m
6	备注	BZ	VarChar				O	

附　录　B
（规范性）
土地要素属性结构

B.1 耕地地块属性结构

见表 B.1。

表 B.1　耕地地块属性结构描述表（表名：GDDK）

序号	字段名称	字段代码	字段类型	字段长度	小数位数	值域	约束	备注
1	标识码	BSM	Int	24		＞0	M	
2	要素代码	YSDM	Char	10		见表1	M	
3	区域代码	QYDM	Char	12		非空	M	
4	耕地地块代码[a]	GDDKDM	Char	19		非空	M	唯一
5	坐落	ZL	Char	200		非空	M	
6	坐落单位代码	ZLDWDM	Char	14		非空	M	
7	地块面积	DKMJ	Float	15	2	≥0	M	单位：m²
8	种植制度[b]	ZZZD	Char	2		见表 J.4	O	
9	耕地质量[c]	GDZL	Char	4			C	
10	是否高标准农田	GBZNT	Char	1			C	
11	是否永久基本农田	YJJBNT	Char	1			C	
12	两区类型[d]	LQLX	Char	2			C	
13	备注	BZ	Varchar				O	

[a] 耕地地块代码编码规则为区域代码＋GD＋5 位顺序号，以下相同。
[b] 粮棉油糖胶等大宗农作物的种植制度。
[c] 参考 GB/T 33469 的耕地质量等级划分指标，以下相同。
[d] 参考《粮食生产功能区和重要农产品保护区划定数据库规范》中的两区类型填写。

B.2 设施农用地地块属性结构

见表 B.2。

表 B.2　设施农用地地块属性结构描述表（表名：SSNYDDK）

序号	字段名称	字段代码	字段类型	字段长度	小数位数	值域	约束	备注
1	标识码	BSM	Int	24		＞0	M	
2	要素代码	YSDM	Char	10		见表1	M	
3	区域代码	QYDM	Char	12		非空	M	
4	设施农用地地块代码[a]	SSNYDDKDM	Char	19			O	唯一
5	用地类型	YDLX	Char	4		见表 J.5	M	
6	总用地面积	ZYDMJ	Float	15	2	≥0	M	单位：m² 填写实测面积
7	设施用地面积	SCSSYDMJ	Float	15	2	≥0	M	单位：m² 填写实测面积
8	辅助设施用地面积	FZSSYDMJ	Float	15	2	≥0	M	单位：m² 填写实测面积
9	备注	BZ	Varchar				O	

[a] 设施农用地代码编码规则为区域代码＋SS＋5 位顺序号，以下相同。

B.3 农村产业用地地块属性结构

见表 B.3。

表 B.3 农村产业用地地块属性结构描述表(表名:NCCYYDDK)

序号	字段名称	字段代码	字段类型	字段长度	小数位数	值域	约束	备注
1	标识码	BSM	Int	24		>0	M	
2	要素代码	YSDM	Char	10		见表1	M	
3	区域代码	QYDM	Char	12		非空	M	
4	农村产业用地地块代码[a]	NCCYYDDKDM	Char	19			O	唯一
5	用地类型	YDLX	Char	5		见表 J.6	M	
6	用地总面积	YDZMJ	Float	15	2	≥0	M	单位:m² 填写实测面积
7	农业面积	NYSSMJ	Float	15	2	≥0	M	单位:m² 填写实测面积
8	其他产业面积	QTCYSSMJ	Float	15	2	≥0	M	单位:m² 填写实测面积
9	备注	BZ	Varchar				O	
[a] 农村产业用地代码编码规则为区域代码+NC+5位顺序号,以下相同。								

附 录 C
（规范性）
栅格要素属性结构

C.1 数字正射影像图和数字栅格地图属性结构

见表 C.1。

表 C.1 数字正射影像图和数字栅格地图属性结构描述表（表名：SGSJ）

序号	字段名称	字段代码	字段类型	字段长度	小数位数	值域	约束	备注
1	标识码	BSM	Int	24		>0	M	
2	要素代码	YSDM	Char	10		见表1	M	
3	图幅标号	TFBH	Char	50		非空	M	
4	图幅名称	TFMC	Char	254		非空	M	
5	头文件名	TWJM	Varchar				O	
6	数据文件名	SJWJM	Varchar				O	
7	元数据文件名	YSJWJM	Varchar				O	
8	影像来源	YXLY	Char	254			O	
9	空间分辨率	KJFBL	Char	4			O	单位：m
10	高程基准	GCJZ	Char	254			O	
11	地形类型	DXLX	Char	254			O	
12	成图比例尺	CTBLC	Char	7			O	
13	坐标系统类型	ZBXTLX	Char	50			O	
14	大地平面坐标	DDPMZB	Char	50			O	
15	中央子午线精度	ZYZWXJD	Float	20	4	非空	M	
16	左下角 X 坐标	ZXJXZB	Float	15	3	非空	M	
17	左下角 Y 坐标	ZXJYZB	Float	15	3	非空	M	
18	右上角 X 坐标	YSJXZB	Float	15	3	非空	M	
19	右上角 Y 坐标	YSJYZB	Float	15	3	非空	M	
20	拍摄时间	PSSJ	Date	8		非空	M	YYYYMMDD
21	云雾覆盖比例	YWFGBL	Float	20	4		O	单位：%
22	备注	BZ	Varchar				O	

C.2 遥感原始影像属性结构

见表 C.2。

表 C.2 遥感原始影像属性结构描述表（表名：YGYSYX）

序号	字段名称	字段代码	字段类型	字段长度	值域	约束	备注
1	标识码	BSM	Int	24	>0	M	
2	要素代码	YSDM	Char	10	见表1	M	
3	类型	LX	Char	20	非空	M	
4	空间分辨率	KJFBL	Char	15	非空	M	单位：m
5	波段范围	BDFW	Char	15	非空	M	
6	地理位置	DLWZ	Char	254	非空	M	
7	影像描述	YXMS	Char	254		O	
8	波谱编号	BPBH	Char	50		O	
9	波长	BC	Char	15		O	
10	反射率亮度	FSLLD	Char	254		O	
11	地理名称	DLMC	Char	254		O	

表 C.2（续）

序号	字段名称	字段代码	字段类型	字段长度	值域	约束	备注
12	经纬度位置	JWDWZ	Char	254	非空	M	
13	成像时间	CXSJ	Date	8	非空	M	YYYYMMDD
14	传感器类型	CGQLX	Char	20	非空	M	
15	当天气候信息	DTQHXX	Char	254		O	
16	备注	BZ	Varchar			O	

附　录　D
（规范性）
解译样本要素属性结构

D.1 遥感影像样本属性结构

见表 D.1。

表 D.1 遥感影像样本属性结构描述表（表名：YGYXYB）

序号	字段名称	字段代码	字段类型	字段长度	小数位数	值域	约束	备注
1	标识码	BSM	Int	24		＞0	M	
2	要素代码	YSDM	Char	10		见表1	M	
3	区域代码	QYDM	Char	12		非空	M	
4	遥感影像样本标识符	YBBSF	Char	64		非空	M	
5	遥感影像样本文件名	YBWJM	Char	64			O	
6	影像类型	YXLX	Char	3			O	
7	样本尺寸	YBCC	Char	15			O	
8	影像文件格式	YXWJGS	Char	64			O	
9	空间分辨率	KJFBL	Char	15			O	单位：m
10	影像传感器	YXCGQ	Char	64			O	
11	波段数	BDS	Char	15			O	
12	影像拍摄时间	PSSJ	Date	8			O	YYYYMMDD
13	左上角经度	ZSJJD	Float	15	3		O	
14	左上角纬度	ZSJWD	Float	15	3		O	
15	右上角经度	YSJJD	Float	15	3		O	
16	右上角纬度	YSJWD	Float	15	3		O	
17	左下角经度	ZXJJD	Float	15	3		O	
18	左下角纬度	ZXJWD	Float	15	3		O	
19	右下角经度	YXJJD	Float	15	3		O	
20	右下角纬度	YXJWD	Float	15	3		O	
21	遥感影像样本文件	YBWJ	Varbin				O	存储对应样本文件
22	备注	BZ	Varchar	Varchar			O	

D.2 地面照片样本属性结构

见表 D.2。

表 D.2 地面照片样本属性结构描述表（表名：DMZPYB）

序号	字段名称	字段代码	字段类型	字段长度	小数位数	值域	约束	备注
1	标识码	BSM	Int	24		＞0	M	
2	要素代码	YSDM	Char	10		见表1	M	
3	区域代码	QYDM	Char	12		非空	M	
4	照片的标识符	PHID	Text	32		非空	M	
5	照片文件名	PHFILE	Text	64			O	
6	拍摄时间	PHTM	Date	8			O	YYYYMMDD
7	拍摄点经度	LON	Float	15	3	非空	M	
8	拍摄点纬度	LAT	Float	15	3	非空	M	
9	位置定位平面精度水平	DOP	Double				O	单位：m
10	拍摄点高程	ALT	Double				O	单位：m
11	定位方法	MMODE	Text	8			O	

表 D.2（续）

序号	字段名称	字段代码	字段类型	字段长度	小数位数	值域	约束	备注
12	照片方位角	AZIM	Double				O	
13	照片方位角的参照方向	AZIMR	Text	1			O	
14	方位角准确程度	AZIMP	Double				O	
15	拍摄距离	DIST	Short				O	单位：m
16	样本类型名称	YBLXMC	Text	20			O	
17	样点地理环境描述	REMARK	Text	255			O	
18	拍摄者	CREATOR	Text	16			C	当登记资料或调查资料有值时必选
19	照片文件	ZPWJ	Varbin					存储对应照片文件
20	备注	BZ	Varchar				O	

D.3 地面样方样本属性结构

见表 D.3。

表 D.3 地面样方样本属性结构描述表（表名：DMYFYB）

序号	字段名称	字段代码	字段类型	字段长度	小数位数	值域	约束	备注
1	标识码	BSM	Int	24		>0	M	
2	要素代码	YSDM	Char	10		见表1	M	
3	区域代码	QYDM	Char	12		非空	M	
4	左上角经度	ZSJJD	Float	15	3		O	
5	左上角纬度	ZSJWD	Float	15	3		O	
6	右上角经度	YSJJD	Float	15	3		O	
7	右上角纬度	YSJWD	Float	15	3		O	
8	左下角经度	ZXJJD	Float	15	3		O	
9	左下角纬度	ZXJWD	Float	15	3		O	
10	右下角经度	YXJJD	Float	15	3		O	
11	右下角纬度	YXJWD	Float	15	3		O	
12	样方矢量文件	YFSLWJ	Varbin				O	样方对应矢量文件
13	样本类型代码	YBLXDM	Text	6			O	
14	样本类型名称	YBLXMC	Text	20			O	
15	样点地理环境描述	REMARK	Text	255			O	
16	采样时间	TIME	Date	8			O	YYYYMMDD
17	采样者	CREATOR	Text	16			C	当登记资料或调查资料有值时必选
18	照片文件	ZPWJ	Varbin				O	存储对应照片文件
19	备注	BZ	Varchar				O	

D.4 地面标识点样本属性结构

见表 D.4。

表 D.4 地面标识点样本属性结构描述表（表名：DMBSDYB）

序号	字段名称	字段代码	字段类型	字段长度	小数位数	值域	约束	备注
1	标识码	BSM	Int	24		>0	M	
2	要素代码	YSDM	Char	10		见表1	M	
3	区域代码	QYDM	Char	12		非空	M	
4	标识点纬度	LAT	Float	15	3	非空	M	
5	标识点经度	LON	Float	15	3	非空	M	
6	样本类型名称	YBLXMC	Text	20			O	
7	样点地理环境描述	REMARK	Text	255			O	
8	采样时间	TIME	Date	8			O	YYYYMMDD

表 D.4（续）

序号	字段名称	字段代码	字段类型	字段长度	小数位数	值域	约束	备注
9	采样者	CREATOR	Text	16			C	当登记资料或调查资料有值时必选
10	照片文件	ZPWJ	Varbin				O	存储对应照片文件
11	备注	BZ	Varchar				O	

D.5 社交媒体数据样本属性结构

见表 D.5。

表 D.5 社交媒体数据样本属性结构描述表（表名：SJMTSJYB）

序号	字段名称	字段代码	字段类型	字段长度	小数位数	值域	约束	备注
1	标识码	BSM	Int	24		>0	M	
2	要素代码	YSDM	Char	10		见表1	M	
3	区域代码	QYDM	Char	12		非空	M	
4	发布地点经度	FBDDJD	Float	15	3		O	
5	发布地点纬度	FBDDWD	Float	15	3		O	
6	原文 URL	YWURL	Char	254		非空	M	
7	原文标题	YWBT	Char	50		非空	M	
8	原文发布日期	YWFBRQ	Date	10		非空	M	YYYYMMDD
9	最后修改日期	ZHXGRQ	Date	10			O	YYYYMMDD
10	来源网站	LYWZ	Char	254			O	
11	原文语种[a]	YWYZ	Char	2			O	
12	文本主题	WBZT	Varchar				O	
13	关键词	GJC	Varchar				O	
14	备注	BZ	Varchar				O	
[a] 按照 GB/T 4880 用 2 位小写字母表示。								

附　录　E

（规范性）

遥感监测要素属性结构

E.1　作物种植面积抽样单元属性结构

见表 E.1。

表 E.1　作物种植面积抽样单元属性结构描述表（表名：ZWZZMJCYDY）

序号	字段名称	字段代码	字段类型	字段长度	小数位数	值域	约束	备注
1	标识码	BSM	Int	24		＞0	M	
2	要素代码	YSDM	Char	10		见表1	M	
3	区域代码	QYDM	Char	12		非空	M	
4	抽样单元代码[a]	CYDYDM	Char	19		＞0	M	唯一
5	抽样单元类型[b]	CYDYLX	Char	12		非空	M	
6	作物类型	ZWLX	Char	7		见表J.7	M	
7	影像来源	YXLY	Char	254			O	
8	空间分辨率	KJFBL	Char	4		非空	M	单位：m
9	抽样单元面积	CYDYMJ	Float	15	2	非空	M	单位：hm²
10	本年度种植面积	BNDZZMJ	Float	15	2	非空	M	单位：hm²
11	上年度种植面积	SNDZZMJ	Float	15	2	非空	O	单位：hm²
12	年际面积变化量	NJMJBHL	Float	15	2	非空	O	单位：hm²
13	年际面积变化率	NJMJBHLV	Float	15	2	非空	O	单位：%
14	监测时间	JCSJ	Date	8		非空	M	YYYYMMDD
15	备注	BZ	Varchar					

[a] 抽样单元代码编码规则为区域代码＋CY＋5 位顺序号，以下相同。

[b] 抽样单元类型包括但不限于 1∶50 000 图幅框、1∶100 000 图幅框、确权地块边界、耕地地块边界、40 km×40 km 格网等，以下相同。

E.2　耕地地块种植情况属性结构

见表 E.2。

表 E.2　耕地地块种植情况属性结构描述表（表名：GDDKZZQK）

序号	字段名称	字段代码	字段类型	字段长度	小数位数	值域	约束	备注
1	标识码	BSM	Int	24		＞0	M	
2	要素代码	YSDM	Char	10		见表1	M	
3	区域代码	QYDM	Char	12		非空	M	
4	耕地地块代码	GDDKDM	Char	19		＞0	M	关联对应的地块
5	影像来源	YXLY	Char	254			O	
6	空间分辨率	KJFBL	Char	4		非空	M	单位：m
7	监测时间	JCSJ	Date	6		非空	M	YYYYMM
8	作物类型1	ZWLX1	Char	7		见表J.7	M	
9	作物面积1	ZWMJ1	Float	15	2	≥0	M	单位：m²
10	作物类型2	ZWLX2	Char	7		见表J.7	M	
11	作物面积2	ZWMJ2	Float	15	2	≥0	M	单位：m²
……	……	……	……	……	……	……	……	……
……	备注	BZ	Varchar				O	

E.3 耕地非粮化监测数据属性结构

见表 E.3。

表 E.3 耕地非粮化监测数据属性结构描述表（表名：GDFLHJCSJ）

序号	字段名称	字段代码	字段类型	字段长度	小数位数	值域	约束	备注
1	标识码	BSM	Int	24		＞0	M	
2	要素代码	YSDM	Char	10		见表1	M	
3	区域代码	QYDM	Char	12		非空	M	
4	耕地地块代码	GDDKDM	Char	19		＞0	M	关联对应的地块
5	地块面积	DKMJ	Float	15	2	≥0	M	单位：m²
6	第一季作物类型	DYJZWLX	Char	7		见表J.7	M	
7	第二季作物类型	DEJZWLX	Char	7		见表J.7	C	
8	第三季作物类型	DSJZWLX	Char	7		见表J.7	C	
9	是否非粮化[a]	SFFLH	Char	1			C	是/否
10	判定时间	PDSJ	Date	8			O	YYYYMMDD
11	备注	BZ	Varchar				O	
[a] 三季均不种粮食的地块判定为"是"；若有一季种植粮食，则判定为"否"。								

E.4 耕地非农化监测数据属性结构

见表 E.4。

表 E.4 耕地非农化监测数据属性结构描述表（表名：GDFNHJCSJ）

序号	字段名称	字段代码	字段类型	字段长度	小数位数	值域	约束	备注
1	标识码	BSM	Int	24		＞0	M	
2	要素代码	YSDM	Char	10		见表1	M	
3	耕地地块代码	GDDKDM	Char	19		＞0	M	关联对应的耕地地块
4	变化前作物类型	BHQZWLX	Char	7		见表J.7	M	
5	变化后用地类型	BHHYDLX	Char	2		见表J.8	M	
6	区域代码	QYDM	Char	12		非空	M	
7	影像来源	YXLY	Char	254			O	
8	空间分辨率	KJFBL	Char	4		非空	M	单位：m
9	地块面积	DKMJ	Float	15	2	≥0	M	单位：m²
10	监测时间	JCSJ	Date	8			O	YYYYMMDD
11	备注	BZ	Varchar				O	

E.5 作物物候期监测数据属性结构

见表 E.5。

表 E.5 作物物候期监测数据属性结构描述表（表名：ZWWHQJCSJ）

序号	字段名称	字段代码	字段类型	字段长度	小数位数	值域	约束	备注
1	标识码	BSM	Int	24		＞0	M	
2	要素代码	YSDM	Char	10		见表1	M	
3	区域代码	QYDM	Char	12		非空	M	
4	耕地地块代码	GDDKDM	Char	19		＞0	C	
5	图幅标号	TFBH	Char	50			O	
6	图幅名称	TFMC	Char	254			O	
7	作物类型	ZWLX	Char	7		见表J.7	M	
8	物候期	WHQ	Char	50			M	参考表J.1
9	作物面积	ZWMJ	Float	15	2	≥0	M	单位：m²
10	备注	BZ	Varchar				O	

E.6 作物长势监测数据属性结构

见表E.6。

表 E.6 作物长势监测数据属性结构描述表(表名:ZWZSJCSJ)

序号	字段名称	字段代码	字段类型	字段长度	小数位数	值域	约束	备注
1	标识码	BSM	Int	24		>0	M	
2	要素代码	YSDM	Char	10		见表1	M	
3	区域代码	QYDM	Char	12		非空	M	
4	耕地地块代码	GDDKDM	Char	19		>0	C	
5	图幅标号	TFBH	Char	50			O	
6	图幅名称	TFMC	Char	254			O	
7	作物类型	ZWLX	Char	7		见表J.7	M	
8	长势等级[a]	ZSDJ	Char	50		非空	M	
9	等级面积	ZWMJ	Float	15	2	≥0	M	单位:m²
10	等级面积占比[b]	DJMJZB	Char				C	
11	备注	BZ	Varchar				O	
[a] 作物长势与过往监测时期相比,参考 NY/T 3922—2021 将等级划分为好、较好、正常、较差、差。								

E.7 作物产量估测数据属性结构

见表E.7。

表 E.7 作物产量估测数据属性结构描述表(表名:ZWCLGCSJ)

序号	字段名称	字段代码	字段类型	字段长度	小数位数	值域	约束	备注
1	标识码	BSM	Int	24		>0	M	
2	要素代码	YSDM	Char	10		见表1	M	
3	区域代码	QYDM	Char	12		非空	M	
4	耕地地块代码	GDDKDM	Char	19		>0	C	
5	图幅标号	TFBH	Char	50			O	
6	图幅名称	TFMC	Char	254			O	
7	估产模型	GCMX	Char	50			M	
8	作物类型	ZWLX	Char	7		见表J.7	M	
9	作物种植面积	ZWZZMJ	Float	15	2	≥0	M	单位:hm²
10	作物收获面积	ZWSHCJ	Float	15	2	≥0	C	单位:hm²
11	作物面积年际变化量[a]	ZWMJBHL	Float	15	2		C	单位:hm²
12	作物面积年际变化率[a]	ZWMJBHLV	Float	15	2		C	单位:%
13	单产	DC	Float	15	2	≥0	M	单位:kg/667 m²
14	单产年际变化量[a]	DCNJBHL	Float	15	2		M	单位:kg/667 m²
15	单产年际变化率[a]	DCNJBHLV	Float	10	2		M	单位:%
16	总产量	ZCL	Float	15	2	≥0	M	单位:万 t
17	总产量年际变化量[a]	ZCLNJBHL	Float	15			C	单位:万 t
18	总产量年际变化率[a]	ZCLNJBHLV	Float	15			C	单位:%
19	估产时间	GCSJ	Date	6		非空	M	YYYYMM
20	监测精度评价[b]	JCJDPJ	Float	15			M	
21	备注	BZ	Varchar	254			O	
[a] 与上一年相比的变化。								
[b] 参考 NY/T 4065—2021 进行监测结果精度验证。								

E.8 农业干旱监测数据属性结构

见表 E.8。

表 E.8　农业干旱监测数据属性结构描述表(表名:NYGHJCSJ)

序号	字段名称	字段代码	字段类型	字段长度	小数位数	值域	约束	备注
1	标识码	BSM	Int	24		>0	M	
2	要素代码	YSDM	Char	10		见表1	M	
3	区域代码	QYDM	Char	12		非空	M	
4	耕地地块代码	GDDKDM	Char	19		>0	C	
5	图幅标号	TFBH	Char	50			O	
6	图幅名称	TFMC	Char	254			O	
7	监测模型	JCMX	Char	50			O	
8	作物类型	ZWLX	Char	7		见表J.7	O	
9	干旱面积	GHMJ	Float	15	2	≥0	M	单位:m²
10	监测面积	JCMJ	Float	15	2	≥0	M	单位:m²
11	干旱等级ᵃ	GHDJ	Float	10	2	≥0	M	单位:%
12	发生时间	FSSJ	Char	8			O	YYYYMMDD
13	结束时间	JSSJ	Char	8			O	YYYYMMDD
14	备注	BZ	Varchar				O	

ᵃ 干旱等级是干旱面积占监测面积的比例。

E.9 农业洪涝监测数据属性结构

见表 E.9。

表 E.9　农业洪涝监测数据属性结构描述表(表名:NYHLJCSJ)

序号	字段名称	字段代码	字段类型	字段长度	小数位数	值域	约束	备注
1	标识码	BSM	Int	24		>0	M	
2	要素代码	YSDM	Char	10		见表1	M	
3	区域代码	QYDM	Char	12		非空	M	
4	耕地地块代码	GDDKDM	Char	19		>0	C	
5	图幅标号	TFBH	Char	50			O	
6	图幅名称	TFMC	Char	254			O	
7	作物类型	ZWLX	Char	7		见表J.7	C	
8	受灾面积	SZMJ	Float	15	2	≥0	M	单位:m²
9	监测面积	JCMJ	Float	15	2	≥0	M	单位:m²
10	受灾程度ᵃ	SZBL	Float	10	2	≥0	M	单位:%
11	发生时间	FSSJ	Char	8			O	YYYYMMDD
12	结束时间	JSSJ	Char	8			O	YYYYMMDD
13	备注	BZ	Varchar				O	

ᵃ 受灾程度是受灾面积占监测面积的比例。

E.10 农业病虫害监测数据属性结构

见表 E.10。

表 E.10　农业病虫害监测数据属性结构描述表(表名:NYBCHJCSJ)

序号	字段名称	字段代码	字段类型	字段长度	小数位数	值域	约束	备注
1	标识码	BSM	Int	24		>0	M	
2	要素代码	YSDM	Char	10		见表1	M	
3	区域代码	QYDM	Char	12		非空	M	
4	耕地地块代码	GDDKDM	Char	19		>0	C	
5	图幅标号	TFBH	Char	50			O	
6	图幅名称	TFMC	Char	254			O	

表 E. 10（续）

序号	字段名称	字段代码	字段类型	字段长度	小数位数	值域	约束	备注
7	作物类型	ZWLX	Char	7		见表 J. 7	M	
8	病虫害名称	BCHMC	Char	50		非空	M	
9	病虫害面积	BCHMJ	Float	15	2	≥0	M	单位：m²
10	监测面积	JCMJ	Float	15	2	≥0	M	单位：m²
11	病虫害程度[a]	BCHCD	Float	10	2	≥0	M	单位：%
12	发生时间	FSSJ	Char	8			O	YYYYMMDD
13	结束时间	JSSJ	Char	8			O	YYYYMMDD
14	备注	BZ	Varchar				O	
[a] 病虫害程度是病虫害面积占监测面积的比例。								

E. 11 园地监测数据属性结构

见表 E. 11。

表 E. 11 园地监测数据属性结构描述表（表名：YDJCSJ）

序号	字段名称	字段代码	字段类型	字段长度	小数位数	值域	约束	备注
1	标识码	BSM	Int	24		>0	M	
2	要素代码	YSDM	Char	10		见表1	M	
3	区域代码	QYDM	Char	12		非空	M	
4	园地地块代码	YDDKDM	Char	19			O	关联对应的耕地地块
5	影像来源	YXLY	Char	254	无	非空	M	
6	空间分辨率	KJFBL	Char	4	无	非空	M	单位：m
7	其他支撑数据	QTZCSJ	Char	50			O	
8	监测模型	GCMX	Char	50			O	
9	监测时间	SCSJ	Date	8			O	YYYYMMDD
10	监测面积	JCMJ	Float	15	2	≥0	M	单位：m²
11	备注	BZ	Varchar				O	

E. 12 坑塘水面监测数据属性结构

见表 E. 12。

表 E. 12 坑塘水面监测数据属性结构描述表（表名：KTSMJCSJ）

序号	字段名称	字段代码	字段类型	字段长度	小数位数	值域	约束	备注
1	标识码	BSM	Int	24		>0	M	
2	要素代码	YSDM	Char	10		见表1	M	
3	区域代码	QYDM	Char	12		非空	M	
4	水面格网代码	SMWGDM	Char	19			O	
5	影像来源	YXLY	Char	254	无	非空	M	
6	空间分辨率	KJFBL	Char	4	无	非空	M	单位：m
7	其他支撑数据	QTZCSJ	Char	50			O	
8	监测模型	GCMX	Char	50			O	
9	监测时间	SCSJ	Date	10			O	
10	监测面积	JCMJ	Float	15	2	≥0	M	单位：m²
11	备注	BZ	Varchar				O	
[a] 水面格网代码编码规则为区域代码＋SM＋5 位顺序号，以下相同。								

E.13 自然水面监测数据属性结构

见表 E.13。

表 E.13 自然水面监测数据属性结构描述表（表名：ZRSMJCSJ）

序号	字段名称	字段代码	字段类型	字段长度	小数位数	值域	约束	备注
1	标识码	BSM	Int	24		＞0	M	
2	要素代码	YSDM	Char	10		见表1	M	
3	区域代码	QYDM	Char	12		非空	M	
4	水面格网代码	SMWGDM	Char	19			O	
5	影像来源	YXLY	Char	254	无	非空	M	
6	空间分辨率	KJFBL	Char	4	无	非空	M	单位：m
7	其他支撑数据	QTZCSJ	Char	50			O	
8	监测模型	GCMX	Char	50			O	
9	监测时间	SCSJ	Date	8			O	YYYYMMDD
10	监测面积	JCMJ	Float	15	2	≥0	M	单位：m²
11	备注	BZ	Varchar				O	

E.14 宅基地变化监测数据属性结构

见表 E.14。

表 E.14 宅基地变化监测数据属性结构描述表（表名：ZJDBHJCSJ）

序号	字段名称	字段代码	字段类型	字段长度	小数位数	值域	约束	备注
1	标识码	BSM	Int	24		＞0	M	
2	要素代码	YSDM	Char	10			M	
3	区域代码	QYDM	Char	12		非空	M	
4	宅基地代码	ZJDDM	Char	23		非空	M	关联对应的宅基地宗地地块
5	变化后地类	BHHDL	Char	10			M	变化后土地利用类型
6	变化类型	BHLX	Char	1			M	1-地块变化 2-新增地块 3-地块消亡
7	影像来源	YXLY	Char	254			O	
8	空间分辨率	KJFBL	Char	4		非空	M	单位：m
9	地块面积	DKMJ	Float	15	2	≥0	M	单位：m²
10	备注	BZ	Varchar				O	

ᵃ 采用《农村宅基地数据库规范》中23位宅基地代码，以下相同。

E.15 设施农用地变化监测数据属性结构

见表 E.15。

表 E.15 设施农用地变化监测数据属性结构描述表（表名：SSNYDBHJCSJ）

序号	字段名称	字段代码	字段类型	字段长度	小数位数	值域	约束	备注
1	标识码	BSM	Int	24		＞0	M	
2	要素代码	YSDM	Char	10		见表1	M	
3	区域代码	QYDM	Char	12		非空	M	
4	设施农用地代码	SSNYDDM	Char	19			O	
5	用地类型	YDLX	Char	5		见表J.6	M	变化前用地类型
6	变化后地类	BHHDL	Char	10			M	变化后用地类型
7	变化类型	BHLX	Char	1			M	1-地块变化 2-新增地块 3-地块消亡

表 E.15（续）

序号	字段名称	字段代码	字段类型	字段长度	小数位数	值域	约束	备注
8	影像来源	YXLY	Char	254			O	
9	空间分辨率	KJFBL	Char	4			O	单位：m
10	地块面积	DKMJ	Float	15	2	≥0	O	单位：m²
11	备注	BZ	Varchar				O	

E.16 农村产业用地变化监测数据属性结构

见表 E.16。

表 E.16 农村产业用地变化监测数据属性结构描述表（表名：NCCYYDBHJCSJ）

序号	字段名称	字段代码	字段类型	字段长度	小数位数	值域	约束	备注
1	标识码	BSM	Int	24		＞0	M	
2	要素代码	YSDM	Char	10		见表1	M	
3	区域代码	QYDM	Char	12		非空	M	
4	农村产业用地代码	NCCYYDDM	Char	18			O	
5	用地类型	YDLX	Char	5		见表 J.6	M	
6	变化后地类	BHHDL	Char	10			M	变化后用地类型
7	变化类型	BHLX	Char	1			M	1-地块变化 2-新增地块 3-地块消亡
8	影像来源	YXLY	Char	254			O	
9	空间分辨率	KJFBL	Char	4		非空	M	单位：m
10	地块面积	TBMJ	Float	15	2	≥0	M	单位：m²
11	备注	BZ	Varchar				O	

附　录　F
（规范性）
遥感调查要素属性结构

F.1　耕地种植用途调查数据属性结构

见表 F.1。

表 F.1　耕地种植用途调查数据属性结构描述表（表名：GDZZYTDCSJ）

序号	字段名称	字段代码	字段类型	字段长度	小数位数	值域	约束	备注
1	标识码	BSM	Int	24		＞0	M	
2	要素代码	YSDM	Char	10		见表1	M	
3	区域代码	QYDM	Char	12		非空	M	
4	耕地地块代码	GDDKDM	Char	19			O	关联对应的耕地地块
5	地块面积	DKMJ	Float	15	2	非空	M	单位：m²
6	种植制度	ZJZD	Char	2		见表 J.4	O	
7	作物类型	ZWLX	Char	7		见表 J.7	M	
8	物候期	WHQ	Char	50			O	参考表 J.1
9	申报人联系方式	SBRLXFS	Int	11		非空	M	
10	申报人姓名	SBRXM	Char	50		非空	M	
11	代报人联系方式	DBRLXFS	Int	11			C	
12	代报人姓名	DBRXM	Char	50			C	
13	填报时间	TBSJ	Date	8		非空	M	YYYYMMDD
14	拍照地点经度	PZDDJD	Float	15	2	非空	M	
15	拍照地点纬度	PZDDWD	Float	15	2	非空	M	
16	照片1	ZP1	Varbin			非空	M	存储对应照片文件
17	照片2	ZP2	Varbin				C	存储对应照片文件
……	……	……	……	……	……	……	……	……
……	备注	BZ	Varchar				O	

F.2　耕地种植用途核查数据属性结构

见表 F.2。

表 F.2　耕地种植用途核查数据属性结构描述表（表名：GDZZYTHCSJ）

序号	字段名称	字段代码	字段类型	字段长度	小数位数	值域	约束	备注
1	标识码	BSM	Int	24		＞0	M	
2	要素代码	YSDM	Char	10		见表1	M	
3	区域代码	QYDM	Char	12		非空	M	
4	耕地地块代码	GDDKDM	Char	19			O	关联对应的耕地地块
5	待核查地块面积	DHCDKMJ	Float	15	2	非空	M	单位：m²
6	待核查作物类型	DHCZWLX	Char	7		见表 J.7	M	
7	核实地块面积	HSDKMJ	Float	15	2	非空	M	单位：m²
8	核实作物类型	HSZWLX	Char	7		见表 J.7	M	
9	网格员联系方式	WGYLXFS	Int	11		非空	M	
10	网格员姓名	WGYXM	Char	50		非空	M	
11	核查时间	HCSJ	Date	8		非空	M	YYYYMMDD
12	拍照地点经度	PZDDJD	Float	15	2	非空	M	
13	拍照地点纬度	PZDDWD	Float	15	2	非空	M	
14	照片1	ZP1	Varbin			非空	M	存储对应照片文件
15	照片2	ZP2	Varbin				C	存储对应照片文件
……	……	……	……	……	……	……	……	……
……	备注	BZ	Varchar				O	

F.3 耕地种植用途管控数据属性结构

见表F.3。

表F.3 耕地种植用途管控数据属性结构描述表(表名:GDZZYTGKSJ)

序号	字段名称	字段代码	字段类型	字段长度	小数位数	值域	约束	备注
1	标识码	BSM	Int	24		>0	M	
2	要素代码	YSDM	Char	10		见表1	M	
3	区域代码	QYDM	Char	12		非空	M	
4	耕地地块代码	GDDKDM	Char	19			O	关联对应的耕地地块
5	地块面积	DKMJ	Float	15	2	非空	M	单位:m²
6	种植制度	GDDM	Int	2		见表J.4	M	
7	作物类型	ZWLX	Char	7		见表J.7	M	
8	物候期	WHQ	Char	50			M	参考表J.1
9	上图时间	STSJ	Date	8			O	YYYYMMDD
10	备注	BZ	Varchar				O	

F.4 园地调查数据属性结构

见表F.4。

表F.4 园地调查数据属性结构描述表(表名:YDDCSJ)

序号	字段名称	字段代码	字段类型	字段长度	小数位数	值域	约束	备注
1	标识码	BSM	Int	24		>0	M	
2	要素代码	YSDM	Char	10		见表1	M	
3	区域代码	QYDM	Char	12		非空	M	
4	园地地块代码	GDDKDM	Char	19			O	
5	地块面积	DKMJ	Float	15	2	非空	M	单位:m²
6	园地类型	DKLX	Char	5		见表J.9	M	
7	单位面积产量	DWMJCL	Float	50	2	≥0	C	单位:kg/667 m²
8	调查时间	DCSJ	Date	8			O	YYYYMMDD
9	备注	BZ	Varchar				O	

F.5 坑塘水面调查数据属性结构

见表F.5。

表F.5 坑塘水面调查数据属性结构描述表(表名:KTSMDCSJ)

序号	字段名称	字段代码	字段类型	字段长度	小数位数	值域	约束	备注
1	标识码	BSM	Int	24		>0	M	
2	要素代码	YSDM	Char	10		见表1	M	
3	区域代码	QYDM	Char	12		非空	M	
4	水面格网代码	SMWGDM	Char	19			O	
5	水面面积	SYMJ	Float	15	2	非空	M	单位:m²
6	坑塘水面类型	KTSMLX	Char	5		见表J.10	O	
7	渔业养殖类型	YYYZPZ	Char	4		见表J.11	C	
8	备注	BZ	Varchar				O	

F.6 自然水面调查数据属性结构

见表F.6。

表F.6 自然水面调查数据属性结构描述表(表名:ZRSMDCSJ)

序号	字段名称	字段代码	字段类型	字段长度	小数位数	值域	约束	备注
1	标识码	BSM	Int	24		>0	M	

表 F.6（续）

序号	字段名称	字段代码	字段类型	字段长度	小数位数	值域	约束	备注
2	要素代码	YSDM	Char	10		见表1	M	
3	区域代码	QYDM	Char	12		非空	M	
4	水面格网代码	SMWGDM	Char	19			O	
5	水面面积	SYMJ	Float	15	2	非空	M	单位:m²
6	自然水面类型	ZRSMLX	Char	5		见表J.12	O	
7	渔业养殖类型	YYYZPZ	Char	4		见表J.11	C	
8	备注	BZ	Varchar				O	

F.7 设施农用地调查数据属性结构

见表 F.7。

表 F.7 设施农用地调查数据属性结构描述表（表名:SSNYDDCSJ）

序号	字段名称	字段代码	字段类型	字段长度	小数位数	值域	约束	备注
1	标识码	BSM	Int	24		>0	M	
2	要素代码	YSDM	Char	10		见表1	M	
3	区域代码	QYDM	Char	12		非空	M	
4	设施农用地地块代码	SSNYDDKDM	Char	19			O	
5	地块面积	DKMJ	Float	15	2	非空	M	单位:m²
6	设施农用地类型	SSNYDLX	Char	4		见表J.5	O	
7	畜禽养殖类型	XQYZLX	Char	4		见表J.13	C	
8	备注	BZ	Varchar				O	

F.8 农村产业用地调查数据属性结构

见表 F.8。

表 F.8 农村产业用地调查数据属性结构描述表（表名:NCCYYDDCSJ）

序号	字段名称	字段代码	字段类型	字段长度	小数位数	值域	约束	备注
1	标识码	BSM	Int	24		>0	M	
2	要素代码	YSDM	Char	10		见表1	M	
3	区域代码	QYDM	Char	12		非空	M	
4	农村产业用地地块代码	NCCYYDDKDM	Char	19			O	
5	地块面积	DKMJ	Float	15	2	非空	M	单位:m²
6	农村产业用地类型	NCCYYDLX	Char	5		见表J.6	O	
7	备注	BZ	Varchar				O	

附 录 G

（规范性）

其他空间要素属性结构

G.1 独立要素属性结构

见表G.1。

表 G.1 独立要素属性结构描述表（表名：DLYS）

序号	字段名称	字段代码	字段类型	字段长度	小数位数	值域	约束	备注
1	标识码	BSM	Int	24		>0	M	
2	要素代码	YSDM	Char	10		见表1	M	
3	区域代码	QYDM	Char	12		非空	M	
4	独立要素地块代码[a]	DLYSDKDM	Char	19			O	
5	地块面积	DKMJ	Float	15	2	非空	M	单位：m²
6	要素类型	YSLX	Char	20		见表1	O	
7	设立时间	SLSJ	Date	8			O	YYYYMMDD
8	备注	BZ	Varchar				O	
[a] 独立要素地块代码编码规则为区域代码＋DL＋5位顺序号，以下相同。								

G.2 注记属性结构

见表G.2。

表 G.2 注记属性结构描述表（表名：ZJ）

序号	字段名称	字段代码	字段类型	字段长度	小数位数	值域	约束	备注
1	标识码	BSM	Int	24		>0	M	
2	要素代码	YSDM	Char	10		见表1	M	
3	注记内容	ZJNR	Char	200		非空	M	
4	字体	ZT	Char	50		非空	M	
5	颜色	YS	Char	20		>0	M	
6	磅数	BS	Int	4			O	单位：磅[*]
7	形状	XZ	Char	20			O	
8	是否下划线	XHX	Char	1			O	是/否
9	宽度	KD	Float	15	2		O	单位：磅
10	高度	GD	Float	15	2		O	单位：磅
11	注记点左下角X坐标[a]	ZJDZXJXZB	Float	15	2	>0	M	
12	注记点左下角Y坐标[a]	ZJDZXJYZB	Float	15	2	>0	M	
13	注记方向[b]	ZJFX	Float	10	6		M	单位：°
14	备注	BZ	Varchar				O	
[a] X坐标、Y坐标对应为投影坐标中的纵坐标、横坐标。								
[b] 注记方向使用弧度表示。								

---

[*] 磅为非法定计量单位，1磅＝0.453 592 37 kg。

附 录 H

（规范性）

非空间要素属性结构

H.1 照片与遥感影像样本关系属性结构

见表 H.1。

表 H.1 照片与遥感影像样本关系属性结构描述表（表名：ZPYYGYXYBGX）

序号	字段名称	字段代码	字段类型	字段长度	值域	约束	备注
1	标识码	BSM	Int	24	＞0	M	
2	要素代码	YSDM	Char	10	见表1	M	—
3	监测点编号	JCDBH	Char	32	非空	M	—
4	地面照片标识符	DMZPBSF	Char	32	非空	M	—
5	遥感影像样本标识符	YGYXYBBSF	Char	64	非空	M	—
6	操作员姓名	CZYXM	Char	16	非空	M	—
7	质量负责人姓名	ZLFZRXM	Char	16	非空	M	—
8	最后检查完成日期	ZHJCWCRQ	Date	8	非空	M	YYYYMMDD
9	备注	BZ	Varchar			O	

H.2 作物种植面积区域汇总属性结构

见表 H.2。

表 H.2 作物种植面积区域汇总属性结构描述表（表名：ZWZZMJQYHZ）

序号	字段名称	字段代码	字段类型	字段长度	小数位数	值域	约束	备注
1	标识码	BSM	Int	24		＞0	M	
2	要素代码	YSDM	Char	10		见表1	M	
3	区域代码	QYDM	Char	12		非空	M	
4	作物类型	ZWLX	Char	7		见表J.7	M	
5	影像来源	YXLY	Char	254			O	
6	空间分辨率	KJFBL	Char	4		非空	M	单位：m
7	抽样单元类型	CYDYLX	Char	12		非空	M	
8	抽样单元实际数	CYDYSJS	Int	10		＞0	M	
9	抽样单元总数	CYDYZS	Int	10		＞0	M	
10	抽样比	CYB	Float	15	2	非空	M	单位：%
11	本年度种植面积	BNDZZMJ	Float	15	2		O	单位：hm²
12	上年度遥感监测种植面积	SNDYGJCZZMJ	Float	15	2		O	单位：hm²
13	上年度统计核定种植面积[a]	SMDTJHDZZMJ	Float	15	2		O	单位：hm²
14	年际面积变化量	NJMJBHL	Float	15	2		O	单位：hm²
15	年际面积变化率	NJMJBHLV	Float	15	2		O	单位：%
16	监测时间	YTLX	Char	8		非空	M	YYYYMMDD
17	备注	BZ	Varchar				O	
[a] 宜采用国家行政职能部门发布的数据。								

H.3 耕地非农变化统计属性结构

见表 H.3。

表 H.3 耕地非农变化统计属性结构描述表（表名：GDFNBHTJ）

序号	字段名称	字段代码	字段类型	字段长度	小数位数	值域	约束	备注
1	标识码	BSM	Int	24		＞0	M	
2	要素代码	YSDM	Char	10		见表1	M	
3	区域代码	QYDM	Char	12		非空	M	
4	变化后地类	BHHDL	Char	2		见表J.8	M	
5	非农化面积	FNHMJ	Float	10	2	非空	M	单位：m²
6	监测时间	JCSJ	Char	8		非空	M	YYYYMMDD
7	统计时间	TJSJ	Date	8		非空	M	YYYYMMDD
8	备注	BZ	Varchar				O	

H.4 耕地非粮变化统计属性结构

见表 H.4。

表 H.4 耕地非粮变化统计属性结构描述表（表名：GDFLBHTJ）

序号	字段名称	字段代码	字段类型	字段长度	小数位数	值域	约束	备注
1	标识码	BSM	Int	24		＞0	M	
2	要素代码	YSDM	Char	10		见表1	M	
3	区域代码	QYDM	Char	12		非空	M	
4	变化后地类	BHHDL	Char	2		见表J.8	M	
5	非粮化面积	FLHMJ	Float	10	2		M	单位：m²
6	监测时间	JCSJ	Char	8		非空	M	YYYYMMDD
7	统计时间	TJSJ	Date	8		非空	M	YYYYMMDD
8	备注	BZ	Varchar				O	

H.5 作物物候期统计属性结构

见表 H.5。

表 H.5 作物物候期统计属性结构描述表（表名：ZWWHQTJ）

序号	字段名称	字段代码	字段类型	字段长度	小数位数	值域	约束	备注
1	标识码	BZM	Int	24		＞0	M	
2	要素代码	YSDM	Char	10		见表1	M	
3	区域代码	QYDM	Char	12			M	
4	作物类型	ZWLX	Char	7		表J.7	M	
5	物候期1	WHQ1	Char	50			M	参考表K.1
6	物候期1面积	WHQ1MJ	Float	15	2	≥0	M	单位：m²
7	物候期2	WHQ2	Char	50			M	参考表K.1
8	物候期2面积	WHQ2MJ	Float	15	2	≥0	C	单位：m²
……	……	……	……	……	……	……	……	……
……	备注	BZ	Varchar				O	

H.6 园地监测统计属性结构

见表 H.6。

表 H.6 园地监测统计属性结构描述表（表名：YDJCTJ）

序号	字段名称	字段代码	字段类型	字段长度	小数位数	值域	约束	备注
1	标识码	BSM	Int	24		＞0	M	
2	要素代码	YSDM	Char	10		见表1	M	
3	区域代码	QYDM	Char	12		非空	M	
4	园地类型	YDLX	Char	5		见表J.9	M	

表 H.6（续）

序号	字段名称	字段代码	字段类型	字段长度	小数位数	值域	约束	备注
5	园地面积	YDMJ	Float	15	2	≥0	M	单位：m²
6	监测时间	JCSJ	Char	8		非空	M	YYYYMMDD
7	统计时间	TJSJ	Date	10		非空	M	YYYYMMDD
8	备注	BZ	Varchar				O	

H.7 坑塘水面监测统计属性结构

见表 H.7。

表 H.7　坑塘水面监测统计属性结构描述表（表名：KTSMJCTJ）

序号	字段名称	字段代码	字段类型	字段长度	小数位数	值域	约束	备注
1	标识码	BSM	Int	24		＞0	M	
2	要素代码	YSDM	Char	10		见表1	M	
3	区域代码	QYDM	Char	12		非空	M	
4	坑塘水面类型	KTSMLX	Char	5		见表J.10	M	
5	坑塘水面面积	KTSMMJ	Float	15	2	≥0	M	单位：m²
6	监测时间	JCSJ	Char	8		非空	M	YYYYMMDD
7	统计时间	TJSJ	Date	8		非空	M	YYYYMMDD
8	备注	BZ	Varchar				O	

H.8 自然水面监测统计属性结构

见表 H.8。

表 H.8　自然水面监测统计属性结构描述表（表名：ZRSMJCTJ）

序号	字段名称	字段代码	字段类型	字段长度	小数位数	值域	约束	备注
1	标识码	BSM	Int	24		＞0	M	
2	要素代码	YSDM	Char	10		见表1	M	
3	区域代码	QYDM	Char	12		非空	M	
4	自然水面类型	KTSMLX	Char	5		见表J.12	M	
5	水面面积	KTSMMJ	Float	15	2	≥0	M	单位：m²
6	监测时间	JCSJ	Char	8		非空	M	YYYYMMDD
7	统计时间	TJSJ	Date	8		非空	M	YYYYMMDD
8	备注	BZ	Varchar				O	

H.9 宅基地变化统计属性结构

见表 H.9。

表 H.9　宅基地变化统计属性结构描述表（表名：ZJDBHTJ）

序号	字段名称	字段代码	字段类型	字段长度	小数位数	值域	约束	备注
1	标识码	BSM	Int	24		＞0	M	
2	要素代码	YSDM	Char	10		见表1	M	
3	区域代码	QYDM	Char	12		非空	M	
4	变化地类类型	BHDLLX	Char	10		非空	M	
5	变化面积	BHMJ	Float	15	2	≥0	M	单位：m²
6	监测时间	JCSJ	Char	8		非空	M	YYYYMMDD
7	统计时间	TJSJ	Date	8		非空	M	YYYYMMDD
8	备注	BZ	Varchar				O	

H.10 设施农用地变化统计属性结构

见表 H.10。

表 H.10 设施农用地变化统计属性结构描述表（表名：SSNYDBHTJ）

序号	字段名称	字段代码	字段类型	字段长度	小数位数	值域	约束	备注
1	标识码	BSM	Int	24		>0	M	
2	要素代码	YSDM	Char	10		见表1	M	
3	区域代码	QYDM	Char	12		非空	M	
4	用地类型	YDLX	Char	10		非空	M	
5	设施用地变化面积	SCBHMJ	Float	10	2	≥0	M	单位：m²
6	辅助设施用地变化面积	FZBHMJ	Float	15	2	≥0	M	单位：m²
7	监测时间	JCSJ	Char	8		非空	M	YYYYMMDD
8	统计时间	TJSJ	Date	8		非空	M	YYYYMMDD
9	备注	BZ	Varchar				O	

H.11 农村产业用地变化统计属性结构

见表 H.11。

表 H.11 农村产业用地变化统计属性结构描述表（表名：NCCYYDBHTJ）

序号	字段名称	字段代码	字段类型	字段长度	小数位数	值域	约束	备注
1	标识码	BSM	Int	24		>0	M	
2	要素代码	YSDM	Char	10		见表1	M	
3	区域代码	QYDM	Char	12		非空	M	
4	项目类型	XMLX	Char	10		非空	M	
5	农业用地变化面积	NYBHMJ	Float	15	2	≥0	M	单位：m²
6	其他产业用地变化面积	QTBHMJ	Float	15	2	≥0	M	单位：m²
7	监测时间	JCSJ	Char	8		非空	M	YYYYMMDD
8	统计时间	TJSJ	Date	8		非空	M	YYYYMMDD
9	备注	BZ	Varchar				O	

H.12 耕地种植用途调查统计属性结构

见表 H.12。

表 H.12 耕地种植用途调查统计属性结构描述表（表名：GDZZYTDCTJ）

序号	字段名称	字段代码	字段类型	字段长度	小数位数	值域	约束	备注
1	标识码	BSM	Int	24		>0	M	
2	要素代码	YSDM	Char	10		见表1	M	
3	区域代码	QYDM	Char	12		非空	M	
4	种植制度	ZJZD	Char	2		见表J.4	O	
5	作物类型	ZWLX	Char	7		见表J.7	M	
6	物候期	WHQ	Char	50			O	参考表J.1
7	作物面积	ZWMJ	Float	15	2	≥0	M	单位：m²
8	申报时间	JCSJ	Char	8		非空	M	YYYYMM
9	统计时间	TJSJ	Date	8		非空	M	YYYYMM
10	备注	BZ	Varchar				O	

H.13 耕地种植用途核查统计属性结构

见表 H.13。

表 H.13 耕地种植用途核查统计属性结构描述表（表名：GDZZYTHCTJ）

序号	字段名称	字段代码	字段类型	字段长度	小数位数	值域	约束	备注
1	标识码	BSM	Int	24		>0	M	
2	要素代码	YSDM	Char	10		见表1	M	

表 H.13（续）

序号	字段名称	字段代码	字段类型	字段长度	小数位数	值域	约束	备注
3	区域代码	QYDM	Char	12		非空	M	
4	作物类型	ZWLX	Char	7		见表 J.7	M	
5	物候期	WHQ	Char	50			O	参考表 K.1
6	作物面积	ZWMJ	Float	15	2	≥0	M	单位：m²
7	核查时间	JCSJ	Char	8		非空	M	YYYYMM
8	统计时间	TJSJ	Date	8		非空	M	YYYYMM
9	备注	BZ	Varchar				O	

H.14 耕地种植用途管控统计属性结构

见表 H.14。

表 H.14 耕地种植用途管控统计属性结构描述表（表名：GDZZYTGKTJ）

序号	字段名称	字段代码	字段类型	字段长度	小数位数	值域	约束	备注
1	标识码	BSM	Int	24		>0	M	
2	要素代码	YSDM	Char	10		见表1	M	
3	区域代码	QYDM	Char	12		非空	M	
4	作物类型	ZWLX	Char	7		见表 J.7	M	
5	物候期	WHQ	Char	50			O	参考表 K.1
6	作物面积	ZWMJ	Float	15	2	≥0	M	单位：m²
7	统计时间	TJSJ	Date	8		非空	M	YYYYMMDD
8	备注	BZ	Varchar				O	

H.15 耕地种植用途地块台账属性结构

见表 H.15。

表 H.15 耕地种植用途地块台账属性结构描述表（表名：GDZZYTDKTZ）

序号	字段名称	字段代码	字段类型	字段长度	值域	约束	备注
1	标识码	BSM	Int	24	>0	M	
2	要素代码	YSDM	Char	10	见表1	M	
3	区域代码	QYDM	Char	12	非空	M	
4	耕地地块代码	GDDKDM	Char	19		O	关联对应的耕地地块
5	是否需要恢复	ZWLX	Char	2	非空	M	是/否
6	待恢复类型	DHFLX	Char	50		C	
7	预计恢复时间	YJHFSJ	Date	8		C	YYYYMMDD
8	实际恢复时间	SJHFSJ	Date	8		C	YYYYMMDD
9	恢复后类型	HFHLX	Char	50		C	
10	是否录入白名单[a]	SFJRBMD	Char	2	非空	M	是/否
11	录入台账时间	JRTZSJ	Date	8		C	YYYYMMDD
12	备注	BZ	Varchar				O

[a] 录入白名单中的地块不再进入核查数据。

H.16 耕地种植用途区域地块台账属性结构

见表 H.16。

表 H.16 耕地种植用途区域地块台账属性结构描述表（表名：GDZZYTQYDKTZ）

序号	字段名称	字段代码	字段类型	字段长度	小数位数	值域	约束	备注
1	标识码	BSM	Int	24		>0	M	
2	要素代码	YSDM	Char	10		见表1	M	

表 H.16（续）

序号	字段名称	字段代码	字段类型	字段长度	小数位数	值域	约束	备注
3	区域代码	QYDM	Char	12		非空	M	
4	作物类型	ZWLX	Char	7		见表 J.7	M	
5	待恢复地块数量	DHFDKSL	Char	10		非空	M	
6	待恢复地块面积	DHFDKMJ	Float	15	2	≥0	M	单位:m²
7	已恢复地块数量	YHFDKSL	Char	10		非空	M	
8	已恢复地块面积	YHFDKMJ	Float	15	2	≥0	M	单位:m²
9	统计时间	TJSJ	Date	8		非空	M	YYYYMMDD
10	备注	BZ	Varchar				O	

H.17 独立要素数据统计属性结构

见表 H.17。

表 H.17 独立要素数据统计属性结构描述表（表名:DLYSSJTJ）

序号	字段名称	字段代码	字段类型	字段长度	小数位数	值域	约束	备注
1	标识码	BSM	Int	24		>0	M	
2	要素代码	YSDM	Char	10		见表1	M	
3	区域代码	QYDM	Char	12		非空	M	
4	要素类型	YSLX	Char	10		非空	M	
5	要素地块数量	YSDKSL	Char	10			O	
6	要素地块面积	YSDKMJ	Float	15	2	≥0	M	单位:m²
7	统计时间	TJSJ	Date	8		非空	M	YYYYMMDD
8	备注	BZ	Varchar				O	

附　录　I

（规范性）

元数据内容

I.1　元数据的数据标识属性结构

见表I.1。

表I.1　元数据的数据标识属性结构描述表

序号	中文名称	缩写名	定义	约束	最多出现次数	数据类型	值域
1	名称	title	数据集名称	M	1	字符型	自由文本
2	日期	date	数据集发布或最近更新日期	M	1	字符型	YYYYMMDD
3	区域代码	geoID	定位名称的唯一标识	M	1	字符型	按照GB/T 2260的6位数字码
4	版本	dataEdition	数据集的版本		1	字符型	自由文本
5	语种	dataLang	数据集使用的语种	M	N	字符型	按照GB/T 4880用两位小写字母表示
6	摘要	idAbs	数据集内容的概要说明	M	1	字符型	自由文本
7	现状	statue	数据集的现状	M	1	字符型	001.完成；002.作废；003.连续更新；004.正在建设中
8	终止时间	ending	数据集原始数据生成或采集的终止时间	M	1	日期型	YYYYMMDD
9	负责单位名称	rpQrgName	数据集负责单位名称	M	1	字符型	自由文本
10	联系人	rpCnt	数据集负责单位联系人姓名	M	1	字符型	自由文本
11	电话	voiceNum	数据集负责单位或联系人的电话号码	M	N	字符型	自由文本
12	传真	faxNum	数据集负责单位或联系人的传真号码	O	N	字符型	自由文本
13	通信地址	cntAddress	数据集负责单位或联系人的通信地址	M	1	字符型	自由文本
14	邮政编码	cntCode	数据集负责单位邮政编码	M	1	字符型	自由文本
15	电子邮箱地址	cntEmail	数据集负责单位或联系人的电子邮箱地址	O	N	字符型	自由文本
16	安全等级	classCode	出于国家安全、保密或其他考虑，对数据集安全限制的等级名称	M	1	字符型	001.绝密；002.机密；003.秘密；004.限制；005.内部；006.无限制

I.2　元数据的数据内容属性结构

见表I.2。

表I.2　元数据的数据内容属性结构描述表

序号	中文名称	缩写名	定义	约束	最多出现次数	数据类型	值域
1	图层名称	layerName	数据集所包含的图层名称	M	N	字符型	自由文本
2	数据集要素类型名称	catFetType	具有同类属性的要素类名称	M	N	字符型	自由文本
3	与数据集要素类名称对应的主要属性列表	attrTypList	要素类主要属性内容的文字表述	M	N	字符型	自由文本
4	数据量	capasity	数据集所占储存空间的大小	O	1	字符型	自由文本

I.3 元数据的空间参照系统属性结构

见表 I.3。

表 I.3 元数据的空间参照系统属性结构描述表

序号	中文名称	缩写名	定义	约束	最多出现次数	数据类型	值域
1	大地坐标参考系统名称	ccorRSID	大地坐标系参考系统名称	M	1	字符型	自由文本
2	中央子午线	centralMer	中央子午线参数信息	M	1	数值型	单位:°
3	东偏移	eastFAL	东偏移参数信息	M	1	数值型	单位:km
4	北偏移	northFAL	北偏移参数信息	M	1	数值型	单位:km
5	分带方式	coorFDKD	说明分带宽度	M	1	字符型	自由文本

I.4 元数据的质量审核内容一览表

见表 I.4。

表 I.4 元数据的质量审核内容一览表

一级质量元素	二级质量元素	质检元素说明
基本要求	文件名称	数据是否按标准命名
	数据的组织	数据属性字段命名、格式是否正确
	数据的格式	数据是否为规定格式存储
数学精度	地块地物类型精度	地块地物类型判读是否准确
	地块边界精度	地块边界勾画是否满足要求
属性规范性	属性项的完备性	字段属性是否完整
	属性类型的正确性	字段属性类型是否按照标准定义
逻辑一致性	拓扑关系的正确性	是否存在地块重叠、相交等拓扑

附 录 J

（规范性）

属性值名称和代码

J.1 界线类型和代码

见表 J.1。

表 J.1 界线类型和代码

序号	代码[a]	类型
1	250202	零米等深线
2	250203	沿海滩涂线
3	250204	江河入海口陆海分界线
4	620200	国界
5	630200	省、自治区、直辖市界
6	640200	地区、自治州、地级市界
7	650200	县、区、旗、县级市界
8	660200	乡、街道、镇界
9	670400	开发区、保税区界
10	670500	街坊、村界
[a] 参考 TD/T 1057 界线类型代码拓展编码。		

J.2 界线性质和代码

见表 J.2。

表 J.2 界线性质和代码

序号	代码[a]	性质
1	600001	已定界
2	600002	未定界
3	600003	争议界
4	600004	工作界
5	600009	其他
[a] 参考 TD/T 1057 界线性质代码拓展编码。		

J.3 海岸线类型和代码

见表 J.3。

表 J.3 海岸线类型和代码

序号	代码[a]	类型[a]
1	10	自然岸线
2	11	基岩岸线
3	12	砂砾质岸线
4	13	淤泥质岸线
5	14	生物岸线
6	20	人工岸线
7	21	填海造地
8	22	围海
9	23	构筑物
10	30	其他岸线

表 J.3（续）

序号	代码ª	类型ª
11	31	生态恢复岸线
12	32	河口岸线
ª 参考 TD/T 1057 海岸线类型代码。		

J.4 种植制度类型和代码

见表 J.4。

表 J.4 种植制度类型和代码

序号	代码	类型
1	01	一年一熟
2	02	一年二熟
3	04	一年三熟
4	04	一年多熟
5	05	二年一熟
6	99	其他种植制度

J.5 设施农用地类型和代码

见表 J.5。

表 J.5 设施农用地类型和代码

序号	代码ª	类型
1	1401	种植设施用地
2	1402	日光温室大棚
3	1403	连栋薄膜温室大棚
4	1404	玻璃温室大棚
5	1405	其他大棚
6	1501	畜禽养殖设施用地
7	1601	水产养殖设施用地

J.6 农村产业用地类型和代码

见表 J.6。

表 J.6 农村产业用地类型和代码

序号	代码	类型
1	01000	农业生产相关用地
2	01001	农业生产用地
3	01002	农业专业及辅助性活动用地
4	02000	食用农林牧渔业产品加工与制造用地
5	02001	粮油加工用地
6	02002	豆制品制造用地
7	02003	果蔬茶加工用地
8	02004	肉蛋奶加工用地
9	02005	畜禽产品加工厂用地
10	02006	水产品加工用地
11	02007	焙烤食品制造用地
12	02008	方便食品制造用地
13	02009	食品添加剂及调味品制造用地
14	02010	烟酒糖及饮料制造用地
15	02011	中药及其他食品制造用地
16	03000	非食用农林牧渔业产品加工与制造用地

表 J.6（续）

序号	代码	类型
17	03001	非食用植物油加工用地
18	03002	棉麻加工用地
19	03003	皮毛羽丝加工用地
20	03004	木竹藤棕草加工用地
21	03005	文具、玩具和工艺品制造用地
22	03006	生物质能开发利用用地
23	03007	天然橡胶原料制品制造用地
24	03008	农业原料化工品制造用地
25	04000	农林牧渔业生产资料制造和耕地水利设施建设用地
26	04001	肥料制造用地
27	04002	农兽药制造用地
28	04003	农业用塑料制品制造用地
29	04004	农业专用机械制造用地
30	04005	食用类产品生产专用设备制造用地
31	04006	渔业养殖捕捞船舶制造用地
32	04007	智慧农林牧渔业设备制造用地
33	04008	农业专用仪器及农园用金属工具制造用地
34	04009	现代耕地水利设施建设用地
35	05000	农林牧渔业及相关产品流通服务用地
36	05001	农产品批发用地
37	05002	农产品零售用地
38	05003	农产品运输用地
39	05004	农产品仓储、配送用地
40	06000	农林牧渔业科研和技术服务用地
41	06001	农业生物工程技术研究和农业环境保护技术研究用地
42	06002	农业科学研究和试验发展用地
43	06003	农业专业技术服务用地
44	06004	农业技术推广服务用地
45	06005	农业生物技术推广服务用地
46	07000	农林牧渔业教育培训与人力资源服务用地
47	07001	农业、农村教育用地
48	07002	农业职业技能培训用地
49	07003	农业知识普及用地
50	07004	农业人力资源服务用地
51	08000	农林牧渔业生态保护和环境治理用地
52	08001	农业生态保护用地
53	08002	废旧农膜回收利用服务用地
54	08003	畜禽粪污处理活动用地
55	08004	病死畜禽处理用地
56	08005	农业环境与生态监测检测服务用地
57	08006	涉农土壤污染治理与修复用地
58	08007	农村人居环境整治用地
59	09000	农林牧渔业休闲观光与农业农村管理服务用地
60	09001	农业休闲观光和乡村旅游用地
61	09002	农业农村组织管理服务用地
62	09003	农业综合管理服务用地
63	10000	其他支持服务用地
64	10001	农业机械设备修理用地
65	10002	农业通用航空生产服务用地
66	10003	农业信息技术服务用地
67	10004	农业金融服务用地

表 J.6（续）

序号	代码	类型
68	10005	农业机械经营租赁服务用地
69	10006	农业产品广告服务用地
70	10007	农业产品包装服务用地
71	11000	其他农村产业用地
72	11001	农资店
73	11002	农药店
74	11003	动植物疫病防控
75	11004	农村电商
76	11005	卫生院
77	11006	农村垃圾点
78	11007	垃圾处理填埋场
79	11008	公共厕所
80	11009	展销展示
81	11010	村委会
82	11011	公园
83	11012	广场

J.7 作物类型和代码

见表 J.7。

表 J.7 作物类型和代码

序号	代码	作物类型
1	1010000	谷物
2	1010100	稻谷
3	1010101	早稻
4	1010102	中稻和一季晚稻
5	1010103	双季晚稻
6	1010104	制种水稻
7	1010200	小麦
8	1010201	冬小麦
9	1010202	春小麦
10	1010203	制种小麦
11	1010300	玉米
12	1010301	籽粒玉米
13	1010302	青储玉米
14	1010303	制种玉米
15	1010304	专业制种玉米
16	1010400	其他谷物
17	1020000	豆类
18	1020100	大豆
19	1020200	绿豆
20	1020300	红小豆
21	1020900	其他豆类
22	1030000	薯类
23	1030100	马铃薯
24	1030200	甘薯
25	1030900	其他薯类
26	1040000	油料
27	1040100	花生
28	1040200	油菜
29	1040300	芝麻

表 J.7（续）

序号	代码	作物类型
30	1040400	葵花
31	1040500	胡麻
32	1040900	其他油料
33	1050000	棉花
34	1060000	麻类
35	1060100	黄红麻
36	1060200	亚麻
37	1060300	大麻
38	1060400	苎麻
39	1060500	其他麻类
40	1070000	糖类
41	1070100	甘蔗
42	1070200	甜菜
43	1080000	烟草
44	1080100	烤烟
45	1090000	药材
46	1100000	蔬菜
47	1100100	叶菜类
48	1100200	芹菜
49	1100300	其他叶菜类
50	1100400	根菜类
51	1100500	韭菜
52	1110000	瓜果类
53	1110100	西瓜
54	1110200	甜瓜
55	1110300	草莓
56	1110400	其他瓜果类
57	1120000	菌类
58	1130000	葱蒜类
59	1130100	韭菜
60	1130200	大蒜
61	1130300	生姜
62	1130400	其他葱蒜类
63	1140000	豆荚类
64	1140100	豇豆
65	1140200	其他豆荚类
66	1150000	其他作物
67	1150100	青饲料
68	1159900	其他作物

J.8 非农非粮用地类型和代码

见表 J.8。

表 J.8 非农非粮用地类型和代码

序号	代码	类型	备注
1	02	园地	
2	03	林地	
3	04	草地	
4	05	湿地	
5	11	坑塘水体	

表 J.8（续）

序号	代码	类型	备注
6	12	设施农用地	
7	15	建设用地	包含建筑物、道路、工地
8	16	撂荒地	

J.9 园地类型和代码

见表 J.9。

表 J.9 园地类型和代码

序号	代码	类型
1	20100	果园
2	20101	香蕉园
3	20102	苹果园
4	20103	柑橘园
5	20104	梨园
6	20105	葡萄园
7	20106	猕猴桃园
8	20109	其他果园
9	20200	茶园
10	20300	橡胶园
11	20400	其他园地

J.10 坑塘水面类型和代码

见表 J.10。

表 J.10 坑塘水面类型和代码

序号	代码	类型
1	1104	坑塘水面
2	1104A	养殖坑塘

J.11 渔业养殖类型和代码

见表 J.11。

表 J.11 渔业养殖类型和代码

序号	代码	类型
1	1301	淡水池塘
2	1302	海水池塘
3	1303	淡水大水面
4	1304	淡水网箱
5	1305	浅海网箱
6	1306	滩涂底播
7	1307	浅海筏吊式
8	1308	淡水工厂化
9	1309	海水工厂化
10	1310	稻渔综合种养
11	1311	淡水围栏
12	1312	淡水池塘
13	1313	海水池塘
14	1314	其他渔业养殖

J.12 自然水面类型和代码

见表 J.12。

表 J.12 自然水面类型和代码

序号	代码	类型
1	1105	水库水面
2	1105A	养殖水库
3	1801	渔业基础设施用海
4	1802	增养殖用海
5	1803	捕捞海域

J.13 畜禽养殖类型和代码

见表 J.13。

表 J.13 畜禽养殖类型和代码

序号	代码	类型
1	1201	猪
2	1202	普通牛
3	1203	瘤牛
4	1204	水牛
5	1205	牦牛
6	1206	大额牛
7	1207	绵羊
8	1208	山羊
9	1209	马
10	1210	驴
11	1211	骆驼
12	1212	兔
13	1213	鸡
14	1214	鸭
15	1215	鹅
16	1216	鸽
17	1217	鹌鹑
18	1218	梅花鹿
19	1219	马鹿
20	1220	驯鹿
21	1221	羊驼
22	1222	火鸡
23	1223	珍珠鸡
24	1224	雉鸡
25	1225	鹧鸪
26	1226	番鸭
27	1227	绿头鸭
28	1228	鸵鸟
29	1229	鸸鹋
30	1230	水貂
31	1231	银狐
32	1232	北极狐
33	1233	貉

附 录 K
（规范性）
主要作物物候期

主要作物物候期见表 K.1。

表 K.1 主要作物物候期

作物	种植区域	播种期	成熟期	物候期	遥感监测最佳时间
冬小麦	西北	9月上中旬	7月上旬至下旬	290 d～330 d	分蘖期、拔节期至成熟期
	黄河流域	9月中下旬至10月上旬	6月上旬至下旬	240 d～280 d	
	长江流域	10月下旬至11月上旬	5月上旬至下旬	180 d～220 d	
	青藏高原	9月中旬至10月上旬	8月中下旬	300 d～340 d	
春小麦	东北区	3月中旬至4月中旬	7月—8月	100 d～130 d	拔节期至成熟期
	西北区	3月上旬	7月—8月	110 d～150 d	
水稻	西南、东北、长江中下游地区	一季稻4月—5月	8月—9月	110 d～140 d	分蘖期至成熟期
	江南、华南地区	早稻3月—4月，晚稻8月	早稻6月—7月，晚稻10月—11月	90 d～120 d	
玉米	北方	春玉米5月，夏玉米6月	9月	春玉米90 d～120 d,夏玉米90 d～100 d	抽雄期至成熟期
	南方	春玉米3月	8月	120 d～150 d	
马铃薯	北方	4月—5月	9月中旬至10月下旬	150 d～170 d	分蘖期、拔节期至成熟期
	南方	春播马铃薯2月下旬至3月上旬，秋播马铃薯8月上旬	春播5月—6月中上旬,秋播11月中上旬	春播马铃薯100 d～130 d,秋播马铃薯90d～110 d	
大豆		春播大豆3月下旬至4月上旬，夏播大豆6月	9月下旬至10月下旬	春播大豆120 d～150 d,夏播大豆110 d～130 d	分枝至成熟期
棉花	黄河流域、长江流域	3月—4月	9月—10月	150 d～210 d	现蕾期至成熟期
	新疆	4月—5月	9月—10月	150 d～180 d	
油菜籽	长江流域	冬油菜9月下旬	5月下旬	210 d	现蕾期至成熟期
	东北、西北	春油菜4月下旬	9月下旬至10月下旬	150 d	

参 考 文 献

[1] GB/T 10113　分类与编码通用术语

[2] GB/T 13989　国家基本比例尺地形图分幅和编号

[3] GB/T 14950　摄影测量与遥感术语

[4] GB/T 16820　地图学术语

[5] GB/T 17798　地理空间数据交换格式

[6] GB/T 19231　土地基本术语

[7] GB/T 19710　地理信息元数据

[8] GB/T 21010　土地利用现状分类

[9] GB/T 30319　基础地理信息数据库基本规定

[10] GB/T 33188.1　地理信息　参考模型　第1部分:基础

[11] GB/T 33469　耕地质量等级

[12] CH/T 3022　光学遥感测绘卫星影像数据库建设规范

[13] NY/T 2539　农村土地承包经营权确权登记数据库规范

[14] NY/T 3922　中高分辨率卫星主要农作物长势遥感监测技术规范

[15] NY/T 4065　中高分辨率卫星主要农作物产量遥感监测技术规范

[16] TD/T 1019　基本农田数据库标准

[17] TD/T 1057　国土调查数据库标准

[18] 国土资厅发〔2017〕4号　国土资源部办公厅关于切实做好永久基本农田数据库更新完善和汇交工作的通知

[19] 国土资发〔2017〕115号　关于切实做好高标准农田建设统一上图入库工作的通知

[20] 农计发〔2018〕2号　农业部关于印发《粮食生产功能区和重要农产品生产保护区划定数据库规范（试行）》的通知

[21] 农（经综）函〔2021〕58号　关于印发《农村宅基地数据库规范（试用版）》的通知

ICS 65.020.01
CCS B 04

中华人民共和国农业行业标准

NY/T 4377—2023

农业遥感调查通用技术
农作物雹灾监测技术规范

General technique of agricultural survey with remote sensing—
Technical specification for crop hail damage monitoring

2023-04-11 发布

2023-08-01 实施

中华人民共和国农业农村部 发布

前 言

本文件按照 GB/T 1.1—2020《标准化工作导则 第 1 部分:标准化文件的结构和起草规则》的规定起草。

请注意本文件的某些内容可能涉及专利。本文件的发布机构不承担识别专利的责任。

本文件由农业农村部市场与信息化司提出。

本文件由农业农村部大数据发展中心归口。

本文件起草单位:农业农村部大数据发展中心、北京市农林科学院信息技术研究中心。

本文件主要起草人:韩旭、孙丽、姜雷、杜英坤、顾晓鹤、陈媛媛、杨唯、胡华浪、董沫。

农业遥感调查通用技术 农作物雹灾监测技术规范

1 范围

本文件规定了农作物雹灾遥感监测的监测流程、数据获取与处理、田间调查、遥感监测、监测成果编制的基本要求,描述了监测结果的验证方法。

本文件适用于基于光学卫星遥感数据的农作物雹灾监测。

2 规范性引用文件

下列文件中的内容通过文中的规范性引用而构成本文件必不可少的条款。其中,注日期的引用文件,仅该日期对应的版本适用于本文件;不注日期的引用文件,其最新版本(包括所有的修改单)适用于本文件。

GB/T 20257(所有部分) 国家基本比例尺地图图式

GB/T 28923.1 自然灾害遥感专题图产品制作要求 第1部分:分类、编码与制图

NY/T 3526 农情监测遥感数据预处理技术规范

NY/T 4065 中高分辨率卫星主要农作物产量遥感监测技术规范

3 术语和定义

下列术语和定义适用于本文件。

3.1

农作物雹灾 crop hail damage

由强对流天气系统引起的严重气象灾害,降雹同时伴随着暴雨、大风等,造成农作物器官受损甚至死亡,导致农作物产量下降或绝收的现象。

3.2

植被指数 vegetation index

一种利用遥感影像不同谱段数据的线性或非线性组合形成的反映绿色植物生长状况和分布的特征指数。

[来源:GB/T 30115—2013,3.11]

3.3

产量损失率 yield loss rate

单位面积农作物平均损失产量与单位面积农作物平均正常产量的比率,单位为百分号(%)。单位面积农作物平均损失产量为实际产量与平均正常产量的差值。

4 缩略语

下列缩略语适用于本文件。

EVI:增强型植被指数(Enhanced Vegetation Index)

NDVI:归一化差值植被指数(Normalized Difference Vegetation)

RVI:比值植被指数(Ratio Vegetation Index)

SIPI:结构不敏感色素指数(Structure Insensitive Pigment Vegetation Index)

VI:植被指数(Vegetation Index)

5 基本要求

5.1 空间基准

5.1.1 大地基准应采用 2000 国家大地坐标系。

5.1.2 高程基准应采用 1985 国家高程基准。

5.1.3 投影方式,省级及以上尺度(直辖市除外)应采用阿尔伯斯投影,省级以下尺度(含直辖市)应采用高斯-克吕格投影。

5.2 监测时间

农作物雹灾遥感监测时间应在雹灾发生后 10 d 内。

6 监测流程

农作物雹灾遥感监测流程应包括数据获取与处理、田间调查、遥感监测、监测成果编制,如图 1 所示。

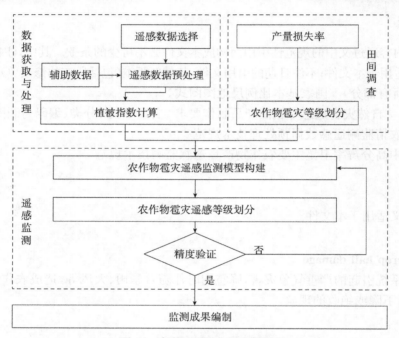

图 1 农作物雹灾监测流程

7 数据获取与处理

7.1 辅助数据

辅助数据应包括但不限于:

 a) 监测区域农作物空间分布数据,比例尺应大于遥感数据出图比例尺;
 b) 监测区域行政区划基础地理信息;
 c) 监测区域农作物物候信息;
 d) 监测区域在灾害时段内的气象信息。

7.2 遥感数据

7.2.1 遥感数据选择

遥感数据选择应符合下列规定。

 a) 至少应具备蓝波段、红波段、近红外波段。
 b) 空间分辨率应优于 30 m。
 c) 监测区域为农作物种植区,影像应无云或浓雾覆盖,如有云或浓雾覆盖,应通过邻近时相晴空影像替代。
 d) 应至少包括两期影像。用于雹灾范围提取的遥感数据,时间应为雹灾前 10 d 内和雹灾后 10 d 内,两期影像获取时间应接近雹灾发生时间;如果缺少满足条件的雹灾前影像数据,用历年同期影像数据替代。用于构建农作物雹灾监测模型的遥感数据,时间应选择雹灾后 30 d 内。

e) 应无明显条纹、点状和块状噪声,无数据丢失,无严重畸变。

7.2.2 遥感数据预处理

遥感数据预处理应符合下列规定。

a) 根据传感器参数对遥感数据进行辐射定标和大气校正,步骤应按 NY/T 3526 的规定执行。

b) 遥感数据应进行几何校正,步骤应按 NY/T 3526 的规定执行。校正后的遥感数据在平原地区的平面坐标误差应小于 1 个像元,山地、丘陵地区的平面坐标误差应小于 2 个像元。

c) 用监测区域农作物空间分布数据、行政区划基础地理信息等辅助数据对上述处理好的遥感数据作掩膜或裁剪处理等。

7.2.3 植被指数计算

植被指数计算方法按照表 1 执行。

表 1 植被指数计算公式

植被指数	简写	计算公式
比值植被指数	RVI	R_{nir}/R_{red}
归一化差值植被指数	NDVI	$(R_{nir}-R_{red})/(R_{nir}+R_{red})$
增强型植被指数	EVI	$2\times(R_{nir}-R_{red})/(R_{nir}+6\times R_{red}+7.5\times R_{blue})$
结构不敏感色素指数	SIPI	$(R_{nir}-R_{blue})/(R_{nir}-R_{red})$

注:R_{nir} 为近红外波段反射率;R_{red} 为红波段反射率;R_{blue} 为蓝波段反射率。

8 田间调查

8.1 目的

为辅助农作物雹灾遥感监测,需要进行田间雹灾损失情况调查,获取田间地块内农作物产量损失率,并以其作为雹灾等级定量表征指标,为农作物雹灾范围监测与雹灾等级评估提供训练样本与验证样本。

8.2 调查时间

农作物雹灾田间调查应在农作物遭遇雹灾后 10 d 内进行。

8.3 调查点

8.3.1 条件允许时,应利用雹灾发生时段的气象雷达和降水数据初步确定雹灾分布范围,以此作为田间调查点布设的监测依据。

8.3.2 田间调查点在监测区域内分布应具有代表性,应全面反映监测区域内农作物雹灾程度的差异性。

8.3.3 县域尺度单作物调查点数量应多于 50 个。应按 3∶2 比例随机划分训练样本和验证样本。

8.3.4 调查点应远离村庄或大型建筑物,选择比较平整和规则的地块。应以位于调查点中心的 3 像元×3 像元范围作为农作物雹灾样本点观测区域。

8.3.5 调查内容应包括调查地点、农作物名称、生育时期、受灾程度、产量损失率、常年单产水平等(见附录 A)。产量损失率中,单位面积农作物实际产量测定按 NY/T 4065 的规定执行。

9 遥感监测

9.1 植被指数变化量计算

9.1.1 采用掩膜处理提取出农作物种植区域内的植被指数。

9.1.2 计算雹灾前后的农作物像元植被指数变化量,即雹灾后植被指数减去雹灾前植被指数。

9.2 农作物雹灾遥感监测模型构建

9.2.1 农作物雹灾范围提取

9.2.1.1 结合田间调查数据,判别受灾区域与周边未受灾区域植被指数差值变化规律,采用密度分割、决策树等方法提取农作物雹灾范围。

9.2.1.2 以总体分类精度最高的植被指数判别结果作为农作物雹灾范围,总体分类精度统计方法应按

GB/T 36296 的规定执行,该植被指数即敏感植被指数。

9.2.2 构建农作物雹灾回归模型

在农作物雹灾范围内,采用统计回归法构建模型(见附录 B),输入变量为敏感植被指数差值(ΔVI),输出结果为产量损失率,按公式(1)计算。

$$YLR = f(\Delta VI) \quad \cdots\cdots\cdots\cdots\cdots\cdots\cdots\cdots\cdots\cdots\cdots\cdots\cdots\cdots\cdots \quad (1)$$

式中:

YLR ——作物产量损失率;

ΔVI ——敏感植被指数差值;

f ——因变量 YLR 随自变量 ΔVI 变化的函数关系,为线性或非线性回归模型。

9.3 农作物雹灾遥感等级划分

按照产量损失率将农作物雹灾遥感等级划分为 4 个等级,包括重度雹灾(产量损失率≥70%)、中度雹灾(产量损失率为 30%～70%)、轻度雹灾(产量损失率为 10%～30%)、无雹灾(产量损失率<10%)。

9.4 精度验证

精度验证应采用总体精度验证方法。利用田间调查数据对农作物雹灾遥感监测分级结果进行精度评价,按公式(2)计算总体精度。

$$P_c = \frac{N^*}{N} \times 100 \quad \cdots\cdots\cdots\cdots\cdots\cdots\cdots\cdots\cdots\cdots\cdots\cdots\cdots\cdots \quad (2)$$

式中:

P_c ——总体精度的数值,单位为百分号(%);

N ——总样本数;

N^* ——分级正确数。

10 监测成果编制

10.1 监测专题图

10.1.1 农作物雹灾遥感监测专题图要素应包括图名、图例、比例尺、雹灾等级、行政区划基础地理信息等。

10.1.2 基本地图要素制作方式应按 GB/T 20257 的规定执行,农作物雹灾等级分布图制作方式应按 GB/T 28923.1 的规定执行。

10.2 监测报告

10.2.1 农作物雹灾遥感监测报告包括报告标题、报告正文、监测专题图、统计表、报告编写人、编写时间等。其中,报告正文包括农作物雹灾监测时段、卫星及传感器、对应时段的气象信息、雹灾分布描述、影响分析等。

10.2.2 统计表包括行政区划名称、不同雹灾等级的面积及比例等信息。统计单元依据监测范围来定,如果是县级监测范围,以乡镇级行政区划基础地理信息为统计单元,行政区划名称为乡镇级行政区划名称,依次类推。统计表见附录 C 的 C.1。

10.2.3 图片信息包括反映农作物雹灾状况的遥感监测专题图、实地照片等。

附 录 A

（资料性）

农作物雹灾田间调查表

农作物雹灾田间调查表见表 A.1。

表 A.1 农作物雹灾田间调查表

县名	乡镇名	村名	调查时间（年/月/日）	经度°	纬度°	农作物名称（如玉米、小麦等）	生育时期	受灾程度	产量损失率%	常年单产水平kg/hm²	备注

附 录 B
（资料性）
农作物雹灾监测模型构建方法

基于统计回归的雹灾监测模型

产量损失率和敏感植被指数差值（ΔVI）之间存在线性和非线性的关系，以敏感植被指数差值为自变量，以产量损失率为因变量，建立雹灾监测模型。常见的拟合模型见公式（B.1）～公式（B.5）。

$$线性函数：y＝ax＋b \quad\cdots\cdots\cdots\cdots\cdots\cdots\cdots\cdots\cdots\cdots\cdots\cdots\cdots\cdots\text{（B.1）}$$

$$对数函数：y＝a\ln(x)＋b \quad\cdots\cdots\cdots\cdots\cdots\cdots\cdots\cdots\cdots\cdots\cdots\cdots\text{（B.2）}$$

$$指数函数：y＝ae^{bx} \quad\cdots\cdots\cdots\cdots\cdots\cdots\cdots\cdots\cdots\cdots\cdots\cdots\cdots\cdots\text{（B.3）}$$

$$幂函数：y＝ax^b \quad\cdots\cdots\cdots\cdots\cdots\cdots\cdots\cdots\cdots\cdots\cdots\cdots\cdots\cdots\cdots\text{（B.4）}$$

$$二次多项式：y＝ax^2＋bx＋c \quad\cdots\cdots\cdots\cdots\cdots\cdots\cdots\cdots\cdots\cdots\cdots\text{（B.5）}$$

式中：

y ——产量损失率；

x ——敏感植被指数差值；

a、b、c——回归模型系数。

附 录 C

（资料性）

农作物雹灾监测统计表

农作物雹灾统计表样式见表 C.1。

表 C.1 农作物雹灾监测统计表

行政区划名称	农作物名称（如玉米、小麦等）	雹灾面积 hm²				雹灾比例 %				备注
		无雹灾	轻度雹灾	中度雹灾	重度雹灾	无雹灾	轻度雹灾	中度雹灾	重度雹灾	
注1:雹灾比例为对应雹灾程度的面积占受灾总面积的比例,单位为百分号(%)。监测区域总面积是监测区域无雹灾、轻度雹灾、中度雹灾、重度雹灾的综合。 注2:如果是县级监测范围,行政区划名称应为乡镇级行政区划名称;如果是乡镇级监测范围,行政区划名称应为村级行政区划名称。										

参 考 文 献

[1] GB/T 30115　卫星遥感影像植被指数产品规范
[2] GB/T 36296　遥感产品真实性检验导则
[3] GB/T 24438.1　自然灾害灾情统计　第 1 部分:基本指标

ICS 65.020.01
CCS B 04

中华人民共和国农业行业标准

NY/T 4378—2023

农业遥感调查通用技术
农作物干旱监测技术规范

General technique of agricultural survey with remote sensing—
Technical specification of crop drought monitoring

2023-04-11 发布　　　　　　　　　　　2023-08-01 实施

中华人民共和国农业农村部 发布

前　言

本文件按照 GB/T 1.1—2020《标准化工作导则　第 1 部分：标准化文件的结构和起草规则》的规定起草。

请注意本文件的某些内容可能涉及专利。本文件的发布机构不承担识别专利的责任。

本文件由农业农村部市场与信息化司提出。

本文件由农业农村部大数据发展中心归口。

本文件起草单位：农业农村部大数据发展中心、中国地质大学（武汉）、河南省农业科学院农业经济与信息研究所、航天宏图信息技术股份有限公司。

本文件主要起草人：韩巍、孙丽、姜雷、沈永林、杜英坤、陈媛媛、杨唯、胡华浪、王来刚、王蔚丹、陶双华、董沫、孙娟英、汪若愚、俞萍萍。

农业遥感调查通用技术　农作物干旱监测技术规范

1　范围

本文件规定了农作物干旱遥感监测的监测流程、数据获取与处理、地面观测、遥感监测、监测成果编制的基本要求,描述了监测结果的验证方法。

本文件适用于基于光学卫星遥感数据的农作物干旱监测。

2　规范性引用文件

下列文件中的内容通过文中的规范性引用而构成本文件必不可少的条款。其中,注日期的引用文件,仅该日期对应的版本适用于本文件;不注日期的引用文件,其最新版本(包括所有的修改单)适用于本文件。

GB/T 20257(所有部分)　国家基本比例尺地图图式

GB/T 28923.1　自然灾害遥感专题图产品制作要求　第1部分:分类、编码与制图

GB/T 32136　农业干旱等级

GB/T 34809　甘蔗干旱灾害等级

NY/T 2283　冬小麦灾害田间调查及分级技术规范

NY/T 2284　玉米灾害田间调查及分级技术规范

NY/T 3043　南方水稻季节性干旱灾害田间调查及分级技术规程

NY/T 3526　农情监测遥感数据预处理技术规范

QX/T 446　大豆干旱等级

3　术语和定义

下列术语和定义适用于本文件。

3.1

农作物干旱　crop drought

农作物生长季内,因水分供应不足导致农田水量供需不平衡,阻碍作物正常生长发育的现象。

[来源:GB/T 32136—2015,3.8,有修改]

3.2

植被指数　vegetation index

利用遥感影像不同谱段数据的线性或非线性组合形成的反映绿色植物生长状况和分布的特征指数。

[来源:GB/T 30115—2013,3.11,有修改]

3.3

土壤水分　soil moisture

吸附于土壤颗粒和存在于土壤孔隙中的水。

注:主要为液态水,少数为寒冷季节冻结的固态冰和以水汽形式存在的气态水。

[来源:GB/T 40039—2021,3.1]

3.4

土壤相对含水量　relative soil moisture

土壤实际含水量占田间持水量的百分数,也称土壤相对湿度。

[来源:NY/T 3921—2021,3.5]

3.5

农作物干旱等级 grade of crop drought

描述农作物干旱程度的级别标准。

3.6

植被覆盖度 fractional vegetation cover

单位面积内植被冠层(包括叶、茎、枝)垂直投影面积所占的比例。

注:无量纲,取值范围0~1。

[来源:GB/T 41280—2022,3.2]

4 缩略语

下列缩略语适用于本文件。

ATI:表观热惯量(Apparent Thermal Inertia)

AVI:距平植被指数(Anomaly Vegetation Index)

LST:地表温度(Land Surface Temperature)

MEI:改进能量指数(Modified Energy Index)

MODIS:中分辨率成像光谱仪(Moderate-Resolution Imaging Spectroradiometer)

NDVI:归一化差值植被指数(Normalized Difference Vegetation Index)

NDWI:归一化差异水分指数(Normalized Difference Water Index)

PDI:垂直干旱指数(Perpendicular Drought Index)

TCI:温度状态指数(Temperature Condition Index)

TVDI:温度植被干旱指数(Temperature Vegetation Dryness Index)

VCI:植被状态指数(Vegetation Condition Index)

VHI:植被健康指数(Vegetation Health Index)

VI:植被指数(Vegetation Index)

VSWI:植被供水指数(Vegetation Water Supply Index)

5 基本要求

5.1 空间基准

5.1.1 大地基准应采用2000国家大地坐标系。

5.1.2 高程基准应采用1985国家高程基准。

5.1.3 投影方式,省级及以上尺度(直辖市除外)应采用阿尔伯斯投影;省级以下尺度(含直辖市)应采用高斯-克吕格投影。

5.2 监测时间

农作物干旱遥感监测应在农作物生育期内结合实际需要进行。

6 监测流程

农作物干旱遥感监测流程应包括数据获取与处理、地面观测、遥感监测、监测成果编制4个步骤,如图1所示。

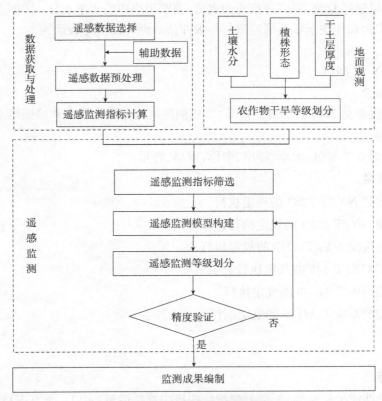

图1 农作物干旱遥感监测流程

7 数据获取与处理

7.1 遥感数据的选择

7.1.1 光学遥感数据至少应具有蓝波段、绿波段、红波段、近红外波段、热红外波段。常用的农作物干旱监测光学遥感数据源见附录A的表A.1。

7.1.2 监测区域为农作物种植区,影像应无云或浓雾覆盖,如有云或浓雾覆盖,通过邻近时相晴空影像替代。

7.1.3 监测时段影像应根据监测区域、监测频次等要求进行选择。对于省级及以上尺度监测,应选择空间分辨率为100 m~1 000 m(含1 000 m)影像;对于市县级尺度监测,应选择空间分辨率为10 m~100 m(含100 m)影像;对于村镇级及以下尺度监测,应选择空间分辨率优于10 m影像。

7.1.4 遥感数据应无明显条纹、点状和块状噪声,无数据丢失,无严重畸变。

7.2 遥感数据预处理

遥感数据预处理步骤按照NY/T 3526的规定执行。

7.3 遥感监测指标计算

遥感监测指标计算方法见附录B的表B.1。

7.4 辅助数据

辅助数据包括但不限于:

    a) 监测区域农作物空间分布数据;

    b) 监测区域行政区划基础地理信息;

    c) 监测区域农作物物候信息;

    d) 监测区域在监测时段的气象信息。

8 地面观测

8.1 目的

为辅助农作物干旱遥感监测,需要进行地面观测,获取田块内的土壤水分、干土层厚度、植株形态等农作物干旱指标数据,作为农作物干旱遥感监测与等级评估的训练样本与验证样本。

8.2 观测时间

观测时间参见 NY/T 3921。

8.3 地面观测样点布设

地面观测样点布设参见 NY/T 3921。按 3∶2 比例随机划分训练样本和验证样本。

8.4 农作物干旱等级

农作物干旱应分为 5 个等级:无旱、轻旱、中旱、重旱、特旱。

8.5 干旱等级划分标准

8.5.1 冬小麦作物按照 NY/T 2283 的规定执行。

8.5.2 玉米作物按照 NY/T 2284 的规定执行。

8.5.3 南方水稻作物按照 NY/T 3043 的规定执行。

8.5.4 大豆作物按照 QX/T 446 的规定执行。

8.5.5 甘蔗作物按照 GB/T 34809 的规定执行。

8.5.6 其他农作物按照 GB/T 32136 的规定执行。

9 遥感监测

9.1 遥感监测指标筛选

9.1.1 在农作物播种期或生长早期,干旱监测指标选择表观热惯量(ATI)、垂直干旱指数(PDI)和改进能量指数(MEI)等。

9.1.2 在农作物其他生育时期,干旱监测指标选择植被供水指数(VSWI)、植被健康指数(VHI)、归一化差异水分指数(NDWI)、距平植被指数(AVI)和植被状态指数(VCI)等。

9.1.3 对于监测区域的植被覆盖度包含从裸土到全覆盖的情况,干旱监测指标选择温度干旱植被指数(TVDI)等。

9.2 遥感监测模型构建与等级划分

9.2.1 基于土壤水分的干旱监测模型

以地面观测中的土壤水分数据为训练样本,采用统计回归法、机器学习法等构建土壤水分反演模型(见附录 C 的 C.1 和 C.2),输入变量为遥感监测指标,输出结果为土壤水分,根据 7.6.1 干旱等级划分标准进行干旱等级划分。这种模型构建方法适用于农作物播种期或生长早期干旱监测。在农作物其他生育时期,如缺少植株形态、干土层厚度等地面观测数据,也可使用该方法。

9.2.2 基于干旱等级指标的干旱监测模型

以地面观测中的干旱等级数据为训练样本,采用模糊数学法、机器学习法等构建干旱监测模型(见 C.3),输入变量为遥感监测指标,输出结果为干旱等级划分结果。这种模型构建方法适用于农作物各生育时期干旱监测。

9.3 精度验证

采用总体精度验证方法。利用地面观测数据对农作物干旱遥感监测结果进行精度评价,按照公式(1)计算总体精度。

$$P_c = \frac{N^*}{N} \times 100 \qquad\cdots\cdots\cdots\cdots\cdots\cdots\cdots\cdots\cdots\cdots\cdots\cdots\cdots \quad (1)$$

式中:

P_c——总体精度的数值,单位为百分号(%);

N ——总样本数;

N^*——分级正确数。

当缺乏地面观测数据时,利用时空变化趋势分析方法进行检验,具体过程参照 GB/T 36296 的规定执行。

10 监测成果编制

10.1 监测专题图

10.1.1 农作物干旱遥感监测专题图要素包括图名、图例、比例尺、干旱等级、行政区划基础地理信息等。

10.1.2 基本地图要素制作方式按照 GB/T 20257 的规定执行,农作物干旱等级分布图的制作方式按照 GB/T 28923.1 的规定执行。

10.2 监测报告

10.2.1 农作物干旱遥感监测报告内容应包括描述农作物干旱监测时段及对应的气象信息、卫星及传感器、干旱等级、不同干旱等级的面积及比例、图片、统计表等信息。

10.2.2 统计表应包括行政区划名称、不同干旱等级的面积及比例等信息。统计单元依据监测范围来定,如果是国家级监测范围,以省级行政区划基础地理信息为统计单元,行政区划名称为省级行政区划名称,依此类推。统计表见附录 D 的 D.1。

10.2.3 图片信息应包括反映农作物干旱状况的遥感监测专题图、实地照片等。

附　录　A

（资料性）

常用农作物干旱监测光学遥感数据源

常用农作物干旱监测光学遥感数据源见表 A.1。

表 A.1　常用农作物干旱监测光学遥感数据源

传感器/卫星	空间分辨率	波段	光谱范围	数据时间	重访周期
AVHRR/ NOAA	1 000 m	1 2 3 4 5	0.58 μm～0.68 μm 0.725 μm～1.1 μm 1.58 μm～1.64 μm 10.5 μm～11.3 μm 11.5 μm～12.5 μm	1989 年至今	1 d
MODIS/Terra/ Aqua	250 m,500 m,1 000 m	1 2 3 4 5 6 7 29 31 32	0.62 μm～0.67 μm 0.841 μm～0.876 μm 0.459 μm～0.479 μm 0.545 μm～0.565 μm 1.23 μm～1.25 μm 1.628 μm～1.652 μm 2.105 μm～2.155 μm 8.4 μm～8.7 μm 10.78 μm～11.28 μm 11.77 μm～12.27 μm	2000 年至今	1 d～2 d
MERSI/ FY-3 系列	250 m,1 000 m	1 2 3 4 5	中心波长 0.47 μm 0.55 μm 0.65 μm 0.865 μm 11.25 μm	2008 年至今	1 d～2 d
OLI/TIRS/ Landsat8	15 m,30 m	2 3 4 5 6 7 10 11	0.450 μm～0.515 μm 0.525 μm～0.600 μm 0.63 μm～0.68 μm 0.845 μm～0.885 μm 1.56 μm～1.66 μm 2.1 μm～2.3 μm 10.60 μm～11.19 μm 11.50 μm～12.51 μm	2013 年至今	16 d
CCD/IRS/HIS/ HJ-1A/B	30 m,100 m, 150 m,300 m	1 2 3 4 5 6 8 9（HIS）	0.43 μm～0.52 μm 0.52 μm～0.60 μm 0.63 μm～0.69 μm 0.76 μm～0.90 μm 0.75 μm～1.10 μm 1.55 μm～1.75 μm 10.5 μm～12.5 μm 0.45 μm～0.95 μm	2008 年至今	4 d

表 A.1（续）

传感器/卫星	空间分辨率	波段	光谱范围		数据时间	重访周期
			中心波长			
MSI/ Sentinel2A/2B	10 m，20 m，60 m	2	0.49 μm		2015 年至今	5 d
		3	0.56 μm			
		4	0.665 μm			
		5	0.705 μm			
		6	0.74 μm			
		7	0.783 μm			
		8	0.842 μm			
		8A	0.865 μm			
		11	1.61 μm			
		12	2.19 μm			
GF 系列卫星	GF-1：2 m，8 m，16 m GF-2：1 m，4 m GF-6：2 m，8 m，16 m	2	0.45 μm～0.52 μm		2013 年至今	4 d
		3	0.52 μm～0.59 μm			
		4	0.63 μm～0.69 μm			
		5	0.77 μm～0.89 μm			
		6(GF-6)	0.63 μm～0.69 μm			
PlanetScope	3 m	2	0.455 μm～0.515 μm		2014 年至今	1 d～2 d
		3	0.513 μm～0.549 μm			
		4	0.547 μm～0.583 μm			
		6	0.650 μm～0.680 μm			
		7	0.697 μm～0.713 μm			
		8	0.845 μm～0.885 μm			

附　录　B

（资料性）

典型的农作物干旱遥感监测指标及算法

典型的农作物干旱遥感监测指标及算法见 B.1。

表 B.1　典型的农作物干旱遥感监测指标及算法

名称	缩写	计算公式	作者及年份
表观热惯量	ATI	$$ATI = \frac{1-A}{\Delta T}$$ A ——地表反照率 ΔT ——地表温度日较差	PRICE,1985
垂直干旱指数	PDI	$$PDI = \frac{\rho_{red} + M \times \rho_{nir}}{\sqrt{M^2 + 1}}$$ ρ_{red} ——红波段反射率 ρ_{nir} ——近红外波段反射率 M ——土壤线斜率	GHULAM et al.，2006
改进能量指数	MEI	$$MEI = \frac{1-\rho_{nir}}{T_s}$$ ρ_{nir} ——近红外波段反射率 T_s ——农作物冠层温度	张学艺等,2009
温度植被干旱指数	TVDI	$$TVDI = \frac{T_s - T_{s,min}}{T_{s,max} - T_{s,min}}$$ $$T_{s,max} = a_1 + b_1 \times NDVI$$ $$T_{s,min} = a_2 + b_2 \times NDVI$$ T_s ——地表温度 $T_{s,max}$ ——相同 $NDVI$ 值的最大地表温度,对应 T_s-$NDVI$ 特征空间的干边 $T_{s,min}$ ——相同 $NDVI$ 值的最小地表温度,对应 T_s-$NDVI$ 特征空间的湿边 a_1、a_2、b_1、b_2 ——拟合系数	SANDHOLT et al.，2002
距平植被指数	AVI	$$AVI = NDVI - NDVI_{mean}$$ $NDVI$ ——某一时期的归一化植被指数 $NDVI_{mean}$ ——多年同一时期 NDVI 的平均值	陈维英等,1994
植被状态指数	VCI	$$VCI = \frac{NDVI - NDVI_{min}}{NDVI_{max} - NDVI_{min}}$$ $NDVI_{max}$ ——对应像元多年同一时期 $NDVI$ 数据中的最大值 $NDVI_{min}$ ——对应像元多年同一时期 $NDVI$ 数据中的最小值	KOGAN,1995
植被供水指数	VSWI	$$VSWI = \frac{NDVI}{T_s}$$ $NDVI$ ——某一时期的归一化植被指数 T_s ——地表温度	CARLSON et al.，1990

表 B.1（续）

名称	缩写	计算公式	作者及年份
温度条件指数	TCI	$TCI = \dfrac{T_{max} - T}{T_{max} - T_{min}}$ T——某一时期的地表亮度 T_{min}——对应像元多期 T 数据集中的最大值 T_{max}——对应像元多期 T 数据集中的最小值	KOGAN，1995
植被健康指数	VHI	$VHI = a \times VCI + (1-a) \times TCI$ a——权重系数，$a = 0.5$	KOGAN，1995
归一化差异水分指数	NDWI	$NDWI = \dfrac{\rho_{nir} - \rho_{swir}}{\rho_{nir} + \rho_{swir}}$ ρ_{nir}——近红外波段反射率 ρ_{swir}——短波红外波段反射率；可用绿波段替代	GAO，1996 Mcfeeters，1996

附 录 C
（资料性）
常用的农作物干旱遥感监测模型构建方法

C.1 基于统计回归的土壤水分反演模型

干旱遥感监测指标和土壤水分之间存在线性或非线性的关系，以干旱遥感监测指标为自变量，以土壤水分为因变量，建立土壤水分反演模型。常见的拟合模型见公式（C.1）～公式（C.5）。

$$线性函数：y = ax + b \quad\text{……………………………………}\text{（C.1）}$$
$$对数函数：y = a\ln(x) + b \quad\text{……………………………}\text{（C.2）}$$
$$指数函数：y = ae^{bx} \quad\text{……………………………………}\text{（C.3）}$$
$$幂函数：y = ax^b \quad\text{………………………………………}\text{（C.4）}$$
$$二次多项式：y = ax^2 + bx + c \quad\text{………………………}\text{（C.5）}$$

式中：

y ——土壤水分；

x ——干旱遥感监测指标；

a、b、c——回归模型系数。

C.2 基于机器学习法的土壤水分反演模型

径向基函数神经网络（radial basis function neural network，RBF-NN）是机器学习法中的一种常用方法。它是一种具有单隐层的3层前馈网络，在逼近能力、学习速度和结构等方面具有优势。利用RBF-NN构建土壤水分反演模型，其具体过程为：

a) 构建输入层，由选取适宜的遥感干旱监测指标集构成，记作 m 维向量 $X' = \{X_{p1}, X_{p2}, \cdots, X_{pm}\}$。

b) 确定隐含层，其节点数 j 视所描述问题的需要而定，该层的变换函数采用RBF。隐含层是非线性优化策略，采用高斯核函数，见公式（C.6）。

$$\varphi(X', \sigma) = exp\left[-(X' - C_j)^2 / 2\sigma_j^2\right] \quad\text{……………………………}\text{（C.6）}$$

式中：

φ ——高斯函数；

X'——遥感干旱监测指标集；

C_j ——第 j 个隐含层单元对应的核函数中心；

σ_j ——第 j 个隐含层单元对应的宽度向量，用来控制函数的径向作用范围。

确定RBF中心 C 和宽度 σ 的过程采用自组织学习（无监督）方法。

c) 输出层结果输出，即为地面观测点的土壤相对含水量。该层对输入模式做出的响应采用线性优化策略，对隐含层神经元输出的信息进行线性加权后输出。见公式（C.7）。

$$y_i = \sum_{k=1}^{m} W_k \times \varphi(X', \sigma) \quad\text{…………………………………}\text{（C.7）}$$

式中：

W——权值；

K——输出层的个数（$k = 1, 2, \cdots, m$）。

C.3 基于信息扩散法的农作物干旱监测

信息扩散法是模糊数学法中的一种常用方法。它是通过一定方式将原始信息直接过渡到模糊关系，从而避开隶属度函数的求取,最大可能地保留原始数据所携带的原始信息。基于信息扩散方法的农作物干旱遥感监测模型构建,以农作物干旱遥感监测指数为模型输入变量,干旱等级为输出变量。基于信息扩散法的干旱监测一般步骤是将输入输出样本在论域进行扩散,建立由信息增量构成的信息矩阵,然后由信息矩阵得到干旱遥感监测指标与干旱等级之间的模糊关系,即模糊关系矩阵,最后通过模糊近似推理方法,由输入样本得到模拟输出干旱等级。

设 $X=\{x_1,x_2,\cdots,x_n\}$ 是一个随机样本,随机变量 X 所有可能取值的集合,称为 X 的论域,用 U 来表示,即 U 是随机变量 X 的定义域。

设 Z 是论域 U 上的一个子集,那么从 $X\times Z$ 到 $[0,1]$ 的一个映射,

$$\mu:\quad X\times Z\rightarrow[0,1]$$
$$(x,z)\mapsto\mu(x,z),\ \forall(x,z)\in X\times Z \quad\cdots\cdots\cdots\cdots\cdots\cdots\text{(C.8)}$$

如公式(C.8)所示,就称为样本 X 在 Z 上的一个信息扩散,μ 就是一个扩散函数,Z 称作一个监控空间,如果它是递减的,即:$\forall x\in X,\ \forall z',z''\in Z$,如果 $||z'-x||\leqslant||z''-x||$,则 $\mu(x,z')\geqslant\mu(x-z'')$。

信息分配是种特殊的信息扩散,它的控制点空间 U 是样本 X 的一个离散论域。信息扩散时,监控空间 Z 是随机变量 X 的定义域 U 的一个子集。信息分配的控制点空间是随机变量 X 的定义域 U 的一个真子集,信息分配函数是不充分的,而对信息扩散来说,只有当监控空间 Z 就是随机变量 X 定义域本身 U 时,信息扩散才是充分的。

在应用信息扩散技术进行实际计算时,监控区间 Z 的构造通常依据样本数据 X 本身,构造过程见公式(C.9)。

$$\begin{cases}X=\{x_1,x_2,\cdots,x_n\}\\Z=\{z_1,z_2,\cdots,z_k\}\\z_1=\min(X)-\Delta z/2\\z_{i+1}=z_i+1\\k=[\max(X)-\min(X)]/\Delta z+1\\0<z\leqslant\min\limits_{x_i\neq x_j}(|x_i-x_j|)\\i,j=1,2\cdots,n\end{cases}\quad\cdots\cdots\cdots\cdots\text{(C.9)}$$

式中:

X ——原始样本数据;

Z ——监控点序列;

v_i ——序列 Z 中的第 i 个监控点;

k ——Z 中需要构造的监控点个数;

Δz ——监控点序列的步长。

正态信息扩散的估计函数见公式(C.10)。

$$\tilde{P}_n(x)=\frac{1}{nh\sqrt{2\pi}}\sum_{i=1}^n\exp(-\frac{(x-x_i)^2}{2h^2})\quad\cdots\cdots\cdots\cdots\cdots\text{(C.10)}$$

式中:

n——样本数量;

h ——扩散系数。

扩散系数 h 按公式(C.11)计算。

$$h=\begin{cases}0.814\ 6(b-a),n=5\\0.569\ 0(b-a),n=6\\0.456\ 0(b-a),n=7\\0.386\ 0(b-a),n=8\\0.336\ 2(b-a),n=9\\0.298\ 6(b-a),n=10\\2.685\ 1(b-a)/(n-1),n\geqslant11\end{cases}\quad\cdots\cdots\cdots\cdots\text{(C.11)}$$

其中，$b=\max\limits_{1\leqslant i\leqslant n}\{x_i\},a=\min\limits_{1\leqslant i\leqslant n}\{x_i\}$。

利用信息扩散技术估计样本数据时，遵循以下步骤：

a) 根据式（C.9），利用样本数据 X 构造监控点序列 Z；

b) 根据式（C.11）计算扩散系数 h；

c) 根据式（C.10）将 Z 中监控点序列 z_i 作为变量 x 的值，代入信息扩散函数 $\widetilde{p}_n(x)$ 进行计算，得到样本数据扩散给每个监控点的信息量 $p(z_i)$；

d) 将所有监控点的信息量序列按照公式（C.6）进行归一化处理后，得到模糊关系矩阵；

e) 代入重心公式（C.12），计算监控点的重心值，作为样本数据的估计值 z'，见公式（C.13）。

$$\begin{cases} p(z_i)'=p(z_i)/\max[p(z_i)] \\ i=1,2,\cdots,k \end{cases} \quad\cdots\cdots\cdots\cdots\cdots\cdots\cdots\cdots\cdots\text{（C.12）}$$

$$z'=\left[\sum_{i=1}^{k}z_i\times p(z_i)\right]/\left[\sum_{i=1}^{k}p(z_i)\right] \quad\cdots\cdots\cdots\cdots\cdots\text{（C.13）}$$

式中：

z' ——计算的监控点重心值；

z_i ——第 i 个监控点；

$p(z_i)'$——归一化后的第 i 个监控点的信息量。

附 录 D

（资料性）

农作物干旱监测统计表

农作物干旱监测统计表见表 D.1。

表 D.1　农作物干旱监测统计表

行政区划名称	农作物名称（如玉米、小麦等）	干旱面积 hm²					干旱比例 %					备注
		无旱	轻旱	中旱	重旱	特旱	无旱	轻旱	中旱	重旱	特旱	

注1：干旱比例为对应干旱程度的面积占监测区域总面积的比例，单位为百分号（%）。监测区域总面积是监测区域无旱面积、轻旱面积、中旱面积、重旱面积、特旱面积的总和。

注2：如果是国家级监测范围，行政区划名称应为省级行政区划名称；如果是省级监测范围，行政区划名称应为市级行政区划名称；依此类推。

参 考 文 献

[1]　GB/T 30115—2013　卫星遥感影像植被指数产品规范
[2]　GB/T 36296　遥感产品真实性检验导则
[3]　GB/T 40039—2021　土壤水分遥感产品真实性检验
[4]　GB/T 41280—2022　卫星遥感影像植被覆盖度产品规范
[5]　NY/T 3921—2021　面向遥感的土壤墒情和作物长势地面监测技术规程

ICS 65.020.01
CCS B 04

中华人民共和国农业行业标准

NY/T 4379—2023

农业遥感调查通用技术
农作物倒伏监测技术规范

General technique of agricultural survey with remote sensing—
Technical specification for crop lodging monitoring

2023-04-11 发布

2023-08-01 实施

中华人民共和国农业农村部 发布

前　言

本文件按照 GB/T 1.1—2020《标准化工作导则　第 1 部分:标准化文件的结构和起草规则》的规定起草。

请注意本文件的某些内容可能涉及专利。本文件的发布机构不承担识别专利的责任。

本文件由农业农村部市场与信息化司提出。

本文件由农业农村部大数据发展中心归口。

本文件起草单位:农业农村部大数据发展中心、北京市农林科学院信息技术研究中心。

本文件主要起草人:孙丽、顾晓鹤、姜雷、陈媛媛、杜英坤、杨唯、胡华浪、董沫。

农业遥感调查通用技术 农作物倒伏监测技术规范

1 范围

本文件规定了农作物倒伏遥感监测的监测流程、数据获取与处理、田间调查、遥感监测、监测成果编制的基本要求,描述了监测结果的验证方法。

本文件适用于基于光学卫星遥感数据的农作物倒伏监测。

2 规范性引用文件

下列文件中的内容通过文中的规范性引用而构成本文件必不可少的条款。其中,注日期的引用文件,仅该日期对应的版本适用于本文件;不注日期的引用文件,其最新版本(包括所有的修改单)适用于本文件。

GB/T 20257(所有部分) 国家基本比例尺地图图式

GB/T 28923.1 自然灾害遥感专题图产品制作要求 第1部分:分类、编码与制图

NY/T 3526 农情监测遥感数据预处理技术规范

3 术语和定义

下列术语和定义适用于本文件。

3.1

农作物倒伏 crop lodging

直立生长的农作物成片或点片发生歪斜、倒折,甚至全株匍倒在地的现象。

3.2

倒伏比例 lodging ratio

农作物植株地上部分发生倒伏的面积占地表面积的百分比。

3.3

植被指数 vegetation index

一种利用遥感影像不同谱段数据的线性或非线性组合形成的反映绿色植物生长状况和分布的特征指数。

[来源:GB/T 30115—2013,3.11]

4 缩略语

下列缩略语适用于本文件。

ARVI:大气抗阻植被指数(Atmospherically Resistant Vegetation Index)

EVI:增强型植被指数(Enhanced Vegetation Index)

NDVI:归一化差值植被指数(Normalized Difference Vegetation Index)

PVI:垂直植被指数(Perpendicular Vegetation Index)

RVI:比值植被指数(Ratio Vegetation Index)

SIPI:结构不敏感色素指数(Structure Insensitive Pigment Vegetation Index)

VI:植被指数(Vegetation Index)

5 基本要求

5.1 空间基准

5.1.1 大地基准应采用 2000 国家大地坐标系。

5.1.2 高程基准应采用 1985 国家高程基准。

5.1.3 投影方式,省级及以上尺度(直辖市除外)应采用阿尔伯斯投影;省级以下尺度(含直辖市)应采用高斯-克吕格投影。

5.2 监测时间

农作物倒伏遥感监测时间应在倒伏发生后 10 d 内。

6 监测流程

农作物倒伏遥感监测流程应包括数据获取与处理、田间调查、遥感监测、监测成果编制等,如图 1 所示。

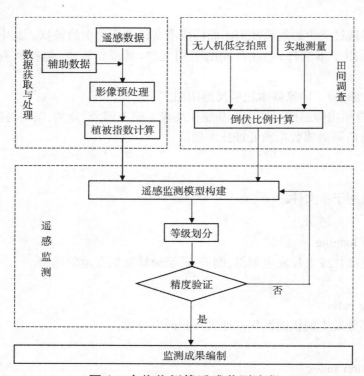

图 1 农作物倒伏遥感监测流程

7 数据获取与处理

7.1 辅助数据

辅助数据包括但不限于:

a) 监测区域农作物空间分布数据,比例尺应大于遥感影像出图比例尺;

b) 监测区域行政区划基础地理信息;

c) 监测区域农作物物候信息;

d) 监测区域在灾害时段内的气象信息。

7.2 遥感数据

7.2.1 数据选择

遥感数据选择应符合下列规定:

a) 应具备蓝波段、绿波段、红波段、近红外波段;

b) 空间分辨率应优于 30 m;

c) 监测区域为农作物种植区,影像应无云或浓雾覆盖,如有云或浓雾覆盖,应通过邻近时相晴空影像替代;

d) 应至少包括两期影像,时间应为倒伏前 10 d 内和倒伏后 10 d 内,两期影像获取时间应接近倒伏发生时间;

e) 应无明显条纹、点状和块状噪声,无数据丢失,无严重畸变。

7.2.2 影像预处理

遥感影像预处理应符合下列规定:

a) 根据传感器参数对遥感影像进行辐射定标和大气校正,步骤应按 NY/T 3526 的规定执行。

b) 遥感影像应进行几何校正,步骤应按 NY/T 3526 的规定执行。校正后的遥感影像在平原地区的平面坐标误差应小于 1 个像元,山地、丘陵地区的平面坐标误差应小于 2 个像元。

c) 用监测区域农作物空间分布数据、行政区划基础地理信息等辅助数据对上述处理好的遥感影像作掩膜或剪裁处理等。

7.2.3 植被指数计算

植被指数计算方法参照表1。

表 1 植被指数计算公式

植被指数	简写	计算公式
比值植被指数	RVI	R_{nir}/R_{red}
归一化差值植被指数	NDVI	$(R_{nir}-R_{red})/(R_{nir}+R_{red})$
大气抗阻植被指数	ARVI	$[R_{nir}-(2\times R_{red}-R_{blue})]/[R_{nir}+(2\times R_{red}-R_{blue})]$
增强型植被指数	EVI	$2\times(R_{nir}-R_{red})/(R_{nir}+6\times R_{red}+7.5\times R_{blue}+1)$
垂直植被指数	PVI	$(R_{nir}-b)\times\cos\theta-R_{red}\times\sin\theta$
结构不敏感色素指数	SIPI	$(R_{nir}-R_{blue})/(R_{nir}-R_{red})$

注:R_{nir}——近红外波段反射率;R_{red}——红波段反射率;R_{blue}——蓝波段反射率。

8 田间调查

8.1 目的

为辅助农作物倒伏遥感监测,需要进行田间倒伏比例调查,将其作为倒伏等级定量表征指标,作为农作物倒伏遥感监测与等级评估的训练样本与验证样本。

8.2 调查时间

农作物倒伏田间调查应在农作物倒伏后 10 d 内进行。

8.3 调查点

8.3.1 田间调查点在监测区域内分布应具有代表性,能全面反映监测区域农作物倒伏程度的差异性,包括重度倒伏、中度倒伏、轻度倒伏、未倒伏等所有倒伏程度。

8.3.2 县域尺度单作物调查点数量应多于 50 个。按 3∶2 随机划分训练样本和验证样本。

8.3.3 调查点应远离村庄或大型建筑物,选择比较平整和规则的地块。应以位于调查点中心的 3 个×3 个像元范围作为调查点观测区域。

8.4 倒伏比例调查

8.4.1 无人机低空拍摄

用于具备无人机成像能力的监测区域。

a) 采用无人机低空拍照方式对农作物倒伏比例调查时,应将无人机低空拍照调查点影像进行几何校正,校正结果精度应不超过 10 cm。

b) 采用计算机自动分类结合目视解译方式时,应计算照片中对应遥感影像 3 个×3 个像元的样方内农作物倒伏面积占比,将调查结果填入农作物倒伏比例田间调查表中(附录 A 的表 A.1)。根据使用的遥感影像像元大小,取多个无人机影像像元的平均倒伏比例作为遥感影像像元对应地面范围内的倒伏比例。

8.4.2 实地测量

8.4.2.1 用于不具备无人机成像能力的区域。

8.4.2.2 用GPS记录调查点观测区域中心点的位置,用长度丈量工具实地测量农作物倒伏发生区域的外周边长,计算对应面积,除以调查点观测区域的面积,得到倒伏比例。

8.5 等级划分

计算田间调查倒伏比例的均值 μ 和标准差 σ,基于正态(偏正态)统计理论的双阈值划分法,将倒伏比例数据划分为 $[$最小值$,\mu-\sigma)$、$[\mu-\sigma,\mu)$、$[\mu,\mu+\sigma)$、$[\mu+\sigma,$最大值$]$ 4 个区间,依次对应未倒伏、轻度倒伏、中度倒伏、重度倒伏 4 个等级。

9 遥感监测

9.1 植被指数变化量计算

9.1.1 利用农作物空间分布数据,采用掩膜处理提取出农作物种植区域内的植被指数。

9.1.2 计算倒伏前后的农作物像元植被指数变化量,即倒伏后的植被指数减去倒伏前的植被指数。

9.2 敏感植被指数筛选

基于田间调查样本得到的倒伏比例数据与样本点对应像元的植被指数变化量,计算两者之间的相关系数,选取相关系数最高的植被指数作为倒伏敏感植被指数。

9.3 农作物倒伏监测模型构建

以倒伏比例(LR)为因变量,敏感植被指数变化量(ΔVI)为自变量,利用统计回归方法建立农作物倒伏遥感监测模型(见附录 B),见公式(1)。

$$LR = f(\Delta VI) \quad\quad\quad\quad\quad\quad\quad\quad (1)$$

式中:

LR ——作物倒伏比例;

ΔVI ——敏感植被指数变化量;

f ——因变量 LR 随自变量 ΔVI 变化的函数关系,为线性或非线性回归模型。

9.4 等级划分与面积统计

9.4.1 利用 9.3 构建的模型和 ΔVI 影像,计算得到 LR 结果。依据 8.5 的划分标准,将 LR 结果划分为未倒伏、轻度倒伏、中度倒伏、重度倒伏 4 个等级。

9.4.2 分别统计每一个等级对应的面积,未倒伏等级对应的面积为未倒伏面积,轻度倒伏、中度倒伏、重度倒伏 3 个等级对应的面积之和,为倒伏总面积。

9.5 精度验证

精度验证应采用总体精度验证方法。利用田间调查数据对倒伏等级遥感监测结果进行精度评价,按公式(2)计算总体精度。

$$P_c = \frac{N^*}{N} \times 100 \quad\quad\quad\quad\quad\quad\quad\quad (2)$$

式中:

P_c ——总体精度的数值,单位为百分号(%);

N ——总样本数;

N^* ——分级正确数。

10 监测成果编制

10.1 监测专题图

10.1.1 农作物倒伏遥感监测专题图要素应包括图名、图例、比例尺、倒伏等级、行政区划基础地理信息等。

10.1.2 基本地图要素制作方式按 GB/T 20257 的规定执行,农作物倒伏等级分布图制作方式按 GB/T 28923.1 的规定执行。

10.2 监测报告

10.2.1 农作物倒伏遥感监测报告包括报告标题、报告正文、监测专题图、统计表、报告编写人、编写时间等。其中,报告正文包括农作物倒伏监测时段、卫星及传感器、对应时段的气象信息、倒伏分布描述、影响分析等。

10.2.2 统计表应包括行政区划名称、不同倒伏等级的面积及比例等信息。统计单元依据监测范围来定,如果是县级监测范围,以乡镇级行政区划地理信息为统计单元,行政区划名称为乡镇级行政区划名称,依次类推,统计表见附录 C 的 C.1。

10.2.3 图片信息应包括反映农作物倒伏状况的遥感监测专题图、实地照片等。

附　录　A

（资料性）

农作物倒伏田间调查表

农作物倒伏田间调查表见表 A.1。

表 A.1　农作物倒伏田间调查表

县名	乡镇名	村名	调查时间 年/月/日	经度 。	纬度 。	农作物名称 （如玉米、小麦等）	生育 时期	倒伏 比例 %	倒伏等级 （未倒伏、轻度倒伏、 中度倒伏、重度倒伏）	备注

附　录　B

（资料性）

农作物倒伏监测模型构建方法

基于统计回归的倒伏比例反演模型如下。

倒伏遥感监测指标和田间调查的倒伏比例之间存在线性或非线性的关系，以倒伏遥感监测指标为自变量，以倒伏比例为因变量，建立倒伏比例反演模型。常见的拟合模型见公式(B.1)～公式(B.5)。

$$线性函数：y = ax + b \quad\quad\quad (B.1)$$

$$对数函数：y = a\ln(x) + b \quad\quad\quad (B.2)$$

$$指数函数：y = ae^{bx} \quad\quad\quad (B.3)$$

$$幂函数：y = ax^b \quad\quad\quad (B.4)$$

$$二次多项式：y = ax^2 + bx + c \quad\quad\quad (B.5)$$

式中：

y　　——倒伏比例；

x　　——倒伏遥感监测指标；

a、b、c——回归模型系数。

附　录　C
（资料性）
农作物倒伏监测统计表

农作物倒伏监测统计表见表 C.1。

表 C.1　农作物倒伏监测统计表

行政区划名称	农作物名称（如玉米、小麦等）	生育时期	倒伏面积 hm²				倒伏等级占比 %				备注
			未倒伏	轻度倒伏	中度倒伏	重度倒伏	未倒伏	轻度倒伏	中度倒伏	重度倒伏	

注1：倒伏等级占比为对应倒伏等级的面积占监测区域总面积的比例，单位为％。监测区域总面积是监测区域未倒伏面积、轻度倒伏面积、中度倒伏面积、重度倒伏面积的总和。

注2：如果是县级监测范围，行政区划名称应为乡镇级行政区划名称；如果是乡镇级监测范围，行政区划名称应为村级行政区划名称。

参 考 文 献

[1] GB/T 30115　卫星遥感影像植被指数产品规范
[2] NY/T 3922　中高分辨率卫星主要农作物长势遥感监测技术规范

ICS 65.020.01
CCS B 04

中华人民共和国农业行业标准

NY/T 4380.1—2023

农业遥感调查通用技术 农作物遥感估产监测技术规范 第1部分:马铃薯

General techniques of agricultural survey with remote sensing—
Technical specification for crop yield estimation—Part 1:Potato

2023-04-11 发布

2023-08-01 实施

中华人民共和国农业农村部 发布

前　言

本文件按照 GB/T 1.1—2020《标准化工作导则　第 1 部分：标准化文件的结构和起草规则》的规定起草。

本文件是 NY/T 4380.1—2023《农业遥感调查通用技术　农作物遥感估产监测技术规范》的第 1 部分。NY/T 4380 已经发布了以下部分：

——第 1 部分：马铃薯。

请注意本文件的某些内容可能涉及专利。本文件的发布机构不承担识别专利的责任。

本文件由农业农村部市场与信息化司提出。

本文件由农业农村部大数据发展中心归口。

本文件起草单位：农业农村部大数据发展中心、航天宏图信息技术股份有限公司。

本文件主要起草人：韩巍、韩旭、姜雷、申克建、胡华浪、杨唯、孙丽、何亚娟、杜英坤、陈媛媛、焦为杰、王亚鑫、马卫峰、段丁丁、牛帆帆、张宁丹。

农业遥感调查通用技术 农作物遥感估产
监测技术规范 第1部分:马铃薯

1 范围

本文件规定了马铃薯估产总体流程、数据获取与处理、种植面积监测、长势监测、产量估算、产值估算等内容。

本文件适用于采用空间分辨率优于 30 m 的中高分辨率光学卫星遥感数据开展马铃薯主产区监测工作。

2 规范性引用文件

下列文件中的内容通过文中的规范性引用而构成本文件必不可少的条款。其中,注日期的引用文件,仅该日期对应的版本适用于本文件;不注日期的引用文件,其最新版本(包括所有的修改单)适用于本文件。

GB/T 13989 国家基本比例尺地形图分幅和编号

GB/T 15968 遥感影像平面图制作规范

GB/T 20257(所有部分) 国家基本比例尺地图图式

NY/T 3526 农情监测遥感数据预处理技术规范

3 术语和定义

下列术语和定义适用于本文件。

3.1

马铃薯 potato

土豆

地蛋

洋芋

茄科多年生草本植物栽培马铃薯的地下块茎。呈圆、卵、椭圆等形,有芽眼,表皮呈红色、黄色、白色或紫色。

[来源:GB/T 22515—2008,2.2.5.19]

3.2

马铃薯生育时期 growing period of potato

生育阶段

包括发芽期、幼苗期、块茎形成期、块茎膨大期、成熟期等生育时期。

3.3

植被指数 vegetation index

利用遥感影像不同谱段数据线性或非线性组合形成的反映绿色植物生长状况和分布的特征指数。

[来源:GB/T 30115—2013,3.11,有修改]

3.4

归一化差值植被指数 normalized difference vegetation index;NDVI

近红外波段反射率和可见光红波段反射率之差与两者之和的比值。

4 缩略语

下列缩略语适用于本文件。

CGCS:国家大地坐标系(China Geodetic Coordinate System)

GNSS:全球导航卫星系统(Global Navigation Satellite System)

MAE:平均绝对误差(Mean Absolute Error)

NDVI:归一化差值植被指数(Normalized Difference Vegetation Index)

R^2:决定系数(Coefficient of Determination)

RMSE:均方根误差(Root Mean Square Error)

UTM:通用横轴墨卡托投影(Universal Transverse Mercator Projection)

VI:植被指数(Vegetation Index)

5 总体流程

主要包括数据获取与处理、种植面积监测、长势监测、产量估算、产值估算 5 个步骤。

6 数据获取与处理

6.1 遥感影像数据

6.1.1 遥感影像数据选择

可根据马铃薯种植条件及区域划分选择遥感影像数据。我国马铃薯种植区域分为北方一季作区、中原二季作区、西南一二季混作区和南方冬作区,见附录 A 的 A.1。

6.1.2 遥感影像时相选择

我国不同种植区域马铃薯生育时期划分见 A.2,遥感影像时相应保证马铃薯块茎形成期、块茎膨大期、成熟期至少有一期影像。

6.1.3 遥感影像数据质量

遥感影像数据质量应符合下列要求:

a) 影像数据集中云层覆盖面积应少于 5%,分散云层的覆盖总面积应少于 10%,且主要监测区应无云层覆盖;

b) 应不存在条带、斑点噪声、行丢失等。

6.1.4 遥感数据预处理

遥感数据预处理应符合下列要求:

a) 根据传感器参数对遥感数据进行辐射定标和大气校正,步骤应按 NY/T 3526 的规定执行;

b) 遥感影像应进行几何校正,校正后卫星影像平地、丘陵地的平面坐标误差应小于 1 个像元,山地的平面坐标误差应小于 2 个像元;

c) 用监测区域界限掩膜或裁剪上述遥感影像;

d) 对经过校正和裁剪的遥感影像,进行植被指数的计算。

6.1.5 空间基准

空间基准应符合下列要求。

a) 大地基准:应采用 2000 国家大地坐标系(CGCS 2000)。

b) 高程基准:应采用 1985 国家高程基准。

c) 投影方式:省级及以上尺度采用阿尔伯斯等面积投影,省级以下尺度采用高斯-克吕格投影或通用横轴墨卡托投影(UTM)。

6.2 基础数据

6.2.1 地面调查数据

应选取与遥感影像获取时间相近的时间进行调查,前后日期相差应小于 20 d。马铃薯地面调查点要求如下:

a) 应属于马铃薯遥感监测影像拍摄范围内,并且选择土壤肥力、灌溉方式、管理水平、马铃薯品种、马铃薯长势等具有代表性的地块;

b) 调查点数量应位于耕地范围内不少于 30 个,在监测范围较大时可适当增加调查点数,样点在监测区内尽可能均匀分布,记录 GNSS 坐标信息。

6.2.2 统计数据

监测区域内马铃薯种植面积和产量统计数据从国家统计局、地方主管部门获取。

6.2.3 价格数据

马铃薯价格为监测区域内市场批发价格,获取方式如下:

a) 全国农产品商务信息公共服务平台(http://nc.mofcom.gov.cn);

b) 全国农产品批发市场价格信息系统(http://pfsc.agri.cn/#/indexPage)。

6.2.4 辅助数据

辅助数据应包括下列内容:

a) 监测区域作物物候数据;

b) 种植区空间分布数据或耕地分布数据;

c) 监测区域行政区划基础地理信息。

7 种植面积监测

7.1 监测流程

种植面积监测流程见图1。

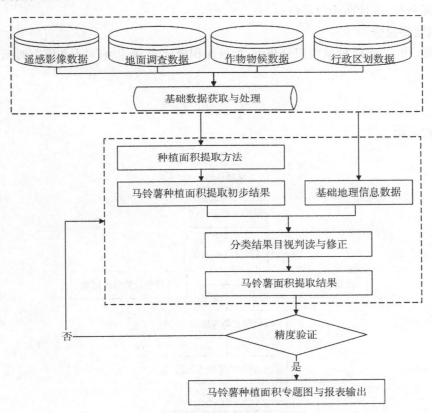

图 1 种植面积监测流程

7.2 种植面积监测模型

7.2.1 监测方法

种植面积监测采用的方法如下。

a) 监督分类:最大似然分类法、平行多面体分类法、最小距离分类法、波谱角分类法、决策树分类法。

b) 非监督分类:K-均值(K-MEANS)聚类、ISODATA 聚类。

c) 基于作物物候特征的马铃薯遥感识别方法,该方法通过分析时间序列数据中作物生长的关键物候期的特征值提取作物。

d) 集成分类方法：随机森林法、神经网络法、模糊数学法。

7.2.2 精度检验与评价

精度检验与评价应符合下列要求：

a) 利用马铃薯统计数据与遥感监测面积计算相对误差。

b) 种植面积精度评价应基于地面调查验证数据通过构建混淆矩阵确定。评价指标应包括总体精度、Kappa系数、生产者精度、用户精度等。

7.3 种植面积监测报告

7.3.1 种植面积分布图

种植面积分布图应符合下列规定：

a) 利用地理信息系统软件制作 100 dpi 以上分辨率的种植分布图，采用 TIFF/JPG/PNG 格式；

b) 种植面积分布图要素应包括标题、指北针、比例尺、经纬度网格、图例、制图单位和日期、遥感数据源说明；

c) 基本地图要素制作方式应该按 GB/T 20257 的规定执行，遥感影像平面图制作规范应该按 GB/T 15968 的规定执行；

d) 国家基本比例尺地形图分幅和编号应按 GB/T 13989 的规定执行。

7.3.2 种植面积统计表

包括统计单元名称、统计面积数等信息。

7.3.3 种植面积监测报告

包括报告标题、报告正文、种植面积分布图、种植面积统计表、报告编写人和编写时间。

8 长势监测

8.1 监测流程

长势监测流程见图2。

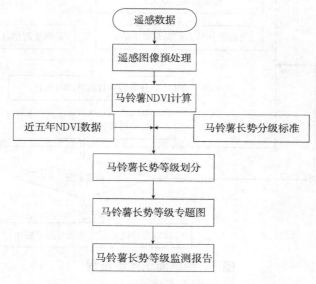

图2 长势监测流程

8.2 长势监测模型

8.2.1 指标计算

8.2.1.1 NDVI 均值为监测区内马铃薯关键生育期（块茎形成期、块茎膨大期和成熟期）遥感像元 NDVI 的平均值，按公式（1）计算。

$$M = \frac{1}{n} \sum_{i=1}^{n} M_i \quad \cdots\cdots\cdots\cdots\cdots\cdots\cdots\cdots\cdots\cdots\cdots\cdots\cdots\cdots\cdots\cdots\cdots\cdots \quad (1)$$

式中：

M ——监测区域 NDVI 平均值；

n ——监测区域遥感影像中马铃薯所占像元总数；

i ——监测区域遥感影像中马铃薯像元序号；

M_i ——监测区域遥感影像中第 i 个马铃薯像元的 NDVI。

8.2.1.2 多年 NDVI 均值为监测区内马铃薯多年关键生育期(块茎形成期、块茎膨大期和成熟期)遥感像元 NDVI 的平均值,按公式(2)计算。

$$M_y = \frac{1}{N} \sum_{j=1}^{N} M_j \quad \cdots\cdots\cdots\cdots\cdots\cdots\cdots\cdots\cdots\cdots\cdots\cdots\cdots\cdots\cdots\cdots\cdots\cdots \quad (2)$$

式中：

M_y ——NDVI 多年均值；

N ——统计年份,为近 5 年；

j ——年份序号；

M_j ——遥感影像中第 j 年 NDVI。

8.2.1.3 NDVI 距平态为监测区目标监测年份与多年马铃薯关键生育期(块茎形成期、块茎膨大期和成熟期)遥感像元平均值的差异,按公式(3)计算。

$$\Delta M = M - M_y \quad \cdots\cdots\cdots\cdots\cdots\cdots\cdots\cdots\cdots\cdots\cdots\cdots\cdots\cdots\cdots\cdots\cdots\cdots \quad (3)$$

式中：

ΔM ——NDVI 距平态；

M ——NDVI 均值；

M_y ——NDVI 多年均值。

8.2.1.4 NDVI 标准差为监测区目标监测年份与多年的马铃薯关键生育期(块茎形成期、块茎膨大期和成熟期)遥感像元平均值的标准偏差,按公式(4)计算。

$$\sigma = \sqrt{\frac{1}{N} \sum_{j=1}^{N} (M_j - M_y)^2} \quad \cdots\cdots\cdots\cdots\cdots\cdots\cdots\cdots\cdots\cdots\cdots\cdots\cdots\cdots \quad (4)$$

式中：

σ ——马铃薯某一关键生育期 NDVI 标准差；

N ——统计年份,一般为近 5 年；

M_j ——马铃薯某一关键生育期第 j 年的 NDVI；

M_y ——马铃薯某一关键生育期多年 NDVI 均值。

8.2.2 长势分级标准

长势等级划分根据植被指数距平态和标准差计算结果,按表 1 确定。

表 1 长势等级划分

长势等级	较好	正常	较差
判定条件	$\Delta M > \sigma$	$-\sigma \leqslant \Delta M \leqslant \sigma$	$\Delta M < -\sigma$

8.3 长势监测报告

8.3.1 监测结果图

长势监测专题图分辨率应大于 100 dpi,采用 TIFF/JPG/PNG 格式。长势监测专题图要素应包括标题、指北针、比例尺、图例、制图单位和日期、遥感数据源说明、长势等级等。

8.3.2 监测报告

长势监测报告应包括下列内容：

a) 长势监测时间范围、卫星及其传感器、分析长势等级及其比例、不同长势等级的面积及其比例等有关信息；

b) 统计表格应包括根据监测结果获取的长势分布范围、等级面积及比例等信息；

c) 图片信息应包括说明长势信息的照片信息。

9 产量估算

9.1 估算流程

产量估算流程见图3。

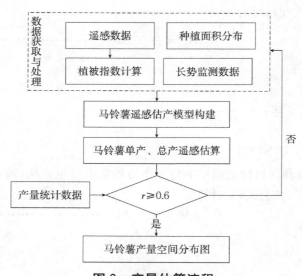

图 3　产量估算流程

9.2 产量估算模型

9.2.1 单产估算方法

包括数据集建立、关系式构建和县域产量遥感估算3个步骤。

a) 数据集建立。
   1) 利用关键生育期遥感影像计算马铃薯种植区域的植被指数（VI）；
   2) 收集马铃薯种植区域内的积温、降水量和产量等统计数据。
b) 关系式构建。
   1) 根据历史的马铃薯产量统计数据与块茎形成期、块茎膨大期和成熟期等关键生育期植被指数（VI）、积温、降水量之间的关系建立估产模型；
   2) 马铃薯产量统计数据应为县域尺度上的单位面积产量，植被指数（VI）应为关键生育期县域范围内全部像元植被指数（VI）的均值；
   3) 关系式应采用多元线性回归模型、多元幂函数模型等获取，应通过最小二乘法获取线性拟合的斜率和截距。
c) 县域产量遥感估算。
   为保障马铃薯产量估算结果的准确性，一个县域内至少应有30个地面样本点数。县域产量遥感估算按公式（5）计算，并应获得监测区域遥感监测产量空间分布图。

$$Y = a_0 + a_1 \times VI + a_2 \times T + a_3 \times P \quad\cdots\cdots\cdots\cdots\cdots\cdots\cdots\cdots\cdots\cdots\cdots\cdots\cdots\cdots\cdots \tag{5}$$

式中：

Y　　　　——遥感估算产量的数值，单位为千克每公顷（kg/hm²）；

VI　　　——像元尺度植被指数，VI 采用 NDVI 等；

T　　　　——生长有效积温的数值，单位为摄氏度·日（℃·d）；

P　　　　——关键生育期内降水量的数值，单位为毫米（mm）。

a_1、a_2、a_3、a_0——分别为植被指数（VI）、积温和降水量的斜率及截距，产量遥感估算模型构建中拟合得到。

9.2.2 总产估算方法

总产估算应基于监测区域内单产和种植面积计算得到，按公式（6）计算。

$$S = \sum_{i=1}^{n} Y_i \times A_i \quad\cdots\cdots\cdots\cdots\cdots\cdots\cdots\cdots\cdots\cdots (6)$$

式中：

S ——马铃薯总产的数值，单位为千克（kg）；

Y_i ——第 i 个县域的马铃薯单产的数值，单位为千克每公顷（kg/hm²）；

A_i ——第 i 个县域的马铃薯种植面积的数值，单位为公顷（hm²）。

9.2.3 精度检验与评价

a) 模型精度检验与评价。

采用皮尔逊相关系数评价马铃薯产量遥感估算结果的精度。精度验证不合格的，应重新选择估算因子，选择更换遥感数据源或采用其他估算方法，直至满足精度要求。按公式（7）计算马铃薯产量统计数据（Y_m）与遥感估算产量（Y_s）间的皮尔逊相关系数 r。$r \geqslant 0.6$ 应作为合格标准。

$$r = \frac{cov(Y_m, Y_s)}{\sigma_{Y_m}\,\sigma_{Y_s}} \quad\cdots\cdots\cdots\cdots\cdots\cdots\cdots\cdots (7)$$

式中：

r ——皮尔逊相关系数；

$cov(Y_m, Y_s)$ ——产量统计数据和遥感估算产量的协方差；

σ_{Y_m} ——产量统计数据标准差；

σ_{Y_s} ——遥感估算产量的标准差。

b) 产量估算精度检验与评价。

采用决定系数（R^2）、均方根误差（RMSE）和平均绝对误差（MAE）来评价马铃薯产量遥感估算结果的精度。当决定系数 $R^2 \geqslant 0.5$ 时，表明马铃薯遥感估产模型是可用的，马铃薯遥感估产结果是准确的。当决定系数 $R^2 < 0.5$ 时，需通过更换遥感数据源、重建估算模型等方式开展质量控制，直到满足精度要求。3 种指标分别按公式（8）、公式（9）、公式（10）计算。

$$R^2 = 1 - \frac{\sum_{i=1}^{n}(p_i - o_i)^2}{\sum_{i=1}^{n}(o_i - \bar{o})^2} \quad\cdots\cdots\cdots\cdots\cdots\cdots (8)$$

$$RMSE = \sqrt{\frac{\sum_{i=1}^{n}(p_i - o_i)^2}{n}} \quad\cdots\cdots\cdots\cdots\cdots\cdots (9)$$

$$MAE = \frac{1}{n}\sum_{i=1}^{n}|p_i - o_i| \quad\cdots\cdots\cdots\cdots\cdots\cdots (10)$$

式中：

p_i ——马铃薯产量的遥感预测值，单位为千克（kg）；

o_i ——马铃薯产量的实测值，单位为千克（kg）；

$\bar{o}$ ——马铃薯产量实测值的平均值，单位为千克（kg）；

n ——验证样本的数量。

9.3 产量估算报告

9.3.1 分布示意图

在获取马铃薯产量遥感估算空间分布图的基础上，利用地理信息系统软件制作马铃薯产量分布示意图（TIFF/JPG/PNG 格式，100 dpi 以上分辨率），产量分布示意图中应包括标题、指北针、比例尺、经纬度网格、图例、制图单位和日期。

9.3.2 信息统计表

马铃薯产量信息统计表应包括统计数据中马铃薯单产、总产信息以及遥感估算的马铃薯单产、总产信息、产量估算精度评价等信息。

9.3.3 估算报告

产量估算报告应包括下列内容：

a) 产量遥感估算报告应包括卫星及传感器、监测时间和遥感监测结果信息；

b) 估算报告形式应采用文字描述、统计表格和图片等,统计表格应包括单产、总产、产量估算精度评价等信息；

c) 产量估算报告应包括报告标题、报告正文、产量分布示意图、产量信息统计表、报告编写人和编写时间。

10 产值估算

10.1 估算流程

马铃薯产值估算流程见图4。

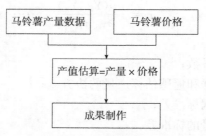

图4 产值估算流程图

10.2 产值估算模型

马铃薯产值应按公式(11)计算。

$$O = \sum_{i=1}^{n} S_i \times P_i \quad\text{·······················}\quad (11)$$

式中：

O ——产值,单位为元；

S_i ——第 i 个区域产量的数值,单位为千克(kg)；

P_i ——第 i 个区域价格的数值,单位为元。

10.3 产值估算报告

产值估算报告应包括下列内容：

a) 内容包括产量、价格等信息；

b) 形式采用文字描述、统计表格和图片等；

c) 报告标题、报告正文、产值信息统计表、报告编写人和编写时间。

附 录 A

（资料性）

我国马铃薯主产区域和生育时期划分

A.1 我国马铃薯主产区域划分

我国马铃薯主产区域划分见表 A.1。

表 A.1 我国马铃薯主产区域划分

主产区域划分		主产区域范围	影像空间分辨率	光谱波段
北方一季作区	东北一季作区	黑龙江、吉林和内蒙古东部，以及辽宁的北部和西部	10 m～30 m 1 m～5 m	红光波段 绿光波段 蓝光波段 近红外波段
	华北一季作区	内蒙古中西部、河北北部、山西中北部和山东西南部		
	西北一季作区	甘肃、宁夏、陕西西北部和青海东部		
中原二季作区		辽宁、河北、山西、陕西南部，湖北、湖南东部，河南、山东、江苏、浙江、安徽、江西		
西南一二季混作区		云南、贵州、四川、重庆、湖南湖北的西部山区、陕西的安康地区	1 m～5 m	
南方冬作区		广东、广西、福建、海南、江西南部地区、湖南湖北中东部地区		

A.2 马铃薯各生育时期定义

马铃薯各生育时期定义见表 A.2。

表 A.2 马铃薯生育时期定义

生育时期	定义
发芽期	种薯播种后芽眼开始萌芽至幼苗出土这一时期。短者历时 20 d～30 d,长者可达数月
幼苗期	幼苗出土到现蕾这一时期。一般历时 15 d～20 d
块茎形成期	现蕾至开花这一时期。一般历时 30 d 左右。决定单株结薯数的关键时期
块茎膨大期	从盛花至茎叶衰老这一时期。历时 15 d～25 d。决定块茎体积大小的关键时期
成熟期	一般当植株地上部茎叶枯黄,块茎内淀粉积累达到最高值,即为成熟期

A.3 我国马铃薯生育时期划分

我国马铃薯生育时期划分见表 A.3。

表 A.3 我国马铃薯生育时期划分

主产区	春季/秋季	生育时期	时间
北方一季作区	秋季马铃薯	发芽期	5月中下旬
		幼苗期	6月中旬至7月上旬
		块茎形成期	7月中旬至8月中下旬
		块茎膨大期	8月中下旬至9月上中旬
		成熟期	9月中下旬
中原二季作区	春季马铃薯	发芽期	3月上旬
		幼苗期	3月下旬至4月上旬
		块茎形成期	4月上旬至4月下旬
		块茎膨大期	5月上旬至5月下旬
		成熟期	6月上旬

表 A. 3（续）

主产区	春季/秋季	生育时期	时间
中原二季作区	秋季马铃薯	发芽期	8月上旬
		幼苗期	8月中下旬
		块茎形成期	9月上旬至9月下旬
		块茎膨大期	10月上旬至10月下旬
		成熟期	11月上旬
西南一二季混作区	春季马铃薯	发芽期	1月上旬至3月中旬
		幼苗期	1月下旬至3月下旬
		块茎形成期	2月上中旬至4月上中旬
		块茎膨大期	3月上中旬至5月中下旬
		成熟期	4月—6月
	秋季马铃薯	发芽期	7月下旬至8月上旬
		幼苗期	8月上旬至8月下旬
		块茎形成期	9月上中旬至10月上中旬
		块茎膨大期	9月中下旬至11月上中旬
		成熟期	10月—12月
南方冬作区	秋季马铃薯	发芽期	10月中下旬至11月上旬
		幼苗期	11月上旬至11月中下旬
		块茎形成期	12月上中旬至1月上中旬
		块茎膨大期	1月中下旬至2月中下旬
		成熟期	2月—3月

参 考 文 献

[1]　GB/T 30115　卫星遥感影像植被指数产品规范
[2]　GB/T 22515　粮油名词术语　粮食、油料及其加工产品

————————————

ICS 67.080.10
CCS B 31

中华人民共和国农业行业标准

NY/T 4382—2023

加工用红枣

Chinese jujubes for processing

2023-12-22 发布
2024-05-01 实施

中华人民共和国农业农村部 发布

前　言

本文件按照 GB/T 1.1—2020《标准化工作导则　第 1 部分：标准化文件的结构和起草规则》的规定起草。

请注意本文件的某些内容可能涉及专利。本文件的发布机构不承担识别专利的责任。

本文件由农业农村部乡村产业发展司提出。

本文件由农业农村部农产品加工标准化技术委员会归口。

本文件起草单位：中国农业科学院农产品加工研究所、新疆农垦科学院农产品加工研究所、好想你健康食品股份有限公司、沧州美枣王食品有限公司、清涧北国枣业有限责任公司。

本文件主要起草人：毕金峰、陈芹芹、吕健、金新文、金鑫、周沫、吴洪斌、杨慧、石聚彬、石勇、王淑军、郭斌。

加工用红枣

1 范围

本文件规定了加工用红枣的术语和定义、原料要求、检验方法、检验规则、包装、标志、标签、运输与储存。

本文件适用于加工即食红枣、红枣干制品、红枣浓缩汁(浆)、夹心红枣、红枣泥(酱)、红枣发酵品等的红枣。

2 规范性引用文件

下列文件中的内容通过文中的规范性引用而构成本文件必不可少的条款。其中,注日期的引用文件,仅该日期对应的版本适用于本文件;不注日期的引用文件,其最新版本(包括所有的修改单)适用于本文件。

GB/T 191　包装储运图示标志

GB/T 731　黄麻布和麻袋

GB 2762　食品安全国家标准　食品中污染物限量

GB 2763　食品安全国家标准　食品中农药最大残留限量

GB 4806.1　食品安全国家标准　食品接触材料及制品通用安全要求

GB 5009.3　食品安全国家标准　食品中水分的测定

GB/T 5835—2009　干制红枣

GB/T 6543　运输包装用单瓦楞纸箱和双瓦楞纸箱

GB 7718　食品安全国家标准　预包装食品标签通则

GB/T 8946　塑料编织袋通用技术要求

GB/T 10782　蜜饯质量通则

GB 12456　食品安全国家标准　食品中总酸的测定

GB/T 22345　鲜枣质量等级

GB/T 26150—2019　免洗红枣

GB/T 40492　骏枣

GB/T 40634　灰枣

3 术语和定义

GB/T 5835—2009、GB/T 22345、GB/T 26150—2019、GB/T 40492 和 GB/T 40634 界定的以及下列术语和定义适用于本文件。

3.1

即食红枣　instant Chinese jujube

完熟期的红枣经挑选、清洗、干燥、分级或不分级、杀菌、包装等工艺制成的水分含量≤35 g/100 g 的即食产品。

3.2

红枣干制品　processed dry Chinese jujube

完熟期的红枣经过挑选、清洗、去核、切制或不切制、干燥或油炸、粉碎或不粉碎、包装等工艺制成水分含量≤7 g/100 g 的干制产品。

3.3

红枣浓缩汁(浆) concentrated Chinese jujube juice

完熟期的红枣经过清洗、复水、打浆、压榨或不压榨、酶解或不酶解、离心或不离心、超滤或不超滤、浓缩、杀菌等加工工序获得的可溶性固形物≥50 °Brix 的汁液或浆液制品。

3.4

夹心红枣 sandwich Chinese jujube

以即食红枣(3.1)为主要原料,经夹心(干果、蜜饯、巧克力及其制品等)、杀菌、包装等工艺制成的水分含量≤25 g/100 g 的红枣制品。

3.5

红枣泥(酱) Chinese jujube paste

以完熟期的红枣为主要原料,加糖或不加糖,添加或不添加其他辅料,经打浆、均质、浓缩或不浓缩、杀菌、包装等工艺制成的总糖含量≤60 g/100 g 的制品。

3.6

红枣发酵品 fermented Chinese jujube

以完熟期的红枣为主要原料,经清洗、浸提、过滤、调糖度、接种、发酵、澄清、调配或不调配、杀菌或不杀菌等工艺制成的酒精度≥7%的红枣酒制品;或以完熟期的红枣为主要原料,经清洗、浸提,以及混合或不混合使用含有淀粉、糖的物料或食用酒精,经微生物发酵酿制而成的红枣醋制品;或以完熟期的红枣为主要原料,添加或不添加辅料,经微生物发酵制得的含有特定生物活性成分的红枣酵素制品。

注:红枣浓缩汁加工中不添加其他辅料,均以完熟期红枣为原料;红枣泥及红枣发酵品加工中,可添加也可不添加辅料,通过查阅相关国家及行业标准,均未对其原料含量进行明确限定,因此在定义部分对红枣含量不作限定要求。

4 原料要求

4.1 感官要求

应符合表 1 的规定。

表 1 感官要求

项目	指标
色泽	具有红枣应有的特征,果皮呈红色至紫红色
组织状态	具有红枣应有的组织状态,无霉烂,无虫蛀
气味和滋味	具有红枣典型的气味和滋味,无异味
总不合格果[a]百分率	≤15%
[a] 不合格果包括病果、虫果、霉变果、浆头果、破头果、裂果及其他损伤果等。	

4.2 理化要求

应符合表 2 的规定。

表 2 理化要求

项目	即食红枣	红枣干制品	红枣浓缩汁(浆)	夹心红枣	红枣泥(酱)	红枣发酵品
水分含量,g/100 g	≤35	≤28	/	≤25	/	/
可食率,%	≥90	/	/	≥90	/	/
总糖(以可食部分干物质计),g/100 g	≥70	≥60	≥60	≥60	≥50	≥60
总酸(以苹果酸计),g/100 g	≤1.5	≤1.5	≤1.1	≤1.5	≤1.1	≤1.5

4.3 污染物限量

应符合 GB 2762 的规定。

4.4 农药残留限量

应符合 GB 2763 的规定。

5 检验方法

5.1 感官检验

按 GB/T 5835—2009 中 6.2 的规定执行。

5.2 理化检验

5.2.1 水分含量

按 GB 5009.3 中减压干燥法或蒸馏法的规定执行。

5.2.2 可食率

按 GB/T 5835—2009 中 6.3.3 的规定执行。

5.2.3 总糖含量

按 GB/T 10782 中总糖的规定执行。

5.2.4 总酸含量

按 GB 12456 的规定执行。

5.3 污染物检验

按 GB 2762 规定的相应检验方法和标准执行。

5.4 农药残留检验

按 GB 2763 规定的相应检验方法和标准执行。

6 检验规则

6.1 组批

同一生产单位、同一品种、同一产地、同一储运条件、同一包装日期的红枣作为一个检验批次。

6.2 抽样方法和抽样量

按 GB/T 26150—2019 中 7.2 的规定执行。

6.3 交收检验

每批次原料交收前,生产单位都应进行交收检验。交收检验内容包括感官要求、理化要求、污染物和农药残留要求。检验合格后出具合格证明方可交收。

6.4 判定

6.4.1 感官要求、理化要求、污染物和农药残留要求均合格,则该批产品判为合格。

6.4.2 理化要求、污染物限量和农药残留限量,有一项不合格,可以在本批次产品中双倍抽样复检。如复检结果仍有一项不合格,则该批产品判为不合格;若复检合格,则需要再取一份样品做第二次复检,以第二次复检结果为准。

7 包装与标志、标签

7.1 包装

7.1.1 每一包装容器只能装同一品种的红枣原料,不应混淆不清。

7.1.2 包装容器应有良好的透气性,不会对红枣原料造成损伤和污染。包装材料可选用麻布、塑料编织袋或瓦楞纸箱,应符合 GB/T 731、GB/T 8946、GB/T 6543、GB 4806.1 的相关规定。

7.2 标志、标签

包装标签注明的品名、品种、产地、质量等级、毛重、净含量、包装日期等,应符合 GB 7718 的规定;标志按照 GB/T 191 的规定执行。

8 运输与储存

8.1 运输

8.1.1 运输工具必须清洁卫生、干燥、无异味。

8.1.2 应缩短运转、待运时长。不应与有毒、有害、有腐蚀性物品混放、混运。

8.1.3 运输过程中应轻拿轻放，避免机械损伤、烈日暴晒和雨淋，注意通风、防潮。

8.2 储存

8.2.1 常温储存时，存放仓库应干燥，地面应铺设木条或格板，距墙壁不小于 20 cm，使通风良好，防止底部受潮。

8.2.2 低温储存时，库温 0 ℃～5 ℃，库温波动幅度不超过±0.5 ℃，相对湿度维持在 50%～60%。

8.2.3 不应与有毒有害、有异味、发霉和其他污染物混合存放。避免雨淋，加强防虫、防鼠措施。

ICS 65.020.20
CCS B 31

中华人民共和国农业行业标准

NY/T 4416—2023

芒果品质评价技术规范

Technical specification for mango quality evaluation

2023-12-22 发布

2024-05-01 实施

中华人民共和国农业农村部 发布

前　言

本文件按照 GB/T 1.1—2020《标准化工作导则　第 1 部分:标准化文件的结构和起草规则》的规定起草。

请注意本文件的某些内容可能涉及专利。本文件的发布机构不承担识别专利的责任。

本文件由农业农村部农垦局提出。

本文件由农业农村部热带作物及制品标准化技术委员会归口。

本文件起草单位:中国热带农业科学院分析测试中心、中国热带农业科学院南亚热带作物研究所、中国热带农业科学院热带作物品种资源研究所、中国热带农业科学院环境与植物保护研究所。

本文件主要起草人:徐志、陈显柳、武红霞、胡美姣、党志国、张艳玲。

芒果品质评价技术规范

1 范围

本文件规定了芒果(*Mangifera indica* L.)品质评价的术语与定义、要求、评价评分及记录。

本文件适用于台农1号、凯特、金煌、贵妃、桂热芒82号、帕拉英达、圣心、桂热芒10号、热农1号等芒果品种的鲜食果实品质评价,其他品种芒果参照执行。

2 规范性引用文件

下列文件中的内容通过文中的规范性引用而构成本文件必不可少的条款。其中,注日期的引用文件,仅该日期对应的版本适用于本文件;不注日期的引用文件,其最新版本(包括所有的修改单)适用于本文件。

GB 12456　食品安全国家标准　食品中总酸的测定

NY/T 896　绿色食品　产品抽样准则

NY/T 2637　水果和蔬菜可溶性固形物含量的测定　折射仪法

NY/T 3011　芒果等级规格

3 术语和定义

NY/T 3011 界定的以及下列术语和定义适用于本文件。

3.1

果面缺陷　apparent defect

由自然或人为等因素导致的果实表面异常或损伤,包括物理机械损伤、病虫害斑、生理性病变等。

3.2

果肉缺陷　flesh defect

由自然或人为等因素导致的果肉性状改变,包括异常水分、颜色不均、病变等。

3.3

品质评价　quality evaluation

对芒果果面和果肉进行各项感官及理化指标评定。

4 要求

4.1 基本要求

所有进行品质评价的样品,应满足下列要求:

——果实发育正常,达到鲜食的成熟度;

——新鲜无裂果,整体无异味,无生理性病变等;

——单个果面缺陷的直径不超过 3 mm;

——无明显的机械伤,无寒害;

——无外部污染物或水分。

4.2 规格要求

应符合 NY/T 3011 的标准果(M)规定。

4.3 理化指标要求

应符合表1的规定。可溶性固形物按 NY/T 2637 的规定执行,总酸按 GB 12456 的规定执行。

表 1 理化指标

品种	理化指标	
	可溶性固形物,%	总酸(以苹果酸计),g/kg
台农 1 号	≥15.0	≤3.0
凯特	≥13.5	≤2.0
金煌	≥16.0	≤2.5
贵妃	≥15.5	≤1.5
桂热芒 82 号	≥17.0	≤4.5
帕拉英达	≥15.5	≤2.5
圣心	≥13.5	≤1.5
桂热芒 10 号	≥16.0	≤3.0
热农 1 号	≥13.0	≤1.0

4.4 抽样要求

按 NY/T 896 的规定执行。

4.5 品质评价基本要求

4.5.1 品质评价人员

4.5.1.1 身体健康,无感冒、鼻炎等症状,感觉器官(视觉、嗅觉、味觉)正常。个人卫生良好,无明显体味。

4.5.1.2 具备良好的职业道德,有一定的果品评价实践经验和相应的专业理论知识。

4.5.1.3 品质评价前一天不饮酒、不食用辛辣食物,品质评价前 1 h 不吸烟、不进食、不使用化妆品或其他有明显气味的用品。

4.5.1.4 品质评价期间,宜常用温开水漱口,保持味蕾的敏感性,应具有正常的生理状态,不能饥饿或过饱。

4.5.2 品质评价场所

应满足以下要求:

——由样品制备室和品质评价室组成,两者相互独立;

——自然光线应充足,或使用人造昼光标准光源;

——场所内色彩柔和,避免强对比色彩;

——干燥整洁,充分换气,避免有异味或残留气体的干扰;

——室温 20 ℃～25 ℃,无强噪声。

4.5.3 品质评价试验

4.5.3.1 由 5 位及以上品质评价人员组成品质评价小组开展品质评价试验。

4.5.3.2 应在 9:00—11:00 或 15:00—17:00 进行,每份样品品质评价前品质评价人员应用温开水漱口,把口中残留物去净。

4.5.3.3 品质评价时应保持环境安静,无干扰。各个品质评价人员独立评分,避免讨论。

4.6 操作要求

4.6.1 随机抽取 15 个果实,各个品质评价人员对全部果实依次进行果面和果肉评价评分。芒果果实常见缺陷图谱见附录 A,我国芒果主栽品种标准果实见附录 B。

4.6.2 通过目测法对果实外观评价评分之后,再通过目测法、鼻嗅法及品尝的方式对果肉进行评价评分。芒果果实品质评价相关表格见附录 C。

5 评价评分

5.1 果面质量

5.1.1 操作方法

观察整个果实的外观,估算病虫害斑点、机械伤等缺陷占据整个果面面积的百分比。

5.1.2　评分标准

满分为 20 分，根据缺陷面积的百分比进行评分，评分标准见表 2。

表 2　果面质量评分标准

序号	果面缺陷面积比例，%	评分
1	0～2	16～20
2	3～6	11～15
3	7～11	6～10
4	＞11	0～5

5.2　着色程度

5.2.1　操作方法

观察整个果实的外观，估算果面着色面积占据整个果面面积的百分比。

5.2.2　评分标准

满分为 10 分，根据果面着色面积的百分比进行评分，评分标准见表 3。

表 3　果面着色程度评分标准

序号	果面着色面积比例，%	评分
1	＞90	8～10
2	75～90	5～7
3	35～74	3～4
4	＜35	0～2

5.3　果肉质量

5.3.1　操作方法

对果实进行纵切，观察果肉呈现的色泽，目测是否存在异常水分、成熟度不一致、腐坏、空心等情况。

5.3.2　评分标准

满分为 20 分，根据果肉缺陷的存在情况进行评分，评分标准见表 4。

表 4　果肉质量评分标准

序号	果肉缺陷	评分
1	无	18～20
2	极少	15～17
3	少	8～14
4	明显	0～7

5.4　纤维含量

5.4.1　操作方法

通过目测法观察果肉中的纤维，估算纤维的含量。

5.4.2　评分标准

满分为 20 分，根据果肉的纤维含量进行评分，评分标准见表 5。

表 5　果肉纤维评分标准

序号	果肉纤维含量	评分
1	无	16～20
2	少	11～15
3	中等	5～10
4	多	0～4

5.5 气味

5.5.1 操作方法

用鼻嗅法对果肉的气味进行评价。品质评价人员鼻子距离果肉 3 cm～5 cm，持续鼻嗅 5 s～10 s。

5.5.2 评分标准

满分为 10 分，根据果肉气味进行评分，评分标准见表 6。

表 6　果肉气味评分标准

序号	果肉气味	评分
1	浓	8～10
2	中等	5～7
3	淡	3～4
4	无或异味	0～2

5.6 风味

5.6.1 操作方法

将果肉切成小块，由品质评价人员进行品尝，根据口感对果肉风味进行评价。

5.6.2 评分标准

满分为 20 分，根据果肉风味进行评分，评分标准见表 7。

表 7　果肉风味评分标准

序号	果肉风味	评分
1	清甜	16～20
2	浓甜	11～15
3	酸甜	5～10
4	酸	0～4

5.7 结果

5.7.1 分数的确定

5.7.1.1　分别将全部果实的果面质量、着色程度、果肉质量、纤维含量、气味、风味等得分计算平均分，计算结果取整数。

5.7.1.2　各项平均分之和作为该批样品的品质得分。

5.7.2 结果分计算

该批样品品质评价结果得分为各品质评价人员所得品质得分的算术平均值，计算结果取整数。

5.8 综合评价

根据 5.7.1.1 的各项平均分及 5.7.2 的结果分将芒果果实品质划分为 A、B 和 C 3 个等级。芒果品质各等级划分见表 8。

表 8　芒果品质等级划分表

品质等级	平均分	结果分
A	各项平均分不低于该项最大分值的 60%	≥85
B	各项平均分不低于该项最大分值的 40%	≥60，<85
C	/	<60

6　记录

根据品质评价过程和综合评价结果进行记录，应包括品种、样品数量、时间、地点、品质评价人员、单项品质评价得分、品质得分、综合评价结果（见附录 C）以及评价过程的影像资料。记录应真实、准确、规范，可追溯，至少保存 2 年。

附　录　A
（资料性）
芒果果实常见缺陷图谱

表A.1列出了芒果果实常见缺陷图谱。

表A.1　芒果果实常见缺陷图谱

缺陷	描述	典型图片
发育不正常	果实两侧发育不均匀导致的畸形	
裂果	果皮裂开	
软化	某个部位的果肉比其他部位成熟得更快,从而导致果实出现软化的症状	
病变	果实表面出现黑色斑点,严重可导致果肉变质	

表 A.1（续）

缺陷	描述	典型图片
果肉腐坏	果实感染病菌导致果肉腐烂变质	
空心	果实内部空心	
机械伤	物理因素导致果实表面的划伤、戳伤等	
寒害	果实环境温度过低导致的果皮果肉变质	
采收成熟度不合理	果实过早采收，无法后熟	

附 录 B

（资料性）

我国芒果主栽品种标准果实图谱

表 B.1 列出了我国芒果主栽品种标准果实图谱。

表 B.1 我国芒果主栽品种标准果实图谱

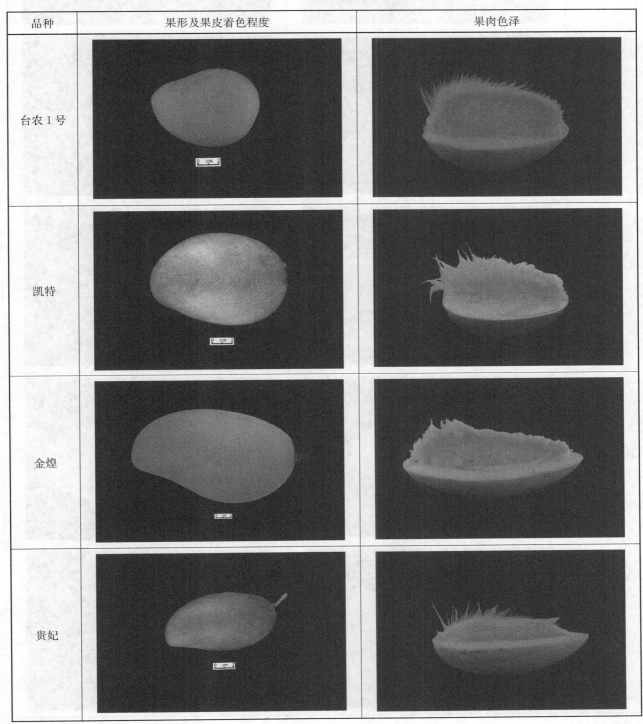

品种	果形及果皮着色程度	果肉色泽
台农 1 号		
凯特		
金煌		
贵妃		

表 B.1（续）

品种	果形及果皮着色程度	果肉色泽
桂热芒 82 号	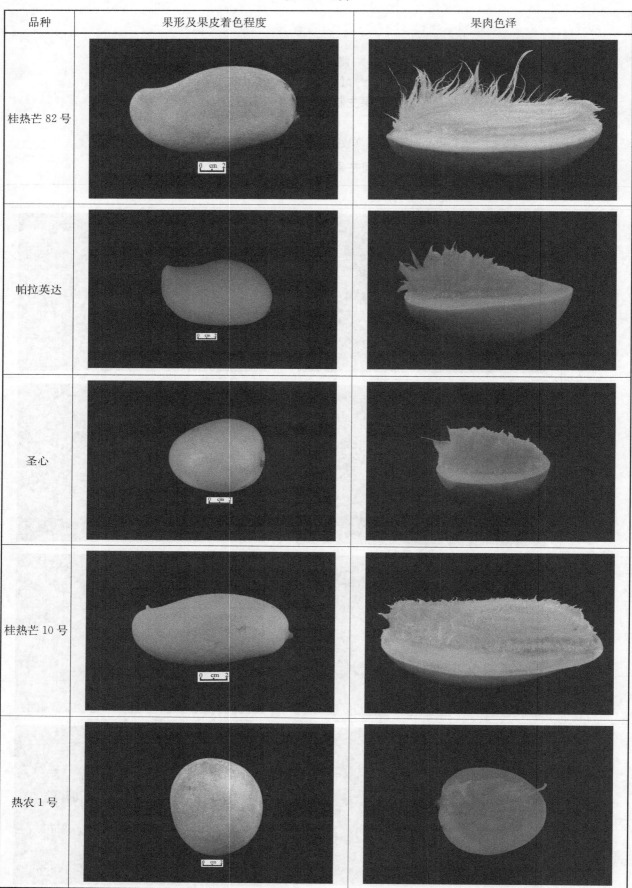	
帕拉英达		
圣心		
桂热芒 10 号		
热农 1 号		

附 录 C
（资料性）
芒果果实品质评价相关表格

表 C.1 和表 C.2 为芒果果实品质评价相关表格。

表 C.1 芒果品质评价评分

品质评价日期：			品质评价场所：			
品种名称：			样品总数：			

样品编号	果面评价		果肉评价			
	果面缺陷 （0分～20分）	着色程度 （0分～10分）	果肉缺陷 （0分～20分）	纤维含量 （0分～20分）	气味 （0分～10分）	风味 （0分～20分）
平均分						
品质得分：						
备注：						

品质评价人：

年　　月　　日

表 C.2 芒果品质评价汇总

样品编号：

品质评价人	平均分						品质得分
	果面缺陷	着色程度	果肉缺陷	纤维含量	气味	风味	
结果分							

　　该批芒果样品的果实品质评价结果分为_____分，划分为_____级。

　　品质评价小组成员签字：

年　　月　　日

ICS 65.020.01
CCS B 04

中华人民共和国农业行业标准

NY/T 4417—2023

大蒜营养品质评价技术规范

Technical specification for evaluation of garlic nutritional quality

2023-12-22 发布

2024-05-01 实施

中华人民共和国农业农村部 发布

前　言

本文件按照 GB/T 1.1—2020《标准化工作导则　第 1 部分:标准化文件的结构和起草规则》的规定起草。

请注意本文件的某些内容可能涉及专利。本文件的发布机构不承担识别专利的责任。

本文件由农业农村部农产品质量安全监管司提出。

本文件由农业农村部农产品质量安全中心归口。

本文件起草单位:山东省农业科学院农业质量标准与检测技术研究所、中国农业科学院农业质量标准与检测技术研究所。

本文件主要起草人:刘平香、钱永忠、翁瑞、王玉涛、邱静、张潇、赵玉华、高瑞、毕京秀、江育荧。

大蒜营养品质评价技术规范

1 范围

本文件规定了大蒜鳞茎营养品质评价技术规范，包括术语与定义、取样、检测和评价的相关要求，并描述了结论记录等相应的证实方法。

本文件适用于大蒜鳞茎特征营养成分含量的评价。

2 规范性引用文件

下列文件中的内容通过文中的规范性引用而构成本文件必不可少的条款。其中，注日期的引用文件，仅该日期对应的版本适用于本文件；不注日期的引用文件，其最新版本（包括所有的修改单）适用于本文件。

GB/T 12729.2 香辛料和调味品 取样方法

GB/T 24700 大蒜 冷藏

GB/Z 26578 大蒜生产技术规范

NY/T 2103 蔬菜抽样技术规范

NY/T 2643 大蒜及制品中蒜素的测定 高效液相色谱法

NY/T 3871 大蒜中蒜氨酸的测定 高效液相色谱法

SB/T 10882 大蒜流通规范

3 术语和定义

GB/T 12729.2 界定的以及下列术语和定义适用于本文件。

3.1

蒜氨酸 alliin

大蒜等葱属植物中特有的非蛋白类含硫氨基酸。

注1：蒜氨酸是大蒜中重要的风味前体物质。

注2：学名为 S-烯丙基-L-半胱氨酸亚砜，分子式为 $C_6H_{11}NO_3S$，CAS 号为 556-27-4。

3.2

大蒜素 allicin

由蒜氨酸经蒜氨酸酶（EC 4.4.1.4）催化生成的具有大蒜辛辣味的有机硫化合物。

注1：大蒜素是大蒜中重要的风味物质。

注2：学名为二烯丙基硫代亚磺酸酯，分子式为 $C_6H_{10}OS_2$，CAS 号为 539-86-6。

4 取样

4.1 原始样品采集

对田间大蒜产品，按照 GB/Z 26578 进行大蒜样品的采收，按照 NY/T 2103 确定取样点数量、每点取样量及每个取样点的面积。

对包装或散装的大蒜产品，应从批量货物的不同位置和不同层次进行随机取样，取样件数或取样量见表1。

表 1 大蒜样品取样件数或取样量

批量大蒜包装总件数或总重量，件或 kg	抽检大蒜件数或重量，件或 kg
≤5	全部抽取

表 1（续）

批量大蒜包装总件数或总重量,件或 kg	抽检大蒜件数或重量,件或 kg
6～50	5
51～100	总量的 10%
≥100	总量的算术平方根
注:抽检大蒜件数或重量四舍五入取整数。	

4.2 原始样品混合

将抽取的全部大蒜鳞茎样品混合均匀,获得混合样品。

4.3 实验室样品抽取

实验室样品的取样数量应按照检测项目所需样品量的 3 倍从混合样品中抽取,其中 1 份做检验、2 份作备样,需要复检时从备样中抽取。每份实验室样品不低于 1 kg。

4.4 实验室样品的预处理、储存和运送

实验室样品应为风干后处于生理休眠期的样品,新采收的大蒜样品需要在室外阴凉通风处风干 14 d～20 d 后检验或储存,大蒜实验室样品需在常温避光通风处储存,一般大蒜采收后可储存 1 个～3 个月,确保未发生失水软化和萌芽;需要长期储存的样品,应采用冷库储存,入库方式和冷库储藏条件按照 GB/T 24700 的规定执行,一般可储存 6 个月～8 个月。

用于分析的实验室样品应尽快送达实验室,需长途运输的,按照 SB/T 10882 中的运输方式进行运输,运输过程中应采取措施保证样品完整无损、新鲜不变质,注意防潮、防冻、防热、防晒、防脱水、防污染。

在取样及运输过程中应轻拿轻放,避免大蒜组织破损造成的营养品质改变;从冷库中取出的实验室样品应在 5 d 内完成处理,避免大蒜发芽和脱水。

5 检测

5.1 蒜氨酸

按照 NY/T 3871 测定蒜氨酸含量。

5.2 大蒜素

按照 NY/T 2643 测定大蒜素含量,在样品前处理及检测过程中温度应控制在 25 ℃以下,室温较高时可采用 4 ℃预冷水进行提取,并尽快完成样品前处理和检测。

6 评价

6.1 蒜氨酸含量评价

根据表 2 评价蒜氨酸含量水平的高低。

表 2 大蒜中蒜氨酸含量水平评价要求

序号	蒜氨酸含量(以干重计),%	评价
1	<2.0	较低
2	2.0～3.0	中等
3	>3.0	较高

6.2 大蒜素含量评价

根据表 3 评价大蒜素含量水平的高低。

表 3 大蒜中大蒜素含量水平评价要求

序号	大蒜素含量(以干重计),%	评价
1	<1.0	较低
2	1.0～1.5	中等
3	>1.5	较高

7 结论记录

根据第 5 章中的检测结果，对照第 6 章中蒜氨酸和大蒜素含量水平的评价要求，对大蒜的特征营养成分含量水平进行描述，参照附录 A 形成大蒜营养品质评价结论记录。

附 录 A
（资料性）
大蒜营养品质评价结论

大蒜营养品质评价结论记录见表 A.1。

表 A.1 大蒜营养品质评价结论

样品编号： 样品名称：

特征营养成分	含量（以干重计），%	较低	中等	较高
蒜氨酸				
大蒜素				

注：含量结果保留 2 位有效数字；评价结果在相应位置打"√"。

结论：经评价，该大蒜样品蒜氨酸含量_____，大蒜素含量_____。
示例：
结论：经评价，该大蒜样品蒜氨酸含量__较高__，大蒜素含量__中等__。

ICS 27.140
CCS B 04

中华人民共和国农业行业标准

NY/T 4420—2023

农作物生产水足迹评价技术规范

Technical specification of water footprint assessment in crop production

2023-12-22 发布

2024-05-01 实施

中华人民共和国农业农村部 发布

前　言

本文件按照 GB/T 1.1—2020《标准化工作导则　第 1 部分：标准化文件的结构和起草规则》的规定起草。

请注意本文件的某些内容可能涉及专利。本文件的发布机构不承担识别专利的责任。

本文件由农业农村部种植业管理司提出并归口。

本文件起草单位：西北农林科技大学、中国科学院水利部水土保持研究所、国家节水灌溉杨凌工程技术研究中心、河海大学。

本文件主要起草人：吴普特、卓拉、高学睿、王玉宝、赵西宁、孙世坤、操信春、刘静、栾晓波、黄红荣、刘艺琳、韩昕雪琦、安婷莉、林历星。

农作物生产水足迹评价技术规范

1 范围

本文件确立了农作物生产水足迹的评价原则、评价程序和计算方法。

本文件适用于田块、灌区及区域尺度灌溉或雨养条件下农作物生产水足迹的定量评价。

2 规范性引用文件

本文件没有规范性引用文件。

3 术语和定义

下列术语和定义适用于本文件。

3.1

农作物生产水足迹 water footprint of crop production

满足农作物生长及水环境需求的水量。可分为蓝水足迹、绿水足迹和灰水足迹。

[来源：NY/T 4441—2023，3.7]

3.2

农作物生产绿水足迹 green water footprint of crop production

农作物在生育期内消耗的绿水量。

3.3

农作物生产蓝水足迹 blue water footprint of crop production

农作物在生育期内消耗的蓝水量。

3.4

农作物生产灰水足迹 grey water footprint of crop production

将农作物在生育期内产生的灰水稀释至相关水质标准所需的水量。

4 评价原则

坚持客观、科学、可追溯和结果合理可靠的评价原则。

5 评价程序

5.1 确定系统边界和评价内容

农作物生产水足迹评价系统边界应至少包括农作物生育期。

农作物生产水足迹评价内容依据评价的农作物种植类型、空间尺度及评价目标确定。

5.1.1 灌溉农作物生产水足迹评价内容

灌溉条件下，农作物生产水足迹评价内容宜包括蓝水足迹和绿水足迹。

5.1.2 雨养农作物生产水足迹评价内容

雨养条件下，农作物生产水足迹评价内容为绿水足迹。

5.2 基础资料收集

5.2.1 气象资料

宜采用在农作物种植区域的或离田地最近、最具代表性的气象观测站的气象资料；包括降水量、最高温度、最低温度、相对湿度、风速、日照时数等。常见的资料来源包括国家气象科学数据中心和区域气象站点观测数据等。若无符合目标评价尺度的数据，可用相邻地理单元的可获取数据替代。

5.2.2 土壤资料

包括土壤类型、土壤质地、耕层厚度、土壤容重、田间持水量、土壤含水量等。资料可来源于实地测量、行业统计数据或相关的调研与研究文献。

5.2.3 农作物生产资料

包括农作物品种、播种面积、种植密度、叶面积指数、播种日期、生育期、收获日期、收获指数及农作物单位面积产量等。资料可来源于行业统计数据或相关的调研与研究文献。

5.2.4 灌溉资料

包括灌溉定额、灌溉制度、灌溉水利用系数等。评价空间单元为灌区时,另需收集灌区资料,包括灌排工程体系布局图、灌排渠系类型、灌溉输水量、排水量等。资料可来源于行业统计数据或相关的调研与研究文献。

5.3 评价内容计算

具体步骤和方法按照第 6 章的规定执行。

5.4 评价结果不确定性分析

评价结果应执行不确定性分析。宜采用交互对比法、敏感性分析法或蒙特卡洛模拟法等。

5.5 评价报告

完成农作物生产水足迹评价之后,应出具评价报告。包括但不限于以下内容:
a) 评价对象和边界的选择理由、农业生境基本条件;
b) 农作物生产水足迹计算结果,包括其分布特征与基本结构;
c) 基于评价区农作物生产水平、生产条件及节水农业发展水平,科学论证农作物水足迹差异及其成因和影响因素;
d) 适宜可行的农作物生产水足迹调控建议。

6 计算方法

6.1 农作物生产绿水足迹

农作物生产绿水足迹,按公式(1)计算。

$$WF_g = 10 \cdot ET_g / Y \quad\cdots\cdots\cdots\cdots\cdots\cdots\cdots\cdots\cdots\cdots\cdots\cdots (1)$$

WF_g ——农作物生产绿水足迹的数值,单位为千克每立方米(m^3/kg);

ET_g ——农作物蒸发蒸腾量中的绿水部分的数值,单位为毫米(mm);

10 ——单位转化系数,将水足迹单位由深度(mm)转化为体积(m^3/hm^2);

Y ——农作物单位面积产量的数值,单位为千克每公顷(kg/hm^2)。

其中,可根据基础资料获取情况、评价内容的时间步长选取 ET_g 的计算方法。

6.1.1 基于农作物需水量的 ET_g 计算方法

基础资料获取有限、评价时间尺度以年为单位,宜采用基于农作物需水量的计算方法,按公式(2)计算。

$$ET_g = \min(ET_c, P_e) \quad\cdots\cdots\cdots\cdots\cdots\cdots\cdots\cdots\cdots\cdots\cdots (2)$$

ET_c ——农作物需水量的数值,单位为毫米(mm);

P_e ——农作物生育期内有效降水量的数值,单位为毫米(mm)。

公式(2)中 ET_c 按公式(3)计算。

$$ET_c = K_c \times ET_0 \quad\cdots\cdots\cdots\cdots\cdots\cdots\cdots\cdots\cdots\cdots\cdots (3)$$

K_c ——农作物系数;

ET_0 ——参考农作物蒸发蒸腾量的数值,单位为毫米(mm)。

6.1.2 基于土壤水分动态平衡的 ET_g 计算方法

评价时间尺度以天为单位,宜选取基于土壤水分动态平衡的计算方法,按公式(4)计算。

$$ET_g = \sum_t \left(ET_{(t)} \cdot \frac{S_{g(t-1)}}{S_{(t-1)}} \right) \quad\cdots\cdots\cdots\cdots\cdots\cdots\cdots (4)$$

$ET_{(t)}$ ——农作物生长期第 t 天农作物蒸发蒸腾量的数值,单位为毫米(mm);

$S_{g(t-1)}$ ——农作物生长期第 $t-1$ 天农作物有效根系土层土壤水中的绿水量的数值,单位为毫米 (mm),参考公式(5)计算;

$S_{(t-1)}$ ——农作物生长期第 $t-1$ 天农作物有效根系土层土壤含水量的数值,单位为毫米(mm)。

$$S_{g(t)} = S_{g(t-1)} + P_{(t)} - \frac{R_{(t)} \cdot P_{(t)}}{(P_{(t)} + I_{(t)})} - (DP_{(t)} + ET_{(t)}) \times \frac{S_{g(t-1)}}{S_{(t-1)}} \quad\text{……………………}(5)$$

$S_{g(t)}$ ——农作物生长期第 t 天农作物有效根系土层土壤水中的绿水量的数值,单位为毫米(mm);

$P_{(t)}$ ——农作物生长期第 t 天降水量的数值,单位为毫米(mm);

$I_{(t)}$ ——农作物生长期第 t 天灌溉水量的数值,单位为毫米(mm);

$R_{(t)}$ ——农作物生长期第 t 天地表径流量的数值,单位为毫米(mm);

$DP_{(t)}$ ——农作物生长期第 t 天土壤深层渗漏量的数值,单位为毫米(mm);

$ET_{(t)}$ ——农作物生长期第 t 天农作物蒸发蒸腾量的数值,单位为毫米(mm)。

6.2 农作物生产蓝水足迹

农作物生产蓝水足迹,按公式(6)计算。

$$WF_b = 10 \cdot ET_b / Y \quad\text{………………………………}(6)$$

WF_b ——农作物田间生产蓝水足迹的数值,单位为立方米每千克(m^3/kg);

ET_b ——农作物蒸发蒸腾量中来自灌溉水的部分的数值,单位为毫米(mm);

10 ——单位转化系数,将水足迹单位由深度(mm)转化为体积(m^3/hm^2);

Y ——农作物单位面积产量的数值,单位为千克每公顷(kg/hm^2)。

6.2.1 基于作物需水量的 ET_b 计算方法

基础资料获取有限、评价时间尺度以年为单位,宜采用基于作物需水量的计算方法,按公式(7)计算。

$$ET_b = \max(0, ET_c - P_e) \quad\text{…………………………}(7)$$

ET_b ——农作物耗水量中来自灌溉水部分的数值,单位为毫米(mm);

ET_c ——农作物需水量的数值,单位为毫米(mm),参考公式(3)计算;

P_e ——农作物生育期内有效降水量的数值,单位为毫米(mm)。

6.2.2 基于土壤水分动态平衡的 ET_b 计算方法

评价时间尺度以天为单位,宜选取基于土壤水分动态平衡的计算方法,按公式(8)计算。

$$ET_b = \sum_t \left(ET_{(t)} \cdot \frac{S_{b(t-1)}}{S_{(t-1)}} \right) \quad\text{………………………}(8)$$

$ET_{(t)}$ ——农作物生长期第 t 天作物蒸发蒸腾量的数值,单位为毫米(mm);

$S_{b(t-1)}$ ——农作物生长期第 $t-1$ 天有效根系土层土壤水中的蓝水量的数值,单位为毫米(mm),参考公式(9)计算;

$S_{(t-1)}$ ——农作物生长期第 $t-1$ 天有效根系土层土壤含水量的数值,单位为毫米(mm)。

$$S_{b(t)} = S_{b(t-1)} + I_{(t)} - \frac{I_{(t)} \cdot P_{(t)}}{(P_{(t)} + I_{(t)})} - (DP_{(t)} + ET_{(t)}) \times \frac{S_{b(t-1)}}{S_{(t-1)}} \quad\text{……………}(9)$$

$S_{b(t)}$ ——农作物生长期第 t 天有效根系土层土壤水中的蓝水量的数值,单位为毫米(mm);

$P_{(t)}$ ——农作物生长期第 t 天降水量的数值,单位为毫米(mm);

$I_{(t)}$ ——农作物生长期第 t 天灌溉水量的数值,单位为毫米(mm);

$R_{(t)}$ ——农作物生长期第 t 天地表径流量的数值,单位为毫米(mm);

$DP_{(t)}$ ——农作物生长期第 t 天土壤深层渗漏量的数值,单位为毫米(mm);

$ET_{(t)}$ ——农作物生长期第 t 天作物蒸发蒸腾量的数值,单位为毫米(mm)。

参　考　文　献

[1]　NY/T 4441—2023　农业生产水足迹　术语

ICS 01.040.65
CCS B 04

中华人民共和国农业行业标准

NY/T 4441—2023

农业生产水足迹 术语

Terminology for water footprint in agricultural production

2023-12-22 发布

2024-05-01 实施

中华人民共和国农业农村部 发布

NY/T 4441—2023

前　言

本文件按照 GB/T 1.1—2020《标准化工作导则　第 1 部分：标准化文件的结构和起草规则》的规定起草。

请注意本文件的某些内容可能涉及专利。本文件的发布机构不承担识别专利的责任。

本文件由农业农村部种植业管理司提出并归口。

本文件起草单位：西北农林科技大学、中国科学院水利部水土保持研究所、国家节水灌溉杨凌工程技术研究中心。

本文件主要起草人：吴普特、卓拉、高学睿、栗萌、黄红荣、姬祥祥。

农业生产水足迹 术语

1 范围

本文件界定了农业生产水足迹的相关术语和定义。

本文件适用于农业生产水足迹科研、教学、认证认可和管理等。

2 规范性引用文件

本文件没有规范性引用文件。

3 术语和定义

下列术语和定义适用于本文件。

3.1

蓝水 blue water

储存于河流、地下含水层、水库和湖泊中的水。

3.2

绿水 green water

由降水渗入土壤而产生、可以被植物吸收利用的水。

3.3

灰水 grey water

人类活动产生的污水。

3.4

蓝水足迹 blue water footprint

生产产品或服务所消耗的蓝水量。

3.5

绿水足迹 green water footprint

生产产品或服务所消耗的绿水量。

3.6

灰水足迹 grey water footprint

将生产产品或服务所产生的灰水稀释至相关水质标准所需的水量。

3.7

农作物生产水足迹 water footprint of crop production

满足农作物生长及水环境需求的水量。可分为蓝水足迹、绿水足迹和灰水足迹。

3.8

牲畜养殖水足迹 water footprint of livestock

满足牲畜饮水、养殖场运营,以及饲料作物生产及水环境需求的水量总和。可分为蓝水足迹、绿水足迹和灰水足迹。

3.9

旱作农业 dry land farm

主要依靠自然降水进行生产的农业,也称为雨养农业。

[来源:NY/T 2625—2014,2.2]

3.10

灌溉农业　irrigation farm

具备灌溉条件,综合利用自然降水和灌溉水从事生产的农业。

［来源:NY/T 2625—2014,2.3］

3.11

有效降雨　effective rainfall

降水量减去地表径流量及作物无法利用的深层渗漏水量。

［来源:SL 56—2013,4.2.1.15］

3.12

灌区　irrigation district;irrigation region

具有一定保证率的水源,有统一的管理主体,由完整的灌溉排水工程系统控制及其保护的区域。

［来源:SL 56—2013,3.1.7］

3.13

有效灌溉面积　effective irrigation area

耕地上灌溉工程设施基本配套,且水源具有一定保证率的可以灌溉的面积,也称耕地灌溉面积。

3.14

参考作物蒸发蒸腾量　reference crop evapotranspiration

一种假想参照作物冠层的蒸发蒸腾量。假想作物的高度为 0.12 m,固定的叶面阻力为 70 s/m,反射率为 0.23,非常类似于表面开阔、高度一致、生长旺盛、完全遮盖地面又不缺水的绿色草地的蒸发蒸腾量,又称参照作物需水量。

［来源:SL 56—2013,4.1.3.3］

3.15

农业用水量　agricultural water use

耕地、林地、园地、牧草地灌溉用水,以及鱼塘补水、牲畜养殖的用水量。

3.16

虚拟水　virtual water

生产单位产量产品过程中消耗的水量,可涵盖整个供应链。

3.17

灌溉制度　irrigation schedule

按作物需水要求和不同灌水方法制定的灌水次数、每次灌水的灌水时间、灌水定额及灌溉定额的总称。

［来源:GB/T 30943—2014,5.3.22］

3.18

灌溉定额　irrigation amount in whole season

作物播种前及全生育期单位面积的总灌水量。

［来源:SL 56—2013,4.2.1.3］

3.19

土壤含水量　soil water content

105 ℃烘干至恒重时失去的水量,以单位质量干土中水的质量或单位土壤总容积中水的容积表示。

［来源:GB/T 50095—2014,2.13.5］

3.20

作物需水量　crop water requirement

作物正常生长时的蒸发蒸腾量与构成植株体的水量之和。由于后者与前者相比甚小,实际应用中常以正常生长的作物蒸发蒸腾量代替作物需水量。

［来源:SL 56—2013,4.1.3.5］

3.21

作物系数 crop coefficient

充分供水条件下,实际作物蒸发蒸腾量与参考作物蒸发蒸腾量的比值。

[来源:SL 56—2013,4.1.3.10]

3.22

水足迹认证 water footprint certification

以产品为链条,关注产品生产过程中的水足迹是否高效和可持续,并给予书面证明的程序。

3.23

水足迹基准 water footprint benchmark

为了减少产品生产过程的水足迹,人为设置的产品水足迹目标参考值。

注:通常把水分生产力最高的10%或20%生产者的产品水足迹作为其基准值,或将当前可获取的最优技术生产的产品水足迹为基准。

3.24

低水足迹 low water footprint

与同类产品或者相同功能的产品相比,符合相关水效标准或要求的产品水足迹值。通常将低于水足迹基准的水足迹值认为是低水足迹。

参 考 文 献

[1] GB/T 30943—2014　水资源术语
[2] GB/T 50095—2014　水文基本术语和符号标准
[3] NY/T 2625—2014　节水农业技术规范　总则
[4] SL 56—2013　农村水利技术术语

索　引
汉语拼音索引

Y

Z

英文对应词索引

W

附录

中华人民共和国农业农村部公告
第 651 号

　　《农作物种质资源库操作技术规程　种质圃》等 96 项标准业经专家审定通过,现批准发布为中华人民共和国农业行业标准,自 2023 年 6 月 1 日起实施。标准编号和名称见附件。该批标准文本由中国农业出版社出版,可于发布之日起 2 个月后在中国农产品质量安全网(http://www.aqsc.org)查阅。

　　特此公告。

　　附件:《农作物种质资源库操作技术规程　种质圃》等 96 项农业行业标准目录

农业农村部
2023 年 2 月 17 日

附件

《农作物种质资源库操作技术规程 种质圃》等96项农业行业标准目录

序号	标准号	标准名称	代替标准号
1	NY/T 4263—2023	农作物种质资源库操作技术规程 种质圃	
2	NY/T 4264—2023	香露兜 种苗	
3	NY/T 1991—2023	食用植物油料与产品 名词术语	NY/T 1991—2011
4	NY/T 4265—2023	樱桃番茄	
5	NY/T 4266—2023	草果	
6	NY/T 706—2023	加工用芥菜	NY/T 706—2003
7	NY/T 4267—2023	刺梨汁	
8	NY/T 873—2023	菠萝汁	NY/T 873—2004
9	NY/T 705—2023	葡萄干	NY/T 705—2003
10	NY/T 1049—2023	绿色食品 薯芋类蔬菜	NY/T 1049—2015
11	NY/T 1324—2023	绿色食品 芥菜类蔬菜	NY/T 1324—2015
12	NY/T 1325—2023	绿色食品 芽苗类蔬菜	NY/T 1325—2015
13	NY/T 1326—2023	绿色食品 多年生蔬菜	NY/T 1326—2015
14	NY/T 1405—2023	绿色食品 水生蔬菜	NY/T 1405—2015
15	NY/T 2984—2023	绿色食品 淀粉类蔬菜粉	NY/T 2984—2016
16	NY/T 418—2023	绿色食品 玉米及其制品	NY/T 418—2014
17	NY/T 895—2023	绿色食品 高粱及高粱米	NY/T 895—2015
18	NY/T 749—2023	绿色食品 食用菌	NY/T 749—2018
19	NY/T 437—2023	绿色食品 酱腌菜	NY/T 437—2012
20	NY/T 2799—2023	绿色食品 畜肉	NY/T 2799—2015
21	NY/T 274—2023	绿色食品 葡萄酒	NY/T 274—2014
22	NY/T 2109—2023	绿色食品 鱼类休闲食品	NY/T 2109—2011
23	NY/T 4268—2023	绿色食品 冲调类方便食品	
24	NY/T 392—2023	绿色食品 食品添加剂使用准则	NY/T 392—2013
25	NY/T 471—2023	绿色食品 饲料及饲料添加剂使用准则	NY/T 471—2018
26	NY/T 116—2023	饲料原料 稻谷	NY/T 116—1989
27	NY/T 130—2023	饲料原料 大豆饼	NY/T 130—1989
28	NY/T 211—2023	饲料原料 小麦次粉	NY/T 211—1992
29	NY/T 216—2023	饲料原料 亚麻籽饼	NY/T 216—1992
30	NY/T 4269—2023	饲料原料 膨化大豆	
31	NY/T 4270—2023	畜禽肉分割技术规程 鹅肉	
32	NY/T 4271—2023	畜禽屠宰操作规程 鹿	
33	NY/T 4272—2023	畜禽屠宰良好操作规范 兔	
34	NY/T 4273—2023	肉类热收缩包装技术规范	
35	NY/T 3357—2023	畜禽屠宰加工设备 猪悬挂输送设备	NY/T 3357—2018
36	NY/T 3376—2023	畜禽屠宰加工设备 牛悬挂输送设备	NY/T 3376—2018
37	NY/T 4274—2023	畜禽屠宰加工设备 羊悬挂输送设备	
38	NY/T 4275—2023	糌粑生产技术规范	
39	NY/T 4276—2023	留胚米加工技术规范	

（续）

序号	标准号	标准名称	代替标准号
40	NY/T 4277—2023	剁椒加工技术规程	
41	NY/T 4278—2023	马铃薯馒头加工技术规范	
42	NY/T 4279—2023	洁蛋生产技术规程	
43	NY/T 4280—2023	食用蛋粉生产加工技术规程	
44	NY/T 4281—2023	畜禽骨肽加工技术规程	
45	NY/T 4282—2023	腊肠加工技术规范	
46	NY/T 4283—2023	花生加工适宜性评价技术规范	
47	NY/T 4284—2023	香菇采后储运技术规范	
48	NY/T 4285—2023	生鲜果品冷链物流技术规范	
49	NY/T 4286—2023	散粮集装箱保质运输技术规范	
50	NY/T 4287—2023	稻谷低温储存与保鲜流通技术规范	
51	NY/T 4288—2023	苹果生产全程质量控制技术规范	
52	NY/T 4289—2023	芒果良好农业规范	
53	NY/T 4290—2023	生牛乳中 β-内酰胺类兽药残留控制技术规范	
54	NY/T 4291—2023	生乳中铅的控制技术规范	
55	NY/T 4292—2023	生牛乳中体细胞数控制技术规范	
56	NY/T 4293—2023	奶牛养殖场生乳中病原微生物风险评估技术规范	
57	NY/T 4294—2023	挤压膨化固态宠物（犬、猫）饲料生产质量控制技术规范	
58	NY/T 4295—2023	退化草地改良技术规范 高寒草地	
59	NY/T 4296—2023	特种胶园生产技术规范	
60	NY/T 4297—2023	沼肥施用技术规范 设施蔬菜	
61	NY/T 4298—2023	气候智慧型农业 小麦-水稻生产技术规范	
62	NY/T 4299—2023	气候智慧型农业 小麦-玉米生产技术规范	
63	NY/T 4300—2023	气候智慧型农业 作物生产固碳减排监测与核算规范	
64	NY/T 4301—2023	热带作物病虫害监测技术规程 橡胶树六点始叶螨	
65	NY/T 4302—2023	动物疫病诊断实验室档案管理规范	
66	NY/T 537—2023	猪传染性胸膜肺炎诊断技术	NY/T 537—2002
67	NY/T 540—2023	鸡病毒性关节炎诊断技术	NY/T 540—2002
68	NY/T 545—2023	猪痢疾诊断技术	NY/T 545—2002
69	NY/T 554—2023	鸭甲型病毒性肝炎 1 型和 3 型诊断技术	NY/T 554—2002
70	NY/T 4303—2023	动物盖塔病毒感染诊断技术	
71	NY/T 4304—2023	牦牛常见寄生虫病防治技术规范	
72	NY/T 4305—2023	植物油中 2,6-二甲氧基-4-乙烯基苯酚的测定 高效液相色谱法	
73	NY/T 4306—2023	木瓜、菠萝蛋白酶活性的测定 紫外分光光度法	
74	NY/T 4307—2023	葛根中黄酮类化合物的测定 高效液相色谱-串联质谱法	
75	NY/T 4308—2023	肉用青年种公牛后裔测定技术规范	
76	NY/T 4309—2023	羊毛纤维卷曲性能试验方法	
77	NY/T 4310—2023	饲料中吡啶甲酸铬的测定 高效液相色谱法	
78	SC/T 9441—2023	水产养殖环境（水体、底泥）中孔雀石绿、结晶紫及其代谢物残留量的测定 液相色谱-串联质谱法	
79	NY/T 4311—2023	动物骨中多糖含量的测定 液相色谱法	
80	NY/T 1121.9—2023	土壤检测 第9部分：土壤有效钼的测定	NY/T 1121.9—2012

（续）

序号	标准号	标准名称	代替标准号
81	NY/T 1121.14—2023	土壤检测　第14部分：土壤有效硫的测定	NY/T 1121.14—2006
82	NY/T 4312—2023	保护地连作障碍土壤治理　强还原处理法	
83	NY/T 4313—2023	沼液中砷、镉、铅、铬、铜、锌元素含量的测定　微波消解-电感耦合等离子体质谱法	
84	NY/T 4314—2023	设施农业用地遥感监测技术规范	
85	NY/T 4315—2023	秸秆捆烧锅炉清洁供暖工程设计规范	
86	NY/T 4316—2023	分体式温室太阳能储放热利用设施设计规范	
87	NY/T 4317—2023	温室热气联供系统设计规范	
88	NY/T 682—2023	畜禽场场区设计技术规范	NY/T 682—2003
89	NY/T 4318—2023	兔屠宰与分割车间设计规范	
90	NY/T 4319—2023	洗消中心建设规范	
91	NY/T 4320—2023	水产品产地批发市场建设规范	
92	NY/T 4321—2023	多层立体规模化猪场建设规范	
93	NY/T 4322—2023	县域年度耕地质量等级变更调查评价技术规程	
94	NY/T 4323—2023	闲置宅基地复垦技术规范	
95	NY/T 4324—2023	渔业信息资源分类与编码	
96	NY/T 4325—2023	农业农村地理信息服务接口要求	

中华人民共和国农业农村部公告
第 664 号

《畜禽品种(配套系) 澳洲白羊种羊》等 74 项标准业经专家审定通过,现批准发布为中华人民共和国农业行业标准,自 2023 年 8 月 1 日起实施。标准编号和名称见附件。该批标准文本由中国农业出版社出版,可于发布之日起 2 个月后在中国农产品质量安全网(http://www.aqsc.org)查阅。

特此公告。

附件:《畜禽品种(配套系) 澳洲白羊种羊》等 74 项农业行业标准目录

农业农村部
2023 年 4 月 11 日

附件

《畜禽品种(配套系) 澳洲白羊种羊》等74项农业行业标准目录

序号	标准号	标准名称	代替标准号
1	NY/T 4326—2023	畜禽品种(配套系) 澳洲白羊种羊	
2	SC/T 1168—2023	鳊	
3	SC/T 1169—2023	西太公鱼	
4	SC/T 1170—2023	梭鲈	
5	SC/T 1171—2023	斑鳜	
6	SC/T 1172—2023	黑脊倒刺鲃	
7	NY/T 4327—2023	茭白生产全程质量控制技术规范	
8	NY/T 4328—2023	牛蛙生产全程质量控制技术规范	
9	NY/T 4329—2023	叶酸生物营养强化鸡蛋生产技术规程	
10	SC/T 1135.8—2023	稻渔综合种养技术规范 第8部分:稻鲤(平原型)	
11	SC/T 1174—2023	乌鳢人工繁育技术规范	
12	SC/T 4018—2023	海水养殖围栏术语、分类与标记	
13	SC/T 6106—2023	鱼类养殖精准投饲系统通用技术要求	
14	SC/T 9443—2023	放流鱼类物理标记技术规程	
15	NY/T 4330—2023	辣椒制品分类及术语	
16	NY/T 4331—2023	加工用辣椒原料通用要求	
17	NY/T 4332—2023	木薯粉加工技术规范	
18	NY/T 4333—2023	脱水黄花菜加工技术规范	
19	NY/T 4334—2023	速冻西蓝花加工技术规程	
20	NY/T 4335—2023	根茎类蔬菜加工预处理技术规范	
21	NY/T 4336—2023	脱水双孢蘑菇产品分级与检验规程	
22	NY/T 4337—2023	果蔬汁(浆)及其饮料超高压加工技术规范	
23	NY/T 4338—2023	苜蓿干草调制技术规范	
24	SC/T 3058—2023	金枪鱼冷藏、冻藏操作规程	
25	SC/T 3059—2023	海捕虾船上冷藏、冻藏操作规程	
26	SC/T 3061—2023	冻虾加工技术规程	
27	NY/T 4339—2023	铁生物营养强化小麦	
28	NY/T 4340—2023	锌生物营养强化小麦	
29	NY/T 4341—2023	叶酸生物营养强化玉米	
30	NY/T 4342—2023	叶酸生物营养强化鸡蛋	
31	NY/T 4343—2023	黑果枸杞等级规格	
32	NY/T 4344—2023	羊肚菌等级规格	
33	NY/T 4345—2023	猴头菇干品等级规格	
34	NY/T 4346—2023	榆黄蘑等级规格	
35	NY/T 2316—2023	苹果品质评价技术规范	NY/T 2316—2013
36	NY/T 129—2023	饲料原料 棉籽饼	NY/T 129—1989
37	NY/T 4347—2023	饲料添加剂 丁酸梭菌	
38	NY/T 4348—2023	混合型饲料添加剂 抗氧化剂通用要求	
39	SC/T 2001—2023	卤虫卵	SC/T 2001—2006

（续）

序号	标准号	标准名称	代替标准号
40	NY/T 4349—2023	耕地投入品安全性监测评价通则	
41	NY/T 4350—2023	大米中 2-乙酰基-1-吡咯啉的测定　气相色谱-串联质谱法	
42	NY/T 4351—2023	大蒜及其制品中水溶性有机硫化合物的测定　液相色谱-串联质谱法	
43	NY/T 4352—2023	浆果类水果中花青苷的测定　高效液相色谱法	
44	NY/T 4353—2023	蔬菜中甲基硒代半胱氨酸、硒代蛋氨酸和硒代半胱氨酸的测定　液相色谱-串联质谱法	
45	NY/T 1676—2023	食用菌中粗多糖的测定　分光光度法	NY/T 1676—2008
46	NY/T 4354—2023	禽蛋中卵磷脂的测定　高效液相色谱法	
47	NY/T 4355—2023	农产品及其制品中嘌呤的测定　高效液相色谱法	
48	NY/T 4356—2023	植物源性食品中甜菜碱的测定　高效液相色谱法	
49	NY/T 4357—2023	植物源性食品中叶绿素的测定　高效液相色谱法	
50	NY/T 4358—2023	植物源性食品中抗性淀粉的测定　分光光度法	
51	NY/T 4359—2023	饲料中 16 种多环芳烃的测定　气相色谱-质谱法	
52	NY/T 4360—2023	饲料中链霉素、双氢链霉素和卡那霉素的测定　液相色谱-串联质谱法	
53	NY/T 4361—2023	饲料添加剂　α-半乳糖苷酶活力的测定　分光光度法	
54	NY/T 4362—2023	饲料添加剂　角蛋白酶活力的测定　分光光度法	
55	NY/T 4363—2023	畜禽固体粪污中铜、锌、砷、铬、镉、铅、汞的测定　电感耦合等离子体质谱法	
56	NY/T 4364—2023	畜禽固体粪污中 139 种药物残留的测定　液相色谱-高分辨质谱法	
57	SC/T 3060—2023	鳕鱼品种的鉴定　实时荧光 PCR 法	
58	SC/T 9444—2023	水产养殖水体中氨氮的测定　气相分子吸收光谱法	
59	NY/T 4365—2023	蓖麻收获机　作业质量	
60	NY/T 4366—2023	撒肥机　作业质量	
61	NY/T 4367—2023	自走式植保机械　封闭驾驶室　质量评价技术规范	
62	NY/T 4368—2023	设施种植园区　水肥一体化灌溉系统设计规范	
63	NY/T 4369—2023	水肥一体机性能测试方法	
64	NY/T 4370—2023	农业遥感术语　种植业	
65	NY/T 4371—2023	大豆供需平衡表编制规范	
66	NY/T 4372—2023	食用油籽和食用植物油供需平衡表编制规范	
67	NY/T 4373—2023	面向主粮作物农情遥感监测田间植株样品采集与测量	
68	NY/T 4374—2023	农业机械远程服务与管理平台技术要求	
69	NY/T 4375—2023	一体化土壤水分自动监测仪技术要求	
70	NY/T 4376—2023	农业农村遥感监测数据库规范	
71	NY/T 4377—2023	农业遥感调查通用技术　农作物雹灾监测技术规范	
72	NY/T 4378—2023	农业遥感调查通用技术　农作物干旱监测技术规范	
73	NY/T 4379—2023	农业遥感调查通用技术　农作物倒伏监测技术规范	
74	NY/T 4380.1—2023	农业遥感调查通用技术　农作物估产监测技术规范　第 1 部分：马铃薯	

中华人民共和国农业农村部公告
第 738 号

  农业农村部批准《羊草干草》等 85 项中华人民共和国农业行业标准，自 2024 年 5 月 1 日起实施。标准编号和名称见附件。该批标准文本由中国农业出版社出版，可于发布之日起 2 个月后在农业农村部农产品质量安全中心网（http://www.aqsc.agri.cn）查阅。

  现予公告。

  附件:《羊草干草》等 85 项农业行业标准目录

农业农村部

2023 年 12 月 22 日

附件

《羊草干草》等 85 项农业行业标准目录

序号	标准号	标准名称	代替标准号
1	NY/T 4381—2023	羊草干草	
2	NY/T 4382—2023	加工用红枣	
3	NY/T 4383—2023	氨氯吡啶酸原药	
4	NY/T 4384—2023	氨氯吡啶酸可溶液剂	
5	NY/T 4385—2023	苯醚甲环唑原药	HG/T 4460—2012
6	NY/T 4386—2023	苯醚甲环唑乳油	HG/T 4461—2012
7	NY/T 4387—2023	苯醚甲环唑微乳剂	HG/T 4462—2012
8	NY/T 4388—2023	苯醚甲环唑水分散粒剂	HG/T 4463—2012
9	NY/T 4389—2023	丙炔氟草胺原药	
10	NY/T 4390—2023	丙炔氟草胺可湿性粉剂	
11	NY/T 4391—2023	代森联原药	
12	NY/T 4392—2023	代森联水分散粒剂	
13	NY/T 4393—2023	代森联可湿性粉剂	
14	NY/T 4394—2023	代森锰锌·霜脲氰可湿性粉剂	HG/T 3884—2006
15	NY/T 4395—2023	氟虫腈原药	
16	NY/T 4396—2023	氟虫腈悬浮剂	
17	NY/T 4397—2023	氟虫腈种子处理悬浮剂	
18	NY/T 4398—2023	氟啶虫酰胺原药	
19	NY/T 4399—2023	氟啶虫酰胺悬浮剂	
20	NY/T 4400—2023	氟啶虫酰胺水分散粒剂	
21	NY/T 4401—2023	甲哌鎓原药	HG/T 2856—1997
22	NY/T 4402—2023	甲哌鎓可溶液剂	HG/T 2857—1997
23	NY/T 4403—2023	抗倒酯原药	
24	NY/T 4404—2023	抗倒酯微乳剂	
25	NY/T 4405—2023	萘乙酸（萘乙酸钠）原药	
26	NY/T 4406—2023	萘乙酸钠可溶液剂	
27	NY/T 4407—2023	苏云金杆菌母药	HG/T 3616—1999
28	NY/T 4408—2023	苏云金杆菌悬浮剂	HG/T 3618—1999
29	NY/T 4409—2023	苏云金杆菌可湿性粉剂	HG/T 3617—1999
30	NY/T 4410—2023	抑霉唑原药	
31	NY/T 4411—2023	抑霉唑乳油	
32	NY/T 4412—2023	抑霉唑水乳剂	
33	NY/T 4413—2023	噁唑菌酮原药	
34	NY/T 4414—2023	右旋反式氯丙炔菊酯原药	
35	NY/T 4415—2023	单氰胺可溶液剂	
36	SC/T 2123—2023	冷冻卤虫	
37	SC/T 4033—2023	超高分子量聚乙烯钓线通用技术规范	
38	SC/T 5005—2023	渔用聚乙烯单丝及超高分子量聚乙烯纤维	SC/T 5005—2014
39	NY/T 394—2023	绿色食品　肥料使用准则	NY/T 394—2021

（续）

序号	标准号	标准名称	代替标准号
40	NY/T 4416—2023	芒果品质评价技术规范	
41	NY/T 4417—2023	大蒜营养品质评价技术规范	
42	NY/T 4418—2023	农药桶混助剂沉积性能评价方法	
43	NY/T 4419—2023	农药桶混助剂的润湿性评价方法及推荐用量	
44	NY/T 4420—2023	农作物生产水足迹评价技术规范	
45	NY/T 4421—2023	秸秆还田联合整地机　作业质量	
46	NY/T 3213—2023	植保无人驾驶航空器　质量评价技术规范	NY/T 3213—2018
47	SC/T 9446—2023	海水鱼类增殖放流效果评估技术规范	
48	NY/T 572—2023	兔出血症诊断技术	NY/T 572—2016、 NY/T 2960—2016
49	NY/T 574—2023	地方流行性牛白血病诊断技术	NY/T 574—2002
50	NY/T 4422—2023	牛蜘蛛腿综合征检测　PCR法	
51	NY/T 4423—2023	饲料原料　酸价的测定	
52	NY/T 4424—2023	饲料原料　过氧化值的测定	
53	NY/T 4425—2023	饲料中米诺地尔的测定	
54	NY/T 4426—2023	饲料中二硝托胺的测定	农业部783号 公告—5—2006
55	NY/T 4427—2023	饲料近红外光谱测定应用指南	
56	NY/T 4428—2023	肥料增效剂　氢醌(HQ)含量的测定	
57	NY/T 4429—2023	肥料增效剂　苯基磷酰二胺(PPD)含量的测定	
58	NY/T 4430—2023	香石竹斑驳病毒的检测　荧光定量PCR法	
59	NY/T 4431—2023	薏苡仁中多种酯类物质的测定　高效液相色谱法	
60	NY/T 4432—2023	农药产品中有效成分含量测定通用分析方法　气相色谱法	
61	NY/T 4433—2023	农田土壤中镉的测定　固体进样电热蒸发原子吸收光谱法	
62	NY/T 4434—2023	土壤调理剂中汞的测定　催化热解-金汞齐富集原子吸收光谱法	
63	NY/T 4435—2023	土壤中铜、锌、铅、铬和砷含量的测定　能量色散X射线荧光光谱法	
64	NY/T 1236—2023	种羊生产性能测定技术规范	NY/T 1236—2006
65	NY/T 4436—2023	动物冠状病毒通用RT-PCR检测方法	
66	NY/T 4437—2023	畜肉中龙胆紫的测定　液相色谱-串联质谱法	
67	NY/T 4438—2023	畜禽肉中9种生物胺的测定　液相色谱-串联质谱法	
68	NY/T 4439—2023	奶及奶制品中乳铁蛋白的测定　高效液相色谱法	
69	NY/T 4440—2023	畜禽液体粪污中四环素类、磺胺类和喹诺酮类药物残留量的测定　液相色谱-串联质谱法	
70	SC/T 9112—2023	海洋牧场监测技术规范	
71	SC/T 9447—2023	水产养殖环境(水体、底泥)中丁香酚的测定　气相色谱-串联质谱法	
72	SC/T 7002.7—2023	渔船用电子设备环境试验条件和方法　第7部分:交变盐雾(Kb)	SC/T 7002.7—1992
73	SC/T 7002.11—2023	渔船用电子设备环境试验条件和方法　第11部分:倾斜　摇摆	SC/T 7002.11—1992
74	NY/T 4441—2023	农业生产水足迹　术语	
75	NY/T 4442—2023	肥料和土壤调理剂　分类与编码	
76	NY/T 4443—2023	种牛术语	
77	NY/T 4444—2023	畜禽屠宰加工设备　术语	
78	NY/T 4445—2023	畜禽屠宰用印色用品要求	

（续）

序号	标准号	标准名称	代替标准号
79	NY/T 4446—2023	鲜切农产品包装标识技术要求	
80	NY/T 4447—2023	肉类气调包装技术规范	
81	NY/T 4448—2023	马匹道路运输管理规范	
82	NY/T 1668—2023	农业野生植物原生境保护点建设技术规范	NY/T 1668—2008
83	NY/T 4449—2023	蔬菜地防虫网应用技术规程	
84	NY/T 4450—2023	动物饲养场选址生物安全风险评估技术	
85	NY/T 4451—2023	纳米农药产品质量标准编写规范	

图书在版编目（CIP）数据

种植业行业标准汇编 . 2025 / 中国农业出版社编 . --
北京：中国农业出版社，2025. 1. -- ISBN 978-7-109-
32631-6

Ⅰ. S3-65

中国国家版本馆 CIP 数据核字第 2024A6N041 号

种植业行业标准汇编（2025）

ZHONGZHIYE HANGYE BIAOZHUN HUIBIAN（2025）

中国农业出版社出版

地址：北京市朝阳区麦子店街 18 号楼

邮编：100125

责任编辑：冀　刚　廖　宁

版式设计：王　晨　　责任校对：周丽芳

印刷：北京印刷集团有限责任公司

版次：2025 年 1 月第 1 版

印次：2025 年 1 月北京第 1 次印刷

发行：新华书店北京发行所

开本：880mm×1230mm　1/16

印张：32.75

字数：1062 千字

定价：328.00 元